飞行器结构动态载荷识别的非概率集合理论

王　磊　刘亚儒　王晓军　邱志平　著

科学出版社

北　京

内 容 简 介

本书聚焦典型飞行器结构面临的多源不确定性因素，系统介绍并深入探讨了多特征动态载荷识别的非概率集合理论方法。内容涵盖空域集中与分布载荷的时域演化过程和频域统计特征识别，研究了识别过程中病态性抑制、不确定性分析与传感器布局优化等关键问题，最终构建了一套机理-数据驱动的动态载荷集合边界识别理论体系。全书内容包括不确定性动态载荷识别的基本理论、处理方法与典型应用案例，采用理论推导、数值仿真与实验验证相结合的方式，展现了飞行器结构动态载荷高精度、高效率与强鲁棒的识别架构。

本书不仅可为从事飞行器结构动力学反问题研究的学者与工程技术人员提供重要参考，也为飞行器结构的安全性评估、动力学优化设计及健康状态监测等相关研究提供理论基础与技术支撑。

图书在版编目（CIP）数据

飞行器结构动态载荷识别的非概率集合理论 / 王磊等著. -- 北京 : 科学出版社, 2025. 6. -- ISBN 978-7-03-082157-7

Ⅰ. V414

中国国家版本馆 CIP 数据核字第 2025GR5052 号

责任编辑：闫 悦 / 责任校对：胡小洁

责任印制：师艳茹 / 封面设计：蓝正设计

科学出版社 出版

北京东黄城根北街 16 号

邮政编码：100717

http://www.sciencep.com

北京中科印刷有限公司印刷

科学出版社发行 各地新华书店经销

*

2025 年 6 月第 一 版 开本：720×1 000 1/16

2025 年 6 月第一次印刷 印张：13 3/4 插页：8

字数：274 000

定价：149.00 元

（如有印装质量问题，我社负责调换）

前　言

现代航空航天工程中，飞行器在服役过程中承受着各种动态载荷，如气动载荷、机械振动和冲击载荷。准确获取这些载荷信息，是开展飞行器结构安全性评估、动力学设计、健康状态监测等研究的关键技术之一。然而，受限于服役环境的严酷性和技术条件的局限性，直接准确测量飞行器结构上的动态载荷通常难以实现，而对载荷状态进行简单预测或放大处理往往无法反映真实情况，严重影响了结构分析与设计的精细度。因此，利用已知的结构系统特性和易于测量的动态响应信号进行外部载荷反向识别，已成为一种不可避免的趋势。这类问题属于结构动力学中的第二类反问题。

与此同时，飞行器结构在服役过程中面临飞行环境多变、模型特征偏离、传输信号污染等多源不确定性因素的影响，极大加剧了反问题求解病态性并严重降低了动态载荷识别准确度。因此，将结构动态载荷识别方法与不确定性分析理论有机结合，以表征并减小不确定性因素对动态载荷识别过程的影响，具有非常重要的学术意义和工程实用价值。然而，在统计数据不足的情况下，获取精确的概率分布信息往往困难重重。在这种背景下，非概率集合理论凭借其独特的数学框架和灵活的计算能力，为不确定性动态载荷识别提供了全新的视角和方法。

本书考虑了典型飞行器结构可能面临的多源不确定性因素，介绍和探讨了飞行器结构多特征动态载荷识别的非概率集合理论方法，进行空域集中/分布动态载荷的时域演化历程和频域统计特征识别，并对识别过程所涉及的病态性抑制、多态/多源不确定性分析、传感器布局优化等问题进行了探索。最终，本书建立了一套基于机理-数据驱动的动态载荷集合边界识别模型，旨在提供一种高精度、高效率、强稳健的结构动态载荷辨识策略。全书共分为五大部分，具体章节安排如下。

第一部分（第 1 章）概述了飞行器结构不确定性动态载荷识别的基本概念和当前的研究现状，通过梳理该领域的发展脉络，明确了面临的挑战和关键问题。

第二部分（第 2~4 章）基于非概率集合理论，发展了基于逐维和全域 Chebyshev 正交多项式逼近的非概率区间传播分析方法，阐明了动力学系统载荷特征的反向推演机制，实现了集中动态载荷和分布动态载荷的时间历程与空间分布识别，完善和拓展了现有不确定性结构动态载荷时域识别的理论体系。

第三部分（第 5 章）构建了综合考虑载荷、结构、响应等多源不确定性因素的动态载荷频域识别模型，给出了一种兼顾计算精度与效率的不确定性反问题集合分析方法，解决了传统不确定性载荷识别方法的区间扩张问题。

第四部分（第 6 章）通过引入模态可观测性和载荷可识别性准则，建立了两种既能实现动态载荷高精度/强稳健识别，又能对结构和响应不确定性具有一定鲁棒性的多目标传感器布局优化方法。

第五部分(第 7 章)充分发挥机器学习算法的优势，提出了纯数据驱动和物理信息驱动神经网络的不确定性结构动态载荷时域识别模型，一定程度上促进了结构动态载荷识别技术的工程实用化进程。

本书涵盖了飞行器结构不确定性动态载荷识别的基本理论、处理方法和应用案例，通过理论推导、数值仿真与实验验证相结合的方式，系统展示了如何实现飞行器结构多特征动态载荷的非概率集合边界识别。与国内外同类书籍相比，本书具有如下特点。

①本书围绕飞行器系统在服役过程中面临的贫信息、少数据环境和多特征动态载荷监测问题展开论述，在载荷识别模型构建、反问题病态性抑制、多态/多源不确定性分析、传感器布局优化等方面，建立了具有鲜明科学问题属性和工程指向特征的理论体系。

②本书从飞行器结构不确定性分析的源头出发，涵盖了多种典型工况下的动态载荷识别（集中/分布、时域/频域），构建了机理-数据驱动的多特征动态载荷区间识别架构，形成了贫信息下动态载荷在时域-空域-频域内的集合边界识别的完整流程。

③与同类书籍相比，本书实现了理论模型与方法在具体工程结构上的应用，通过丰富的数值分析和实验验证展现了这些方法在实际工程中的广泛适用性。书中以直观、易懂的方式为读者呈现了理论上的创新，并为工程实践中的飞行器结构不确定性载荷识别问题提供了实用的解决方案。

本书总结了作者近年来在飞行器结构不确定性载荷识别领域的研究工作，包括国家自然科学基金重点项目“复杂工程系统多学科不确定性数值计算和优化理论方法及其应用研究”、国家自然科学基金面上项目“微晶格阻尼-分布式压电材料结构的主被动振动可靠控制设计方法研究”、国防基础科研计划项目“×××数字孪生设计与仿真技术”、装发基础研究项目群项目“载荷量化不确定性建模与修正方法研究”、航空科学基金项目“姿轨控直接力控制×××动态载荷识别的区间方法研究”和航天科学技术基金项目“基于多源不确定性的×××结构分布式动态载荷识别方法研究”等。

希望本书能够为从事飞行器结构动态载荷识别研究的学者和工程师提供有价值的参考，也为飞行器结构的安全评估、动力学优化设计及健康状态监测等相关研究提供理论基础与技术支撑。由于作者水平有限，书中难免存在不足之处，恳请读者批评指正。

作　者

2024 年 12 月

目　　录

第 1 章 绪　　论

1.1　工程背景及意义

“三高两强”（高温、高速、高载、强扰动、强腐蚀）的极端服役环境导致了航空航天先进飞行器结构的严酷载荷状态。如图 1.1 所示，临近空间飞行器在跨声速和再入阶段面临激波相交与冷热循环的考验[1]，高性能战斗机在大范围机动时受到大气紊流阵风载荷的作用[2]，运载火箭在加速和升空过程中经历高速高焓气流的冲击[3]，这些载荷表现出快时变、宽频带、分布式等复杂特性。飞行器结构设计载荷与工作载荷不匹配往往导致严重的后果：一方面，载荷设计不足可能引发结构振动及破坏、发动机工作性能下降等安全性隐患；另一方面，载荷设计保守可能导致结构笨重，有悖于先进飞行器的轻量化设计理念。例如，2011 年 8 月，一架 HTV-2 试验机在临近轨道空间高速试飞时，周围产生了意料之外的强大冲击波，由于设计过程中没有纳入载荷设计，实际飞行时飞控系统失效，试验机坠毁[4]。与之相反的是，为了考虑包含极限载荷在内的复杂载荷工况和湿热环境，早期飞行器设计采用半经验设计准则和保守的放大系数进行飞行载荷包络，造成结构附重增加[5]。此外，长航时、多任务、大机动等服役需求推动飞行器系统进一步向复杂化方向发展，严苛的性能指标给飞行器的精细化管理和安全性评估带来了全新的挑战。因此，准确预测与实时反馈载荷环境，并了解动态载荷作用下结构的动态响应与机制，是确保先进飞行器长期可靠运行的必要条件。

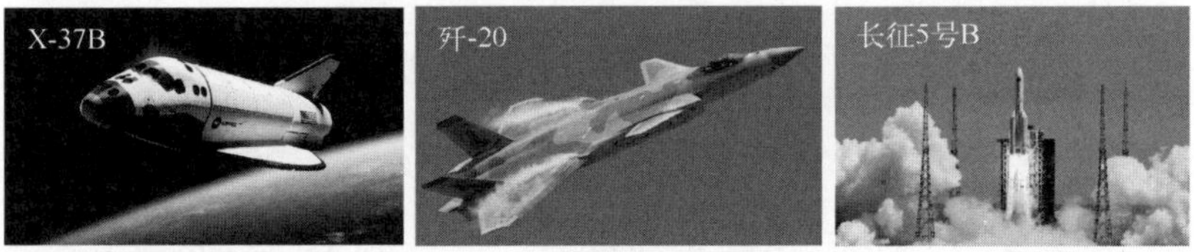

(a) 临近空间飞行器　　(b) 高性能战斗机　　(c) 运载火箭

图 1.1　先进飞行器面临的严酷载荷状态[1-3]

获取动态载荷的方法主要包括两大类：正向方法和逆向方法。正向方法包括两种途径。第一种途径是通过在载荷传递路径上安装传感器，对载荷本身或与之相关的参数进行测定，如利用力传感器直接测量车轮行驶过程中的六分量力。尽管这种方法简单直观，但实际工程中飞行器恶劣的服役环境、复杂的载荷特征以及高昂的试验成本导致力传感器难以直接布置[6]。另一途径是借助计算流体力学或者地面风洞试验进行载荷预测，然而，在极端情况或突发状况下，这种方法往往无法反映真实情况[7]。以吸气式高超声速飞行器结构 X-51A 为例，直接测量激波和声波冲击等复杂气动环境下的分布动态载荷难以实现，利用计算流体力学模拟舱门开闭、武器挂架释放等复杂动边界流场问题也极其困难。总体而言，如图 1.2 所示，传统的正向方法存在测量手段不完备、计算方法不准确等缺陷，因此，逐渐出现了间接获取动态载荷信息的逆向方法，即动态载荷识别技术，又称为载荷反演、载荷反求、载荷辨识、载荷重构等技术。如图 1.3 所示，动态载荷识别是一项结合已知的结构系统特性和测量的动态响应信号来反向求解外部载荷的技术，属于结构动力学反问题，克服了外部载荷难以直接测量或难以模拟的客观工程约束[8]。相对于动态载荷而言，其作用下的振动响应(如加速度、位移、应变、功率谱等响应)以及结构参数信息(如质量、刚度等物理参数和频率、模态等模态参数)是相对容易获取的。通过在结构对载荷敏感的位置安装各类响应传感器，并基于地面标定试验和结构动力学逆向模型，实现结构动态载荷与动态响应之间卷积关系的有效映射。将飞行过程中的实测响应代入动态载荷识别模型，从而能够识别出飞行器结构所承受的外部载荷。

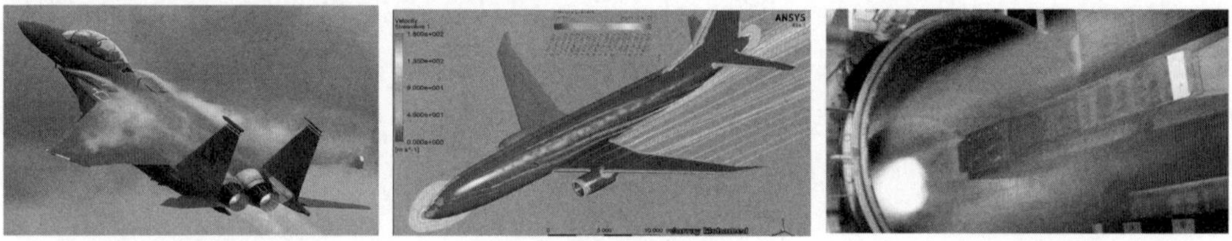

(a) 载何环境恶劣　　(b) 突发环境难以模拟　　(c) 风洞试验耗时费力

图 1.2　载荷获取的正向方法中存在的问题[6, 7]

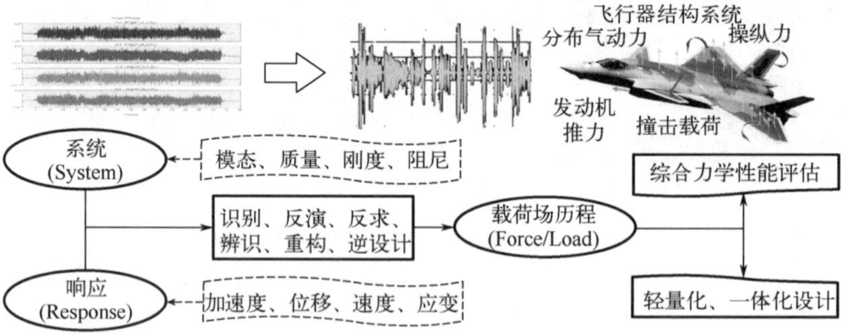

图 1.3　动态载荷识别过程的示意图[8]

需要注意的是，先进飞行器结构在长期服役过程和复杂工作环境下受到多输入层级、强时空关联特征的不确定性因素影响。一方面，由于外部环境变化剧烈，飞行器结构所承受的载荷本身呈现出时域波动、空间相关的不稳定特性。这种情况下，载荷信号和响应信号必须描述为随机过程[9]。另一方面，服务于动态载荷识别过程的结构模型和响应信号也存在不确定性特征。如图 1.4 所示，不确定性特征既包括了飞行器本身材料性能分散、建模偏差和加工误差等引起的结构固有静态不确定性，还涵盖了飞行时外界环境扰动、仪器测量误差与传输噪声污染等外部环境的动态不确定性[10]。目前，大多数载荷识别研究工作仅着眼于最为严苛的情况，将工程实际中的多源扰动简化为确定性条件。然而，上述未确知因素的交叉耦合作用会导致所构建的动力学模型难以准确反映结构的真实状态，获取的传感器信号包含大量与载荷信息无关的噪声信号。随着时空累积，由此引发的不确定性力学行为会进一步加剧反问题求解的病态性。另外，受限于传感器系统的安装成本和铺设路径，可监测的数据信号通常具有一定程度的不完备性，这严重降低了飞行器结构的动态载荷识别精度。因此，充分利用有效试验样本，综合考虑不确定性因素对飞行器载荷识别过程的影响，是确保飞行器结构载荷识别模型客观真实的有力手段。

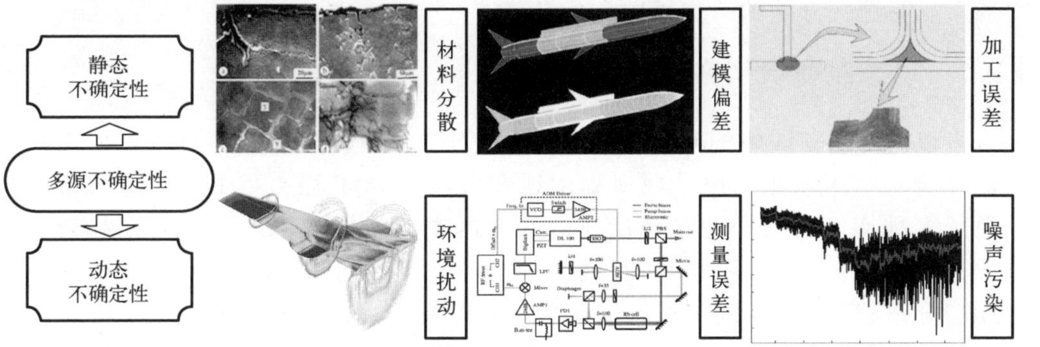

图 1.4 广泛存在的多源不确定性因素[10]

综上所述，发展面向飞行器结构的动态载荷识别方法，基于在线数据提取实现飞行载荷状态的快速准确识别，具有重要的数理意义和实用价值：其一，准确获取结构的外部载荷信息并对结构力学响应进行预测、分析和控制，可以为飞行器系统的实时状态监测和全生命周期完整性评估提供重要依据；其二，实现部件载荷及结构内力载荷的精准分布，可以为飞行器气动外形设计、结构减重设计、减振降噪设计等研究提供必要和精确的数据支持。鉴于此，本书以飞行器典型线弹性结构为研究对象，综合考虑多源不确定性因素和有限测量响应信息，结合结构动力学正向演化机理，开展多任务剖面下结构多特征动态载荷识别(集中/分布、时域/频域动态载荷识别)的集合理论方法研究。本书拟通过反向标定实现多源扰动下飞行器结构真实受力状态的集合描述，以期为我国未来先进飞行器的综合力学性能评估及轻量化、一体化设计水平的提升提供重要的输入条件。

1.2 国内外研究现状

结构动态载荷识别是在已知结构系统和输出响应两大要素的前提下，求解第三个要素(即输入载荷)的过程。结构动态载荷识别的集合理论方法涉及多个研究内容，主要包括结构系统建模、动态响应测量、载荷识别方法建立、结构不确定性分析等。针对这一课题，国内外学者进行了大量的基础理论和工程应用研究，并且取得了丰硕的成果。随着计算机辅助技术的发展，通过有限元方法实现动力学系统输入输出关系的建模已经形成了比较完善的理论体系。本书将围绕如何利用有限测量响应实现结构载荷特征的准确辨识、如何借助样本数据实现不确定性效应的有效表征、如何布置传感器网络实现结构振动响应的合理获取三个方面展开研究。接下来，将对近年来的动态载荷识别方法、考虑不确定性的动态载荷识别方法以及传感器布局优化方法的研究进展进行综述。同时，挑选具有代表性的文献，说明这些方法的研究思路和优缺点。

1.2.1 动态载荷识别方法研究现状

动态载荷识别课题的研究起源于20世纪70年代,旨在了解复合材料飞机的飞行性能，并逐渐在航空领域得到应用和发展[11]。工程实际中的动态载荷往往呈现出多种特征：根据动态载荷在时间上的变化特性，可以分为周期载荷、冲击载荷和随机载荷；根据其在空间上的分布特征，可以分为离散型集中载荷和连续型分布载荷[9]。经过几十年的研究，动态载荷识别领域已涌现出了大量的研究成果。根据载荷识别数学模型的不同，可以将其划分为时域识别方法和频域识别方法[12]；根据动态载荷识别原理的不同，又可将其大致划分为直接求逆法、正则化方法、概率统计法、人工智能法等几大类[13]。上述各类载荷识别方法可以应用于不同特征的载荷识别问题上，目前的大多数研究侧重于集中动态载荷的频域特性和时域历程识别。下面首先以载荷识别原理为主线，对集中动态载荷的识别方法进行综述，并对集中动态载荷的位置识别方法和分布动态载荷识别方法进行综述。

1. *基于直接求逆方法的载荷识别*

直接求逆法是在频域或时域内直接利用物理模型或数学模型建立载荷大小与

测量响应之间的关系，在传递函数(频响函数、格林函数等)求逆或求广义逆过程中不添加附加约束条件，也不采取任何滤波器操作。该方法简单直观，是发展最快、最完善的一种载荷识别方法。

动态载荷的频域识别方法是利用结构系统的频响函数矩阵确定输出响应与输入载荷之间的关系，通过响应频谱识别载荷频谱[14, 15]。国外方面，Bartlett 和 Flannelly 最早利用测量的加速度响应，在频域内进行了直升机桨毂中心的垂直和侧向载荷的识别[11]。Hillary 和 Ewins 利用悬臂梁结构不同位置的频响函数进行载荷识别，发现了对于低频载荷，通过应变响应比加速度响应的载荷识别精度更高[16]。Starkey 和 Merrill 指出了频响函数矩阵在共振区附近的病态性，并发现了待识别载荷数目的增加会使载荷识别误差增大[17]。Doyle 采用波动方程和谱分析方法对冲击载荷作用位置和时序历程进行了大量研究，并进行了试验验证[18]。随后，Ghaderi 等引入了一种基于结构谱有限元模型的冲击载荷的大小和位置识别方法[19]。国内方面，张景绘和李万新基于应变传递矩阵法，对直升机桨毂中心处的六力素(后向力、拉力、侧向力、横弯矩、纵弯矩和扭矩)进行识别并讨论了解的唯一性[20]。智浩等将动态载荷的频域方法统一为一种形式，通过实测响应与广义传递函数进行载荷识别，并分析了影响载荷识别精度的因素[15]。周林等对频域载荷识别方法中传递函数的病态性问题进行了研究，提出了传递函数相干因子的概念以减小载荷识别误差[21]。总而言之，频域内的载荷识别已经形成了相对完整的方法理论体系。对于具有稳态特性的动态载荷，该方法识别效果较好。然而，频域法仅适用于线性系统，并且在识别冲击载荷方面效果较差。

动态载荷的时域识别方法是根据外部载荷和结构响应在时间域内的卷积关系反演载荷时序历程，可以直观了解动态载荷的大小变化规律[22]。早期的时域识别方法利用格林函数实现输出响应序列到输入载荷序列的变换，将载荷识别问题转化为线性方程组的求解问题。但随着采样时间的增加，传递矩阵的维数和病态性急剧增加，给线性方程组的求解带来了很大困难。随后，又发展了随时间采样逐步求解的载荷识别方法，利用杜阿梅尔(Duhamel)方法、纽马克(Newmark)方法等动力学响应解算方法建立相邻时刻载荷与响应的迭代递推关系式，该方法保持了较高的识别精度和较好的计算效率。此外，对于大规模结构系统，上述载荷识别方法需要转换至模态空间，以减小计算规模。国外方面，Öry 等考虑运载火箭所受的飞行载荷，首次提出了基于模态坐标变换的离散系统动态载荷时域识别方法，并对模态截断问题进行了质量和刚度凝聚修正[23]。Inoue 等通过应变响应识别冲击载荷，采用了 5 种方法获取载荷与响应之间的传递函数以减少噪声干扰，缓解病态性[24]。Law 等基于模态叠加法对移动车辆和桥面之间的垂直作用力[25]以及结构所受的动态风载荷进行了时域解析推导[26]。Jayalakshmi 等对 Newmark

方法进行逆向运算，开展了有限测点、测量噪声、多点载荷识别等方面的研究[27]。国内方面，唐秀近基于模态解耦的方法，在Öry等人的基础上对动态载荷时域识别方法进行了研究，利用Duhamel方法逆向分析进行载荷识别，并对模态截断、时间间隔、噪声干扰、载荷数量等问题进行了探究[28]。邢誉峰和诸德超基于模态叠加理论发展了杆的横向和纵向撞击载荷识别方法，并运用波传播和弹性接触理论对所识别的载荷历程进行了分析和解释[29]。蔡元奇建立了一套以动态载荷非递推模型为核心的时域识别方法，并对病态性、初值依赖性、采样时间敏感性等问题进行了探究[30]。张方、史红霞等学者将载荷识别中的时域卷积关系转换为广义正交域中的线性算子，利用广义正交多项式拟合动态载荷函数，将动态载荷函数识别问题转换为正交多项式系数求解问题[31, 32]。此外，张方教授团队还推导了基于Wilson-θ反分析和拟静态载荷算法的识别方法，分析了识别精度和稳定性，并引入逐点修正方法迭代得到更准确的载荷识别结果[33]。总体而言，时域内的载荷识别方法虽然起步晚，但能对短样本载荷和不同类型载荷进行时序历程直接求解，该方法取得了飞速发展，并受到持续关注。其缺点是动力学离散方程的反向推导严重依赖于初始条件，且存在误差传递与误差累积问题。

2. 基于正则化方法的载荷识别

不同于直接求解二阶微分方程的结构动力学正问题，反问题求解具有一定程度的病态性。正则化方法通过对原病态问题施加合理的附加条件求解反问题的稳定近似解，即用与原始问题相邻的问题的解来替换原始问题的解，缓解数据微小波动引起的求解不稳定现象[34]。在动态载荷识别领域，正则化方法主要包括直接法和迭代法。

直接法用于处理规模较小的线性问题，采用矩阵标准运算和矩阵分解方法进行求逆计算，包括奇异值分解法、广义奇异值分解法、截断奇异值分解法、总体最小二乘法、吉洪诺夫(Tikhonov)正则化方法等。其中，应用比较广泛的是截断奇异值分解法和Tikhonov方法[35]，截断奇异值分解法最早由Hanson提出[36]。由于小奇异值求逆会放大微小噪声对识别结果的影响，该方法将小奇异值舍去以获得接近真实解的近似解。Tikhonov 正则化方法则是通过引入一个附加的范数约束，为最小二乘问题提供平滑条件，确保解的稳定性，该方法仍然考虑小奇异值对识别结果的贡献。此外，各类正则化方法都需要选择合适的正则化参数，常用到的正则化参数选择方法包括广义偏差准则、广义交叉检验方法、L曲线准则。Yu和Chan采用直接求伪逆和奇异值分解正则化方法对移动车辆轴载荷进行时/频域识别，结果表明奇异值分解正则化方法能够有效提高载荷识别精度，并具有一定的抗干扰能力[37]。Thite和Thompson利用Tikhonov正则化方法识别作用在薄板结构上的动态载荷，结果表明 Tikhonov 方法的稳健性要优于截断奇异值分解方法[38]。Choi 等比较了上述三种正则化参数选取方法对 Tikhonov 正则化方法的影响，结果表明 L 曲线法对噪声的敏感程度较低，但噪声水平较低时容易低估载荷大小[39]。刘杰为改善格林函数和形函数矩阵的病态性，提出了两类改进的正则化方法，采用不同的正则化参数对矩阵奇异值进行修正，有效保证了载荷识别的稳定性[40]。高伟定义了以正则化参数为自变量的商函数，基于二次规划理论提出了商函数最优正则化参数选取方法，以克服常用的 L 曲线法和广义交叉检验方法应用时的局限性[41]。

迭代法主要应用于求解大规模线性和非线性病态问题，通过迭代方式逼近结构矩阵，常用方法包括牛顿迭代法、兰德韦伯(Landweber)迭代法、共轭梯度法和利文贝格-马夸特(Levenberg-Marquardt)迭代法等。牛顿迭代法需要在迭代过程中进行多次矩阵求逆运算，这可能对病态问题产生较大误差，从而影响精度。共轭梯度法不涉及求逆运算，Huang 将共轭梯度法应用于非线性阻尼结构动态载荷识别问题，将载荷识别问题转换为直接问题、灵敏度问题和共轭问题三个问题[42]。Levenberg-Marquardt 迭代正则化方法基于高斯-牛顿法，综合了牛顿迭代法的高效率和共轭梯度法的高精度特性，Gunawan 利用这一方法实现了脉冲式冲击载荷的识别[43]。

此外，还涌现了一些新的正则化方法，如稀疏正则化方法和贝叶斯正则化方法。Qiao、赖韬等采用基函数表示未知动态载荷，提出了一种基于最小化基函数系数向量范数的稀疏正则化方法，并对悬臂板结构的冲击载荷和简谐载荷识别问题进行了试验验证[44, 45]。Samagassi 结合贝叶斯思想，实现了线弹性结构上的多点载荷时域识别与载荷定位，结果表明贝叶斯正则化方法的结果比 Tikhonov 正则化更具有说服力[46]。陈建鼎在物理空间和模态空间下比较了贝叶斯正则化方法和 Tikhonov 正则化方法，结果表明对于低噪声干扰的简谐载荷识别问题，贝叶斯正则化方法效果更好，而 Tikhonov 方法在冲击载荷位置识别方面更具优势[47]。何艺提出了一种基于贝叶斯正则化的冲击载荷识别方法，能够通过测量数据自适应地选择正则化参数从而实现对冲击载荷时序历程的识别[48]。大量研究表明，在矩阵求逆计算中引入正则化方法，能够有效克服载荷识别问题的病态性，提高载荷识别稳定性。但其缺点是正则化参数没有普适性的选择方法，对于迭代正则化而言，存在收敛速度慢的缺陷。

3. 基于概率统计方法的载荷识别

基于概率统计的载荷识别方法，又称为基于贝叶斯理论的载荷识别方法。其基本思想是将待识别的载荷参数视为随机变量，通过先验概率分布和观测响应的似然函数推测载荷的后验概率分布。这类方法主要包括基于卡尔曼滤波的载荷识别方法和贝叶斯正则化方法[49]。贝叶斯正则化方法已在前文进行了讨论，此处不再赘述。

基于卡尔曼滤波的载荷识别方法在结构系统的状态空间内进行，属于时域识别方法。传统的卡尔曼滤波算法是在已知输入信息的情况下，假设系统过程和观测过程均伴有高斯白噪声，递归计算状态估计的解析解。基于卡尔曼滤波的载荷识别目前主要有两种思路。第一种思路是结合最小二乘法递推外部未知载荷输入，通过生成的增益矩阵、更新状态和协方差矩阵，递归估计动态载荷，又称为两步两阶段方法[13]。国外方面，Gillijns 等建立了一种利用最小方差无偏估计的方法，利用位移响应和加速度响应推导了未知输入下的卡尔曼滤波算法，实现了输入和状态的同步识别[50, 51]。Hsieh 提出了输入未知系统的一步延迟和多步延迟状态-输入估计方法[52]。Naets 等指出仅利用加速度响应进行载荷识别时，系统是不可观的，因此将虚拟位移和加速度响应进行结合，从而获得更稳定的载荷识别结果[53]。对于非线性系统，Ma、Rigatos 等学者利用扩展卡尔曼滤波和无迹卡尔曼滤波算法对状态和未知输入进行估计[54, 55]。Lee 等针对递归最小二乘算法中加权系数的选取方法，先后发展了常系数识别方法、自适应权系数识别方法和智能模糊权系数识别方法，并比较了这三类系数对载荷识别精度的影响，结果表明三种方法的识别效果依次变好[56]。在国内，厦门大学雷鹰教授团队提出了一系列卡尔曼滤波载荷识别方法以识别线性系统、非线性系统的未知动态载荷，并通过响应信息融合的方法消除识别结果的漂移现象，同时识别了结构系统的未知参数[57-59]。黄坤、赖韬等在卡尔曼滤波框架下识别了非平稳的随机地震载荷[45, 60]。第二种思路是将未知载荷向量扩充到状态向量，进而对增广状态向量进行估计，但该方法计算量过大。Lourens 等考虑模型误差和有限测量响应提出了一种基于增广卡尔曼滤波的载荷识别方法，通过最小方差无偏估计思想识别外部载荷[61]。Babak 等利用应变和加速度响应进行载荷识别，提高了增广卡尔曼滤波算法的稳定性和准确性[62]。除了上述卡尔曼滤波算法，Zhang 等通过马尔可夫-蒙特卡洛方法处理正则化参数和模型不确定参数，基于贝叶斯理论进行了载荷识别[63]。Yan 等基于马尔可夫-蒙特卡洛粒子滤波与贝叶斯推导相结合的方法实现了复合板结构的冲击载荷识别[64]。

4. 基于人工智能方法的载荷识别

动态载荷识别问题可以看成一个回归问题。随着人工智能方法的不断发展，一些新兴的机器学习算法因其强大的推理和学习能力被融入载荷识别领域。这类方法属于数据驱动型方法，基于大量输入-输出样本数据学习结构的动力学特性，经过训练的模型能够反映测量响应与动态载荷之间的复杂映射关系。相较于上述机理驱动型方法，这类方法在载荷识别效率、识别精度以及工程实用性等方面都有了一定程度的发展。

神经网络作为最早的机器学习算法之一，最先被应用于载荷识别问题中。该方法首先建立神经网络的拓扑结构，利用样本数据不断调整网络参数，对神经网络模型进行训练学习，最后将实测响应输入到训练好的网络则可识别未知载荷参数。国外方面，Cao 等通过神经网络模拟了机翼的应变-载荷关系，并分析了网络结构、训练模式、训练算法和学习速度对识别结果的影响[65]。Trivailo 等通过埃尔曼(Elman)网络预测了高频动态载荷和低频操纵载荷，改善了 F/A-18 尾翼的疲劳监测能力[66]。Cooper 等利用静态试验测试得到的应变数据和神经网络算法，估算了某大型翼肋的静载荷[67]。国内方面，董龙雷团队采用递归神经网络对非线性结构的冲击载荷进行识别，并通过一个复合材料板结构验证了方法的有效性[68]。胡兴柳等基于模糊径向基函数(radial basis function，RBF)神经网络，对机翼盒段载荷进行了识别与验证[69]。为了解决反向传播(back propagation，BP)神经网络的局部最优解问题，王珲玮等提出了结合遗传算法优化权值的遗传算法(genetic algorithm，GA)-BP 网络动态载荷识别算法[70]。众多研究表明，利用神经网络进行载荷识别具有很大的应用潜力。相比传统方法，它具有更高的识别精度和更强的抗干扰能力。然而，目前尚无一种通用方法来确定神经网络的拓扑结构。因此，学者们开始将支持向量机引入载荷识别领域。例如，Coelho 等通过光纤光栅传感器响应提取动力学特征，利用支持向量回归方法预测复合材料结构的冲击载荷[71]。周成召采用最小二乘支持向量机方法进行动态载荷识别，避免了传统识别方法求逆引起的病态性，同时克服了神经网络训练易陷入局部极小点和网络学习推广性差的缺陷[72]。此外，Yan 等将遗传算法应用到载荷识别问题上，首先构造一个合适的载荷，建立了基于模拟响应与实测响应误差最小的目标函数，将载荷识别反问题转换成一个参数正向寻优的过程[73, 74]。

5. 集中动态载荷的位置识别

在时域内，除了识别动态载荷的时序历程，如何快速且准确地确定载荷加载位置也是一个非常重要的问题。目前的研究主要集中在对冲击工况进行载荷定位。最早提出的方法是飞行时间法，其核心思想是通过测量应力波的变化，通过波速、时间、距离之间的关系，确定载荷作用位置。该方法即使在没有载荷大小信息的情况下，也能准确地捕捉到载荷位置。Meo 等计算了应力波沿不同方向的传播速度以及不同频率应力波到达传感器位置的时间，通过应力波到传感器的飞行时间差异和三角恒等式确定冲击载荷位置[75]。Hossain 等将测量加速度响应的时域峰值到达时间作为输入数据，利用多层感知机和 RBF 神经网络实现了冲击载荷的位置识别[76]。赵林虎通过对冲击应力波试验数据进行小波变换分析，获取结构中应力波的传播速度，并采用遗传算法对冲击载荷的位置进行识别[77]。然而，这种方法通常适用于各向同性的材料且外形简单的结构。在材料不一致或者结构形状复杂的情况下，应力波在各方向的传播速度难以计算，这会给定位过程带来困难。此外，应力波的反射、折射和频散等问题也限制了该方法的推广应用。

目前应用最广泛的载荷位置识别方法是基于优化策略的方法。该方法首先定义结构模拟响应和测量响应之间的残余误差函数，然后通过最小二乘法、遗传算法等策略最小化误差函数，从而实现对载荷加载位置的识别。Wambacq 等定义了一组用群稀疏项惩罚的响应优化目标函数，并在频域内实现了载荷位置识别[78]。Qiu 等将载荷位置识别问题转换为加载点与测点间的传递函数识别问题，利用响应的余弦相似度表征误差函数，通过模式识别方法实现了冲击载荷位置识别[79]。周晚林以压电元件的电荷响应为参数，采用阻尼最小二乘法实现了压电智能结构的静态载荷定位[80]。陆深波、何艺等提出了一种两步式的位置识别方法，首先进行载荷初始加载区域识别，然后结合线性插值拟合方法实现冲击载荷位置识别[48, 81]。需要指出的是，如果将该方法应用于大自由度结构系统，结构响应模拟过程和优化迭代过程的计算代价非常大。此外，为了实现对结构动态载荷的快速识别和精准定位，冯伟等采用贝叶斯推断过程，结合逐元素贝叶斯正则化法和稀疏卡尔曼滤波器等方法实现了外部载荷的自适应定位与识别[82]。

6. *分布动态载荷识别*

相较于集中动态载荷，分布动态载荷更为复杂，目前对分布动态载荷识别的研究还比较欠缺。由于分布动态载荷涉及时间和空间两个维度的变量，既可以是时空独立的，也可以是时空耦合的。然而，利用空间上有限测点的离散响应信息识别分布动态载荷的时空连续函数是非常困难的。现有的识别方法大多是将结构和载荷进行离散化处理，基于一系列简化和假设条件，化无限维识别为有限维逼近，得到分布动态载荷的近似解，主要包括以下几类方法。

第一种方法是基于线性系统假设，将分布动态载荷与结构响应用定制的基函数集表示，根据线性系统载荷与响应之间的叠加关系，反求基函数系数。Granger 和 Perotin 基于结构的模态和载荷场的空间正交分解发展了分布载荷正交展开的傅里叶系数估计方法，首次识别了压水反应堆上的分布随机动态载荷[83]。Coates 和 Thamburaj 利用有限元模型的应变计算结果，针对具有一个变量和两个变量的分布载荷建立了广义傅里叶系数数据库，利用逆插值法对飞行器上沿翼展和翼弦方向作用的分布静载荷进行了识别[84]。韩旭、刘杰等假设载荷的时序历程和分布函数是独立的，采用有限基函数对分布荷载和动态响应的空间函数进行拟合，然后利用移动最小二乘法对形状函数进行重构[85]。姜金辉针对分布随机动态载荷，构建了分布载荷正交基系数与加速度响应功率谱之间的线性关系，并借助正交投影和正则化手段实现了正交多项式系数的求解[9]。

第二种方法是将动态载荷的空间分布函数通过一组线性无关的基函数进行拟合，如广义正交多项式。然后，基于集中载荷时序历程识别原理，将分布载荷识别问题转换为基函数系数求解问题。Nakamura 等基于离散测点的应变数据，利用载荷插值函数实现了分布气动载荷的识别[86]。Dessi 利用正交分解和样条多项式逼近方法，识别出了船体结构上的分布动态载荷[87]。张方教授团队利用广义正交多项式和小波变换等工具识别了作用在一维、二维及多维结构上的分布动态载荷[88]。

第三种方法是通过一系列高维分解方法将时间与空间耦合的分布动态载荷近似为一系列时间与空间相互独立的子载荷线性叠加的形式。Liu 等假设载荷的时域和空域可以分离，研究了复合材料板结构上线分布形式载荷的迭代求解方法[89]。Jiang 和 Hu 基于一致性空间表达式的模态选择方法识别了欧拉-伯努利梁的分布动态荷载[90]。Hasanov 和 Kawano 研究了欧拉-伯努利梁的异步分布动态载荷的识别问题[91]。李琨基于盲源分离和稀疏分解方法，将原分布动态载荷等效为有限个作用在结构适当位置处的集中动态载荷，进行了时序历程函数的抽取和空间分布函数的稀疏表示[92]。

1.2.2 考虑不确定性的动态载荷识别方法研究现状

动态载荷识别过程涉及大量的不确定性因素。一方面，根据待识别载荷是否具有时域上的随机特征,可以将动态载荷划分为确定性动态载荷和随机动态载荷。1.2.1 节中 1～4 小节总结的各种方法主要解决确定性载荷识别问题，对于具有随机特征的动态载荷识别，不能直接采用上述方法，需要引入概率统计的思想。另一方面，由于材料缺陷、几何误差、结构计算模型偏离、初始条件和边界条件敏感等因素，所研究的结构本体也存在一定程度的不确定性，且不确定性会随着动态载荷识别公式的迭代不断累积放大，从模型输入端传递到输出端，导致识别的载荷结果呈现一定的分散性。接下来，将对随机载荷和不确定性结构的动态载荷识别方法进行详细综述。

1. 针对随机载荷的动态载荷识别

随机动态载荷(如地震载荷、风载荷、抖振载荷等)与确定性动态载荷(如周期载荷、冲击载荷等)最大的区别在于时序历程的未知性和载荷之间的关联性。对于时序历程上的未知性，需要借助概率统计方法表征其统计特性，如功率谱密度、均方根值等；针对载荷间的关联性，需要对载荷进行相关性或相干性分析。随机动态载荷的识别方法相比确定性动态载荷要复杂得多。目前相关研究尚不完善，分布随机动态载荷识别方法更是少见。大部分随机载荷识别方法都是针对平稳随机载荷展开的。

随机动态载荷识别大多是在频域内进行的。早期主要采用频响函数直接求逆法进行求解，但是在频响函数矩阵存在病态性的情况下，识别误差非常大，难以满足工程需求。随后，大连理工大学的林家浩、郭杏林等学者在随机振动正问题求解方法的基础上发展了逆虚拟激励法。该方法将实测的随机响应功率谱分解为若干个互不相干的虚拟简谐响应，然后识别出每一阶虚拟简谐载荷，从而组合出真实的随机载荷功率谱[15, 93]。他们先后进行了识别算法的理论推导、数值模拟与试验验证，分析了影响载荷识别结果的各种原因，并给出了随机动态载荷识别试验验证过程的若干建议，为随机动态载荷识别的发展与工程应用奠定了坚实基础。此外，姜金辉利用 Legendre 正交多项式对分布随机动态载荷的功率谱密度进行展开，构建了响应空间到载荷空间的线性关系，完成了一维梁和二维板结构的分布随机动态载荷识别[9]。然而，基于逆虚拟激励法的载荷识别结果在固有频率处和低频区与真实载荷谱之间存在较大的误差。杨智春等分析了频响函数矩阵和测量响应误差对载荷识别结果的影响，并针对相关问题提出了不同正则化方案，完成了垂尾结构的多点和分布随机动态载荷识别[94]。何智成[95]、陈东东[96]、章红莉[97]、廖俊[98]等分别对直升机结构、车辆结构、机载产品进行了随机动态载荷识别，引入了平均加权等方法对 Tikhonov 正则化方法进行改进，以提高固有频率处和低频区的载荷识别稳定性。国外方面，Leclere[99]、Presezniak 等[100]也采用加权矩阵正则化方法来改变频响函数矩阵的条件数，进而缓解载荷识别反问题的病态性。这些研究的主要区别在于加权矩阵的选取方式有所不同。此外，文婧扩展了以往只采用功率谱进行随机振动分析的频率描述，进行了随机动态载荷的时域统计特征(如相关系数、协方差矩阵)识别[101]。

2. 针对不确定性结构的动态载荷识别

一般来说，结构不确定性可以分为结构随机不确定性和结构认知不确定性两大类。前者是由自然变异引起的客观不确定性，增加试验次数不影响不确定参数的随机性，但可以更精准地描述参数的概率分布；后者是源于对结构内部特性了解不充分或知识储备不完善等原因的主观不确定性，又可以分为模糊不确定性和集合不确定性，参数不确定性程度依赖于人们的认知水平。不确定性量化模型是不确定性结构动态载荷识别的基础，目前已经形成了几类比较主流的量化方法，包括基于概率论与数理统计的概率模型、基于模糊数学理论的非概率模糊模型、基于凸模型的非概率集合模型以及衍生的多态模型。随着结构不确定性量化模型的日渐完善，结构不确定性传播分析方法也取得了丰硕的成果，用于分析结构参数不确定性对载荷识别结构的影响。接下来，分别对基于概率模型和非概率模型的不确定结构动态载荷识别方法进行综述。

基于概率模型的不确定性传播分析方法是发展最早、理论最成熟、应用最广泛的方法。该方法把不确定参数描述为符合某一分布形式的随机变量，通过概率密度函数、均值、方差等指标描述参数的随机特征，但该方法需要足够多的样本数据。目前随机不确定性传播分析方法主要有：随机模拟方法、摄动法、多项式逼近法、随机配点法。蒙特卡洛模拟方法根据不确定参数的概率密度函数生成足够的样本，在样本点处进行确定性载荷识别，进而获得不确定性载荷的统计特性。该方法计算量庞大，计算效率低下，很难应用到实际问题中，经常作为验证方法[102]。He 等[95]和 Wang 等[103]结合摄动理论和正则化方法，利用含噪响应对随机结构的动态载荷进行识别，并与蒙特卡洛模拟方法进行对比，说明了该方法的准确性和效率。Schoefs 等利用多项式混沌展开方法估计出近海平台的系统参数变化特性，进而识别出作用在近海平台上的周期性潮汐载荷[104]。孙兴盛基于矩阵摄动、正交展开和证据理论，对随机结构的动态载荷识别方法进行了研究和探讨[105]。Wu 等利用多项式混沌展开和卡亨南-洛维(Karhunen-Loève)展开识别了随机系统的响应和载荷，并研究了随机参数相关性对识别结果的影响[106]。Liu 等利用微分 λ 概率密度函数和高斯-盖根鲍尔(Gauss-Gegenbauer)求积方法，将不确定性传播转化为多重确定性计算，并通过优化方法获取了未知载荷统计矩和概率密度函数的精确解[107]。

工程实际中，受到测量代价和技术的限制，往往不能得到足够多的不确定参数样本来描述其概率密度函数。非概率模型作为概率模型的补充，受到了越来越广泛的关注。在非概率模型中，区间模型属于最简单直观的一种。该模型仅需要了解不确定参数的波动范围，不需要参数的具体分布规律和统计信息。对区间不确定参数进行载荷传播分析的关键是识别出载荷在结构参数波动区间内的最大值和最小值，主要方法有：顶点组合法、区间摄动法、代理模型方法和基于优化的方法。刘杰等考虑测量噪声和模型不确定性，将区间分析与正则化方法相结合，利用一阶泰勒级数展开进行了动态载荷区间识别方法研究[108]。Ahmari 和 Tang 提出了一种逆分析算法，用于识别考虑有界不确定测量的简支板结构的冲击位置和时序历程[109]。然而，泰勒级数展开法只有在不确定性问题是线性的或不确定性水平很小的情况下才具有显著优势。为进一步提高不确定传播分析精度，学者们提出了基于子区间划分的不确定性传播分析方法[110]。但如何确定子区间数量以兼顾计算效率和精度，目前没有统一的方法。此外，一些代理模型被用来逼近不确定载荷与不确定参数之间的关系。Xu 等针对模糊不确定的零截断区间，采用切比雪夫(Chebyshev)正交多项式逐维拟合载荷与区间变量之间的函数关系，逐维寻找载荷的最值点[111]。然而，基于区间模型的不确定性传播分析方法由于没有考虑结构参数之间的相关性而导致计算结果保守。为解决该问题，在静力学分析和动力学正问题领域，椭球模型、平行六面体模型等凸模型逐渐被发展起来。此外，多态不确定性传播分析方法也得到了逐渐应用，但针对载荷识别反问题的文献相对较少。

1.2.3　传感器布局优化方法研究现状

结构动态载荷识别需要通过传感器获取响应信息，合理的传感器网络系统成为动态载荷有效识别的关键技术之一。为了确保载荷识别结果的准确性和稳健性，如何通过较少数量的传感器采集到包含较多振动信息且具有高信噪比的动态响应信号，是动态载荷识别过程面临的首要问题。自 20 世纪 90 年代以来，传感器布局优化问题一直是一个非常活跃的研究领域。近十年来，凭借智能优化方法的迅猛发展取得了较快的研究进展。传感器布局优化主要涉及两个问题：优化准则和优化算法[112]。对于动态载荷识别问题，传感器测点的选取应尽量遵从以下原则[22]：①测点数目大于待识别载荷数目；②尽量布置在模态的峰谷处以反映更多的模态信息；③同向响应测点不宜太近；④尽量将测点布置在不同形式响应处；⑤尽量布置在较大响应处以提高信噪比；⑥尽量靠近载荷施加位置。传感器布局优化是一个组合优化问题，优化算法的选择直接关系到优化效率，主要包括序列法和智能优化算法[113]。选择何种优化算法与优化准则的选取也息息相关。此外，根据优化问题的复杂程度，可以将优化准则划分为单目标优化和多目标优化。接下来，将按照不同的单目标优化准则介绍传感器布局优化方法的研究进展。

1. 基于模态可观测性的传感器布局优化

目前，大多数传感器布局优化方法主要关注结构参数辨识和结构损伤识别过程中的模态可观测性，目的是使测量响应信息中包含尽可能多的结构参数信息，并且反映的结构模态尽可能线性无关。具体可划分为三大类：①振动响应信号最强：通过最大化模态坐标在关注自由度方向上的加和/乘积结果，或者通过最大化模态动能/应变能结果，获得更大的振动响应，包括模态向量乘积准则、模态向量加和准则、平均加速度准则、驱动点残差准则、模态动能准则、模态应变能准则和 Guyan 静力缩聚法；②模态重构效果最佳：通过构造实测响应的模态变换数学指标降低随机因素对模态变换的影响，包括 Fisher 信息阵准则、表征最小二乘准则和模态信息熵准则；③参数识别误差最小：通过提升测量响应之间的独立性以减少信息冗余，包括位置平分准则、模态置信准则、有效独立准则、正交三角分解准则和信息差异准则。

国外方面，最先提出的传感器布局优化方法是有效独立法[114]，它是一种倒序删除法，由 Kammer 最先提出，是目前公认最有效的传感器配置方法之一，也是影响最广泛、使用最成熟的方法之一。另一种经典的传感器配置方法基于模态置信准则[115]，它是一种典型的正序添加法，主要思想是使实际测量采集到的结构模态与理论有限元法计算的结构模态相匹配。Bayard 等将结构参数识别与传感器布置方法相结合，通过 Fisher 矩阵的行列式最大化方法进行传感器布局优化[116]。Borguet 等在进行旋转机械监测方案设计时，利用 Fisher 矩阵的行列式、迹、条件数加和的方式进行传感器布局优化，本质上是从降低识别误差的角度进行传感器布局优化[117]。随着优化算法的不断发展，大型结构的传感器布局优化逐渐摆脱了传统迭代算法依次筛选的限制，而是向全局优化算法方向发展。以遗传优化算法、粒子群优化算法、猴群优化算法等为代表的先进算法直接推动了传感器优化配置在航空航天领域超级工程中应用[118]。Weickgenannt 等进行了柔性壳单元的传感器布局优化，采用了多目标的模拟退火算法，优化目标有两个：一是实现成本，以传感器的数量作为替代；二是观察域，以最小的观察范围观察到最大的能量为指标[119]。

国内方面，为了有效避免传感器分布过于密集导致信息冗余和资源浪费的问题，学者们定义了各种距离消冗信息函数，尽量规避过于靠近的传感器配置方案。练继建等通过节点坐标建立了逐个计算相邻最近距离的消冗目标函数，成功避免了水坝结构相邻传感器的分布位置过于接近的情况，显著减少了冗余信息[120]。何龙军等引入距离系数指标以评价在大型空间结构中相邻传感器的信息独立程度，并结合该距离系数对 Fisher 信息矩阵进行了有效修正[121]。张建伟等提出的有效独立-总位移法以拱坝结构的模态正交性和可观性为优化目标，提高了剩余测点的应变能，是一种实用且有效的传感器布局优化方法[122]。郑晨曦对单亲遗传算法做了改进，进行了杭州湾跨海大桥的传感器布局优化[123]。

2. 基于载荷可识别性的传感器布局优化

基于载荷可识别性的传感器布局优化旨在通过有限的测量响应尽可能准确地识别动态载荷。目前，针对动态载荷识别问题的传感器布局优化方法相对较少，主要涵盖两种思路。第一种方法是降低传递函数的条件数。尽管现有载荷识别方法中已经发展了若干正则化方法以降低传递函数求逆的病态性，但总会存在矩阵修正不足或修正过度的情况，导致反求结果不稳定。Lee 和 Park 指出，传递函数的病态性直接受到测点相对位置的影响，而矩阵的病态性可以通过条件数衡量[124]。Blau 针对频域内的宽带载荷谱识别问题，提出了有关高频测量噪声的传感器布局优化方法[125]。Gupta 和 Dhingra 利用应变片和加速度计进行动态载荷识别，通过减小载荷识别传递矩阵的行列式确定应变片的位置、数量、角度以及加速度计的位置和数量，改善了反问题的病态性，并通过局域优化方法提高优化效率[126]。Thite 和 Thompson 引入了复合条件数的概念，将关注频率范围内条件数均值最小的测点组合作为最佳测点组合[127]。Zheng 等分析了测点位置对传递函数病态性的影响，基于传递函数的相干性定义了传递函数相干因子，通过最小化相干因子的方法进行传感器布局优化以减小载荷识别误差[128]。Wang 等在进行基于状态空间的动态载荷识别时，通过对系统马尔可夫参数矩阵进行相关分析，提出了传感器相干矩阵和相干准则的定义，这种方法在传感器候选组合较多的情况下表现出很好的适用性[129]。何智成、沈继红教授团队也建立了基于复合条件数的载荷识别传感器布局优化模型，并用 Tikhonov 正则化方法对复合条件数方法进行了验证[95, 130, 131]。

另一种思路是直接减小载荷识别误差或将载荷识别误差最小化问题转换为响应误差最小化问题，将传感器布置在对载荷较为敏感的位置。穆昊针对板状结构的静力载荷识别提出了光纤布拉格光栅传感器布局优化方法[132]。杨帆等建立了基于振型函数分布的传感器布局优化理论，旨在最大限度地反映动态载荷与动态响应之间的关系，同时抑制测量噪声对识别算法的干扰，减小载荷识别误差[133]。Prawin 和 Rae 采用无需有限元模型和模态信息的动态主成分分析方法进行载荷识别，并参考有效独立法进行协方差矩阵优化，确定指定数量下的传感器位置[134]。Zhang 和 Xu 在进行基于卡尔曼滤波算法的响应重构和载荷识别时，根据滤波器的渐进稳定特性进行传感器布局优化，确定了多类型传感器的数量和位置，减小了响应和载荷估计误差[135]。Cumbo 等在卡尔曼滤波框架中，用估计的稳态误差协方差和估计器带宽代替系统可观性指标，实现了面向载荷识别的最佳传感器布局优化[136]。在分布载荷识别方面，蒋昊利用正交多项式拟合测试区域内的连续分布响应函数，根据满足最高拟合代数精度需求的最少高斯点数目和对应位置布置传感器，提高了分布动态载荷识别精度[137]。

1.3 本书研究内容

本书聚焦于结构多特征动态载荷识别，以飞行器典型结构的线性动力学系统为研究对象，充分考虑外部载荷环境、结构模型本体和测量响应信号中的多源不确定性因素，提出了贫信息下动态载荷在时域-空域-频域内的集合边界识别方法。针对涉及的反问题病态性抑制、多态/多源不确定性分析、传感器布局优化等问题，开展了系列性的研究工作。最终，形成了机理-数据驱动的动态载荷集合边界识别架构，旨在为我国先进飞行器在多任务下的动态载荷高置信预计问题提供可行的理论方法和技术支持。本书的研究内容和逻辑关系如图 1.5 所示。

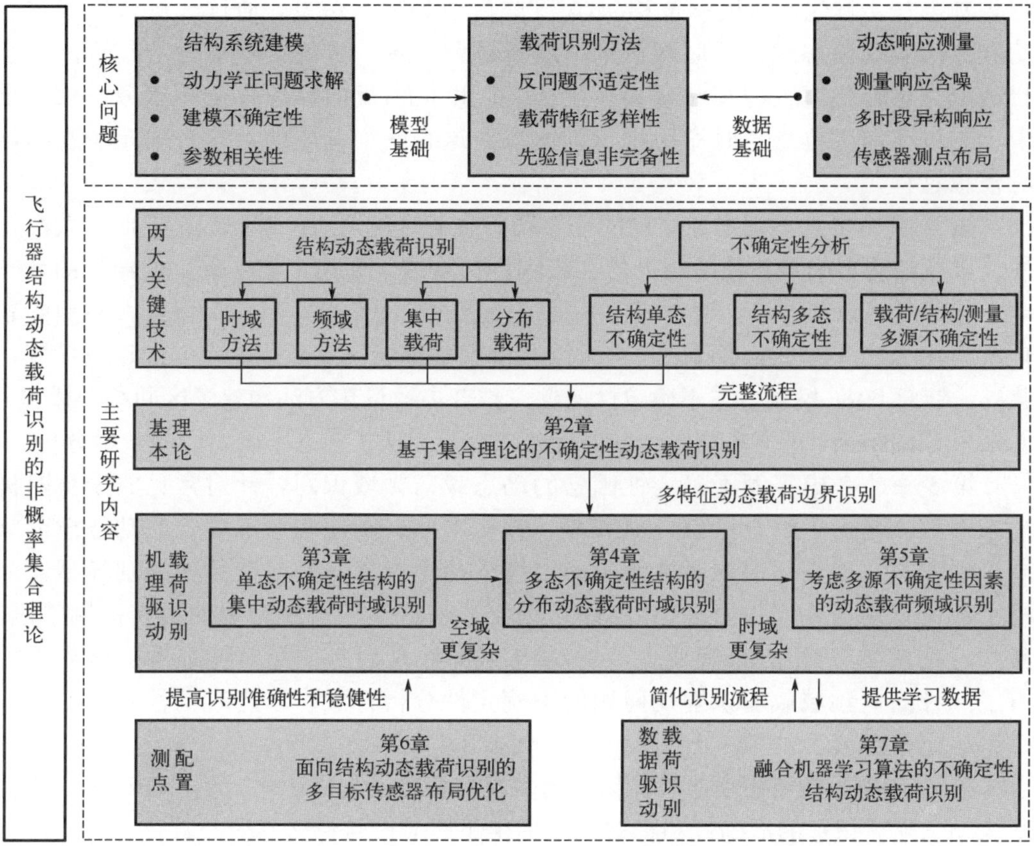

图 1.5 本书的主要研究内容及逻辑关系

本书的主要研究工作涵盖以下几个方面。

第 1 章为绪论部分。主要介绍了本书的研究背景与意义，概述了国内外对于动态载荷识别方法、考虑不确定性的动态载荷识别方法和传感器布局优化方法的研究现状及进展，并介绍了本书各部分的研究内容。

第 2 章为基于集合理论的不确定性动态载荷识别。以集中动态载荷时域识别为例，考虑结构本体不确定性和响应测量噪声，概述了不确定性结构动态载荷识别的基本理论。在参数样本不足情况下，基于区间量化与传播分析方法，提出了弱先验信息和有限测点下集中动态载荷边界反演的完整流程，包括加载数量、加载位置与时序历程的识别，并对识别过程中的模型标定和测点分配问题，发展了不确定性等效模型和区间逐步消去策略。

第 3 章为单态不确定性结构的集中动态载荷时域识别。为了进一步提高集中动态载荷识别的精度与效率，提出了一种基于模态载荷优化的加载位置与时序历程识别方法。首先，将模态位移/加速度响应作为输入信息，通过改进传统卡尔曼滤波算法实现模态载荷的时域识别，这一过程具备一定的抗噪能力。其次，结合自适应克里金代理模型和时变误差指标，提出了正/反向模态载荷残差最小化的集中动态载荷加载位置与时序历程识别方法，这有助于避免动力学有限元响应的耗时模拟过程。

第 4 章为多态不确定性结构的分布动态载荷时域识别。考虑载荷的时空关联特性，以及结构不确定参数的相关性和模糊性，发展了面向多态不确定性结构的分布动态载荷时域识别方法。通过径向基插值函数对分布载荷进行空间降维，将原问题转换为基函数系数的反演问题，并采用系统聚类算法，提高载荷空间的逼近精度。此外，针对凸集-模糊多态不确定性问题，结合参数量化方法构建了区间统一模型，并采用 Chebyshev 正交多项式全域逼近方法有效完成了多态不确定性的传播分析。

第 5 章为考虑多源不确定性因素的动态载荷频域识别。针对常见的平稳随机动态载荷，提出了综合考虑外部载荷、结构本体、响应测量不确定的动态载荷频域识别方法。首先，建立了多源不确定性下的逆虚拟激励载荷频域识别模型，分析了载荷识别误差产生原因，并结合正则化方法提供了一种有效的误差抑制手段。其次，结合响应叠加-分解原理，对结构/载荷波动引起的频响特征进行解耦，提出了一种面向频域载荷识别反问题的不确定性分析方法，以应对工程实际中的多源不确定性因素。

第 6 章为面向结构动态载荷识别的多目标传感器布局优化。为了保证不确定性结构动态载荷识别的准确性和稳健性，提出了两套多目标传感器布局优化方法。对于加载位置未知情况，定义与模态响应求解有效性、稳定性、正交性和稳健性有关的指标，并基于上述指标，利用帕累托(Pareto)多目标优化方法实现了非载荷依赖型的传感器布局优化。对于加载位置已知情况，考虑更复杂的力热环境和静-动混合加载问题，提出了基于模态载荷反求精度的载荷依赖型异构响应传感器布局优化方法。

第 7 章为融合机器学习算法的不确定性结构动态载荷识别。为了简化机理驱动载荷识别方法所涉及的正则化、传感器布局等环节，发展了融合机器学习算法的动态载荷识别架构。首先，提出了大训练样本情况下的完全替代策略，通过建立测量响应-载荷参数代理模型，实现了纯数据驱动的不确定性结构集中/分布动态载荷时域识别。其次，提出了小训练样本情况下的部分替代策略，通过物理信息神经网络实现区间模态分解，并借助动力学逆向推演公式完成载荷时域参数的高效反求，实现了机理-数据混合驱动的不确定性结构动态载荷时域识别。

第 2 章 基于集合理论的不确定性动态载荷识别

本章以集中动态载荷时域识别为例，针对结构参数性能分散且样本不足的情况，介绍了基于集合理论的不确定性动态载荷识别基本理论与完整流程。通过引入非概率区间不确定性量化与传播分析方法，建立了飞行器结构的不确定性等效模型，构建了有限测点下基于模态空间映射与动力学逆向推演的载荷时域识别模型，并借助测点分配策略和测量响应优化思想实现了弱先验信息下集中动态载荷加载数量、加载位置和时序历程的识别。

2.1 引 言

动态载荷识别是一项结合已知的结构系统特性和测量的动态响应信号进行外部载荷反求的技术，属于第二类结构动力学反问题。整个过程包含：结构系统建模、动态响应测量和载荷识别方法建立三大步骤，涉及数值建模仿真、结构振动分析、试验测试方法、计算反求方法、适定性理论等众多学科[22]。其中，建立能准确反映结构真实物理特性的降阶模型，是动态载荷识别的前提条件；合理配置传感器测点以获得高信噪比响应信息，是动态载荷识别的重要保障；针对动态载荷的不同时空分布特征，建立有限测量响应下的动力学逆向推演模型，是动态载荷识别的关键步骤。

飞行器系统在严酷服役环境下往往面临材料性能分散、模型特征偏离、传输信号污染等多种不确定性因素的综合影响，导致数值仿真模型与真实物理模型之间存在偏差。因此，发展面向不确定性结构的动态载荷识别方法至关重要[138]。工程结构所涉及的不确定性主要包含随机不确定性和认知不确定性两大类。前者基于大量数据，利用概率统计方法描述参数波动，而在航空航天工程中，难以获得足够的样本来确定参数的概率密度函数。这种情况下，用于描述认知不确定性的非概率方法具有更大的优势。

基于上述讨论，本章以集中动态载荷的时域识别为例，结合非概率集合理论，介绍不确定性动态载荷识别的基本理论。本章拟建立一种考虑载荷环境多变性和结构材料分散性的飞行器关键部件模型等效方法，发展基于结构动力学解算方法反向推导的动态载荷时域识别方法，形成弱先验信息下动态载荷加载数量、加载区域与时序历程识别的完整流程，提出传感器测点分配策略以提高载荷识别结果的准确性，并将通过数值算例验证理论方法的有效性和适用性。本章旨在阐明不确定性条件下的结构动态载荷识别基本理论，为后续研究奠定基础。

2.2 不确定参数的非概率集合量化与传播分析

如何合理地给出不确定性源头、量化不确定参数的波动程度并分析不确定性变量的传播过程是不确定性理论的主要研究内容。根据不确定性的不同来源，可以将动态载荷识别过程可能面临的不确定性因素分为三类[139, 140]：①参数不确定性，这类不确定性由完全未知或不完全知晓的物理变量引起，主要体现为决定结构全局特征的参数，如弹性模量、几何尺寸、阻尼特性等；②建模不确定性，这类不确定性源于为简化分析而做出的理想化假设，比如线性假设、无摩擦接触以及假想的初始条件和边界条件等，使有限元模型不能完全捕捉动力学系统的真实力学行为；③测量不确定性，这类不确定性主要源于测量过程和信号传输过程的不可控因素，如传感器的不合理安装、测量数据的不完整以及数据传输的干扰，具有明显的时间累积效应和时间相关性。

飞行器结构参数的样本通常来自试验测试，然而受到人力、物力和财力等资源的制约，只能获取到有限数量的试验样本。对于选定的 l 维不确定参数 $\boldsymbol{b}=[b_1,b_2,\cdots,b_l]$，假设存在 v 个试验样本（$v \geqslant l$），即

$$\boldsymbol{b}_{\mathrm{s}}=\begin{bmatrix} b_{11} & b_{12} & \cdots & b_{1l} \\ b_{21} & b_{22} & \cdots & b_{2l} \\ \vdots & \vdots & \ddots & \vdots \\ b_{v1} & b_{v2} & \cdots & b_{vl} \end{bmatrix} \tag{2.1}$$

在进行不确定参数量化时，应注意以下原则：当样本数足够多时，采用概率量化方法推导样本的统计规律；当样本数有限时，采用非概率方法描述样本的波动边界[141]。接下来，针对贫信息、少样本情况，利用非概率凸模型对不确定参数进行度量。根据不同的数学表达形式，可以将凸模型分为以下几种：区间模型、椭球模型、平行多面体模型以及改进的区间模型。图 2.1 以三维不确定参数为例，展示了不同凸模型的形貌。区间模型是最简单直接的非概率量化模型，将不确定参数视为独立变量，将所有样本的最大值和最小值作为区间边界并构造超立方体；椭球模型将不确定参数视为相关变量，通过椭球域的形状和大小表征不确定参数的波动程度和相关性；平行多面体模型同时考虑参数的独立性和相关性，利用边缘区间、相关系数等变量建立不确定样本的最小体积包络；改进的区间模型通过线性变换将不确定参数进行线性重组，将原始可能存在相关性的变量转换为相互

正交的参数。由于区间模型是其他非概率量化模型的基础，本节将阐述如何利用区间集合理论进行不确定参数的非概率量化与传播分析。

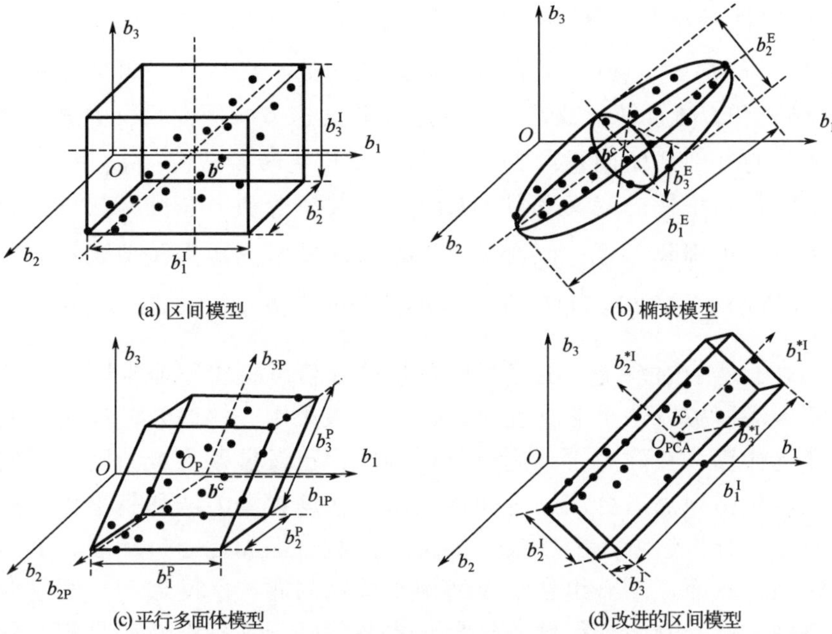

(a) 区间模型　(b) 椭球模型　(c) 平行多面体模型　(d) 改进的区间模型

图 2.1　三维不确定参数的非概率量化模型

若用区间变量表示不确定参数 $\boldsymbol{b}$，可以将其表示为不确定但有界的形式，即

$$\boldsymbol{b}=\boldsymbol{b}^{c}+\boldsymbol{b}^{r}\circ\boldsymbol{\zeta}\in\boldsymbol{b}^{I}=[\underline{\boldsymbol{b}},\overline{\boldsymbol{b}}],\quad b_j=b_j^{c}+b_j^{r}\cdot\zeta_j\in b_j^{I}=[\underline{b}_j,\overline{b}_j]\ ,\ j=1,2,\cdots,l \tag{2.2}$$

式中，区间变量 $\boldsymbol{b}$ 的上标“I”表示 $\boldsymbol{b}$ 为一个区间数；上标“c”和“r”表示 $\boldsymbol{b}$ 的区间中值项和区间半径项；“$\underline{\times}$”和“$\overline{\times}$”表示 $\boldsymbol{b}$ 的区间下界和区间上界，由样本点最小值和最大值确定；向量 $\boldsymbol{\zeta}=[\zeta_1,\ \zeta_2,\ \cdots,\ \zeta_l]^{T}$ 表示 l 维标准区间集（$\zeta_j\in[-1,\ 1]$）；$\boldsymbol{b}^{r}\circ\boldsymbol{\zeta}$ 表示向量 $\boldsymbol{b}^{r}$ 和 $\boldsymbol{\zeta}$ 的 Hadamard 乘积。可以看出，区间变量的不确定性通过边界限定，区间内的每一个取值均等可能地出现。区间变量的中值项和半径项可以表示为

$$\boldsymbol{b}^{c}=\frac{\overline{\boldsymbol{b}}+\underline{\boldsymbol{b}}}{2},\quad \boldsymbol{b}^{r}=\frac{\overline{\boldsymbol{b}}-\underline{\boldsymbol{b}}}{2},\quad b_j^{c}=\frac{\underline{b}_j+\overline{b}_j}{2},\quad b_j^{r}=\frac{\overline{b}_j-\underline{b}_j}{2} \tag{2.3}$$

此外，区间半径与区间中值的比值的绝对值定义为区间变量的不确定水平，即

$$\gamma_j=\left|\frac{b_j^{r}}{b_j^{c}}\right|\times 100\% \tag{2.4}$$

一旦引入了区间变量，动力学响应需要通过求解区间形式的动力学方程得到，即

$$\begin{cases}\boldsymbol{M}(\boldsymbol{b})\ddot{\boldsymbol{U}}(\boldsymbol{b},t)+\boldsymbol{C}(\boldsymbol{b})\dot{\boldsymbol{U}}(\boldsymbol{b},t)+\boldsymbol{K}(\boldsymbol{b})\boldsymbol{U}(\boldsymbol{b},t)=\boldsymbol{L}(\boldsymbol{\chi})\boldsymbol{F}(\boldsymbol{b},\boldsymbol{\chi},t)\\ \boldsymbol{U}(0)=\boldsymbol{U}_0,\quad \dot{\boldsymbol{U}}(0)=\dot{\boldsymbol{U}}_0,\quad t\in[t_{\text{in}},t_{\text{en}}]\end{cases} \tag{2.5}$$

式中，$\boldsymbol{M}(\boldsymbol{b})$、$\boldsymbol{C}(\boldsymbol{b})$和$\boldsymbol{K}(\boldsymbol{b})$分别表示不确定结构的全局质量、阻尼和刚度矩阵；$\boldsymbol{U}(\boldsymbol{b},t)$、$\dot{\boldsymbol{U}}(\boldsymbol{b},t)$和$\ddot{\boldsymbol{U}}(\boldsymbol{b},t)$表示节点位移、速度和加速度响应向量；$\boldsymbol{F}(\boldsymbol{b},\boldsymbol{\chi},t)$表示在位置$\boldsymbol{\chi}$处加载的外部载荷向量；$\boldsymbol{L}(\boldsymbol{\chi})$表示载荷位置转换矩阵；$\boldsymbol{U}_0$和$\dot{\boldsymbol{U}}_0$表示时间域$[t_{\text{in}},t_{\text{en}}]$上的初始条件。定义变量$Y(\boldsymbol{b},t_i)$表示关注的动力学目标参量，如模态响应、模态载荷、识别载荷等。该变量可以通过时变区间历程模型表示，即

$$Y(\boldsymbol{b},t_i)\in Y^{\text{I}}(\boldsymbol{b},t_i)=[\underline{Y}(\boldsymbol{b},t_i),\ \overline{Y}(\boldsymbol{b},t_i)]=[\min_{\boldsymbol{b}\in\boldsymbol{b}^{\text{I}}}\{Y(\boldsymbol{b},t_i)\},\max_{\boldsymbol{b}\in\boldsymbol{b}^{\text{I}}}\{Y(\boldsymbol{b},t_i)\}] \tag{2.6}$$

显然，对于复杂的系统，上述目标参量的最值解析求解非常困难，基于大量样本的蒙特卡洛模拟方法也非常耗时。因此，应采用一些高效、高精度的近似求解策略来简化计算。在静力学不确定分析领域，已发展了大量的区间不确定性传播分析方法，包括顶点组合法、区间摄动法、代理模型方法和基于优化的方法。在动力学不确定分析领域，应用最广的是顶点组合法和区间摄动法。这两种方法分析效率较高，然而，顶点组合法仅适用于单调问题，区间摄动法则仅能在线性问题和小不确定性问题中获得精确结果。本节将基于不确定性变量相互独立的假设，提出一种区间逐维不确定性分析方法。该方法利用 Chebyshev 正交多项式逼近目标参量与每个不确定变量之间的函数关系。在进行某个维度的不确定性分析时，其他维度的不确定变量均视为确定性变量，定义新变量为

$$\tilde{\boldsymbol{b}}_j=\boldsymbol{b}^{\text{c}}+\boldsymbol{b}^{\text{r}}\circ\tilde{\boldsymbol{\zeta}}_j,\qquad j=1,2,\cdots,l \tag{2.7}$$

式中，$\tilde{\boldsymbol{\zeta}}_j=[0,\ \cdots,\zeta_j,\ \cdots,0]^{\text{T}}$是关于第$j$个元素$b_j^{\text{I}}$的向量。目标参量$Y(\boldsymbol{b},t_i)$与不确定变量$\tilde{\boldsymbol{b}}_j$的函数关系可以表示为

$$Y(\tilde{\boldsymbol{b}}_j,t_i)\approx T_r(\zeta_j,t_i)=\frac{a_0(\zeta_j,t_i)}{2}+\sum_{k=1}^{p}a_k(\zeta_j,t_i)C_k(\zeta_j) \tag{2.8}$$

式中，$T_r(\zeta_j,t_i)$表示截断的多项式；p表示多项式的阶数；$C_k(\zeta_j)$表示 Chebyshev 基函数，通过$C_k(\zeta_j)=\cos[k\arccos(\zeta_j)]$计算而来；$a_k(\zeta_j,t_i)$表示多项式系数，可以通过 Gaussian 求积公式得到，即

$$a_k(\zeta_j,t_i)\approx\frac{2}{h}\sum_{s=1}^{h}Y(\tilde{\boldsymbol{b}}_{j,s}^{*},t_i)C_k(\zeta_{j,s}^{*}),\qquad k=0,2,\cdots,p \tag{2.9}$$

其中，$\zeta_{j,s}^*,(s=1,2,\cdots,h)$ 表示 h 个积分节点，即 h 阶 Chebyshev 多项式的零点：

$$\zeta_{j,s}^* = \cos\left(\frac{2s-1}{h}\frac{\pi}{2}\right), \qquad s=1,2,\cdots,h \tag{2.10}$$

式(2.9)中的不确定变量 $\tilde{\boldsymbol{b}}_{j,s}^*$ 通过 $\tilde{\boldsymbol{b}}_{j,s}^* = \boldsymbol{b}^{\mathrm{c}} + \boldsymbol{b}^{\mathrm{r}} \circ [0,\cdots,\zeta_{j,s}^*,\cdots,0]^{\mathrm{T}}$ 计算得到，$Y(\tilde{\boldsymbol{b}}_{j,s}^*,t_i)$ 的取值通过在变量 $\tilde{\boldsymbol{b}}_{j,s}^*$ 处进行有限元分析得到。此外，为了减小积分误差，应满足 $h \geqslant p+1$。

将式(2.9)、式(2.10)代入式(2.8)，可以得到

$$Y(\tilde{\boldsymbol{b}}_j,t_i) \approx T_r(\zeta_j,t_i) = \frac{1}{h}\sum_{s=1}^{h} Y(\tilde{\boldsymbol{b}}_{j,s}^*,t_i) + \frac{2}{h}\sum_{k=1}^{p}\sum_{s=1}^{h} Y(\tilde{\boldsymbol{b}}_{j,i}^*,t_i) C_k(\zeta_{j,s}^*)\, C_k(\zeta_j) \tag{2.11}$$

显然，当目标参量 $Y(\tilde{\boldsymbol{b}}_j,t_i)$ 的显式表达式确定后，区间边界可以通过下式求解：

$$\begin{cases} \underline{Y}(\tilde{\boldsymbol{b}}_j,t_i) = \min\limits_{\zeta_j \in \mathfrak{I}_j}\{T_r(\zeta_j,t_i)\} = T_r(\zeta_{j,\min}^*,t_i) \\ \overline{Y}(\tilde{\boldsymbol{b}}_j,t_i) = \max\limits_{\zeta_j \in \mathfrak{I}_j}\{T_r(\zeta_j,t_i)\} = T_r(\zeta_{j,\max}^*,t_i) \end{cases} \tag{2.12}$$

其中，$\mathfrak{I}_j = \left\{-1,1,\dfrac{\partial T_r(\zeta_j,t_i)}{\partial \zeta_j}=0\right\}$；$\zeta_{j,\min}^*$ 和 $\zeta_{j,\max}^*$ 表示多项式的最小值点和最大值点。通过逐维遍历不确定变量的所有元素，则可以得到多项式在整个不确定域上的最值点。针对静力学问题，文献[142]在得到的最值点处进行有限元计算得到目标参量的区间边界。然而对于动力学问题，目标参量是一个时变区间历程，每个离散时刻对应的最值点可能不一致，利用文献中的方法进行每个离散时刻最值点下的有限元分析并不现实。因此，为近似逼近目标参量的区间边界，本书给出如下计算方法：

$$\begin{cases} \underline{Y}(\boldsymbol{b},t_i) = Y(\boldsymbol{b}^{\mathrm{c}},t_i) - \sum\limits_{j=1}^{l}\Delta_j^{\min} = Y(\boldsymbol{b}^{\mathrm{c}},t_i) - \sum\limits_{j=1}^{l}[Y(\boldsymbol{b}^{\mathrm{c}},t_i) - \underline{Y}(\tilde{\boldsymbol{b}}_j,t_i)] \\ \overline{Y}(\boldsymbol{b},t_i) = Y(\boldsymbol{b}^{\mathrm{c}},t_i) + \sum\limits_{j=1}^{l}\Delta_j^{\max} = Y(\boldsymbol{b}^{\mathrm{c}},t_i) + \sum\limits_{j=1}^{l}[\overline{Y}(\tilde{\boldsymbol{b}}_j,t_i) - Y(\boldsymbol{b}^{\mathrm{c}},t_i)] \end{cases} \tag{2.13}$$

式(2.13)用于后续章节的不确定性传播分析。为进一步说明，图 2.2 以二维不确定变量为例，利用两个近似多项式函数描述目标参量 $Y(\boldsymbol{b},t_i)$ 在二维区间域 $\zeta_1-\zeta_2$ 上的变化。图中，$\zeta_{1,\min}^*$ 和 $\zeta_{1,\max}^*$ 分别表示黑色线条对应的近似多项式函数的最小值点和最大值点，$\zeta_{2,\min}^*$ 和 $\zeta_{2,\max}^*$ 分别表示灰色线条对应的近似多项式函

数的最小值点和最大值点，点 A 和点 B 分别对应于目标参量的区间下界和区间上界。

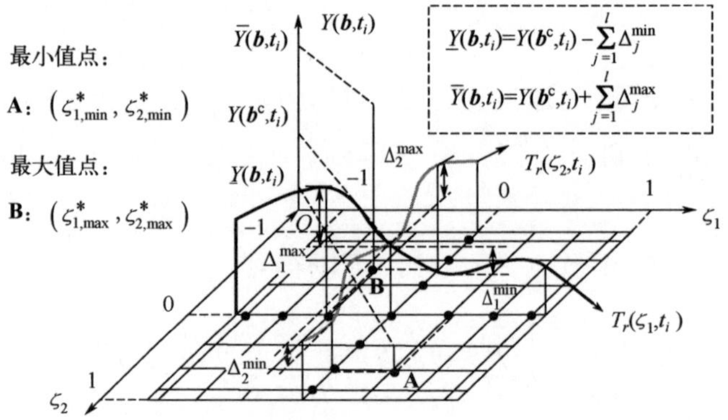

图 2.2　二维不确定变量的区间逐维分析方法示意图

2.3　飞行器结构的不确定性模型等效

动态载荷快速、准确识别的前提条件是高效、高精度的有限元模型。有限元模型误差可能导致载荷识别精度降低，甚至失败。对于飞行器系统的典型零部件，精细划分的有限元模型自由度规模巨大。直接以原始模型进行不确定性载荷识别往往面临较大的计算量，因此有必要借助试验信息，通过模型等效实现原始模型的降阶。该方法从结构的静力/动力试验数据中提取能够反映结构真实状态的指标，通过优化、统计等数学方法对初始有限元模型的参数进行调整，使得有限元模型仿真结果能够与实测指标相匹配，从而得到一个具有真实物理意义的匹配模型[143]。

对于几何外形细长的弹体类结构，可以根据直径分段，简化为具有不同质量和刚度的梁模型；对于几何外形较薄的翼面类结构，则可以按厚度分区域，简化为不同质量和刚度的板壳结构。此外，在飞行器总体设计阶段，关注的重点是整体弯曲、扭转和纵向变形的中低阶固有频率及振型。实际服役过程中，更关注飞行器在典型任务剖面下(如气动合力最大时刻或温度最高时刻)的结构模态、频响以及静/动力响应等信息。在模型等效过程中，需考虑飞行器结构材料的离散性和飞行环境的波动性，将仿真模型的材料参数、边界条件、几何外形等作为待修正变量，并以多任务工况下仿真结果与实际结构试验结果的差异作为目标函数，建立模型等效优化列式：

$$\begin{cases}\text{find } M_k^{\mathrm{I}}, B_k^{\mathrm{I}}, E_k^{\mathrm{I}} \\ \min \left\{ \boldsymbol{a}_1 \sum_{i=1}^{m} \left\| \boldsymbol{U}_{\text{实测},i}^{\mathrm{I}}(\boldsymbol{b}) - \boldsymbol{U}_{\text{仿真},i}^{\mathrm{I}}(\boldsymbol{b}) \right\| + \boldsymbol{a}_2 \sum_{j=1}^{n} \left\| \boldsymbol{\omega}_{\text{实测},j}^{\mathrm{I}}(\boldsymbol{b}) - \boldsymbol{\omega}_{\text{仿真},j}^{\mathrm{I}}(\boldsymbol{b}) \right\| \right\} \\ \text{s.t.} \quad \underline{M}_k \leqslant M_k^{\mathrm{I}} \leqslant \overline{M}_k, \quad \underline{B}_k \leqslant B_k^{\mathrm{I}} \leqslant \overline{B}_k, \quad \underline{E}_k \leqslant E_k^{\mathrm{I}} \leqslant \overline{E}_k \end{cases} \tag{2.14}$$

式中，M_k^{I}、B_k^{I}和E_k^{I}分别表示每个分区/分段待修正的材料参数、边界参数和尺寸参数；$\boldsymbol{U}_{\text{实测},i}^{\mathrm{I}}(\boldsymbol{b})$和$\boldsymbol{U}_{\text{仿真},i}^{\mathrm{I}}(\boldsymbol{b})$表示第$i$个关注工况下的静态或动态位移响应；$\boldsymbol{\omega}_{\text{实测},j}^{\mathrm{I}}(\boldsymbol{b})$和$\boldsymbol{\omega}_{\text{仿真},j}^{\mathrm{I}}(\boldsymbol{b})$表示第$j$个阶次的频率；$\boldsymbol{a}_1$和$\boldsymbol{a}_2$表示加权系数列向量。若降阶模型所划分的区域较多或待修正变量较多，常规的梯度优化算法难以收敛，且容易陷入局部最优解，因此采用智能优化算法实现大规模设计变量在多工况约束下的稳健优化迭代，进而锁定最小化特征差异的全局最优值。

2.4　随时间逐步求解的动态载荷时序历程识别

相比于频域载荷识别，时域识别方法无须对测量数据进行傅里叶变换，降低了对信号长度的要求。因此，本书首先介绍受到更多关注的载荷时域识别方法。动态载荷时域识别的基本思想是利用结构的特征参数建立时域内结构系统的逆向模型，通过系统的动态响应输出识别动态载荷输入。早期的格林函数法将动态载荷识别问题转化为线性方程组的求解问题。随着采样时间的增加，传递函数的维度和病态性急剧增加。随后发展了动态载荷逐步识别方法，该方法基于动力学时域解算方法建立相邻时刻间的载荷-响应迭代递推关系式，具有较高的识别精度和较好的计算效率。对于大规模结构，为了减小计算量，需要将动力学有限元方程转化到模态空间。基于经典阻尼线性系统的模态叠加理论，式(2.5)可以解耦成一系列单自由度系统微分方程，即

$$\begin{cases}\hat{\boldsymbol{M}}_r(\boldsymbol{b})\ddot{\boldsymbol{q}}_r(\boldsymbol{b},t) + \hat{\boldsymbol{C}}_r(\boldsymbol{b})\dot{\boldsymbol{q}}_r(\boldsymbol{b},t) + \hat{\boldsymbol{K}}_r(\boldsymbol{b})\boldsymbol{q}_r(\boldsymbol{b},t) = \boldsymbol{P}_r(\boldsymbol{b},t) \\ \boldsymbol{U}(\boldsymbol{b},t) = \boldsymbol{\Phi}(\boldsymbol{b})\boldsymbol{q}(\boldsymbol{b},t) + \boldsymbol{\delta}, \ \boldsymbol{\varepsilon}(\boldsymbol{b},t) = \boldsymbol{\Psi}(\boldsymbol{b})\boldsymbol{q}(\boldsymbol{b},t) + \boldsymbol{\delta} \\ \boldsymbol{P}(\boldsymbol{b},t) = \boldsymbol{\Phi}^{\mathrm{T}}(\boldsymbol{b})\boldsymbol{L}(\chi)\boldsymbol{F}(\boldsymbol{b},\chi,t) \end{cases} \tag{2.15}$$

其中，下标“r”表示第r阶模态。$\hat{\boldsymbol{M}}_r(\boldsymbol{b})$、$\hat{\boldsymbol{C}}_r(\boldsymbol{b})$和$\hat{\boldsymbol{K}}_r(\boldsymbol{b})$表示不确定性结构的第$r$阶模态质量、阻尼和刚度，$\boldsymbol{q}_r(\boldsymbol{b},t)$、$\dot{\boldsymbol{q}}_r(\boldsymbol{b},t)$和$\ddot{\boldsymbol{q}}_r(\boldsymbol{b},t)$分别表示第$r$阶模态位移响应、模态速度响应和模态加速度响应，$\boldsymbol{P}_r(\boldsymbol{b},t)$表示第$r$阶模态载荷，它们对应的变量均为数。节点的位移响应向量$\boldsymbol{U}(\boldsymbol{b},t)$、应变响应向量$\boldsymbol{\varepsilon}(\boldsymbol{b},t)$可以通过模态响应向量$\boldsymbol{q}(\boldsymbol{b},t)$的线性组合得到；$\boldsymbol{\Phi}(\boldsymbol{b})$和$\boldsymbol{\Psi}(\boldsymbol{b})$表示选取的位移模态矩阵和应变模态

矩阵；$\boldsymbol{\delta}$表示截断误差向量。针对动力学正问题，已经涌现了多种动态响应时域求解方法，包括以 Duhamel 积分方法为代表的解析方法和以 Newmark 时间积分方法为代表的数值方法。而对于动态载荷识别问题，需要在动力学正向求解方法的基础上，利用有限测点的响应信息进行逆向推演，其中最常用的响应包括加速度和应变响应。下面，分别给出利用 Duhamel 方法和 Newmark 方法进行载荷时序历程识别的基本理论。

2.4.1 基于 Duhamel 方法的载荷识别

动力学响应求解是在时间离散的基础上进行的，现采用如下等间隔划分方式：

$$t_{\text{in}} = t_1 < t_2 < \cdots < t_{TN} = t_{\text{en}} \tag{2.16}$$

其中，$t_i = (i-1)\Delta t, i = 1,2,\cdots,TN$；$\Delta t$ 表示时间增量；TN 表示离散的总时刻数。在模态空间内利用 Duhamel 方法计算模态响应，假定时间区间$[t_i, t_{i+1}]$内的每一阶模态载荷均为恒定的常值，即$\boldsymbol{P}_r(\boldsymbol{b},t) = \boldsymbol{P}_r(\boldsymbol{b},t_i)$，$t \in [t_t, t_{i+1}]$，则有 Duhamel 积分公式[31]：

$$\boldsymbol{q}_r(\boldsymbol{b},t) = \int_0^t \boldsymbol{P}_r(\boldsymbol{b},\tau) h(\boldsymbol{b},t-\tau)\mathrm{d}\tau \quad \text{或} \quad \boldsymbol{q}_r(\boldsymbol{b},t) = \int_0^t \boldsymbol{P}_r(\boldsymbol{b},t-\tau) h(\boldsymbol{b},\tau)\mathrm{d}\tau \tag{2.17}$$

其中，$h(\boldsymbol{b},t)$为不确定性动力学系统的脉冲响应函数，表达式为

$$h(\boldsymbol{b},t) = \frac{1}{\hat{\boldsymbol{M}}_r(\boldsymbol{b})\boldsymbol{\omega}_{\mathrm{d},r}(\boldsymbol{b})} \mathrm{e}^{-\varsigma_r(\boldsymbol{b})\boldsymbol{\omega}_r(\boldsymbol{b})t} \sin[\boldsymbol{\omega}_{\mathrm{d},r}(\boldsymbol{b})t] \tag{2.18}$$

式中，$\boldsymbol{\omega}_r(\boldsymbol{b}) = \sqrt{\hat{\boldsymbol{K}}_r(\boldsymbol{b}) / \hat{\boldsymbol{M}}_r(\boldsymbol{b})}$表示第 r 阶固有振动角频率；$\boldsymbol{\omega}_{\mathrm{d},r}(\boldsymbol{b}) = \boldsymbol{\omega}_r(\boldsymbol{b})\sqrt{1-\varsigma_r^2(\boldsymbol{b})}$为考虑阻尼时的固有振动角频率；$\varsigma_r(\boldsymbol{b}) = \hat{\boldsymbol{C}}_r(\boldsymbol{b}) / [2\hat{\boldsymbol{M}}_r(\boldsymbol{b})\boldsymbol{\omega}_r(\boldsymbol{b})]$表示阻尼比。

在 Duhamel 方法中，考虑阻尼时第 r 阶模态对应的受迫振动的一般解为

$$\begin{aligned}\boldsymbol{q}_r(\boldsymbol{b},t) = {} & \frac{\boldsymbol{P}_r(\boldsymbol{b},t_i)}{\hat{\boldsymbol{M}}_r(\boldsymbol{b})\boldsymbol{\omega}_{\mathrm{d},r}(\boldsymbol{b})} \int_{t_i}^t \mathrm{e}^{-\varsigma_r(\boldsymbol{b})\boldsymbol{\omega}_r(\boldsymbol{b})(t-t_i)} \sin[\boldsymbol{\omega}_{\mathrm{d},r}(\boldsymbol{b})(t-\tau)]\mathrm{d}\tau + \mathrm{e}^{-\varsigma_r(\boldsymbol{b})\boldsymbol{\omega}_r(\boldsymbol{b})(t-t_i)} \\ & \cdot \left\{ \boldsymbol{q}_r(\boldsymbol{b},t_i)\cos[\boldsymbol{\omega}_{\mathrm{d},r}(\boldsymbol{b})(t-t_i)] + \frac{\dot{\boldsymbol{q}}_r(\boldsymbol{b},t_i) + \varsigma_r(\boldsymbol{b})\boldsymbol{\omega}_r(\boldsymbol{b})\boldsymbol{q}_r(\boldsymbol{b},t_i)}{\boldsymbol{\omega}_{\mathrm{d},r}(\boldsymbol{b})} \sin[\boldsymbol{\omega}_{\mathrm{d},r}(\boldsymbol{b})(t-t_i)] \right\}\end{aligned} \tag{2.19}$$

式中，前一项表示由 Duhamel 方法得到的振动响应，后一项表示由初始条件引起的自由振动响应。采用分部积分法对前一项进行积分，可以得到

$$\begin{aligned}\boldsymbol{q}_r(\boldsymbol{b},t) = {} & \frac{\boldsymbol{P}_r(\boldsymbol{b},t_i)}{\hat{\boldsymbol{M}}_r(\boldsymbol{b})\boldsymbol{\omega}_{\mathrm{d},r}(\boldsymbol{b})} \left[\frac{-\varsigma_r(\boldsymbol{b})\boldsymbol{\omega}_r(\boldsymbol{b})\boldsymbol{S}_r(\boldsymbol{b},t) - \boldsymbol{\omega}_{\mathrm{d},r}(\boldsymbol{b})\boldsymbol{C}_r(\boldsymbol{b},t) + \boldsymbol{\omega}_{\mathrm{d},r}(\boldsymbol{b})}{\boldsymbol{\omega}_r^{\ 2}(\boldsymbol{b})} \right] \\ & + \boldsymbol{q}_r(\boldsymbol{b},t_i)\boldsymbol{C}_r(\boldsymbol{b},t) + \frac{\dot{\boldsymbol{q}}_r(\boldsymbol{b},t_i) + \varsigma_r(\boldsymbol{b})\boldsymbol{\omega}_r(\boldsymbol{b})\boldsymbol{q}_r(\boldsymbol{b},t_i)}{\boldsymbol{\omega}_{\mathrm{d},r}(\boldsymbol{b})} \boldsymbol{S}_r(\boldsymbol{b},t)\end{aligned} \tag{2.20}$$

其中，$\boldsymbol{C}_r(\boldsymbol{b},t)=\mathrm{e}^{-\varsigma_r(\boldsymbol{b})\omega_r(\boldsymbol{b})(t-t_i)}\cos[\omega_{\mathrm{d},r}(\boldsymbol{b})(t-t_i)]$，$\boldsymbol{S}_r(\boldsymbol{b},t)=\mathrm{e}^{-\varsigma_r(\boldsymbol{b})\omega_r(\boldsymbol{b})(t-t_i)}\sin[\omega_{\mathrm{d},r}(\boldsymbol{b})(t-t_i)]$，$t\in[t_i,t_{i+1}]$。$\boldsymbol{C}_r(\boldsymbol{b},t)$ 和 $\boldsymbol{S}_r(\boldsymbol{b},t)$ 分别对时间求导，可以得到

$$\begin{aligned}\frac{\partial \boldsymbol{C}_r(\boldsymbol{b},t)}{\partial t}&=-\varsigma_r(\boldsymbol{b})\omega_r(\boldsymbol{b})\boldsymbol{C}_r(\boldsymbol{b},t)-\omega_{\mathrm{d},r}(\boldsymbol{b})\boldsymbol{S}_r(\boldsymbol{b},t)\\ \frac{\partial \boldsymbol{S}_r(\boldsymbol{b},t)}{\partial t}&=-\varsigma_r(\boldsymbol{b})\omega_r(\boldsymbol{b})\boldsymbol{S}_r(\boldsymbol{b},t)+\omega_{\mathrm{d},r}(\boldsymbol{b})\boldsymbol{C}_r(\boldsymbol{b},t)\end{aligned} \tag{2.21}$$

将式(2.20)对时间进行一次和两次求导，可以分别得到模态速度和模态加速度响应，即

$$\begin{aligned}\dot{\boldsymbol{q}}_r(\boldsymbol{b},t)=&\frac{\boldsymbol{P}_r(\boldsymbol{b},t_i)-\hat{\boldsymbol{M}}_r(\boldsymbol{b})\varsigma_r(\boldsymbol{b})\omega_r(\boldsymbol{b})\dot{\boldsymbol{q}}_r(\boldsymbol{b},t_i)-\hat{\boldsymbol{M}}_r(\boldsymbol{b})\omega_r^2(\boldsymbol{b})\boldsymbol{q}_r(\boldsymbol{b},t_i)}{\hat{\boldsymbol{M}}_r(\boldsymbol{b})\omega_{\mathrm{d},r}(\boldsymbol{b})}\boldsymbol{S}_r(\boldsymbol{b},t)\\&+\dot{\boldsymbol{q}}_r(\boldsymbol{b},t_i)\boldsymbol{C}_r(\boldsymbol{b},t)\end{aligned} \tag{2.22}$$

$$\begin{aligned}\ddot{\boldsymbol{q}}_r(\boldsymbol{b},t)=&\frac{\boldsymbol{P}_r(\boldsymbol{b},t_i)-2\hat{\boldsymbol{M}}_r(\boldsymbol{b})\varsigma_r(\boldsymbol{b})\omega_r(\boldsymbol{b})\dot{\boldsymbol{q}}_r(\boldsymbol{b},t_i)-\hat{\boldsymbol{M}}_r(\boldsymbol{b})\omega_r^2(\boldsymbol{b})\boldsymbol{q}_r(\boldsymbol{b},t_i)}{\hat{\boldsymbol{M}}_r(\boldsymbol{b})}\boldsymbol{C}_r(\boldsymbol{b},t)\\&-\frac{\varsigma_r(\boldsymbol{b})\omega_r(\boldsymbol{b})\boldsymbol{P}_r(\boldsymbol{b},t_i)+\hat{\boldsymbol{M}}_r(\boldsymbol{b})[\omega_{\mathrm{d},r}^2(\boldsymbol{b})-\varsigma_r^2(\boldsymbol{b})\omega_r^2(\boldsymbol{b})]\dot{\boldsymbol{q}}_r(\boldsymbol{b},t_i)}{\hat{\boldsymbol{M}}_r(\boldsymbol{b})\omega_{\mathrm{d},r}(\boldsymbol{b})}\boldsymbol{S}_r(\boldsymbol{b},t)\\&+\frac{\hat{\boldsymbol{M}}_r(\boldsymbol{b})\varsigma_r(\boldsymbol{b})\omega_r^3(\boldsymbol{b})\boldsymbol{q}_r(\boldsymbol{b},t_i)}{\hat{\boldsymbol{M}}_r(\boldsymbol{b})\omega_{\mathrm{d},r}(\boldsymbol{b})}\boldsymbol{S}_r(\boldsymbol{b},t)\end{aligned} \tag{2.23}$$

以上为基于 Duhamel 方法的动力学响应求解公式。为了进一步简化符号，当 $t=t_{i+1}$ 时，分别将 $\boldsymbol{C}_r(\boldsymbol{b},t)$ 和 $\boldsymbol{S}_r(\boldsymbol{b},t)$ 简化为

$$\begin{aligned}\boldsymbol{C}_r(\boldsymbol{b},t_{i+1})&=\mathrm{e}^{-\varsigma_r(\boldsymbol{b})\omega_r(\boldsymbol{b})\Delta t}\cos\left[\omega_{\mathrm{d},r}(\boldsymbol{b})\Delta t\right]=\Delta\boldsymbol{C}_r(\boldsymbol{b})\\ \boldsymbol{S}_r(\boldsymbol{b},t_{i+1})&=\mathrm{e}^{-\varsigma_r(\boldsymbol{b})\omega_r(\boldsymbol{b})\Delta t}\sin\left[\omega_{\mathrm{d},r}(\boldsymbol{b})\Delta t\right]=\Delta\boldsymbol{S}_r(\boldsymbol{b})\end{aligned} \tag{2.24}$$

下面假设结构具有零初始条件，即 $\boldsymbol{q}_r(\boldsymbol{b},0)=\dot{\boldsymbol{q}}_r(\boldsymbol{b},0)=\boldsymbol{0}$，推导利用加速度和应变测量响应进行动态载荷时域识别的公式。

当已知有限测点应变响应时，结构的模态位移可以通过下式求解[30]：

$$\boldsymbol{q}(\boldsymbol{b},t_i)=[\boldsymbol{\Psi}^{\mathrm{T}}(\boldsymbol{b},\boldsymbol{S})\boldsymbol{\Psi}(\boldsymbol{b},\boldsymbol{S})+\boldsymbol{\lambda}]^{-1}\boldsymbol{\Psi}^{\mathrm{T}}(\boldsymbol{b},\boldsymbol{S})\boldsymbol{\varepsilon}(\boldsymbol{S},t_i) \tag{2.25}$$

式中，$\boldsymbol{\lambda}$ 表示人为引入的正则化对角算子矩阵，可以有效缓解矩阵求逆的病态性；$\boldsymbol{S}$ 表示与测点位置有关的向量，其引入源于传感器数量的有限性，只能测量到特定自由度上的动态响应；$\boldsymbol{\Psi}(\boldsymbol{b},\boldsymbol{S})$ 表示在选取的应变模态矩阵 $\boldsymbol{\Psi}(\boldsymbol{b})$ 的基础上，进一步筛选出测量自由度对应元素的模态矩阵，称之为减缩应变模态矩阵；$\boldsymbol{\varepsilon}(\boldsymbol{S},t_i)$ 表示与测点对应的应变响应向量。令式(2.20)中的 $t=t_{i+1}$，并整理式(2.20)可以得到

模态载荷识别公式：

$$\begin{aligned}\boldsymbol{P}_r(\boldsymbol{b},t_i)=&\left[\boldsymbol{q}_r(\boldsymbol{b},t_{i+1})-\boldsymbol{q}_r(\boldsymbol{b},t_i)\Delta\boldsymbol{C}_r(\boldsymbol{b})-\frac{\dot{\boldsymbol{q}}_r(\boldsymbol{b},t_i)+\varsigma_r(\boldsymbol{b})\boldsymbol{\omega}_r(\boldsymbol{b})\boldsymbol{q}_r(\boldsymbol{b},t_i)}{\boldsymbol{\omega}_{\mathrm{d},r}(\boldsymbol{b})}\Delta\boldsymbol{S}_r(\boldsymbol{b})\right]\\&\cdot\frac{\hat{\boldsymbol{M}}_r(\boldsymbol{b})\boldsymbol{\omega}_{\mathrm{d},r}(\boldsymbol{b})\boldsymbol{\omega}_r^2(\boldsymbol{b})}{-\varsigma_r(\boldsymbol{b})\boldsymbol{\omega}_r(\boldsymbol{b})\Delta\boldsymbol{S}_r(\boldsymbol{b})-\boldsymbol{\omega}_{\mathrm{d},r}(\boldsymbol{b})\Delta\boldsymbol{C}_r(\boldsymbol{b})+\boldsymbol{\omega}_{\mathrm{d},r}(\boldsymbol{b})}\end{aligned}\tag{2.26}$$

上式用到的模态速度响应可以通过模态位移响应的差分运算得到，也可以利用式(2.22)和式(2.24)计算得到。

当已知有限测点加速度响应时，结构的模态加速度响应可以通过最小二乘法和正则化方法得到，即

$$\ddot{\boldsymbol{q}}(\boldsymbol{b},t_i)=[\boldsymbol{\Phi}^{\mathrm{T}}(\boldsymbol{b},\boldsymbol{S})\boldsymbol{\Phi}(\boldsymbol{b},\boldsymbol{S})+\lambda]^{-1}\boldsymbol{\Phi}^{\mathrm{T}}(\boldsymbol{b},\boldsymbol{S})\ddot{\boldsymbol{U}}(\boldsymbol{S},t_i)\tag{2.27}$$

式中，$\boldsymbol{\Phi}(\boldsymbol{b},\boldsymbol{S})$ 表示减缩位移模态矩阵；$\ddot{\boldsymbol{U}}(\boldsymbol{S},t_i)$ 表示与测点对应的加速度响应向量。令式(2.23)中的 $t=t_{i+1}$，并整理式(2.23)可以得到模态载荷识别公式：

$$\boldsymbol{P}_r(\boldsymbol{b},t_i)=\frac{\left\{\begin{aligned}&\ddot{\boldsymbol{q}}_r(\boldsymbol{b},t_{i+1})+[2\varsigma_r(\boldsymbol{b})\boldsymbol{\omega}_r(\boldsymbol{b})\dot{\boldsymbol{q}}_r(\boldsymbol{b},t_i)+\boldsymbol{\omega}_r^2(\boldsymbol{b})\boldsymbol{q}_r(\boldsymbol{b},t_i)]\Delta\boldsymbol{C}_r(\boldsymbol{b})+\\&[\boldsymbol{\omega}_{\mathrm{d},r}^2(\boldsymbol{b})-\varsigma_r^2(\boldsymbol{b})\boldsymbol{\omega}_r^2(\boldsymbol{b})]\dot{\boldsymbol{q}}_r(\boldsymbol{b},t_i)-\varsigma_r(\boldsymbol{b})\boldsymbol{\omega}_r^3(\boldsymbol{b})\boldsymbol{q}_r(\boldsymbol{b},t_i)\frac{\Delta\boldsymbol{S}_r(\boldsymbol{b})}{\boldsymbol{\omega}_{\mathrm{d},r}(\boldsymbol{b})}\end{aligned}\right\}}{\dfrac{\Delta\boldsymbol{C}_r(\boldsymbol{b})}{\hat{\boldsymbol{M}}_r(\boldsymbol{b})}-\dfrac{\varsigma_r(\boldsymbol{b})\boldsymbol{\omega}_r(\boldsymbol{b})\Delta\boldsymbol{S}_r(\boldsymbol{b})}{\hat{\boldsymbol{M}}_r(\boldsymbol{b})\boldsymbol{\omega}_{\mathrm{d},r}(\boldsymbol{b})}}\tag{2.28}$$

上式用到的模态速度响应和模态位移响应可以在初始条件的基础上通过积分运算得到，也可以利用式(2.20)、式(2.22)和式(2.24)计算得到。

当可以同时测量加速度响应和应变响应时，可以分别通过式(2.27)和式(2.25)求解模态加速度响应和模态位移响应，并利用中心差分法近似求解模态速度响应，即

$$\dot{\boldsymbol{q}}_r(\boldsymbol{b},t_i)=\frac{\boldsymbol{q}_r(\boldsymbol{b},t_{i+1})-\boldsymbol{q}_r(\boldsymbol{b},t_{i-1})}{2\Delta t}\tag{2.29}$$

进而，利用模态空间的动力学方程可以求解模态载荷。遍历所有离散时刻，则可依次求得模态载荷序列，即 $\boldsymbol{P}_r(\boldsymbol{b},t_1)$、$\boldsymbol{P}_r(\boldsymbol{b},t_2)$、…、$\boldsymbol{P}_r(\boldsymbol{b},t_{TN})$。

2.4.2　基于 Newmark 方法的载荷识别

利用数值方法进行动力学求解的基本思想是在足够小的时间间隔 Δt 内，将微分方程离散为代数方程，利用 t_i 时刻的响应求解 t_{i+1} 时刻的响应，即

$$
\begin{aligned}
&\boldsymbol{q}_r(\boldsymbol{b},t_{i+1})=\boldsymbol{q}_r(\boldsymbol{b},t_i)+\Delta t\dot{\boldsymbol{q}}_r(\boldsymbol{b},t_i)+\frac{\Delta t^2}{2}\ddot{\boldsymbol{q}}_r(\boldsymbol{b},t_i)+\frac{\Delta t^3}{6}\boldsymbol{q}_r^{(3)}(\boldsymbol{b},t_i)+\cdots \\
&\dot{\boldsymbol{q}}_r(\boldsymbol{b},t_{i+1})=\dot{\boldsymbol{q}}_r(\boldsymbol{b},t_i)+\Delta t\ddot{\boldsymbol{q}}_r(\boldsymbol{b},t_i)+\frac{\Delta t^2}{2}\boldsymbol{q}_r^{(3)}(\boldsymbol{b},t_i)+\cdots \\
&\ddot{\boldsymbol{q}}_r(\boldsymbol{b},t_{i+1})=\ddot{\boldsymbol{q}}_r(\boldsymbol{b},t_i)+\Delta t\boldsymbol{q}_r^{(3)}(\boldsymbol{b},t_i)+\cdots
\end{aligned} \tag{2.30}
$$

对上述泰勒展开式进行截断，则可以得到如下 Newmark 方法的基本公式[144]：

$$
\begin{aligned}
&\boldsymbol{q}_r(\boldsymbol{b},t_{i+1})=\boldsymbol{q}_r(\boldsymbol{b},t_i)+\Delta t\dot{\boldsymbol{q}}_r(\boldsymbol{b},t_i)+\Delta t^2[(0.5-\beta)\ddot{\boldsymbol{q}}_r(\boldsymbol{b},t_i)+\beta\ddot{\boldsymbol{q}}_r(\boldsymbol{b},t_{i+1})] \\
&\dot{\boldsymbol{q}}_r(\boldsymbol{b},t_{i+1})=\dot{\boldsymbol{q}}_r(\boldsymbol{b},t_i)+\Delta t[(1-\gamma)\ddot{\boldsymbol{q}}_r(\boldsymbol{b},t_i)+\gamma\ddot{\boldsymbol{q}}_r(\boldsymbol{b},t_{i+1})]
\end{aligned} \tag{2.31}
$$

式中，β 和 γ 为算法参数。参数 β 一般取 0～0.25，而 γ 通常取 0.5。当 $\beta=0$，$\gamma=0.5$ 时，上式对应于中心差分法，是一种条件稳定的显式方法；当 $\beta=1/6$，$\gamma=0.5$ 时，上式对应于线性加速度方法，是一种条件稳定的隐式方法；当 $\beta=0.25$，$\gamma=0.5$ 时，上式对应于梯形法则，是一种无条件稳定的隐式方法，在任意时间步长下，Newmark 方法的解都不会发散，被广泛应用于结构动响应的数值求解中。此外，式(2.31)可以改写为

$$
\begin{aligned}
&\ddot{\boldsymbol{q}}_r(\boldsymbol{b},t_{i+1})=\frac{1}{\beta\Delta t^2}[\boldsymbol{q}_r(\boldsymbol{b},t_{i+1})-\boldsymbol{q}_r(\boldsymbol{b},t_i)]-\frac{1}{\beta\Delta t}\dot{\boldsymbol{q}}_r(\boldsymbol{b},t_i)-\left(\frac{1}{2\beta}-1\right)\ddot{\boldsymbol{q}}_r(\boldsymbol{b},t_i) \\
&\dot{\boldsymbol{q}}_r(\boldsymbol{b},t_{i+1})=\frac{\gamma}{\beta\Delta t}[\boldsymbol{q}_r(\boldsymbol{b},t_{i+1})-\boldsymbol{q}_r(\boldsymbol{b},t_i)]-\left(\frac{\gamma}{\beta}-1\right)\dot{\boldsymbol{q}}_r(\boldsymbol{b},t_i)-\Delta t\left(\frac{\gamma}{2\beta}-1\right)\ddot{\boldsymbol{q}}_r(\boldsymbol{b},t_i)
\end{aligned} \tag{2.32}
$$

Newmark 方法还用到了 t_{i+1} 时刻的平衡方程，即

$$
\hat{\boldsymbol{M}}_r(\boldsymbol{b})\ddot{\boldsymbol{q}}_r(\boldsymbol{b},t_{i+1})+\hat{\boldsymbol{C}}_r(\boldsymbol{b})\dot{\boldsymbol{q}}_r(\boldsymbol{b},t_{i+1})+\hat{\boldsymbol{K}}_r(\boldsymbol{b})\boldsymbol{q}_r(\boldsymbol{b},t_{i+1})=\boldsymbol{P}_r(\boldsymbol{b},t_{i+1}) \tag{2.33}
$$

将式(2.32)中 $\ddot{\boldsymbol{q}}_r(\boldsymbol{b},t_{i+1})$ 和 $\dot{\boldsymbol{q}}_r(\boldsymbol{b},t_{i+1})$ 的表达式代入式(2.33)，可以得到如下 Newmark 方法的递推计算格式：

$$
\boldsymbol{K}_r^*(\boldsymbol{b})\boldsymbol{q}_r(\boldsymbol{b},t_{i+1})=\boldsymbol{P}_r(\boldsymbol{b},t_{i+1})+\boldsymbol{F}_r^*(\boldsymbol{b},t_i) \tag{2.34}
$$

其中，

$$
\begin{aligned}
&\boldsymbol{K}_r^*(\boldsymbol{b})=\frac{1}{\beta\Delta t^2}\hat{\boldsymbol{M}}_r(\boldsymbol{b})+\frac{\gamma}{\beta\Delta t}\hat{\boldsymbol{C}}_r(\boldsymbol{b})+\hat{\boldsymbol{K}}_r(\boldsymbol{b}) \\
&\boldsymbol{F}_r^*(\boldsymbol{b},t_i)=\hat{\boldsymbol{M}}_r(\boldsymbol{b})\left[\frac{1}{\beta\Delta t^2}\boldsymbol{q}_r(\boldsymbol{b},t_i)+\frac{1}{\beta\Delta t}\dot{\boldsymbol{q}}_r(\boldsymbol{b},t_i)+\left(\frac{1}{2\beta}-1\right)\ddot{\boldsymbol{q}}_r(\boldsymbol{b},t_i)\right] \\
&\qquad+\hat{\boldsymbol{C}}_r(\boldsymbol{b})\left[\frac{\gamma}{\beta\Delta t}\boldsymbol{q}_r(\boldsymbol{b},t_i)+\left(\frac{\gamma}{\beta}-1\right)\dot{\boldsymbol{q}}_r(\boldsymbol{b},t_i)+\left(\frac{\gamma}{2\beta}-1\right)\ddot{\boldsymbol{q}}_r(\boldsymbol{b},t_i)\right]
\end{aligned} \tag{2.35}
$$

从式(2.34)可以看出，t_{i+1} 时刻的模态位移响应可以看成是两部分响应分量的叠

加，即 $\boldsymbol{q}_r(\boldsymbol{b},t_{i+1})=\boldsymbol{q}_r^1(\boldsymbol{b},t_{i+1})+\boldsymbol{q}_r^2(\boldsymbol{b},t_{i+1})$。其中，$\boldsymbol{q}_r^1(\boldsymbol{b},t_{i+1})$ 由 t_{i+1} 时刻的模态载荷 $\boldsymbol{P}_r(\boldsymbol{b},t_{i+1})$ 引起，$\boldsymbol{q}_r^2(\boldsymbol{b},t_{i+1})$ 由 t_i 时刻的模态响应等效载荷 $\boldsymbol{F}_r^*(\boldsymbol{b},t_i)$ 引起。

当已知有限测点加速度响应时，模态加速度响应可以通过式(2.27)计算得到，进而利用零初始条件和式(2.31)求解模态位移响应和模态速度响应。当已知有限测点应变响应时，模态位移响应可以通过式(2.25)计算得到，进而利用零初始条件和式(2.32)求解模态速度响应和模态加速度响应。当同时已知有限测点的加速度响应和应变响应时，模态速度响应通过式(2.29)计算得到。为了启动 Newmark 方法计算程序，需要根据初始位移和速度响应计算初始加速度响应，即

$$\ddot{\boldsymbol{q}}_r(\boldsymbol{b},0)=\frac{\boldsymbol{P}_r(\boldsymbol{b},0)-\hat{\boldsymbol{C}}_r(\boldsymbol{b})\dot{\boldsymbol{q}}_r(\boldsymbol{b},0)-\hat{\boldsymbol{K}}_r(\boldsymbol{b})\boldsymbol{q}_r(\boldsymbol{b},0)}{\hat{\boldsymbol{M}}_r(\boldsymbol{b})} \tag{2.36}$$

上式中，初始时刻的模态载荷未知，通常假设 $\boldsymbol{P}_r(\boldsymbol{b},0)=0$。综上所述，得到 t_i 时刻的动力学响应参数后，将其代入式(2.35)则可以得到等效载荷 $\boldsymbol{F}_r^*(\boldsymbol{b},t_i)$，进而得到第二个响应分量 $\boldsymbol{q}_r^2(\boldsymbol{b},t_{i+1})$；然后可以利用 $\boldsymbol{q}_r(\boldsymbol{b},t_{i+1})$ 得到第一个响应分量 $\boldsymbol{q}_r^1(\boldsymbol{b},t_{i+1})$；最终，模态载荷通过下式求解：

$$\boldsymbol{P}_r(\boldsymbol{b},t_{i+1})=\boldsymbol{K}_r^*(\boldsymbol{b})[\boldsymbol{q}_r(\boldsymbol{b},t_{i+1})-\boldsymbol{q}_r^2(\boldsymbol{b},t_{i+1})] \tag{2.37}$$

根据物理载荷与模态载荷之间的关系，通过最小二乘法求解外部载荷的时序历程，即

$$\boldsymbol{F}(\boldsymbol{b},\chi,t_i)=\{[\boldsymbol{\Phi}^{\mathrm{T}}(\boldsymbol{b})\boldsymbol{L}(\chi)]^{\mathrm{T}}[\boldsymbol{\Phi}^{\mathrm{T}}(\boldsymbol{b})\boldsymbol{L}(\chi)]\}^{-1}[\boldsymbol{\Phi}^{\mathrm{T}}(\boldsymbol{b})\boldsymbol{L}(\chi)]^{\mathrm{T}}\boldsymbol{P}(\boldsymbol{b},t_i) \tag{2.38}$$

需要说明的是，为了保证求逆运算解的唯一性，选取的模态阶数 M、测量的自由度数目 N、待识别的载荷个数 G 应满足 $N \geqslant M \geqslant G$。

得到载荷识别结果后，需要对识别效果进行评估。下面介绍一些常用的评估方法，从而直观、全面地对载荷识别结果进行误差分析。对于在某一不确定参数样本点下的识别结果，可以通过平均绝对误差、平均相对误差、峰值相对误差、归一化均方误差和线性相关系数等指标评估识别的确定性载荷。对于给定区间下的识别结果，可以通过平均不确定水平、峰值不确定水平和边界相关系数等指标评估识别的载荷区间。

2.5 弱先验信息下的动态载荷加载数量、位置与时序历程识别

现有的动态载荷识别工作主要针对多点集中动态载荷的时序历程识别，这些研究都是在载荷加载数量和位置已知的前提下进行的。然而，当先验信息不完备时，比如结构受到冲击载荷作用时，载荷的所有信息都是未知的。因此，本节将

在前一节的基础上，提出一种针对区间不确定结构的集中动态载荷加载数量、位置与时序历程识别。引入“虚拟载荷”表示可能的载荷，即 $\boldsymbol{f}(\boldsymbol{b},t)=\boldsymbol{L}(\boldsymbol{\chi}_1^{\mathrm{I}},\cdots,\boldsymbol{\chi}_G^{\mathrm{I}})\boldsymbol{F}(\boldsymbol{\xi}_1^{\mathrm{I}},\cdots,\boldsymbol{\xi}_G^{\mathrm{I}},t)$，其中，$G$ 表示载荷数量，$\boldsymbol{\chi}_1^{\mathrm{I}},\cdots,\boldsymbol{\chi}_G^{\mathrm{I}}$ 表示载荷空间坐标，$\boldsymbol{\xi}_1^{\mathrm{I}},\cdots,\boldsymbol{\xi}_G^{\mathrm{I}}$ 表示载荷大小，$\boldsymbol{L}(\boldsymbol{\chi}_1^{\mathrm{I}},\cdots,\boldsymbol{\chi}_G^{\mathrm{I}})$ 表示载荷位置矩阵，$\boldsymbol{F}(\boldsymbol{\xi}_1^{\mathrm{I}},\cdots,\boldsymbol{\xi}_G^{\mathrm{I}},t)$ 表示载荷大小矩阵。当虚拟载荷的三要素与真实情况一致时，虚拟载荷下的有限元模拟响应与测量响应相匹配。因此，弱先验信息下的载荷识别问题可以转换为测量响应与有限元模拟响应之间的优化问题。

一旦虚拟载荷的数量和位置确定，动态载荷的时序历程可以由测量响应和时域识别方法得到。需要指出的是，同时经历反向识别和正向计算的结构响应一定会与测量响应相一致。因此，本节提出一种基于分层策略的动态载荷加载数量、位置与时序历程识别方法，内层利用部分测点进行模态载荷识别与载荷数量判定，外层利用剩余测点建立响应误差优化列式以确定载荷位置和时序历程。下面，以加速度测量响应信号为例，构造如下优化列式：

$$
\begin{aligned}
&\text{find}\quad G,(\boldsymbol{\chi}_1^{\mathrm{I}},\cdots,\boldsymbol{\chi}_G^{\mathrm{I}}),(\boldsymbol{\xi}_1^{\mathrm{I}},\cdots,\boldsymbol{\xi}_G^{\mathrm{I}},t_i)\\
&\max\quad r=\sum_{j=1}^{v}\left.\frac{\displaystyle\sum_{i=1}^{TN}[\ddot{\boldsymbol{U}}_{\mathrm{s},j}(\boldsymbol{b},t_i)-\tilde{\ddot{\boldsymbol{U}}}_{\mathrm{s},j}(\boldsymbol{b},t_i)][\ddot{\boldsymbol{U}}_{\mathrm{m1},j}(t_i)-\tilde{\ddot{\boldsymbol{U}}}_{\mathrm{m1},j}(t_i)]}{v\cdot\sqrt{\displaystyle\sum_{i=1}^{TN}[\ddot{\boldsymbol{U}}_{\mathrm{s},j}(\boldsymbol{b},t_i)-\tilde{\ddot{\boldsymbol{U}}}_{\mathrm{s},j}(\boldsymbol{b},t_i)]^2\cdot\sum_{i=1}^{TN}[\ddot{\boldsymbol{U}}_{\mathrm{m1},j}(t_i)-\tilde{\ddot{\boldsymbol{U}}}_{\mathrm{m1},j}(t_i)]}}\right|_{\substack{\boldsymbol{L}(\boldsymbol{\chi}_1^{\mathrm{I}},\cdots,\boldsymbol{\chi}_G^{\mathrm{I}})\\ \boldsymbol{F}(\boldsymbol{\xi}_1^{\mathrm{I}},\cdots,\boldsymbol{\xi}_G^{\mathrm{I}})}}\\
&\text{s.t.}\quad \boldsymbol{f}(\boldsymbol{b},t)=H[\boldsymbol{b},\ddot{\boldsymbol{U}}_{\mathrm{m2}}(t)]\big|_{\boldsymbol{L}(\boldsymbol{\chi}_1^{\mathrm{I}},\cdots,\boldsymbol{\chi}_G^{\mathrm{I}})}\\
&\qquad\ \boldsymbol{M}(\boldsymbol{b})\ddot{\boldsymbol{U}}_{\mathrm{s}}(\boldsymbol{b},t)+\boldsymbol{C}(\boldsymbol{b})\dot{\boldsymbol{U}}_{\mathrm{s}}(\boldsymbol{b},t)+\boldsymbol{K}(\boldsymbol{b})\boldsymbol{U}_{\mathrm{s}}(\boldsymbol{b},t)=\boldsymbol{f}(\boldsymbol{b},t)\\
&\qquad\ \ddot{\boldsymbol{U}}_{\mathrm{m1}}(t)\cap\ddot{\boldsymbol{U}}_{\mathrm{m2}}(t)=\varnothing,\ \ \ddot{\boldsymbol{U}}_{\mathrm{m1}}(t)\cup\ddot{\boldsymbol{U}}_{\mathrm{m2}}(t)=\ddot{\boldsymbol{U}}_{\mathrm{m}}(t)\\
&\qquad\ \boldsymbol{\chi}_k\in\boldsymbol{\Omega}\ ,\ 1\leqslant k\leqslant G
\end{aligned}
\tag{2.39}
$$

式中，G、$(\boldsymbol{\chi}_1^{\mathrm{I}},\cdots,\boldsymbol{\chi}_G^{\mathrm{I}})$ 和 $(\boldsymbol{\xi}_1^{\mathrm{I}},\cdots,\boldsymbol{\xi}_G^{\mathrm{I}},t_i)$ 为优化变量；$\ddot{\boldsymbol{U}}_{\mathrm{m}}(t)$ 和 $\ddot{\boldsymbol{U}}_{\mathrm{s}}(\boldsymbol{b},t)$ 表示测量的和有限元模拟的加速度响应(共 κ 个和 v 个)；$\ddot{\boldsymbol{U}}_{\mathrm{m1}}(t)$ 和 $\ddot{\boldsymbol{U}}_{\mathrm{m2}}(t)$ 表示外层和内层用到的测量响应(共 v 个和 $\kappa-v$ 个)；r 表示外层优化中用于评估测量响应与模拟响应误差的平均线性相关系数；符号“$\tilde{\times}$”表示响应在时间维度上的平均值；$H[\boldsymbol{b},\ddot{\boldsymbol{U}}_{\mathrm{m2}}(t)]\big|_{\boldsymbol{L}(\boldsymbol{\chi}_1^{\mathrm{I}},\cdots,\boldsymbol{\chi}_G^{\mathrm{I}})}$ 表示加载位置 $\boldsymbol{\chi}_1^{\mathrm{I}},\cdots,\boldsymbol{\chi}_G^{\mathrm{I}}$ 处利用测量响应 $\ddot{\boldsymbol{U}}_{\mathrm{m2}}(t)$ 的动态载荷识别；$\boldsymbol{\Omega}$ 表示结构的空间域。下面，首先利用 2.3 节所提出的方法进行模态载荷识别，通过对模态载荷进行主成分分析确定载荷加载数量，然后通过迭代分区优化和多项式拟合策略确定载荷加载位置和时序历程，具体操作流程如图 2.3 所示。

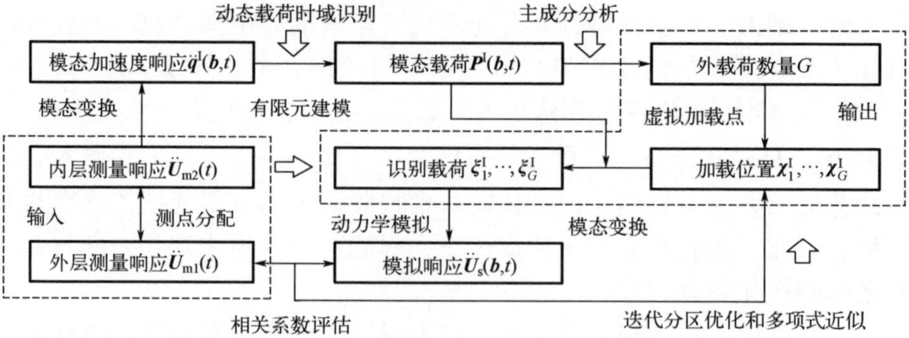

图 2.3　集中动态载荷的加载数量、区域与时序历程识别流程图

2.5.1　基于主成分分析的加载数量识别

根据模态载荷的计算公式 $\boldsymbol{P}(\boldsymbol{b},t)=\boldsymbol{\Phi}^{\mathrm{T}}(\boldsymbol{b})\boldsymbol{L}(\chi_1^{\mathrm{I}},\cdots,\chi_G^{\mathrm{I}})\boldsymbol{F}(\xi_1^{\mathrm{I}},\cdots,\xi_G^{\mathrm{I}},t)$，可以看出，模态载荷由外部载荷加权叠加而来。如果识别出的外部载荷能够通过线性变化得到相同的 M 阶模态载荷，那么该载荷也能够引起相同的模态响应，进而激发出相同的物理坐标响应。因此，只要寻找出一组彼此相互独立且能尽可能多的反映模态载荷信息的外部载荷即可。众所周知，主成分分析是一种降维统计方法[145]，可以将原来众多具有一定相关性的变量重新组合成一组新的、互相无关的综合指标。因此，动态载荷的加载数量可以通过对区间模态载荷进行主成分分析确定。由于模态载荷的求解不涉及外部载荷的加载位置和时序历程，可以最先确定，具体步骤如下。

为了便于统计分析，先对区间模态载荷进行标准化操作：

$$\underline{\boldsymbol{P}}_r^*(\boldsymbol{b},t)=\frac{\underline{\boldsymbol{P}}_i(\boldsymbol{b},t)-\underline{\boldsymbol{P}}_i^{\mathrm{m}}(\boldsymbol{b},t)}{\underline{\sigma}_i},\qquad \overline{\boldsymbol{P}}_r^*(\boldsymbol{b},t)=\frac{\overline{\boldsymbol{P}}_i(\boldsymbol{b},t)-\overline{\boldsymbol{P}}_i^{\mathrm{m}}(\boldsymbol{b},t)}{\overline{\sigma}_i} \tag{2.40}$$

其中，$\underline{\boldsymbol{P}}_i(\boldsymbol{b},t)$ 和 $\overline{\boldsymbol{P}}_i(\boldsymbol{b},t)$ 分别表示第 i 阶模态载荷的下界和上界；$\underline{\boldsymbol{P}}_i^{\mathrm{m}}(\boldsymbol{b},t)$ 和 $\overline{\boldsymbol{P}}_i^{\mathrm{m}}(\boldsymbol{b},t)$ 表示第 i 阶模态载荷边界在时域上的平均值；$\underline{\sigma}_i$ 和 $\overline{\sigma}_i$ 表示标准差；$\underline{\boldsymbol{P}}_r^*(\boldsymbol{b},t)$ 和 $\overline{\boldsymbol{P}}_r^*(\boldsymbol{b},t)$ 表示标准化的第 i 阶模态载荷边界。计算上述标准化模态载荷的协方差矩阵，即

$$\underline{\boldsymbol{R}}=\frac{1}{TN}\underline{\boldsymbol{P}}^*(\boldsymbol{b},t)[\underline{\boldsymbol{P}}^*(\boldsymbol{b},t)]^{\mathrm{T}},\qquad \overline{\boldsymbol{R}}=\frac{1}{TN}\overline{\boldsymbol{P}}^*(\boldsymbol{b},t)[\overline{\boldsymbol{P}}^*(\boldsymbol{b},t)]^{\mathrm{T}} \tag{2.41}$$

并对其进行特征值分解：

$$\underline{\boldsymbol{R}}=\underline{\boldsymbol{V}}\,\underline{\boldsymbol{\Lambda}}\underline{\boldsymbol{V}}^{\mathrm{T}},\qquad \overline{\boldsymbol{R}}=\overline{\boldsymbol{V}}\,\overline{\boldsymbol{\Lambda}}\overline{\boldsymbol{V}}^{\mathrm{T}} \tag{2.42}$$

式中，$\underline{\boldsymbol{\Lambda}}$ 和 $\overline{\boldsymbol{\Lambda}}$ 表示非零特征值按照降序排列形成的对角矩阵；$\underline{\boldsymbol{V}}$ 和 $\overline{\boldsymbol{V}}$ 表示特征向

量按照对应顺序排列而成的转换矩阵。在传统的主成分分析中，通常用协方差矩阵的特征值衡量变量所包含的信息，定义累计贡献率为

$$\Theta=\frac{(\underline{\lambda}_1+\underline{\lambda}_2+\cdots+\underline{\lambda}_G)+(\overline{\lambda}_1+\overline{\lambda}_2+\cdots+\overline{\lambda}_G)}{(\underline{\lambda}_1+\underline{\lambda}_2+\cdots+\underline{\lambda}_\psi)+(\overline{\lambda}_1+\overline{\lambda}_2+\cdots+\overline{\lambda}_\psi)} \tag{2.43}$$

式中，$\underline{\lambda}_i$ 和 $\overline{\lambda}_i$（$i=1,2,\cdots,\psi$）分别是矩阵 $\underline{\boldsymbol{R}}$ 和 $\overline{\boldsymbol{R}}$ 的 ψ 个非零特征值。当 Θ 大于设定的阈值时(一般设置为 85%～95%[134])，则认为用前 G 个主成分代替模态载荷，并没有损失太多信息，将 G 作为动态载荷的加载数量。

2.5.2　基于迭代分区优化和多项式拟合的加载位置识别

当动态载荷的加载数量确定后，其加载位置可以通过遍历寻优或者智能优化算法进行载荷时序历程识别和响应相关性评估方法得到。由于整个载荷识别过程基于有限元方法完成，对于大规模、大尺寸结构系统，直接优化显得烦琐且低效，尤其对于多点载荷情况。因此，本节结合迭代分区优化和多项式拟合方法对外部载荷进行定位。下面以受到 2 个集中载荷作用的长方形悬臂板结构为例进行说明。

第 1 步：将长方形板结构划分为若干个分区，这里以 8 个分区为例，选择具有代表性的节点作为虚拟加载点(黑色圆点 P1-1～P1-8)。任意选取两个加载点生成加载位置矩阵(共 $C_8^2+8=36$ 个)，利用内层测量响应识别每种情况下的动态载荷时序历程并模拟识别载荷下的加速度响应，计算外层测量响应与模拟响应之间的平均线性相关系数并按照降序排列，即 $r_1,r_2,\cdots,r_{36}$。一般来讲，虚拟加载点越接近真实加载位置，响应相关性越大。为防止出现分区误判的现象，对前两个相关系数进行判断。若 $r_1-r_2\geqslant\eta_1$（η_1 是一个很小的阈值)，那么将具有最高相关系数(记为 r_*^1)的分区组合视为最可能的加载区域；否则，需要引入一些其他辅助的虚拟加载点，评估整体相关性指标以确定初始分区。

第 2 步：利用二分法将初始分区进行二次标定，进一步选取虚拟加载点(红色三角形)。图 2.4 所示的长方形板结构将产生 4 种加载方案，即 P2-1 与 P2-3，P2-1 与 P2-4，P2-2 与 P2-3，以及 P2-2 与 P2-4。然后进行动态载荷时序历程识别与响应相关性评估，获得最佳分区组合，对应的最高相关系数记为 r_*^2。

第 3 步：重复第 2 步，直至满足预设的相关系数收敛条件（$r_*^n-r_*^{n-1}\leqslant\eta_2$，$\eta_2$ 是一个很小的阈值)和分区面积收敛条件。

第 4 步：假设该长方形板结构通过 3 轮分区迭代完成加载位置搜索，图中阴影区域为最终的优化分区。为了得到更精准的坐标，采用多项式拟合方法对最优分区上的平均线性相关系数进行曲面函数近似。为了便于数值计算，分区形状应

相对规则，必要时需要进行等参化处理。记二维等参化坐标为 x 和 y，拟合的多项式可以表示为

$$r(\boldsymbol{b},x,y)=\sum_{i=0}^{\alpha}\sum_{j=0}^{i}T_{j(i-j)}(\boldsymbol{b})x^{j}y^{i-j} \tag{2.44}$$

式中，α 表示多项式的阶数，$T_{j(i-j)}(\boldsymbol{b})$ 表示多项式系数，可以通过一些预设的样本点计算得到。在每个不确定参数样本点处进行分析时，将其相关系数最大值所在的位置即视为加载位置。考虑到参数的区间不确定性，动态载荷可能的加载位置可以通过 2.2 节所述的不确定性传播分析方法得到。

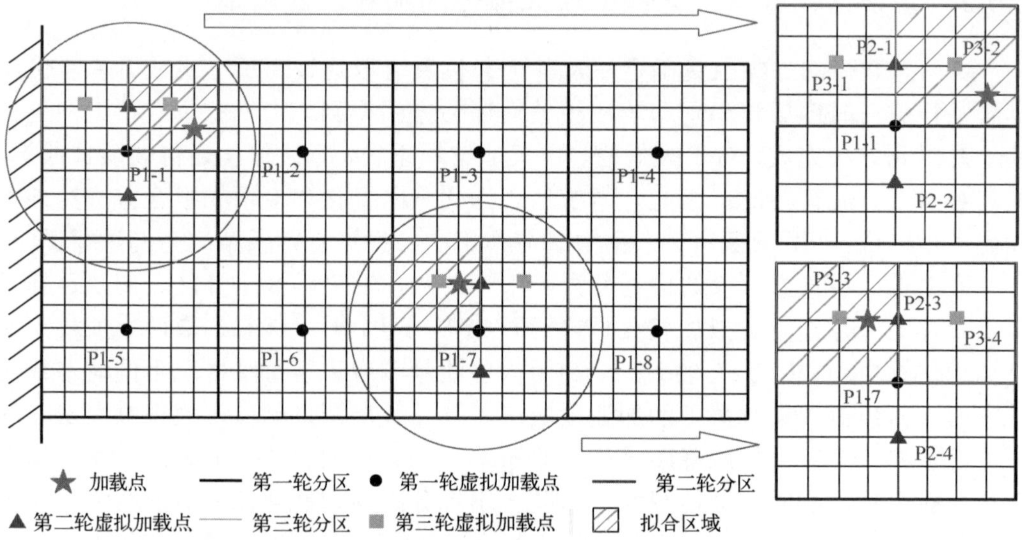

图 2.4　悬臂板结构的集中动态载荷位置识别示意图(见彩图)

得到动态载荷的加载位置后，利用距离最近的有限元节点构建加载位置矩阵，再次进行动态载荷时序历程识别。很显然，对于多点加载工况，进行连续分区逼近也是非常繁琐的，必要时可以通过分析模态载荷的特征进行时域截断及响应剥离，进而提高载荷识别效率。

2.6　区间复合条件数驱动的传感器测点分配

在进行弱先验信息下的动态载荷识别时，需要将测量响应分成用于模态载荷识别和响应相关性分析的两个集合，因此，有必要对传感器测点进行合理划分。如 2.4 节所述，大型结构的动态载荷识别基于模态叠加方法展开，物理空间的测量响应需要通过减缩模态矩阵的求逆运算转换至模态坐标空间。该过程往往是病

态性的，意味着微小的测量误差或系统误差将可能造成较大的载荷识别误差，也会使得载荷识别效果与传感器测点数量并不呈现正相关关系。文献[129]指出，减小传递函数矩阵的条件数可以有效降低测量响应误差引起的载荷识别误差。本节将针对区间不确定性结构定义区间条件数指标，提出一种给定候选集下的传感器测点分配策略。

2.6.1　区间变量比较的可能度公式

考虑结构的区间不确定性时，减缩模态矩阵的条件数为区间变量，测点分配过程需要涉及区间条件数的比较。不失一般性，引入区间变量 $a_1^{\mathrm{I}}=[\underline{a}_1,\overline{a}_1]$ 和 $a_2^{\mathrm{I}}=[\underline{a}_2,\overline{a}_2]$ 进行说明。不同于确定性情况，区间变量比较只能给出可能度公式，即 $P(a_1^{\mathrm{I}}\leqslant a_2^{\mathrm{I}})$。参考基于面积比准则和特征距离准则的可靠性评估方法[146]，定义为

$$P(a_1^{\mathrm{I}}\leqslant a_2^{\mathrm{I}})=\begin{cases}-\mathrm{Dis}(-1,\ 1), & \text{情况 1}\\ A_{\mathrm{shade}}/4, & \text{情况 2}\\ 1+\mathrm{Dis}(1,\ -1), & \text{情况 3}\end{cases} \tag{2.45}$$

式中，$\mathrm{Dis}(\delta_1,\ \delta_2)$ 表示特征点 $(\delta_1,\ \delta_2)$ 到极限状态函数 $a_1^{\mathrm{I}}=a_2^{\mathrm{I}}$ 的最短距离；A_{shade} 表示标准二维空间 $\zeta_1^{\mathrm{I}}-\zeta_2^{\mathrm{I}}$ 内满足 $a_1^{\mathrm{I}}\leqslant a_2^{\mathrm{I}}$ 的干涉面积。上式可划分为图 2.5 所示的 6 种不同干涉情况，进而区间变量比较公式可以表示为

$$P(a_1^{\mathrm{I}}\leqslant a_2^{\mathrm{I}})=\begin{cases}-\dfrac{\left|a_1^{\mathrm{r}}-a_1^{\mathrm{c}}+a_2^{\mathrm{r}}+a_2^{\mathrm{c}}\right|}{\sqrt{a_1^{\mathrm{c}2}+a_2^{\mathrm{c}2}}}, & \underline{a}_2\leqslant\overline{a}_2\leqslant\underline{a}_1\leqslant\overline{a}_1\\ \dfrac{a_1^{\mathrm{r}}-a_1^{\mathrm{c}}+a_2^{\mathrm{r}}+a_2^{\mathrm{c}}}{8a_1^{\mathrm{r}}a_2^{\mathrm{r}}}, & \underline{a}_2\leqslant\underline{a}_1\leqslant\overline{a}_2\leqslant\overline{a}_1\\ \dfrac{-a_1^{\mathrm{c}}+a_2^{\mathrm{r}}+a_2^{\mathrm{c}}}{2a_2^{\mathrm{r}}}, & \underline{a}_2\leqslant\underline{a}_1\leqslant\overline{a}_1\leqslant\overline{a}_2\\ \dfrac{a_1^{\mathrm{r}}-a_1^{\mathrm{c}}+a_2^{\mathrm{c}}}{2a_1^{\mathrm{r}}}, & \underline{a}_1\leqslant\underline{a}_2\leqslant\overline{a}_2\leqslant\overline{a}_1\\ 1-\dfrac{a_1^{\mathrm{r}}+a_1^{\mathrm{c}}+a_2^{\mathrm{r}}-a_2^{\mathrm{c}}}{8a_1^{\mathrm{r}}a_2^{\mathrm{r}}}, & \underline{a}_1\leqslant\underline{a}_2\leqslant\overline{a}_1\leqslant\overline{a}_2\\ 1+\dfrac{\left|-a_1^{\mathrm{r}}-a_1^{\mathrm{c}}-a_2^{\mathrm{r}}+a_2^{\mathrm{c}}\right|}{\sqrt{a_1^{\mathrm{c}2}+a_2^{\mathrm{c}2}}}, & \underline{a}_1\leqslant\overline{a}_1\leqslant\underline{a}_2\leqslant\overline{a}_2\end{cases} \tag{2.46}$$

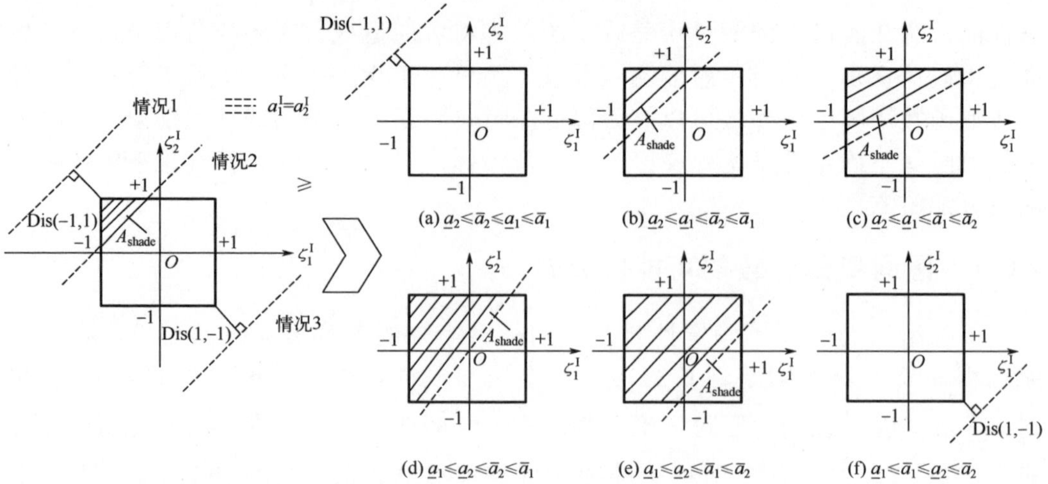

图 2.5　区间变量的比较情况示意图

2.6.2　传感器测点数量和组合优选

传感器测点优选最简单直接的方法是通过逐一分析不同数量、不同组合下减缩模态矩阵的条件数确定用于内层模态载荷识别的最佳测点方案，但当测点候选集规模较大时，比较每种方案下的区间条件数涉及较大的计算量。本节将在传统矩阵条件数的基础上，提出两个改进的复合条件数指标，用于确定模态载荷识别的测点数量及测点组合。下面以加速度测量响应对应的位移模态矩阵 $\boldsymbol{\Phi}(\boldsymbol{b})$ 为例进行说明。

首先，从矩阵 $\boldsymbol{\Phi}(\boldsymbol{b})$ 中选取第 i 行和第 j 行，生成第 i、j 个测点对应的重组模态矩阵，记为 $\boldsymbol{\Phi}(\boldsymbol{b})\big|_{i,j}$，该矩阵对应的条件数的区间边界 $\left[\underline{C}_{i,j},\overline{C}_{i,j}\right]$ 可以定义为

$$\underline{C}_{i,j}=\sqrt{\frac{\underline{\lambda}_{\max}[\boldsymbol{\Phi}(\boldsymbol{b})\big|_{i,j}\boldsymbol{\Phi}^{\mathrm{T}}(\boldsymbol{b})\big|_{i,j}]}{\overline{\lambda}_{\min}[\boldsymbol{\Phi}(\boldsymbol{b})\big|_{i,j}\boldsymbol{\Phi}^{\mathrm{T}}(\boldsymbol{b})\big|_{i,j}]}},\qquad \overline{C}_{i,j}=\sqrt{\frac{\overline{\lambda}_{\max}[\boldsymbol{\Phi}(\boldsymbol{b})\big|_{i,j}\boldsymbol{\Phi}^{\mathrm{T}}(\boldsymbol{b})\big|_{i,j}]}{\underline{\lambda}_{\min}[\boldsymbol{\Phi}(\boldsymbol{b})\big|_{i,j}\boldsymbol{\Phi}^{\mathrm{T}}(\boldsymbol{b})\big|_{i,j}]}} \tag{2.47}$$

式中，$\underline{\lambda}_{\max}$、$\underline{\lambda}_{\min}$、$\overline{\lambda}_{\min}$ 和 $\overline{\lambda}_{\max}$ 分别表示矩阵 $\boldsymbol{\Phi}(\boldsymbol{b})\big|_{i,j}$ 最小和最大特征值对应的区间下界和上界。对于具有 κ 个测点的响应集合 $\ddot{\boldsymbol{U}}_{\mathrm{m}}(t)$，可以生成一个 $\kappa\times\kappa$ 维的对称矩阵，即

$$\mathrm{COND}_{\kappa}^{\mathrm{I}}=\begin{bmatrix}0 & C_{1,2}^{\mathrm{I}} & \cdots & C_{1,\kappa}^{\mathrm{I}}\\ C_{2,1}^{\mathrm{I}} & 0 & \cdots & C_{2,\kappa}^{\mathrm{I}}\\ \vdots & \vdots & \ddots & \vdots\\ C_{\kappa,1}^{\mathrm{I}} & C_{\kappa,2}^{\mathrm{I}} & \cdots & 0\end{bmatrix} \tag{2.48}$$

根据式(2.48)，定义两个改进的复合条件数指标。第一个指标用于表征第 i 个传感器与其他传感器形成的重组模态矩阵的条件数的平均值，即

$$A_{1i}^{\mathrm{I}}\Big|_{\kappa}=\frac{1}{\kappa-1}\sum_{j=1}^{\kappa}C_{i,j}^{\mathrm{I}},\qquad \underline{A}_{1i}\Big|_{\kappa}=\frac{1}{\kappa-1}\sum_{j=1}^{\kappa}\underline{C}_{i,j},\qquad \overline{A}_{1i}\Big|_{\kappa}=\frac{1}{\kappa-1}\sum_{j=1}^{\kappa}\overline{C}_{i,j} \tag{2.49}$$

第二个指标用于表征矩阵 $\mathrm{COND}_{\kappa}^{\mathrm{I}}$ 的平均值，即

$$A_{2}^{\mathrm{I}}\Big|_{\kappa}=\frac{(\kappa-2)!}{\kappa!}\sum_{i,j=1}^{\kappa}C_{i,j}^{\mathrm{I}},\qquad \underline{A}_{2}\Big|_{\kappa}=\frac{(\kappa-2)!}{\kappa!}\sum_{i,j=1}^{\kappa}\underline{C}_{i,j},\qquad \overline{A}_{2}\Big|_{\kappa}=\frac{(\kappa-2)!}{\kappa!}\sum_{i,j=1}^{\kappa}\overline{C}_{i,j} \tag{2.50}$$

可以看出，第一个指标描述了测量响应集合中每个测点的性能优劣，通过该指标可以逐步消去性能最差的测点。以区间下界最小的测点为基准(记作 $S_{\min}\big|_{\kappa}$，该测点的平均条件数记为 $\underline{A}_{1S_{\min}}^{\mathrm{I}}\big|_{\kappa}$)，计算其他测点平均条件数大于 $\underline{A}_{1S_{\min}}^{\mathrm{I}}\big|_{\kappa}$ 的可能性，即 $P(A_{1S_{\min}}^{\mathrm{I}}\big|_{\kappa}\leqslant A_{1i}^{\mathrm{I}}\big|_{\kappa})$，($i=1,2,\cdots,\kappa$，$i\neq\kappa_{\min}$)。将结果最大的测点(记作 $S_{\max}\big|_{\kappa}$)消去，生成测点数量为 $\kappa-1$ 时的最佳响应集 $\ddot{\boldsymbol{U}}_{\mathrm{m}}(t)\big|_{\kappa-1}$。第二个指标可以视为减缩模态矩阵的等效条件数，反映了给定测点数量下模态响应求解的稳定性程度。

基于第一个条件数指标逐步剔除性能最差的传感器 $S_{\max}\big|_{\ell}$ ($\ell=\kappa,\kappa-1,\cdots,G$)，得到不同测点数量下的最佳响应集合 $\{\ddot{\boldsymbol{U}}_{\mathrm{m}}(t)\big|_{\kappa},\ddot{\boldsymbol{U}}_{\mathrm{m}}(t)\big|_{\kappa-1},\cdots,\ddot{\boldsymbol{U}}_{\mathrm{m}}(t)\big|_{G}\}$，其中，$\ddot{\boldsymbol{U}}_{\mathrm{m}}(t)\big|_{\kappa}=\ddot{\boldsymbol{U}}_{\mathrm{m}}(t)$。进而可以计算对应减缩模态矩阵的等效条件数 $\{A_{2}^{\mathrm{I}}\big|_{\kappa},A_{2}^{\mathrm{I}}\big|_{\kappa-1},\cdots,A_{2}^{\mathrm{I}}\big|_{G}\}$。由于每次都是将具有最大条件数的测点提出，因此 $A_{2}^{\mathrm{I}}\big|_{\kappa}<A_{2}^{\mathrm{I}}\big|_{\kappa-1}<\cdots<A_{2}^{\mathrm{I}}\big|_{G}$。通过相邻测点数量下等效条件数的比较，定义减缩模态矩阵的性能提升可能性指标(记作 IPSI)，即

$$\mathrm{IPSI}\big|_{\ell}=P(A_{2}^{\mathrm{I}}\big|_{\ell-1}\leqslant A_{2}^{\mathrm{I}}\big|_{\ell}),\qquad \ell=\kappa,\kappa-1,\cdots,G \tag{2.51}$$

满足以下变化率准则(变化率记作 CRSI)时，即可确定用于内层模态载荷识别的测量响应集合：

$$\ddot{\boldsymbol{U}}_{\mathrm{m}}(t)\Big|_{w}=\left\{\exists w,\kappa\geqslant w\geqslant G+2,\ddot{\boldsymbol{U}}_{\mathrm{m}}(t)\Big|_{w}\subset\ddot{\boldsymbol{U}}_{\mathrm{m}}(t),\mathrm{CRSI}\Big|_{w}=\left|\frac{\mathrm{IPSI}\big|_{w}-\mathrm{IPSI}\big|_{w-1}}{\mathrm{IPSI}\big|_{w}}\right|\leqslant\mathrm{tol}\right\} \tag{2.52}$$

式中，tol 表示收敛阈值。

2.7　数 值 算 例

为了更直观地展示本章提出的基于测量响应的不确定性结构集中动态载荷识

别方法，图 2.6 给出了整个载荷识别过程的完整流程图。在本节中，将以典型的飞行器舵面结构为例，进行载荷环境多变性和材料离散性下的结构模型等效；并以开孔平板和梁肋式机翼两个工程结构为例，考虑测量信号的随机扰动性和结构本身的性能分散性，开展区间不确定性结构的动态载荷加载数量、加载位置和时序历程识别方法验证。

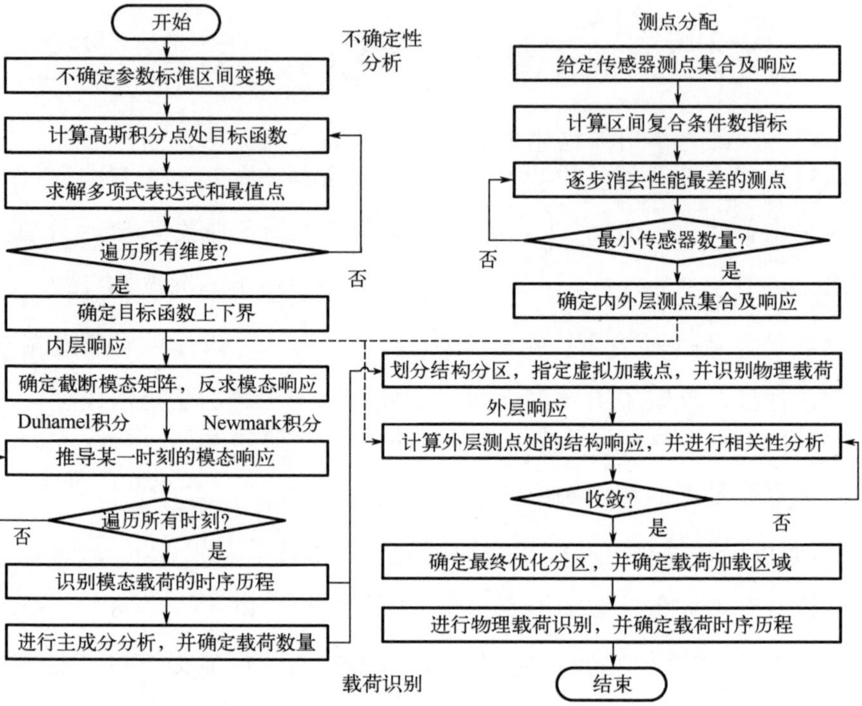

图 2.6　基于测量响应的不确定性结构集中动态载荷识别流程图

2.7.1　蜂窝夹芯舵面结构的模型等效

如图 2.7 所示，该算例以典型飞行器舵面结构为研究对象，其几何尺寸基于 X51-A 吸气式高超声速飞行器，舵面内部采用蜂窝结构填充。为了便于有限元分

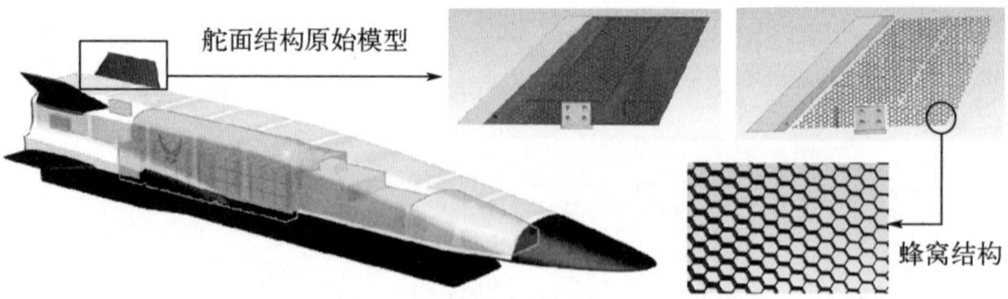

图 2.7　典型飞行器舵面结构示意图

析，需要对该舵面结构进行适当的简化。模型简化过程分为两步：①对舵面结构的蜂窝芯层进行参数等效，将蜂窝结构通过力学性能等效简化为实体结构；②对舵面整体结构进行板模型等效，将上一步简化的蜂窝等效模型按区域等效为板结构。下面给出舵面结构模型等效的详细过程。

1. 蜂窝芯层等效

假设蜂窝结构的六条边的厚度并不相等，厚边的厚度为 0.24mm，薄边的厚度为 0.12mm，蜂窝正六边形的边长为 6.457mm。蜂窝材料的力学性能为 E=210GPa、μ=0.37、ρ=8.47g/cm^3。将蜂窝结构按照实体建模往往需要耗费巨大的计算资源和时间，该算例首先将蜂窝结构等效为实体模型。参考文献[147]推导的基于 Y 模型的正六边形蜂窝芯层等效公式，得到蜂窝等效力学性能参数为

$$\begin{aligned}&E_x = 3.2\text{MPa}, \quad E_y = 3.2\text{MPa}, \quad E_z = 6043.3\text{MPa}\\&\mu_{xy} = 0.9986, \quad \mu_{yz} = 1.2427\times10^{-4}, \quad \mu_{xz} = 1.2421\times10^{-4}\\&G_{xy} = 1.9\text{MPa}, \quad G_{yz} = 1654.2\text{MPa}, \quad G_{xz} = 827.1\text{MPa}\\&\rho = 0.2438\text{g}/\text{cm}^3\end{aligned} \tag{2.53}$$

接下来，对舵面结构进行有限元建模。简化后的梁、肋和蒙皮使用壳单元建模，前缘和蜂窝结构则采用实体单元建模。尺寸从原始模型中提取，并去除螺孔、螺栓及台阶等不必要的几何特征，同时在接头位置处建立固支约束。初步简化的舵面结构几何模型如图 2.8(a)所示，基于该模型可以计算舵面的模态参数和结构响应。在实际工程中，由于生产和制造工艺等因素，结构材料存在一定的分散性，尤其是蜂窝结构。因此，在后续的模型等效过程中，需要考虑一定程度的不确定性。在本算例中，蜂窝等效结构的弹性参数设定有 2%的不确定性水平，考虑到其接近 1，这里认为其仅向下偏差 2%，具体结果如表 2.1 所示。

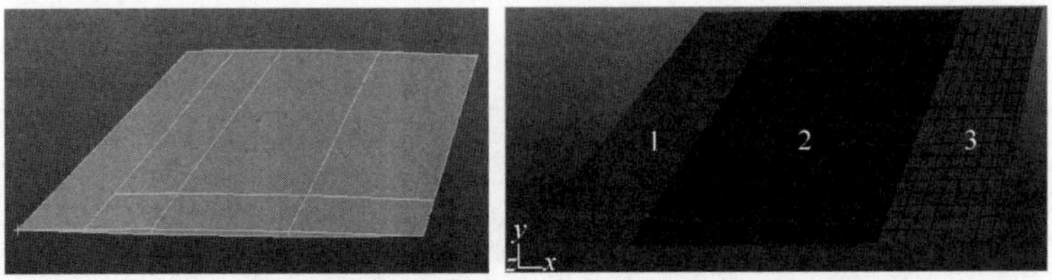

(a) 舵面蜂窝等效模型　　(b) 舵面板结构等效模型

图 2.8　舵面结构的等效模型

表 2.1　蜂窝等效弹性参数的区间取值

参数	区间范围	参数	区间范围	参数	区间范围
E_x	[3.136, 3.264] MPa	μ_{xy}	[0.9786, 0.9986]	G_{xy}	[1.862, 1.938] MPa
E_y	[3.136, 3.264] MPa	μ_{yz}	$[1.218, 1.268]\times10^{-4}$	G_{yz}	[1621, 1687] MPa
E_z	[5922, 6164] MPa	μ_{xz}	$[1.217, 1.267]\times10^{-4}$	G_{xz}	[810.6, 843.6] MPa

2. 板结构等效

考虑到舵面结构的几何形状是一个薄板结构，可以进一步将其简化为板壳结构。模型等效分为基于静力学响应和动力学响应的等效，该算例以静力刚度等效为原则，即使蜂窝等效的舵面有限元模型与进一步等效的板结构有限元模型在相同的静力作用下误差最小。根据舵面厚度的不同对舵面结构划分如图 2.8(b)所示的分区。板结构的厚度设定为 10mm，针对不同的分区分别赋予弹性模量 E_1、E_2 和 E_3。考虑飞行器结构材料的分散性，以多个载荷工况下蜂窝等效模型区间位移向量 $\boldsymbol{U}_{i,1}=[\underline{\boldsymbol{U}}_{i,1},\bar{\boldsymbol{U}}_{i,1}]$ 和等效板模型区间位移向量 $\boldsymbol{U}_{i,2}=[\underline{\boldsymbol{U}}_{i,2},\bar{\boldsymbol{U}}_{i,2}]$ 的非概率区间干涉建立模型等效优化列式，即

$$\begin{cases}\text{find}\ \ \underline{E}_j,\ \bar{E}_j\\ \min\ \ \displaystyle\sum_{i}^{m}\frac{\left\|\underline{\boldsymbol{U}}_{i,1}-\underline{\boldsymbol{U}}_{i,2}\right\|_2}{\left\|\underline{\boldsymbol{U}}_{i,1}\right\|_2}+\frac{\left\|\bar{\boldsymbol{U}}_{i,1}-\bar{\boldsymbol{U}}_{i,2}\right\|_2}{\left\|\bar{\boldsymbol{U}}_{i,1}\right\|_2}\end{cases}\tag{2.54}$$

式中，m 表示所关注的载荷工况数量。该算例关注多个任务载荷工况，飞行速度为 3Ma，飞行高度为 20000m，迎角分别为 2° 和 5°，舵面结构的气动载荷通过计算流体力学模拟获得，具体过程在此不赘述，载荷数值及分布情况如图 2.9 所示。将舵面结构的单元压力转化为节点力，并通过力插值方法将气动载荷分别加载到蜂窝等效板模型的节点上。计算气动载荷作用下蜂窝等效有限元模型的位移，然后提取其中面结点的位移值及坐标，借助位移插值方法计算对应于板结构有限元节点坐标的参考位移，将该参考位移视为蜂窝等效模型的位移 $\boldsymbol{U}_{i,1}$，而等效板模型的位移 $\boldsymbol{U}_{i,2}$ 直接通过插值载荷计算得到。

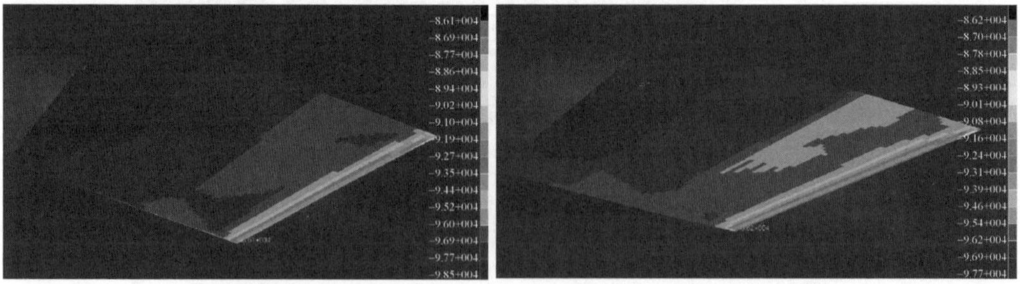

(a) 2°迎角　　(b) 5°迎角

图 2.9　单元压力分布云图(见彩图)

上述区间位移向量通过 2.2 节所述的不确定性传播分析求解，利用遗传算法获取板结构的力学参数，优化的三个弹性模量为 E_1=[18.43, 19.29] GPa、E_2=[66.42, 69.03] GPa、E_3=[163.57, 181.57] GPa。舵面结构蜂窝等效模型和等效板模型的位移上下界对比结果如图 2.10 所示，可以看出，对于迎角 2° 和迎角 5° 两个工况，等效的板模型的结构响应与参考响应保持一致。后续章节中对飞行器舵面结构的动态载荷识别可以在这一简单模型的基础上展开，该过程大大缩减了载荷识别过程的计算量，对动态载荷的快速识别具有重要的意义。

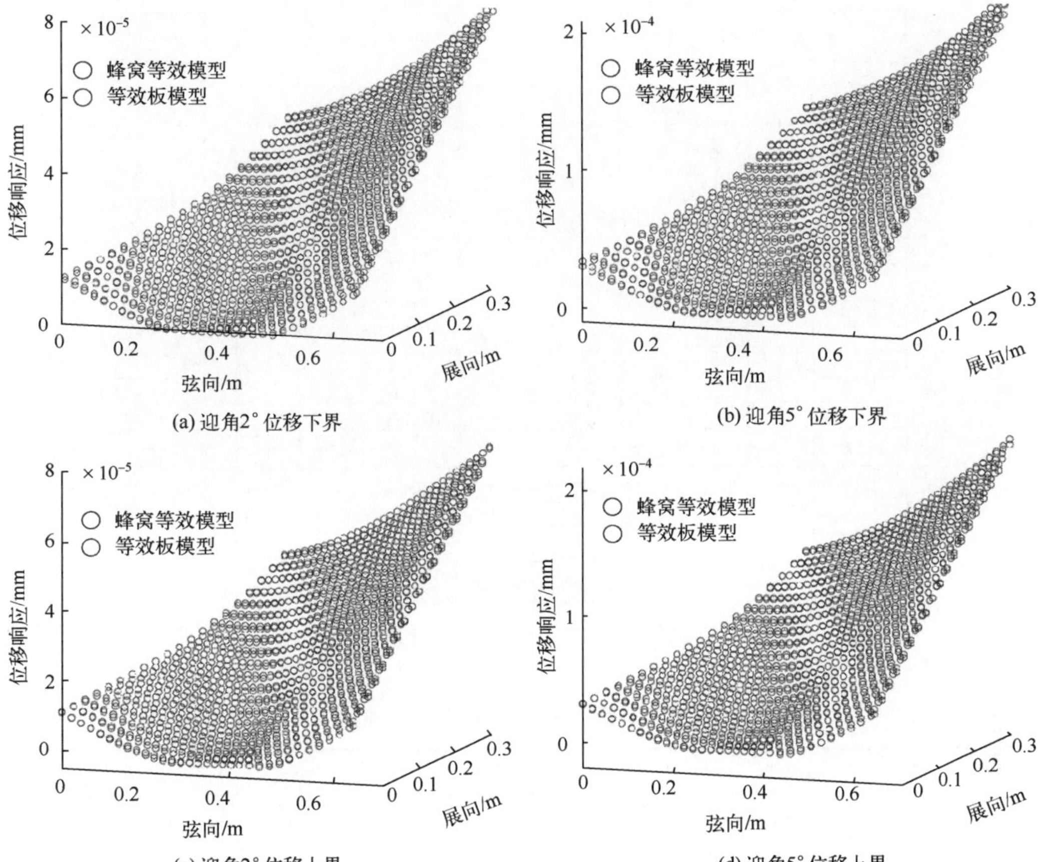

(a) 迎角2° 位移下界　(b) 迎角5° 位移下界　(c) 迎角2° 位移上界　(d) 迎角5° 位移上界

图 2.10　不同工况下蜂窝等效模型与等效板模型的位移对比(见彩图)

2.7.2　开孔平板结构的集中动态载荷识别

如图 2.11 所示，本节以开孔复合材料层合板结构为研究对象，选用复合材料 T300/FRD-YG-03，共 8 层，单层厚度为 0.125mm，沿厚度方向自上到下的铺层角度为$[45°/-45°/90°/0°]_s$。该算例考虑确定性名义参数和不同程度的材料分散性，单层材料参数的取值如表 2.2 所示，进行不同加载工况下的载荷识别，分别为工况 1(F_1)、工况 2(F_2 和 F_3)和工况 3(F_2、F_3、F_4 和 F_5)。将 18 个加速度传感器均匀布置在开孔平板上，在有限元仿真结果中预置 0.5%水平的高斯白噪声来模拟真实测量过程。在动力学响应数值模拟过程中，时间步长设定为 0.001s。本算例采用瑞利阻尼，质量和刚度阻尼系数分别设置为 3 和 0.0001，利用 Newmark 方法进行动态载荷时序历程识别。

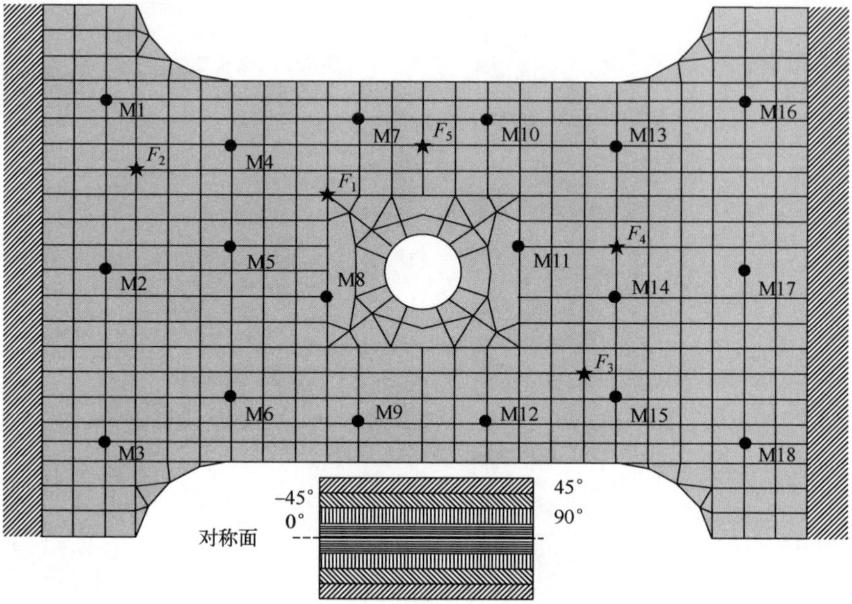

图 2.11　开孔平板结构示意图

表 2.2　开孔平板结构的材料属性

材料分散性	E_{11}/GPa	E_{22}/GPa	G_{12}/GPa	v_{12}	ρ/(kg/m³)
确定性	136	9.8	4.7	0.28	1540
小不确定性	[131.920, 140.080]	[9.506, 10.094]	[4.559, 6.110]	[0.272, 0.288]	[1493.800, 1586.200]
中不确定性	[127.840, 144.160]	[9.212, 10.388]	[4.418, 4.982]	[0.263, 0.297]	[1478.400, 1632.400]
大不确定性	[123.760, 148.240]	[8.918, 10.682]	[4.277, 5.123]	[0.255, 0.305]	[1401.400, 1678.600]

1. 传感器测点分配

首先，进行不同不确定水平下的内外层加速度测点分配，不同传感器数量下用于内层模态载荷识别的最佳测点组合、测点组合对应的减缩模态矩阵等效

条件数 A_2^{I}、模态矩阵的性能提升可能性指标 IPSI 及其变化率 CRSI 的结果如图 2.12 所示。在最左侧的测点组合图中，方块表示性能最差的测点，下一轮迭代时会被剔除，三角表示当前组合里性能最好的测点。可以看出，随着传感器数量的减少，减缩模态矩阵的等效条件数逐渐减小。模态矩阵的性能提升可能性指标在测点筛选过程中经历了四个阶段：初始上升阶段、快速下降阶段、平稳阶段和末段上升阶段。如最右侧图片的倒三角所强调的，变化率 CRSI 在 12 个测点处达到收敛。需要指出的是，不同不确定参数下得到的测点分配结果是一样的，即 M4～M15 用于内层模态载荷识别，M1～M3 和 M16～M18 用于外层响应相关性计算。然而，在测点筛选过程中，确定性情况下的测点剔除顺序与考虑材料分散性时的顺序不同(实线方框圈出)；而且，在同一种测点组合方式下，测点也会表现出不同的性能(虚线方框圈出)。四种结构参数下最终测点方案相同的原因可能有以下两点：①材料分散没有引起截断模态矩阵过大的波动，等效条件数本质上未发生太大变化；②测点整体布置较为平均，每个测点的性能表现差别较大，不确定性产生的测点性能波动相比本身差异微不足道。接下来，将基于传感器分配结果，依次进行开孔平板结构动态载荷的加载数量、位置及时序历程识别。

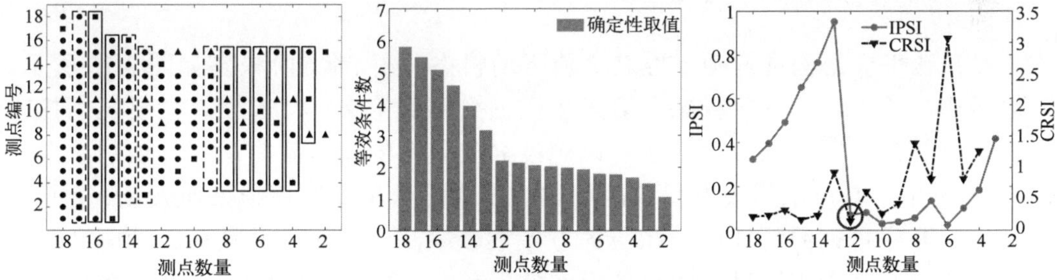

(a) 确定性材料参数

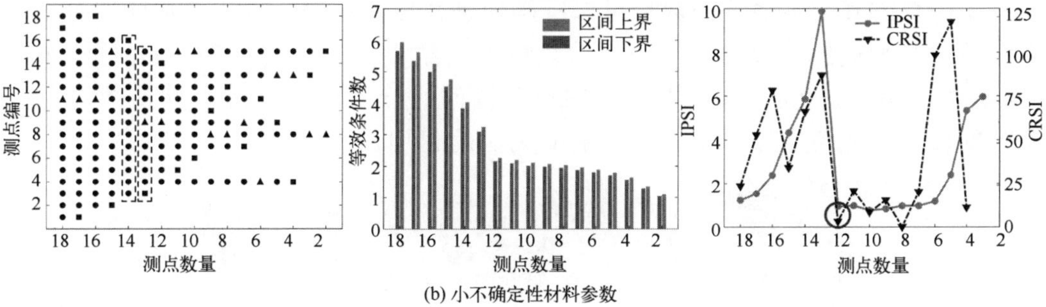

(b) 小不确定性材料参数

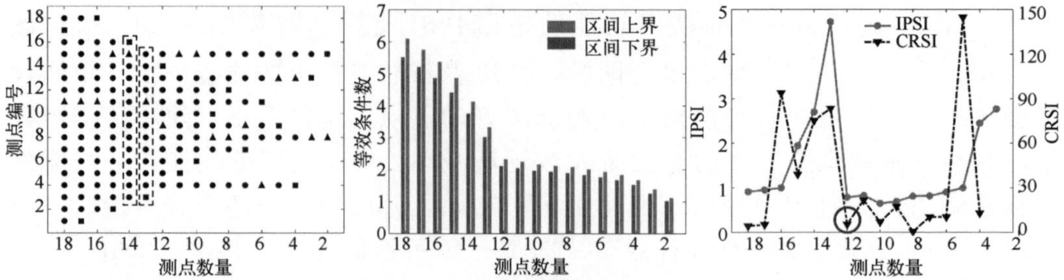

(c) 中不确定性材料参数

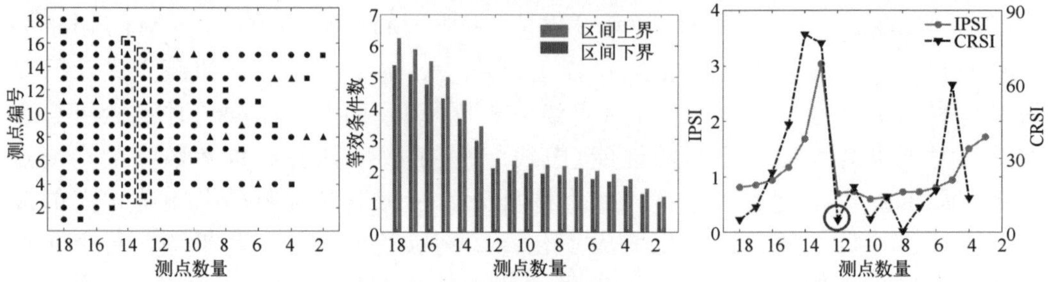

(d) 大不确定性材料参数

图 2.12　平板结构在四种结构参数下的加速度响应测点分配过程图

2. 动态载荷加载数量识别

对开孔平板结构进行确定性名义值下的模态分析，前 6 阶模态如图 2.13 所示。可以看出，第 1、3、6 阶模态主要发生弯曲变形，第 2、4、5 模态主要发生扭转变形。该算例利用前 6 阶模态进行确定性名义值下的模态载荷识别，识别结果如图 2.14 所示。对反求的模态载荷区间进行主成分分析，统计结果如表 2.3 所示，包括按照降序排列的特征值、相应的方差贡献率及方差累计贡献率。考虑到测量噪声的干扰和载荷识别过程中可能存在的误差，累加贡献率阈值 Θ 设为 95%[134]，表 2.3 中模态载荷主成分的数量可以准确地表征载荷加载数量。特别地，对于 4 个载荷同时加载的工况 3，结合模态载荷识别结果进行时间截断，分别对 0～0.5s、0.5～0.8s、0.8～1.5s 内的模态载荷区间进行主成分分析，得到结构在相关时间段内分别受到 2 个、1 个、1 个载荷的作用。

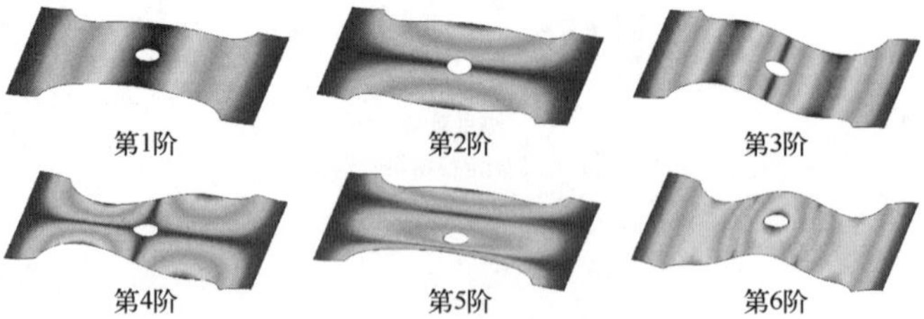

图 2.13　平板结构的前六阶模态示意图

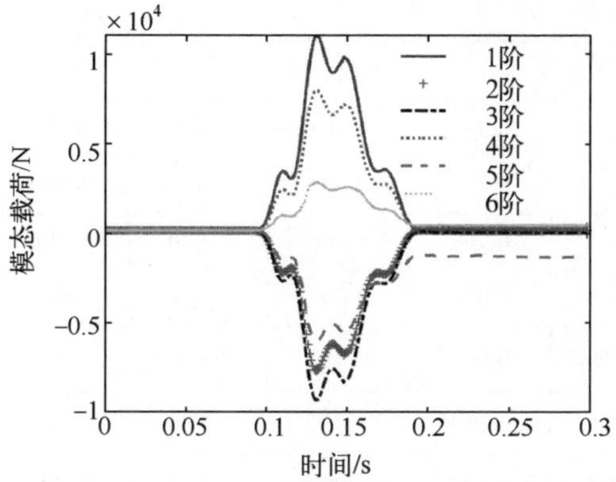

(a) 工况1

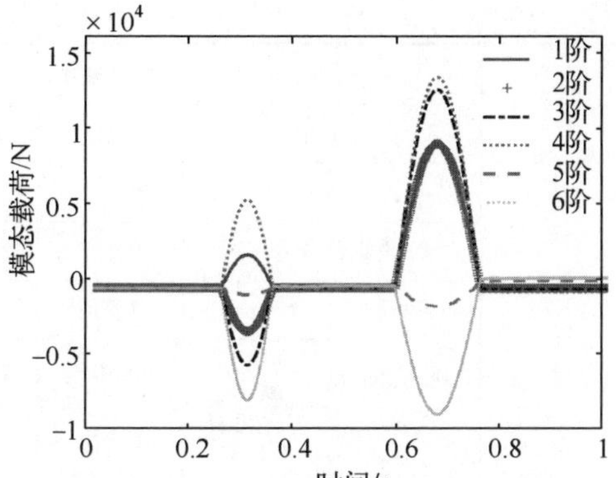

(b) 工况2

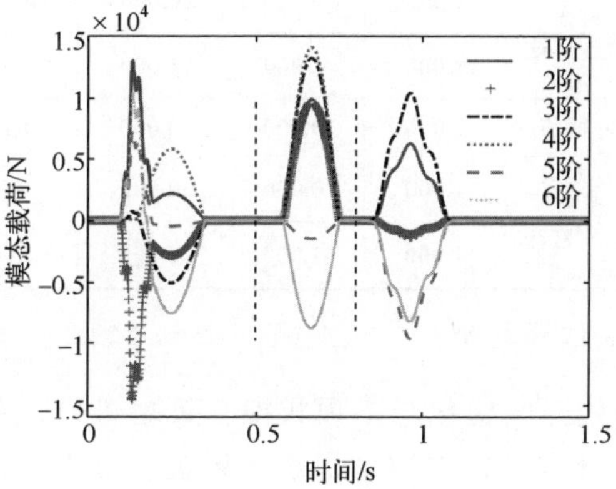

(c) 工况3

图 2.14　平板结构在三种工况下的前 6 阶模态载荷识别结果

表 2.3　平板结构在三种工况下的识别模态载荷主成分分析结果

工况	主成分分析结果	主成分 1	主成分 2	主成分 3	主成分 4	主成分 5	主成分 6
工况 1	特征值	5.861	0.133	0.006	0.000	0.000	0.000
	方差贡献率	0.977	0.022	0.001	0.000	0.000	0.000
	方差累计贡献率	**0.977**	0.999	1.000	1.000	1.000	1.000
工况 2	特征值	5.200	0.660	0.139	0.000	0.000	0.000
	方差贡献率	0.867	0.110	0.023	0.000	0.000	0.000
	方差累计贡献率	0.867	**0.977**	1.000	1.000	1.000	1.000

续表

工况	主成分分析结果		主成分 1	主成分 2	主成分 3	主成分 4	主成分 5	主成分 6
工况 3	特征值		3.219	1.231	0.984	0.567	0.000	0.000
	方差贡献率		0.537	0.205	0.164	0.094	0.000	0.000
	方差累计贡献率		0.537	0.742	0.906	**1.000**	1.000	1.000
	0～0.5s	特征值	3.635	2.365	0.000	0.000	0.000	0.000
		方差贡献率	0.606	0.394	0.000	0.000	0.000	0.000
		方差累计贡献率	0.606	**1.000**	1.000	1.000	1.000	1.000
	0.5～0.8s	特征值	6.000	0.000	0.000	0.000	0.000	0.000
		方差贡献率	1.000	0.000	0.000	0.000	0.000	0.000
		方差累计贡献率	**1.000**	1.000	1.000	1.000	1.000	1.000
	0.8～1.5s	特征值	6.000	0.000	0.000	0.000	0.000	0.000
		方差贡献率	1.000	0.000	0.000	0.000	0.000	0.000
		方差累计贡献率	**1.000**	1.000	1.000	1.000	1.000	1.000

3. 动态载荷加载位置识别

接下来，利用迭代分区优化与多项式拟合策略进行载荷加载位置识别，首先将该结构划分为 6 个分区，根据数量识别结果进行虚拟加载点设定，然后对每轮迭代最可能的载荷分区进行二分。响应相关系数收敛准则设置为 $\eta_1=\eta_2=0.004$，在最终拟合区域内选取 3 个或 6 个样本点进行平均线性相关系数的一阶或二阶多项式拟合。图 2.15 详细描述了载荷加载位置识别过程的分区划分、虚拟载荷加载点选取、最终优化分区及样本点分布情况。可以看出，经过五六个轮次的迭代即可实现载荷定位，定位过程中不同虚拟加载点和采样点的平均相关系数结果如附录 A 中的表 1～表 3 所示，3 种工况下动态载荷的真实加载位置和识别结果如表 2.4 所示。图 2.16 展示了响应相关系数在每个轮次的迭代历程和最终优化分区上的拟合云图。可以看出，不确定性水平越高，识别的载荷加载区域范围越大。尽管有些载荷的定位区域并未包含真实加载点，但各工况下离识别区域最近的有限元节点与真实加载节点一致，这表明了所提出的载荷加载位置识别方法的可行性。此外，由于多项式拟合是在一个给定的区域内进行的，得到的 x 轴和 y 轴坐标的波动程度不同。例如小不确定性下工况 1 中载荷的 x 轴坐标在[−55.870, −53.986]mm 之间波动，而 y 轴坐标是一个确定值(40.000mm)。

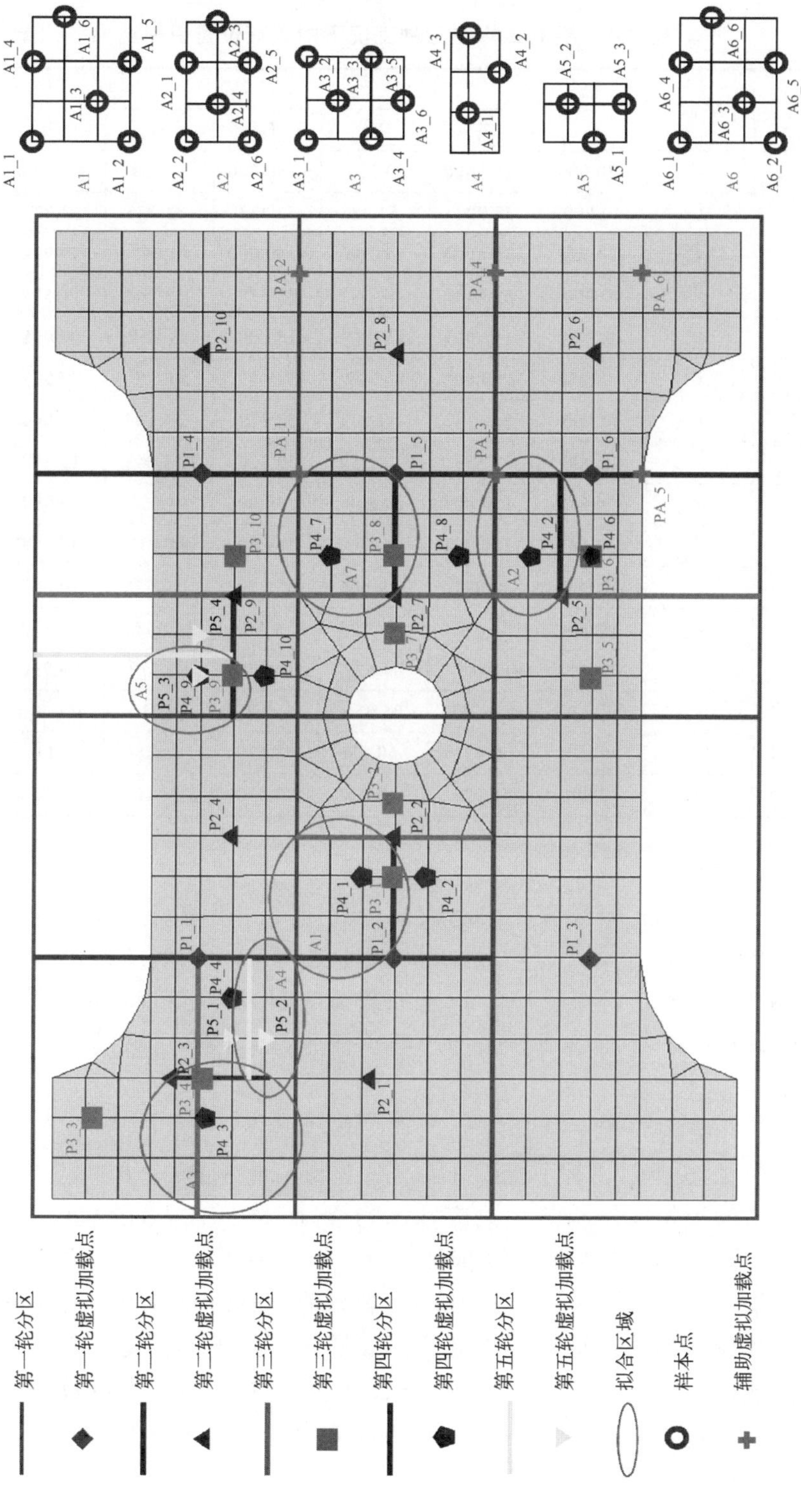

图 2.15　平板结构在三种工况下的载荷位置识别过程图(见彩图)

表 2.4　平板结构在三种工况下的载荷位置识别结果　　(单位：mm)

材料分散性	坐标	工况 1	工况 2		工况 3			
		F_1	F_2	F_3	F_2	F_3	F_4	F_5
实际情况	x	−50.000	−150.000	83.333	−150.000	83.333	100.000	0.000
	y	40.000	53.333	−53.333	53.333	−53.333	13.333	66.667
确定性	x	−54.928	−150.004	85.166	−150.000	84.047	99.999	0.001
	y	40.000	52.033	−48.782	53.329	−53.904	11.594	0.001
小不确定性	$\underline{x}$	−55.870	−150.005	85.003	−150.000	83.824	99.998	0.000
	$\overline{x}$	−53.986	−150.002	85.329	−149.999	84.270	99.999	0.001
	$\underline{y}$	40.000	51.513	−49.233	53.329	−54.164	10.841	66.667
	$\overline{y}$	40.000	52.553	−48.330	53.330	−53.643	12.347	66.668
中不确定性	$\underline{x}$	−56.812	−150.006	84.840	−150.000	83.602	99.997	0.000
	$\overline{x}$	−53.045	−150.001	85.493	−149.999	84.493	100.000	0.001
	$\underline{y}$	40.000	50.994	−49.684	53.329	−54.425	10.088	66.667
	$\overline{y}$	40.000	53.073	−47.879	53.330	−53.382	13.100	66.668
大不确定性	$\underline{x}$	−57.754	−150.007	84.677	−150.000	83.379	99.996	0.000
	$\overline{x}$	−52.103	−150.000	85.656	−149.999	84.715	100.001	0.001
	$\underline{y}$	40.000	50.474	−50.135	53.328	−54.686	9.335	66.667
	$\overline{y}$	40.000	53.593	−47.428	53.330	−53.121	13.853	66.669

4. *动态载荷时序历程识别*

利用上一节定位的加载节点构建载荷位置矩阵，识别动态载荷时序历程，识别结果如图 2.17 所示。结果表明，在确定性情况下，识别的载荷历程与真实加载情况相吻合。在不确定性条件下，识别的载荷区间边界可以将真实载荷包络，不会因为随机噪声的干扰而出现扩张的趋势。而且，结构参数波动越大，识别的载荷区间越宽。

对于用于外层响应相关性计算的测点，识别载荷作用下通过有限元模拟的加速度响应如图 2.16 所示。对于工况 1、工况 2 和工况 3 的 0～0.5s，测点 M1～M3 和 M16～M18 的模拟响应与测量响应基本吻合，而对于工况 3 的 0.5～0.8s 和 0.8～1.5s，不是所有的模拟响应都与测量值完美匹配。这是因为，在这两个时间段进行动态载荷识别与响应相关性分析时，应剥离前一时段载荷引起的响应，仅使用该时段冲击载荷引起的结构响应。因此，载荷识别结果不仅受到噪声的干扰，还会受到反向载荷识别误差和正向响应模拟误差的影响。对于本身数值较小的测点 M1 和 M2(距离加载点 3 和 4 较远)，噪声和误差掩盖了其真实的响应，这两个测点的模拟响应与测量响应之间出现了较大的偏差，因此，在进行响应相关性评估时，不应该考虑这两个测点。

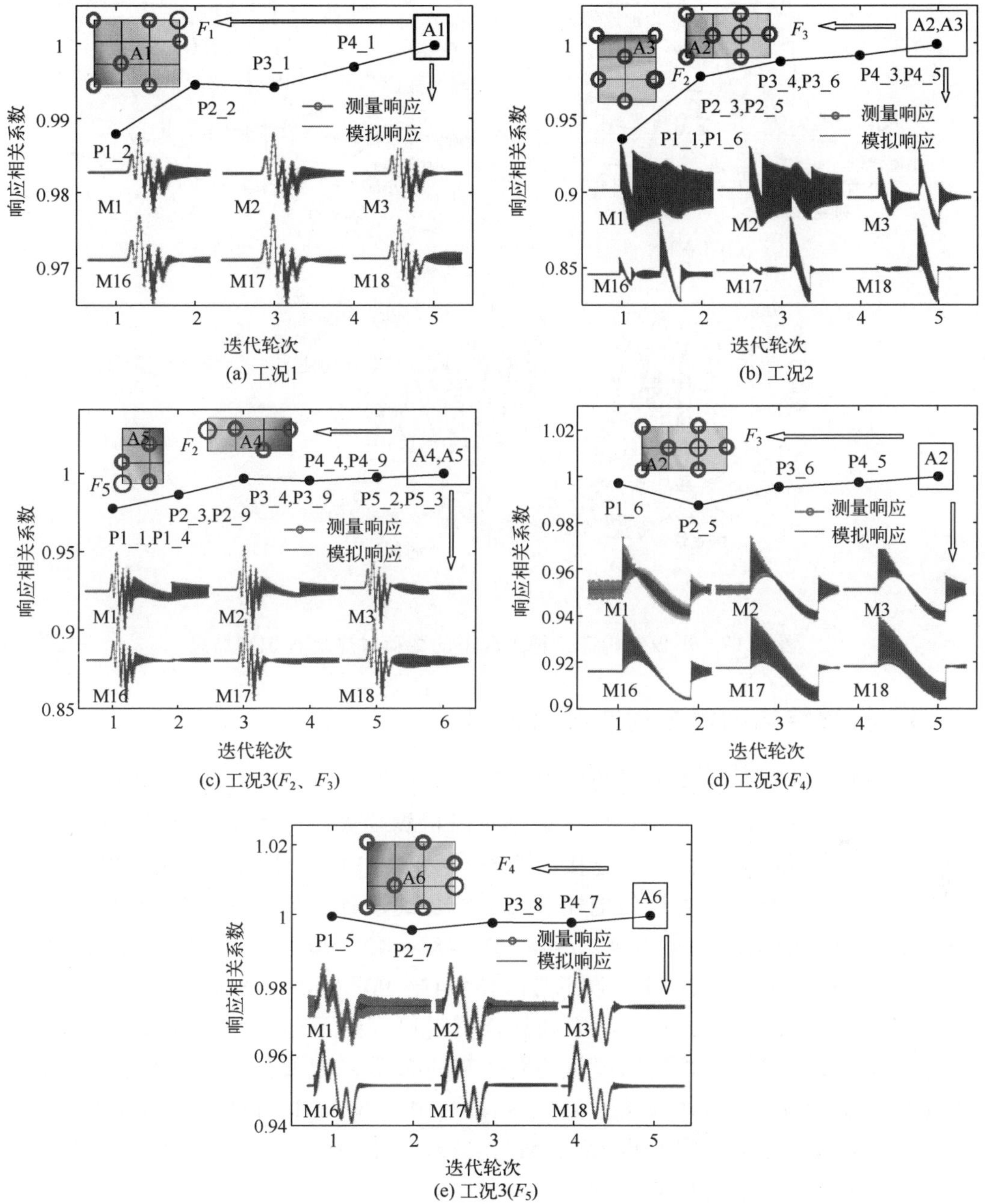

图 2.16　平板结构在三种工况下的响应相关系数迭代历程

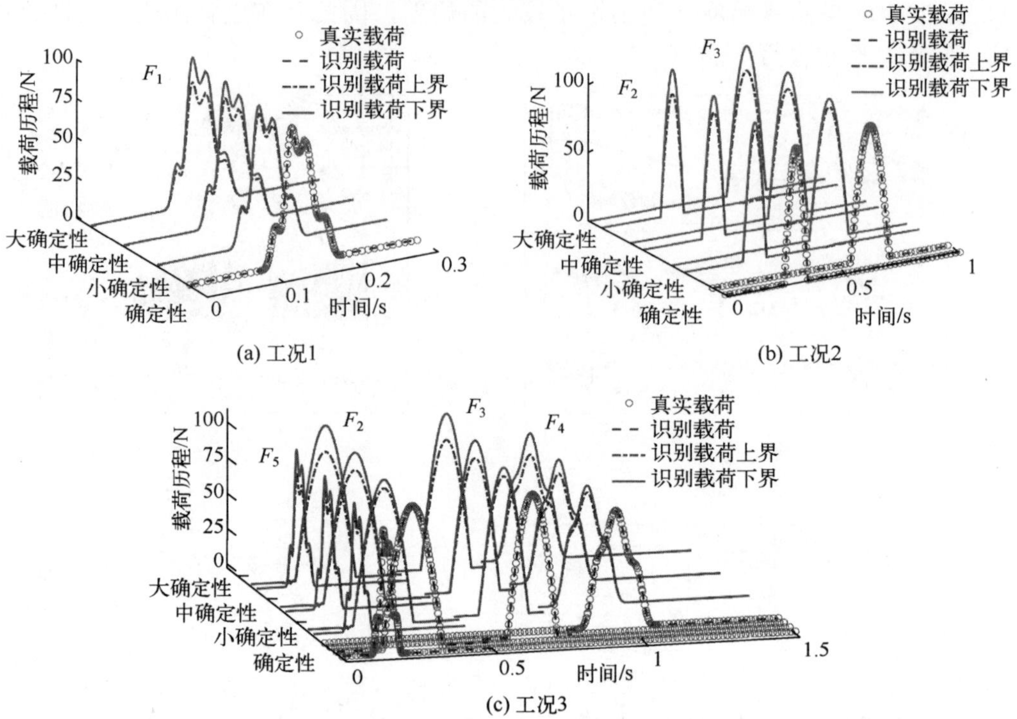

图 2.17　平板结构在三种工况下的载荷时序历程识别结果

2.7.3　机翼结构的集中动态载荷识别

为了证明所提方法处理复杂工程问题的可行性，本节以复合材料机翼结构为研究对象，如图 2.18 所示，识别飞机平飞时机翼受到的外物撞击载荷。翼根处采用固支约束模拟机翼与机身的连接，机翼上蒙皮施加 2 个冲击载荷(F_1 和 F_2)，在机翼蒙皮的 15 个分区内均匀地安装 20 个加速度计。结构选用复合材料 T800/QY9511，蒙皮的铺层顺序为$[45°/-45°/0°/45°/-45°/90°/45°/-45°/0°]_s$，单层厚度为 0.15mm，梁和肋的铺层顺序为$[-45°/45°/90°/-45°/45°/0°/-45°/45°/90°/45°]_s$，单层厚度为 0.2mm。考虑到复合材料厚度的不均匀性和材料的分散性，单层板的厚度、弹性参数和密度认为是不确定参数，取值如表 2.5 所示。动力学模拟步长为 0.003s，总时间长度为 0.51s，利用 Newmark 方法进行动力学计算。通过内外层测点分配，将测点 M1、M3、M9、M15 和 M16 用于外层响应相关性计算，其他测点用于内层载荷时序历程识别。

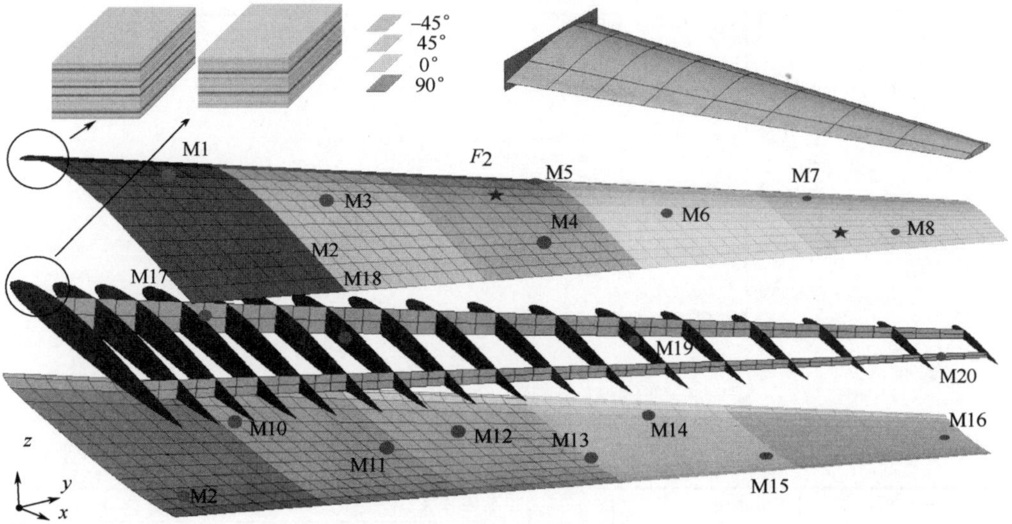

图 2.18　机翼结构示意图

表 2.5　机翼结构的材料属性

材料属性	E_{11}/GPa	E_{22}/GPa	G_{12}/GPa	v_{12}
取值	[154.850, 171.150]	[8.598, 9.713]	[4.451, 5.019]	[0.285, 0.315]
材料属性	ρ/(kg/m^3)	h_1/mm	h_2/mm	
取值	[1710.000, 1890.000]	[0.143, 0.158]	[0.190, 0.210]	

1. 动态载荷加载数量识别

本算例利用如图 2.19 所示的前 6 阶模态进行模态载荷识别。不确定参数中心值处的模态载荷识别结果如图 2.20 所示。对模态载荷区间进行主成分分析，结果如表 2.6 所示。可以看出，前两个主成分就已经超过了 95%的累加贡献率阈值(2.7.2 节中第 2 部分设置)，认为机翼结构受到 2 个外部载荷的作用。

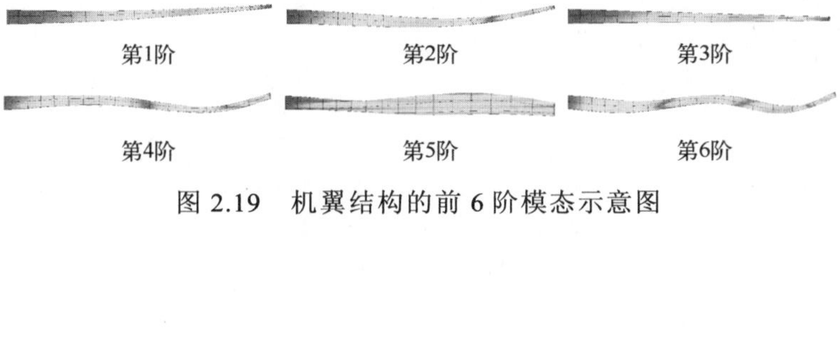

图 2.19　机翼结构的前 6 阶模态示意图

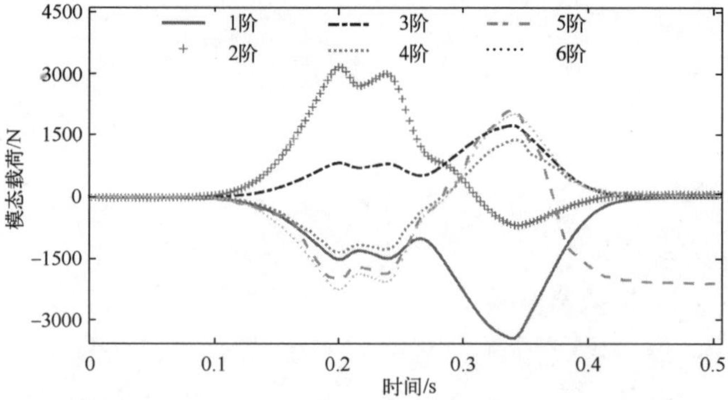

图 2.20　机翼结构的前 6 阶模态载荷识别结果

表 2.6　机翼结构的识别模态载荷主成分分析结果

主成分分析结果	主成分 1	主成分 2	主成分 3	主成分 4	主成分 5	主成分 6
特征值	3.790	1.956	0.252	0.001	0.000	0.000
方差贡献率	0.632	0.326	0.042	0.000	0.000	0.000
方差累计贡献率	0.632	**0.958**	1.000	1.000	1.000	1.000

2. 动态载荷加载位置识别

接下来，进行两个冲击载荷的加载位置识别，通过图 2.21 所示的 5 个轮次的

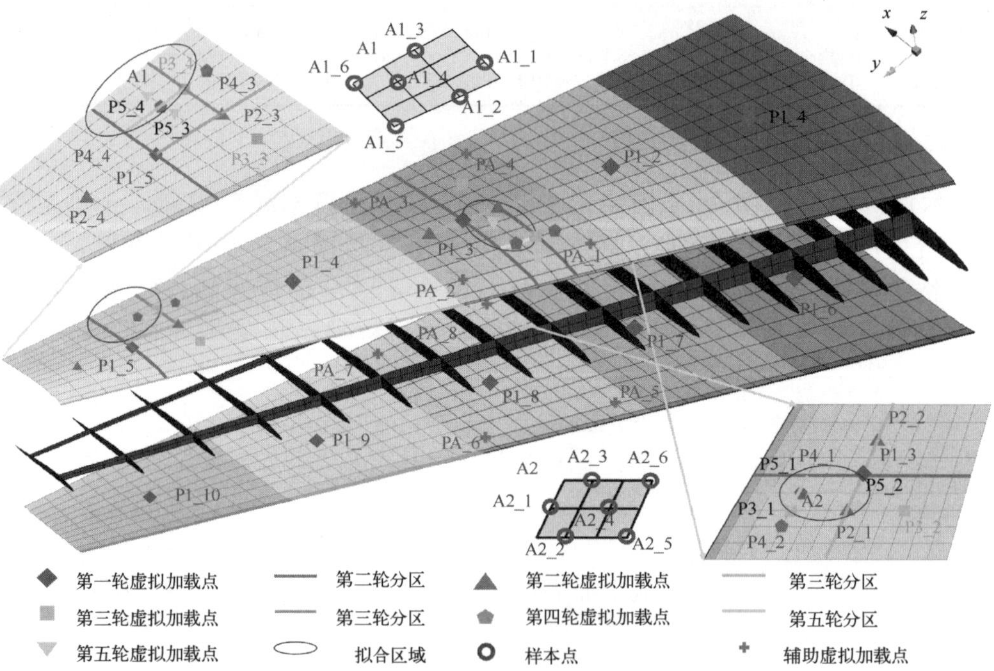

图 2.21　机翼结构的载荷位置识别过程图(见彩图)

分区逼近，最终得到 A1 和 A2 拟合区域。由于机翼蒙皮在厚度方向上的尺寸远小于展向和弦向，采用二维多项式进行响应平均线性相关系数拟合，每个拟合区域内选取 6 个样本点并采用二阶多项式进行拟合。载荷定位过程中不同虚拟加载点和采样点的平均相关系数如附录 A 中表 4 所示，表 2.7 给出了冲击载荷的加载位置识别结果，响应相关系数在定位过程中的变化趋势和最终优化分区上的拟合云图如图 2.22 所示。在该算例中，真实加载节点没有被捕捉到，但距离识别区域最近的有限元节点与真实加载节点位于同一个分区，且相差不远。

表 2.7　机翼结构的载荷时序历程识别结果　　　　（单位：mm）

载荷	真实情况		定位坐标					
	x	y	$\underline{x}$	x^{c}	$\overline{x}$	$\underline{y}$	y^{c}	$\overline{y}$
F_1	1185.200	1630.000	1226.593	1226.594	1226.594	1636.843	1641.787	1646.730
F_2	712.830	926.670	762.333	763.206	764.708	926.663	926.664	926.665

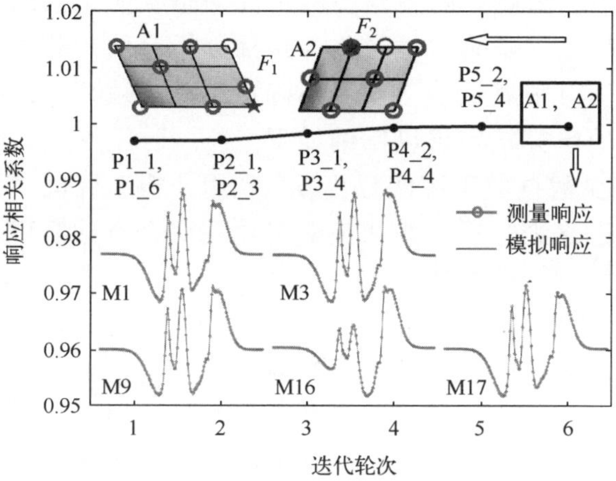

图 2.22　机翼结构的响应相关系数迭代历程

3. 动态载荷时序历程识别

利用上一节定位的加载节点构建载荷位置矩阵，识别冲击载荷时序历程，识别结果如图 2.23 所示，可以得出与上一个算例相同的结论。需要指出的是，尽管冲击位置没有被准确定位到，但主要冲击阶段的载荷强度与真实载荷相差很小。从图 2.22 中的响应对比也可以看出，识别载荷下的模拟加速度响应与测量响应也匹配良好。这进一步印证了反问题中解的不唯一性，不同位置的载荷可能会激发相同的振动响应。

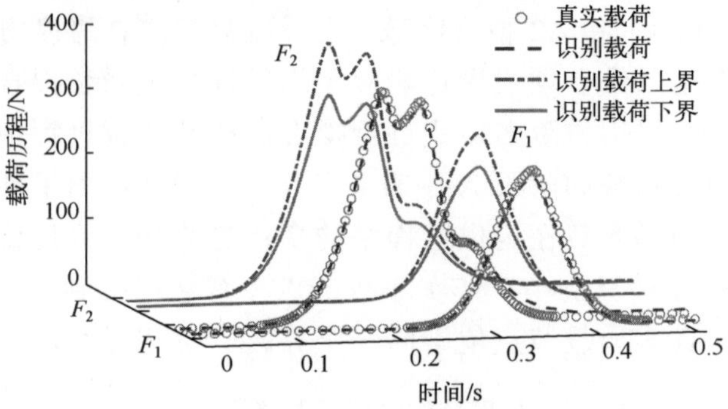

图 2.23　机翼结构的载荷位置识别结果

2.8　本 章 小 结

本章总结了基于测量响应的结构不确定性动态载荷识别的基本原理和分析流程，主要包括三个环节：不确定性量化与传播分析、结构测点分配以及动态载荷反向识别，可以利用有限测量响应实现不确定性动态载荷加载数量、位置及时序历程的识别。本章的研究工作可以归纳如下。

(1) 从贫信息、少数据的工程实际出发，利用非概率区间模型对结构不确定参数进行定量化，基于逐维分析策略和正交多项式拟合方法实现了不确定性从有限测量数据到结构动力学特性的传递。

(2) 结合飞行器典型零部件在多个任务工况下的“试验数据”，建立了一套考虑环境不确定性和本体不确定性的模型等效方法，可借助智能优化算法实现降阶有限元模型材料参数、结构尺寸、边界条件等变量的校正。

(3) 介绍了基于 Duhamel 方法和 Newmark 方法的结构动力学求解算法，推导了基于加速度测量、应变测量及两者融合情况下的动态载荷时序历程识别公式。针对载荷加载数量和加载位置未知的情况，提出一种基于结构响应优化的动态载荷分层级识别策略，其中内层响应用于模态载荷识别与载荷数量判定，外层响应用于进行响应误差优化以确定载荷位置和时序历程。内层通过模态载荷的主成分分析确定载荷数量，外层利用迭代分区优化和多项式拟合技术提高定位效率。

(4) 基于面积比和特征距离准则定义了区间变量比较的可能度公式，引入了两个针对区间减缩模态矩阵的复合条件数指标以反映每个测点及测点组合的性能，利用逐步消去思想实现了候选集内传感器测点的合理分配，降低了载荷识别过程的病态性。

从算例结果可以看出，通过对飞行器舵面结构进行两次近似等效，可以获得一个与真实模型的响应十分接近的简化模型；本章提出的方法可以准确地量化集中载荷的数量，识别的加载位置与真实情况接近，识别载荷的区间历程也基本将真实载荷包络。需要指出的是，基于结构响应优化的弱先验信息载荷识别过程需要多次进行虚拟载荷下的动力学响应计算，当外部载荷数量较多时，花费的时间较长。

第 3 章　单态不确定性结构的集中动态载荷时域识别

为了进一步提高集中动态载荷识别的精度和效率，本章在第 2 章的基础上发展了基于模态载荷优化思想的载荷加载位置与时序历程识别方法。一方面，利用卡尔曼滤波器和模态空间状态方程，推导了异构响应信息下的模态载荷识别公式，降低了载荷时域识别过程对测量噪声和初始条件的敏感性；另一方面，构建了结构振型函数的自适应代理模型，并定义了基于二阶窄界限理论的模态载荷时变误差指标，以此避免动力学响应有限元模拟的耗时过程。

3.1　引　　言

第 2 章以集中动态载荷的时域识别为例，介绍了不确定性动态载荷识别的基本理论。然而，在载荷定位与定量方面，识别的精度和效率仍有提升空间。

首先，在动态载荷的加载位置识别方面，第 2 章通过最小化虚拟载荷下模拟响应与实测响应之间的残差，实现了外部载荷的高精度定位。但该方法涉及反复计算结构动力学响应，并且需手动选取虚拟载荷点。当不确定参数的采样点、时间离散点或载荷数量较多时，即使采用了迭代分区优化与多项式拟合的策略，载荷位置识别的过程仍较为耗时。因此，有必要开发高效、自动化的载荷位置识别方法。

其次，在动态载荷时序历程识别方面，第 2 章基于 Duhamel 方法和 Newmark 方法，推导了载荷-响应在相邻时刻的迭代递推关系。尽管该过程利用了不确定性传播分析，考虑了结构参数的分散性，但未对测量噪声进行专门处理。因此，需要发展具备抗噪能力的载荷时域识别方法。除传统的动力学解算方法外，基于状态空间方程的卡尔曼滤波算法逐渐被应用于结构动态载荷识别中。该算法通过最小化系统状态估计值和观测值之间的方差，能够在结构参数不准确和响应噪声存在的情况下估计状态向量，从而有效减小噪声影响[148, 149]。然而，经典卡尔曼滤波算法需要已知的载荷输入信息，因此需要对其进行修改才能应用于载荷识别。此外，现有基于卡尔曼滤波的载荷识别方法大多针对简单结构(如弹簧振子、桁架、梁板等)，且通常直接在物理空间中求解，对传感器数量和位置有严格要求，通常需要观测载荷位置的响应[45, 49]，这限制了其在工程实际中的应用。

基于上述讨论，本章在考虑结构区间不确定性的基础上，提出了一种应对复杂结构和低信噪比情况的载荷识别方法。首先，在模态空间内引入卡尔曼滤波算法进行模态载荷时序识别，以突破现有卡尔曼滤波方法在载荷识别中的局限性。接着，通过最小化识别模态载荷与虚拟模态载荷的残差，实现载荷位置与时序历程的同步识别。该方法仅需预先已知单位载荷引起的模态载荷空间函数，无须额外进行动力学响应模拟，从而有效提高载荷识别效率。本章的流程示意如图 3.1 所示。

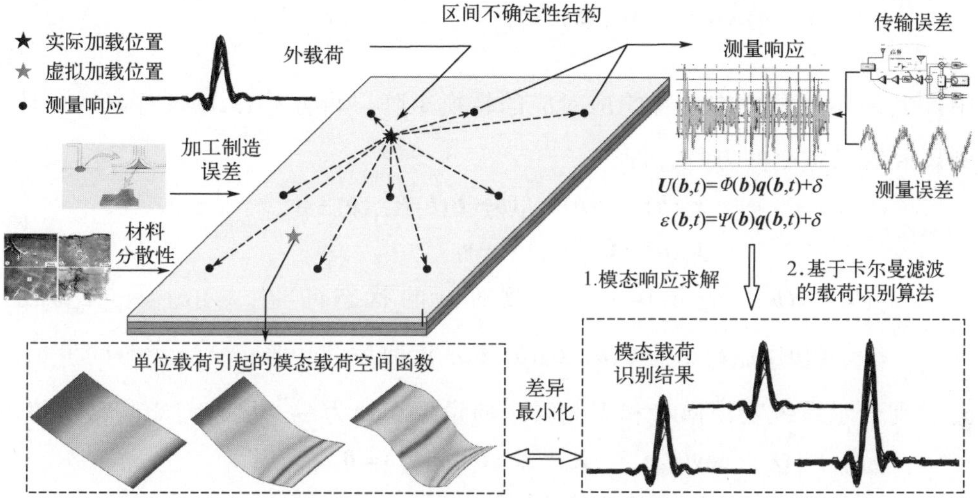

图 3.1　基于模态载荷的不确定性结构集中动态载荷识别示意图

3.2　基于卡尔曼滤波器的模态载荷时序历程识别

利用模态叠加方法将结构动力学方程转换至模态空间，可以实现动力学有限元方程解耦，进而降低方程自由度。准确获取模态响应是进行模态载荷识别的关键问题之一，直接对减缩模态矩阵求逆计算模态响应的过程往往呈现病态性现象。目前已发展了若干正则化方法来降低矩阵求逆的病态性。本节假设模态位移响应和模态加速度响应均为高精度反求结果，并将其作为卡尔曼滤波算法的输入参数，推导系统状态向量估计和模态载荷向量预测的公式，模态响应的精确求解方法将在后续章节介绍。

3.2.1　模态位移观测下的载荷识别

引入状态向量 $\boldsymbol{x}(\boldsymbol{b},t)=[\boldsymbol{q}(\boldsymbol{b},t)\quad \dot{\boldsymbol{q}}(\boldsymbol{b},t)]^{\mathrm{T}}$，利用连续状态空间方程描述式(2.15)中的模态空间结构动力学方程。当以模态位移响应为观测量时，结构控制方程可

以写为

$$\begin{aligned}\dot{\boldsymbol{x}}(\boldsymbol{b},t)&=\boldsymbol{A}_0(\boldsymbol{b})\boldsymbol{x}(\boldsymbol{b},t)+\boldsymbol{B}_0(\boldsymbol{b})\boldsymbol{P}(\boldsymbol{b},t)\\ \boldsymbol{y}(\boldsymbol{b},t)&=\boldsymbol{C}_0(\boldsymbol{b})\boldsymbol{x}(\boldsymbol{b},t)\end{aligned}\tag{3.1}$$

其中，$\boldsymbol{A}_0(\boldsymbol{b})$ 表示状态转移矩阵；$\boldsymbol{B}_0(\boldsymbol{b})$ 表示模态载荷作用矩阵；$\boldsymbol{C}_0(\boldsymbol{b})$ 表示观测矩阵；$\boldsymbol{y}(\boldsymbol{b},t)$ 表示反求模态位移响应。具体表达式为

$$\boldsymbol{A}_0(\boldsymbol{b})=\begin{bmatrix}\boldsymbol{0} & \boldsymbol{I}\\ -\hat{\boldsymbol{M}}^{-1}(\boldsymbol{b})\hat{\boldsymbol{K}}(\boldsymbol{b}) & -\hat{\boldsymbol{M}}^{-1}(\boldsymbol{b})\hat{\boldsymbol{C}}(\boldsymbol{b})\end{bmatrix},\quad \boldsymbol{B}_0(\boldsymbol{b})=\begin{bmatrix}\boldsymbol{0}\\ \hat{\boldsymbol{M}}^{-1}(\boldsymbol{b})\end{bmatrix},\quad \boldsymbol{C}_0(\boldsymbol{b})=[\boldsymbol{T}_{\mathrm{q}}\quad \boldsymbol{0}]\tag{3.2}$$

式中，$\boldsymbol{T}_{\mathrm{q}}$ 表示观测模态位移响应对应的转换矩阵。将方程(3.1)进行离散化处理，得到离散的状态空间方程，即

$$\begin{aligned}\boldsymbol{x}_k(\boldsymbol{b})&=\boldsymbol{A}(\boldsymbol{b})\boldsymbol{x}_{k-1}(\boldsymbol{b})+\boldsymbol{B}(\boldsymbol{b})\boldsymbol{P}_{k-1}(\boldsymbol{b})+\boldsymbol{w}_{k-1}\\ \boldsymbol{y}_k(\boldsymbol{b})&=\boldsymbol{C}(\boldsymbol{b})\boldsymbol{x}_k(\boldsymbol{b})+\boldsymbol{v}_k\end{aligned}\tag{3.3}$$

式中，$\boldsymbol{x}_k(\boldsymbol{b})=\boldsymbol{x}(\boldsymbol{b},t_k)$ 表示第 k 个观测时刻的状态向量；$\boldsymbol{A}(\boldsymbol{b})=\exp[\boldsymbol{A}_0(\boldsymbol{b})\Delta t]$、$\boldsymbol{B}(\boldsymbol{b})=\int_0^{\Delta t}\exp[\boldsymbol{A}_0(\boldsymbol{b})]\boldsymbol{B}_0(\boldsymbol{b})\,\mathrm{d}\tau$、$\boldsymbol{C}(\boldsymbol{b})=\boldsymbol{C}_0(\boldsymbol{b})$ 表示离散后的矩阵；Δt 表示时间步长；$\boldsymbol{w}_k$ 和 $\boldsymbol{v}_k$ 分别表示系统噪声向量和观测噪声向量，均值为零，协方差矩阵为常值，且满足 $\mathrm{cov}(\boldsymbol{w}_k\boldsymbol{w}_k^{\mathrm{T}})=\boldsymbol{Q}$、$\mathrm{cov}(\boldsymbol{v}_k\boldsymbol{v}_k^{\mathrm{T}})=\boldsymbol{R}$ 以及 $\mathrm{cov}(\boldsymbol{w}_k\boldsymbol{v}_k^{\mathrm{T}})=\boldsymbol{0}$。

首先，定义状态估计误差向量为

$$\boldsymbol{e}_k^x(\boldsymbol{b})=\boldsymbol{x}_k(\boldsymbol{b})-\hat{\boldsymbol{x}}_{k|k}(\boldsymbol{b})\tag{3.4}$$

式中，$\hat{\boldsymbol{x}}_{k|k}(\boldsymbol{b})$ 表示第 k 个采样时刻的最优状态估计值，其协方差可以写作 $\boldsymbol{\Sigma}_k^x(\boldsymbol{b})=\mathrm{cov}[\boldsymbol{e}_k^x(\boldsymbol{b})\boldsymbol{e}_k^{x\,\mathrm{T}}(\boldsymbol{b})]$。从式(3.3)中可以看出，当前时刻的状态向量 $\boldsymbol{x}_k(\boldsymbol{b})$ 一部分由前一时刻的状态向量 $\boldsymbol{x}_{k-1}(\boldsymbol{b})$ 引起，另一部分由前一时刻的模态载荷向量 $\boldsymbol{F}_{k-1}(\boldsymbol{b})$ 引起。由于载荷识别反问题中模态载荷是未知的，只能得到由前一时刻状态向量引起的不完整状态向量，即通过最优状态估计向量 $\hat{\boldsymbol{x}}_{k-1|k-1}(\boldsymbol{b})$ 得到不完整状态预测向量 $\tilde{\boldsymbol{x}}_{k|k-1}(\boldsymbol{b})$：

$$\tilde{\boldsymbol{x}}_{k|k-1}(\boldsymbol{b})=\boldsymbol{A}(\boldsymbol{b})\hat{\boldsymbol{x}}_{k-1|k-1}(\boldsymbol{b})\tag{3.5}$$

进而，可以通过不完整状态预测向量得到系统观测向量，即

$$\tilde{\boldsymbol{y}}_{k|k-1}(\boldsymbol{b})=\boldsymbol{C}(\boldsymbol{b})\tilde{\boldsymbol{x}}_{k|k-1}(\boldsymbol{b})\tag{3.6}$$

定义观测误差向量为

$$\boldsymbol{e}_{k|k-1}^y(\boldsymbol{b})=\boldsymbol{y}_k(\boldsymbol{b})-\tilde{\boldsymbol{y}}_{k|k-1}(\boldsymbol{b})=\boldsymbol{C}(\boldsymbol{b})\boldsymbol{B}(\boldsymbol{b})\boldsymbol{P}_{k-1}(\boldsymbol{b})+\boldsymbol{e}_{k|k-1}(\boldsymbol{b})\tag{3.7}$$

式中，$\boldsymbol{e}_{k|k-1}(\boldsymbol{b})=\boldsymbol{C}(\boldsymbol{b})[\boldsymbol{A}(\boldsymbol{b})\boldsymbol{e}_{k-1}^{x}(\boldsymbol{b})+\boldsymbol{w}_{k-1}]+\boldsymbol{v}_k$，其协方差可以表示为 $\boldsymbol{J}_k(\boldsymbol{b})=\mathrm{cov}[\boldsymbol{e}_{k|k-1}(\boldsymbol{b})\boldsymbol{e}_{k|k-1}^{\mathrm{T}}(\boldsymbol{b})]=\boldsymbol{C}(\boldsymbol{b})[\boldsymbol{A}(\boldsymbol{b})\boldsymbol{\Sigma}_k^{x}(\boldsymbol{b})\boldsymbol{A}^{\mathrm{T}}(\boldsymbol{b})+\boldsymbol{Q}]\boldsymbol{C}^{\mathrm{T}}(\boldsymbol{b})+\boldsymbol{R}$。

观测误差 $\boldsymbol{e}_{k|k-1}^{y}(\boldsymbol{b})$ 应尽可能接近于零，根据加权最小二乘法[52]，可以推导模态载荷的估计值，即

$$\hat{\boldsymbol{P}}_{k-1}(\boldsymbol{b})=\boldsymbol{M}_k(\boldsymbol{b})\boldsymbol{e}_{k|k-1}^{y}(\boldsymbol{b}) \tag{3.8}$$

式中，$\boldsymbol{M}_k(\boldsymbol{b})=\boldsymbol{J}_k^{-1}(\boldsymbol{b})\{[\boldsymbol{C}(\boldsymbol{b})\boldsymbol{B}(\boldsymbol{b})]^{\mathrm{T}}\boldsymbol{J}_k^{-1}(\boldsymbol{b})[\boldsymbol{C}(\boldsymbol{b})\boldsymbol{B}(\boldsymbol{b})]\}^{-1}[\boldsymbol{C}(\boldsymbol{b})\boldsymbol{B}(\boldsymbol{b})]^{\mathrm{T}}$，且满足等式 $\boldsymbol{M}_k(\boldsymbol{b})\boldsymbol{C}(\boldsymbol{b})\boldsymbol{B}(\boldsymbol{b})=\boldsymbol{I}$。定义载荷估计误差向量，并代入式(3.8)，可得

$$\boldsymbol{e}_{k-1}^{P}(\boldsymbol{b})=\boldsymbol{P}_{k-1}(\boldsymbol{b})-\hat{\boldsymbol{P}}_{k-1}(\boldsymbol{b})=-\boldsymbol{M}_k(\boldsymbol{b})\boldsymbol{e}_{k|k-1}(\boldsymbol{b}) \tag{3.9}$$

一旦得到了模态载荷的估计值，则可对状态向量进行重新预测，即

$$\hat{\boldsymbol{x}}_{k|k-1}(\boldsymbol{b})=\tilde{\boldsymbol{x}}_{k|k-1}(\boldsymbol{b})+\boldsymbol{B}(\boldsymbol{b})\hat{\boldsymbol{P}}_{k-1}(\boldsymbol{b}) \tag{3.10}$$

定义状态预测误差向量为

$$\boldsymbol{e}_{k|k-1}^{x}(\boldsymbol{b})=\boldsymbol{x}_k(\boldsymbol{b})-\hat{\boldsymbol{x}}_{k|k-1}(\boldsymbol{b})=\boldsymbol{A}(\boldsymbol{b})\boldsymbol{e}_{k-1}^{x}(\boldsymbol{b})+\boldsymbol{B}(\boldsymbol{b})\boldsymbol{e}_{k-1}^{P}(\boldsymbol{b})+\boldsymbol{w}_{k-1} \tag{3.11}$$

将式(3.7)和式(3.9)代入式(3.11)，$\boldsymbol{e}_{k|k-1}^{x}(\boldsymbol{b})$ 可以重新写为

$$\boldsymbol{e}_{k|k-1}^{x}(\boldsymbol{b})=\tilde{\boldsymbol{A}}(\boldsymbol{b})\boldsymbol{e}_{k-1}^{x}(\boldsymbol{b})+\tilde{\boldsymbol{w}}_{k-1} \tag{3.12}$$

且 $\tilde{\boldsymbol{A}}(\boldsymbol{b})=[\boldsymbol{I}-\boldsymbol{B}(\boldsymbol{b})\boldsymbol{M}_k(\boldsymbol{b})\boldsymbol{C}(\boldsymbol{b})]\boldsymbol{A}(\boldsymbol{b})$，$\tilde{\boldsymbol{w}}_{k-1}=[\boldsymbol{I}-\boldsymbol{B}(\boldsymbol{b})\boldsymbol{M}_k(\boldsymbol{b})\boldsymbol{C}(\boldsymbol{b})]\boldsymbol{w}_{k-1}-\boldsymbol{B}(\boldsymbol{b})\boldsymbol{M}_k(\boldsymbol{b})\boldsymbol{v}_k$。令 $\tilde{\boldsymbol{Q}}_{k-1}(\boldsymbol{b})=\mathrm{cov}[\tilde{\boldsymbol{w}}_{k-1}(\boldsymbol{b})\tilde{\boldsymbol{w}}_{k-1}^{\mathrm{T}}(\boldsymbol{b})]$，完整状态预测误差 $\boldsymbol{e}_{k|k-1}^{x}(\boldsymbol{b})$ 的协方差可以写为

$$\begin{aligned}\boldsymbol{\Sigma}_{k|k-1}^{x}(\boldsymbol{b})&=\mathrm{cov}[\boldsymbol{e}_{k|k-1}^{x}(\boldsymbol{b})\boldsymbol{e}_{k|k-1}^{x\,\mathrm{T}}(\boldsymbol{b})]=\tilde{\boldsymbol{A}}(\boldsymbol{b})\boldsymbol{\Sigma}_{k-1}^{x}(\boldsymbol{b})\tilde{\boldsymbol{A}}^{\mathrm{T}}(\boldsymbol{b})+\tilde{\boldsymbol{Q}}_{k-1}(\boldsymbol{b})\\&=[\boldsymbol{I}-\boldsymbol{B}(\boldsymbol{b})\boldsymbol{M}_k(\boldsymbol{b})\boldsymbol{C}(\boldsymbol{b})][\boldsymbol{A}(\boldsymbol{b})\boldsymbol{\Sigma}_{k-1}^{x}(\boldsymbol{b})\boldsymbol{A}^{\mathrm{T}}(\boldsymbol{b})+\boldsymbol{Q}][\boldsymbol{I}-\boldsymbol{B}(\boldsymbol{b})\boldsymbol{M}_k(\boldsymbol{b})\boldsymbol{C}(\boldsymbol{b})]^{\mathrm{T}}\\&\quad+\boldsymbol{B}(\boldsymbol{b})\boldsymbol{M}_k(\boldsymbol{b})\boldsymbol{R}[\boldsymbol{B}(\boldsymbol{b})\boldsymbol{M}_k(\boldsymbol{b})]^{\mathrm{T}}\end{aligned} \tag{3.13}$$

结合观测向量预测结果 $\hat{\boldsymbol{y}}_{k|k-1}(\boldsymbol{b})=\boldsymbol{C}(\boldsymbol{b})\hat{\boldsymbol{x}}_{k|k-1}(\boldsymbol{b})$ 以及观测到的模态位移向量 $\boldsymbol{y}_k(\boldsymbol{b})$，可以将系统的状态向量进一步修正为

$$\hat{\boldsymbol{x}}_{k|k}(\boldsymbol{b})=\hat{\boldsymbol{x}}_{k|k-1}(\boldsymbol{b})+\boldsymbol{K}_k(\boldsymbol{b})[\boldsymbol{y}_k(\boldsymbol{b})-\boldsymbol{C}(\boldsymbol{b})\hat{\boldsymbol{x}}_{k|k-1}(\boldsymbol{b})] \tag{3.14}$$

式中，$\boldsymbol{K}_k(\boldsymbol{b})$ 为卡尔曼增益。将式(3.14)代入式(3.4)，状态估计误差向量可以表示为

$$\boldsymbol{e}_k^{x}(\boldsymbol{b})=\boldsymbol{x}_k(\boldsymbol{b})-\hat{\boldsymbol{x}}_{k|k}(\boldsymbol{b})=[\boldsymbol{I}-\boldsymbol{K}_k(\boldsymbol{b})\boldsymbol{C}(\boldsymbol{b})]\boldsymbol{e}_{k|k-1}^{x}(\boldsymbol{b})-\boldsymbol{K}_k(\boldsymbol{b})\boldsymbol{v}_k \tag{3.15}$$

进一步定义协方差矩阵：

$$\boldsymbol{S}_k(\boldsymbol{b}) = \mathrm{cov}[\boldsymbol{e}^{\boldsymbol{x}}_{k|k-1}(\boldsymbol{b})\, \boldsymbol{v}^{\mathrm{T}}_k(\boldsymbol{b})] = -\boldsymbol{B}(\boldsymbol{b})\boldsymbol{M}_k(\boldsymbol{b})\boldsymbol{R} \tag{3.16}$$

则可将状态估计误差 $\boldsymbol{e}^{\boldsymbol{x}}_k(\boldsymbol{b})$ 的协方差矩阵表示为

$$\begin{aligned}\boldsymbol{\Sigma}^{\boldsymbol{x}}_k(\boldsymbol{b}) &= \mathrm{cov}\left[\boldsymbol{e}^{\boldsymbol{x}}_k(\boldsymbol{b})\, \boldsymbol{e}^{\boldsymbol{x}\,\mathrm{T}}_k(\boldsymbol{b})\right] \\ &= [\boldsymbol{I} - \boldsymbol{K}_k(\boldsymbol{b})\boldsymbol{C}(\boldsymbol{b})\boldsymbol{K}_k(\boldsymbol{b})] \begin{bmatrix} \boldsymbol{\Sigma}^{\boldsymbol{x}}_{k|k-1}(\boldsymbol{b}) & \boldsymbol{S}_k(\boldsymbol{b}) \\ \boldsymbol{S}^{\mathrm{T}}_k(\boldsymbol{b}) & \boldsymbol{R} \end{bmatrix} \begin{bmatrix} \boldsymbol{I} - \boldsymbol{C}^{\mathrm{T}}(\boldsymbol{b})\boldsymbol{K}^{\mathrm{T}}_k(\boldsymbol{b}) \\ \boldsymbol{K}^{\mathrm{T}}_k(\boldsymbol{b}) \end{bmatrix}\end{aligned} \tag{3.17}$$

将式(3.13)和式(3.16)代入式(3.17)，可得

$$\boldsymbol{\Sigma}^{\boldsymbol{x}}_k(\boldsymbol{b}) = \boldsymbol{K}_k(\boldsymbol{b})\boldsymbol{H}_k(\boldsymbol{b})\boldsymbol{K}^{\mathrm{T}}_k(\boldsymbol{b}) - \boldsymbol{G}_k(\boldsymbol{b})\boldsymbol{K}^{\mathrm{T}}_k(\boldsymbol{b}) - \boldsymbol{K}_k(\boldsymbol{b})\boldsymbol{G}^{\mathrm{T}}_k(\boldsymbol{b}) + \boldsymbol{\Sigma}^{\boldsymbol{x}}_{k|k-1}(\boldsymbol{b}) \tag{3.18}$$

其中，$\boldsymbol{H}_k(\boldsymbol{b}) = \boldsymbol{C}(\boldsymbol{b})\boldsymbol{\Sigma}^{\boldsymbol{x}}_{k|k-1}(\boldsymbol{b})\boldsymbol{C}^{\mathrm{T}}(\boldsymbol{b}) + \boldsymbol{C}(\boldsymbol{b})\boldsymbol{S}_k(\boldsymbol{b}) + [\boldsymbol{C}(\boldsymbol{b})\boldsymbol{S}_k(\boldsymbol{b})]^{\mathrm{T}} + \boldsymbol{R}$，$\boldsymbol{G}_k(\boldsymbol{b}) = \boldsymbol{S}_k(\boldsymbol{b}) + \boldsymbol{\Sigma}^{\boldsymbol{x}}_{k|k-1}(\boldsymbol{b})$ $\boldsymbol{C}^{\mathrm{T}}(\boldsymbol{b})$。

需要指出的是，卡尔曼滤波算法的关键是卡尔曼增益矩阵的求解，其最优解会使状态估计误差 $\boldsymbol{e}^{\boldsymbol{x}}_k(\boldsymbol{b})$ 的协方差矩阵得到最小化，即最小化矩阵 $\boldsymbol{\Sigma}^{\boldsymbol{x}}_k(\boldsymbol{b})$ 的迹。根据文献[50]，增益矩阵可以表示为

$$\boldsymbol{K}_k(\boldsymbol{b}) = \boldsymbol{G}_k(\boldsymbol{b})\boldsymbol{\alpha}^{\mathrm{T}}_k[\boldsymbol{\alpha}_k\boldsymbol{H}_k(\boldsymbol{b})\boldsymbol{\alpha}^{\mathrm{T}}_k]^{-1}\boldsymbol{\alpha}_k \tag{3.19}$$

其中，$\boldsymbol{\alpha}_k \in \mathbb{R}^{r\times m}$ 为可以使 $\boldsymbol{\alpha}_k\boldsymbol{H}_k(\boldsymbol{b})\boldsymbol{\alpha}^{\mathrm{T}}_k$ 达到满秩的任意矩阵（m 为关注的模态阶数）。上述推导为利用模态位移响应进行模态载荷识别的一个完整周期，模态载荷向量的估计值认为是模态载荷识别结果，即

$$\boldsymbol{P}(\boldsymbol{b}, t_k) = \hat{\boldsymbol{P}}_k(\boldsymbol{b}) \tag{3.20}$$

上述公式推导可以总结出，利用卡尔曼滤波算法和模态位移响应观测进行模态载荷识别主要包括三个阶段：载荷估计阶段、状态预测阶段和状态更新阶段，示意图如图 3.2(a)所示。首先，在载荷估计阶段，利用前一时刻的状态估计结果得到当前时刻的不完整状态预测向量和不完整观测向量，基于加权最小二乘法，通过式(3.8)得到前一时刻未知模态载荷向量的无偏估计。其次，在状态预测阶段，式(3.10)基于前一时刻的载荷估计结果，给出当前时刻状态向量的完整预测，并通过式(3.13)对状态预测的优劣进行定量描述。最后，在状态更新阶段，结合当前时刻的完整状态预测向量和观测响应向量，通过式(3.14)对状态预测向量进行修正更新，得到当前时刻的最优状态估计值，式(3.18)定量给出了状态估计的优劣。总而言之，所有的方程推导都围绕一个目的，即正确、合理地利用观测到的模态位移响应。

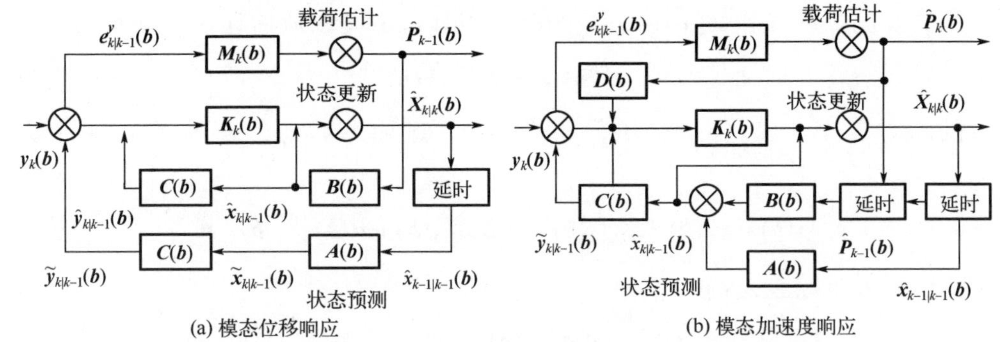

图 3.2　基于卡尔曼滤波算法的模态载荷识别示意图

3.2.2　模态加速度观测下的载荷识别

当以模态加速度响应为观测量时，状态空间方程的连续形式和离散形式可以写为

$$\begin{aligned}\dot{\boldsymbol{x}}(\boldsymbol{b},t) &= \boldsymbol{A}_0(\boldsymbol{b})\boldsymbol{x}(\boldsymbol{b},t)+\boldsymbol{B}_0(\boldsymbol{b})\boldsymbol{P}(\boldsymbol{b},t)\\ \boldsymbol{y}(\boldsymbol{b},t)&=\boldsymbol{C}_0(\boldsymbol{b})\boldsymbol{x}(\boldsymbol{b},t)+\boldsymbol{D}_0(\boldsymbol{b})\boldsymbol{P}(\boldsymbol{b},t)\end{aligned} \tag{3.21}$$

和

$$\begin{aligned}\boldsymbol{x}_k(\boldsymbol{b}) &= \boldsymbol{A}(\boldsymbol{b})\boldsymbol{x}_{k-1}(\boldsymbol{b})+\boldsymbol{B}(\boldsymbol{b})\boldsymbol{P}_{k-1}(\boldsymbol{b})+\boldsymbol{w}_{k-1}\\ \boldsymbol{y}_k(\boldsymbol{b})&=\boldsymbol{C}(\boldsymbol{b})\boldsymbol{x}_k(\boldsymbol{b})+\boldsymbol{D}(\boldsymbol{b})\boldsymbol{P}_k(\boldsymbol{b})+\boldsymbol{v}_k\end{aligned} \tag{3.22}$$

其中，观测矩阵表示为 $\boldsymbol{C}_0(\boldsymbol{b})=[-\boldsymbol{T}_{\ddot{\text{q}}}\hat{\boldsymbol{M}}^{-1}(\boldsymbol{b})\hat{\boldsymbol{K}}(\boldsymbol{b})\quad -\boldsymbol{T}_{\ddot{\text{q}}}\hat{\boldsymbol{M}}^{-1}(\boldsymbol{b})\hat{\boldsymbol{C}}(\boldsymbol{b})]$，$\boldsymbol{C}(\boldsymbol{b})=\boldsymbol{C}_0(\boldsymbol{b})$，$\boldsymbol{D}_0(\boldsymbol{b})=-\boldsymbol{T}_{\ddot{\text{q}}}\hat{\boldsymbol{M}}^{-1}(\boldsymbol{b})$，$\boldsymbol{D}(\boldsymbol{b})=\boldsymbol{D}_0(\boldsymbol{b})$；$\boldsymbol{T}_{\ddot{\text{q}}}$ 是观测模态加速度响应对应的转换矩阵。

与位移观测方程不同的是，加速度响应观测向量不仅与该时刻的状态向量有关，也与该时刻的输入向量有关。假设已经得到第 $k-1$ 个时刻的最优状态估计值 $\hat{\boldsymbol{x}}_{k-1|k-1}(\boldsymbol{b})$ 和载荷预测值 $\hat{\boldsymbol{P}}_{k-1}(\boldsymbol{b})$，基于卡尔曼滤波算法可以得到第 k 个时刻的状态预测值，即

$$\hat{\boldsymbol{x}}_{k|k-1}(\boldsymbol{b})=\boldsymbol{A}(\boldsymbol{b})\hat{\boldsymbol{x}}_{k-1|k-1}(\boldsymbol{b})+\boldsymbol{B}(\boldsymbol{b})\hat{\boldsymbol{P}}_{k-1}(\boldsymbol{b}) \tag{3.23}$$

由于第 k 个时刻的模态载荷未知，只能得到不完整的系统观测向量，即

$$\tilde{\boldsymbol{y}}_{k|k-1}(\boldsymbol{b})=\boldsymbol{C}_k(\boldsymbol{b})\hat{\boldsymbol{x}}_{k|k-1}(\boldsymbol{b}) \tag{3.24}$$

首先，定义状态估计误差向量：

$$\boldsymbol{e}_k^x(\boldsymbol{b})=\boldsymbol{x}_k(\boldsymbol{b})-\hat{\boldsymbol{x}}_{k|k}(\boldsymbol{b}) \tag{3.25}$$

式中，$\hat{\boldsymbol{x}}_{k|k}(\boldsymbol{b})$ 表示通过卡尔曼滤波算法得到的第 k 个采样时刻的最优状态估计向

量，其协方差可以写作 $\boldsymbol{\Sigma}_k^x(\boldsymbol{b})=\mathrm{cov}[\boldsymbol{e}_k^x(\boldsymbol{b})\boldsymbol{e}_k^{x\mathrm{T}}(\boldsymbol{b})]$。定义载荷估计误差向量为

$$\boldsymbol{e}_k^P(\boldsymbol{b})=\boldsymbol{P}_k(\boldsymbol{b})-\hat{\boldsymbol{P}}_k(\boldsymbol{b}) \tag{3.26}$$

相应的协方差记为 $\boldsymbol{\Sigma}_k^P(\boldsymbol{b})=\mathrm{cov}[\boldsymbol{e}_k^P(\boldsymbol{b})\boldsymbol{e}_k^{P\mathrm{T}}(\boldsymbol{b})]$。进而，状态预测误差向量可以表示为

$$\boldsymbol{e}_{k|k-1}^x(\boldsymbol{b})=\boldsymbol{x}_k(\boldsymbol{b})-\hat{\boldsymbol{x}}_{k|k-1}(\boldsymbol{b})=\boldsymbol{A}(\boldsymbol{b})\boldsymbol{e}_{k-1}^x(\boldsymbol{b})+\boldsymbol{B}(\boldsymbol{b})\boldsymbol{e}_{k-1}^P(\boldsymbol{b})+\boldsymbol{w}_{k-1} \tag{3.27}$$

对应的协方差可以表示为

$$\begin{aligned}\boldsymbol{\Sigma}_{k|k-1}^x(\boldsymbol{b})&=\mathrm{cov}[\boldsymbol{e}_{k|k-1}^x(\boldsymbol{b})\boldsymbol{e}_{k|k-1}^{x\mathrm{T}}(\boldsymbol{b})]\\&=[\boldsymbol{A}(\boldsymbol{b})\quad\boldsymbol{B}(\boldsymbol{b})]\begin{bmatrix}\boldsymbol{\Sigma}_{k-1}^x(\boldsymbol{b}) & \boldsymbol{\Sigma}_{k-1}^{xP}(\boldsymbol{b})\\ \boldsymbol{\Sigma}_{k-1}^{Px}(\boldsymbol{b}) & \boldsymbol{\Sigma}_{k-1}^P(\boldsymbol{b})\end{bmatrix}\begin{bmatrix}\boldsymbol{A}^\mathrm{T}(\boldsymbol{b})\\ \boldsymbol{B}^\mathrm{T}(\boldsymbol{b})\end{bmatrix}+\boldsymbol{Q}\end{aligned} \tag{3.28}$$

其中，$\boldsymbol{\Sigma}_{k-1}^{xP}(\boldsymbol{b})$ 和 $\boldsymbol{\Sigma}_{k-1}^{Px}(\boldsymbol{b})$ 表示交叉误差协方差矩阵。此外，观测误差可以表示为

$$\boldsymbol{e}_{k|k-1}^y(\boldsymbol{b})=\boldsymbol{y}_k(\boldsymbol{b})-\tilde{\boldsymbol{y}}_{k|k-1}(\boldsymbol{b})=\boldsymbol{D}(\boldsymbol{b})\boldsymbol{P}_k(\boldsymbol{b})+\boldsymbol{e}_{k|k-1}(\boldsymbol{b}) \tag{3.29}$$

其中，$\boldsymbol{e}_{k|k-1}(\boldsymbol{b})=\boldsymbol{C}(\boldsymbol{b})\boldsymbol{e}_{k|k-1}^x(\boldsymbol{b})+\boldsymbol{v}_k$，其协方差矩阵为 $\boldsymbol{J}_k(\boldsymbol{b})=\boldsymbol{C}(\boldsymbol{b})\boldsymbol{\Sigma}_{k|k-1}^x(\boldsymbol{b})\boldsymbol{C}^\mathrm{T}(\boldsymbol{b})+\boldsymbol{R}$。观测误差 $\boldsymbol{e}_{k|k-1}^y(\boldsymbol{b})$ 应尽可能接近于零，根据加权最小二乘法[50]，可以推导模态载荷的估计值，即

$$\hat{\boldsymbol{P}}_k(\boldsymbol{b})=\boldsymbol{M}_k(\boldsymbol{b})\boldsymbol{e}_{k|k-1}^y(\boldsymbol{b}) \tag{3.30}$$

式中，$\boldsymbol{M}_k(\boldsymbol{b})=\boldsymbol{J}_k^{-1}(\boldsymbol{b})[\boldsymbol{D}^\mathrm{T}(\boldsymbol{b})\boldsymbol{J}_k^{-1}(\boldsymbol{b})\boldsymbol{D}(\boldsymbol{b})]^{-1}\boldsymbol{D}^\mathrm{T}(\boldsymbol{b})$，且满足 $\boldsymbol{M}_k(\boldsymbol{b})\boldsymbol{D}(\boldsymbol{b})=\boldsymbol{I}$。进而，可以得到载荷估计误差向量为

$$\boldsymbol{e}_k^P(\boldsymbol{b})=\boldsymbol{P}_k(\boldsymbol{b})-\hat{\boldsymbol{P}}_k(\boldsymbol{b})=-\boldsymbol{M}_k(\boldsymbol{b})\boldsymbol{e}_{k|k-1}(\boldsymbol{b}) \tag{3.31}$$

载荷估计误差的协方差矩阵可以表示为

$$\boldsymbol{\Sigma}_k^P(\boldsymbol{b})=\mathrm{cov}[\boldsymbol{e}_k^P(\boldsymbol{b})\boldsymbol{e}_k^{P\mathrm{T}}(\boldsymbol{b})]=\boldsymbol{M}_k(\boldsymbol{b})\boldsymbol{J}_k(\boldsymbol{b})\boldsymbol{M}_k^\mathrm{T}(\boldsymbol{b})=[\boldsymbol{D}^\mathrm{T}(\boldsymbol{b})\boldsymbol{J}_k^{-1}(\boldsymbol{b})\boldsymbol{D}(\boldsymbol{b})]^{-1} \tag{3.32}$$

结合完整的观测向量预测结果 $\hat{\boldsymbol{y}}_{k|k-1}(\boldsymbol{b})=\boldsymbol{C}(\boldsymbol{b})\hat{\boldsymbol{x}}_{k|k-1}(\boldsymbol{b})+\boldsymbol{D}(\boldsymbol{b})\hat{\boldsymbol{P}}_k(\boldsymbol{b})$ 以及观测的模态位移向量 $\boldsymbol{y}_k(\boldsymbol{b})$，可以将系统的状态向量进一步修正为

$$\begin{aligned}\hat{\boldsymbol{x}}_{k|k}(\boldsymbol{b})&=\hat{\boldsymbol{x}}_{k|k-1}(\boldsymbol{b})+\boldsymbol{K}_k(\boldsymbol{b})[\boldsymbol{y}_k(\boldsymbol{b})-\boldsymbol{C}(\boldsymbol{b})\hat{\boldsymbol{x}}_{k|k-1}(\boldsymbol{b})-\boldsymbol{D}(\boldsymbol{b})\hat{\boldsymbol{P}}_k(\boldsymbol{b})]\\&=\hat{\boldsymbol{x}}_{k|k-1}(\boldsymbol{b})+\boldsymbol{K}_k(\boldsymbol{b})[\boldsymbol{I}-\boldsymbol{D}(\boldsymbol{b})\boldsymbol{M}_k(\boldsymbol{b})][\boldsymbol{y}_k(\boldsymbol{b})-\boldsymbol{C}(\boldsymbol{b})\hat{\boldsymbol{x}}_{k|k-1}(\boldsymbol{b})]\end{aligned} \tag{3.33}$$

其中，卡尔曼增益矩阵 $\boldsymbol{K}_k(\boldsymbol{b})$ 可以表示为

$$\boldsymbol{K}_k(\boldsymbol{b})=[\boldsymbol{C}(\boldsymbol{b})\boldsymbol{P}_{k|k-1}^x(\boldsymbol{b})\boldsymbol{C}^\mathrm{T}(\boldsymbol{b})+\boldsymbol{R}]^{-1}\boldsymbol{P}_{k|k-1}^x(\boldsymbol{b})\boldsymbol{C}^\mathrm{T}(\boldsymbol{b})=\boldsymbol{J}_k^{-1}(\boldsymbol{b})\boldsymbol{P}_{k|k-1}^x(\boldsymbol{b})\boldsymbol{C}^\mathrm{T}(\boldsymbol{b}) \tag{3.34}$$

令 $\boldsymbol{T}_k(\boldsymbol{b})=\boldsymbol{K}_k(\boldsymbol{b})[\boldsymbol{I}-\boldsymbol{D}(\boldsymbol{b})\boldsymbol{M}_k(\boldsymbol{b})]$，结合式(3.22)和式(3.33)，状态估计误差可以

表示为

$$\boldsymbol{e}_k^x(\boldsymbol{b})=\boldsymbol{x}_k(\boldsymbol{b})-\hat{\boldsymbol{x}}_{k|k}(\boldsymbol{b})=[\boldsymbol{I}-\boldsymbol{T}_k(\boldsymbol{b})\boldsymbol{C}(\boldsymbol{b})]\boldsymbol{e}_{k|k-1}^x(\boldsymbol{b})-\boldsymbol{T}_k(\boldsymbol{b})\boldsymbol{D}(\boldsymbol{b})\boldsymbol{P}_k(\boldsymbol{b})-\boldsymbol{T}_k(\boldsymbol{b})\boldsymbol{v}_k \tag{3.35}$$

因为 $\hat{\boldsymbol{x}}_{k|k}(\boldsymbol{b})$ 是对所有可能载荷的最小方差无偏估计，故 $\boldsymbol{T}_k(\boldsymbol{b})\boldsymbol{D}(\boldsymbol{b})=\boldsymbol{0}$ 。进而，式(3.35)可以转换为

$$\boldsymbol{e}_k^x(\boldsymbol{b})=\boldsymbol{x}_k(\boldsymbol{b})-\hat{\boldsymbol{x}}_{k|k}(\boldsymbol{b})=[\boldsymbol{I}-\boldsymbol{T}_k(\boldsymbol{b})\boldsymbol{C}(\boldsymbol{b})]\boldsymbol{e}_{k|k-1}^x(\boldsymbol{b})-\boldsymbol{T}_k(\boldsymbol{b})\boldsymbol{v}_k \tag{3.36}$$

对应的状态估计的协方差矩阵可以表示为

$$\begin{aligned}\boldsymbol{\Sigma}_k^x(\boldsymbol{b})&=\mathrm{cov}[\boldsymbol{e}_k^x(\boldsymbol{b})\boldsymbol{e}_k^{x\mathrm{T}}(\boldsymbol{b})]\\&=[\boldsymbol{I}-\boldsymbol{T}_k(\boldsymbol{b})\boldsymbol{C}(\boldsymbol{b})]\boldsymbol{\Sigma}_{k|k-1}^x(\boldsymbol{b})[\boldsymbol{I}-\boldsymbol{T}_k(\boldsymbol{b})\boldsymbol{C}(\boldsymbol{b})]^\mathrm{T}+\boldsymbol{T}_k(\boldsymbol{b})\boldsymbol{R}\boldsymbol{T}_k^\mathrm{T}(\boldsymbol{b})\end{aligned} \tag{3.37}$$

将 $\boldsymbol{T}_k(\boldsymbol{b})=\boldsymbol{K}_k(\boldsymbol{b})[\boldsymbol{I}-\boldsymbol{D}(\boldsymbol{b})\boldsymbol{M}_k(\boldsymbol{b})]$ 代入上式，可得

$$\begin{aligned}\boldsymbol{\Sigma}_k^x(\boldsymbol{b})=&\boldsymbol{\Sigma}_{k|k-1}^x(\boldsymbol{b})-\boldsymbol{K}(\boldsymbol{b})[\boldsymbol{I}-\boldsymbol{D}(\boldsymbol{b})\boldsymbol{M}_k(\boldsymbol{b})]\boldsymbol{C}(\boldsymbol{b})\boldsymbol{\Sigma}_{k|k-1}^x(\boldsymbol{b})\\&-\boldsymbol{\Sigma}_{k|k-1}^x(\boldsymbol{b})\{\boldsymbol{K}(\boldsymbol{b})[\boldsymbol{I}-\boldsymbol{D}(\boldsymbol{b})\boldsymbol{M}_k(\boldsymbol{b})]\boldsymbol{C}(\boldsymbol{b})\}^\mathrm{T}\\&+\boldsymbol{K}(\boldsymbol{b})[\boldsymbol{I}-\boldsymbol{D}(\boldsymbol{b})\boldsymbol{M}_k(\boldsymbol{b})]\boldsymbol{C}(\boldsymbol{b})\boldsymbol{\Sigma}_{k|k-1}^x(\boldsymbol{b})\{\boldsymbol{K}(\boldsymbol{b})[\boldsymbol{I}-\boldsymbol{D}(\boldsymbol{b})\boldsymbol{M}_k(\boldsymbol{b})]\boldsymbol{C}(\boldsymbol{b})\}^\mathrm{T}\\&+\boldsymbol{K}(\boldsymbol{b})[\boldsymbol{I}-\boldsymbol{D}(\boldsymbol{b})\boldsymbol{M}_k(\boldsymbol{b})]\boldsymbol{R}\{\boldsymbol{K}(\boldsymbol{b})[\boldsymbol{I}-\boldsymbol{D}(\boldsymbol{b})\boldsymbol{M}_k(\boldsymbol{b})]\}^\mathrm{T}\end{aligned} \tag{3.38}$$

其中，

$$\begin{aligned}&\boldsymbol{K}(\boldsymbol{b})[\boldsymbol{I}-\boldsymbol{D}(\boldsymbol{b})\boldsymbol{M}_k(\boldsymbol{b})]\boldsymbol{C}(\boldsymbol{b})\boldsymbol{\Sigma}_{k|k-1}^x(\boldsymbol{b})\{\boldsymbol{K}(\boldsymbol{b})[\boldsymbol{I}-\boldsymbol{D}(\boldsymbol{b})\boldsymbol{M}_k(\boldsymbol{b})]\boldsymbol{C}(\boldsymbol{b})\}^\mathrm{T}\\&=\boldsymbol{K}(\boldsymbol{b})\boldsymbol{C}(\boldsymbol{b})\boldsymbol{\Sigma}_{k|k-1}^x(\boldsymbol{b})\boldsymbol{C}^\mathrm{T}(\boldsymbol{b})\boldsymbol{K}^\mathrm{T}(\boldsymbol{b})-\\&\quad\boldsymbol{K}(\boldsymbol{b})\boldsymbol{C}(\boldsymbol{b})\boldsymbol{\Sigma}_{k|k-1}^x(\boldsymbol{b})\boldsymbol{C}^\mathrm{T}(\boldsymbol{b})[\boldsymbol{K}(\boldsymbol{b})\boldsymbol{D}(\boldsymbol{b})\boldsymbol{M}_k(\boldsymbol{b})]^\mathrm{T}-\\&\quad\boldsymbol{K}(\boldsymbol{b})\boldsymbol{D}(\boldsymbol{b})\boldsymbol{M}_k(\boldsymbol{b})\boldsymbol{C}(\boldsymbol{b})\boldsymbol{\Sigma}_{k|k-1}^x(\boldsymbol{b})\boldsymbol{C}^\mathrm{T}(\boldsymbol{b})\boldsymbol{K}^\mathrm{T}(\boldsymbol{b})+\\&\quad\boldsymbol{K}(\boldsymbol{b})\boldsymbol{D}(\boldsymbol{b})\boldsymbol{M}_k(\boldsymbol{b})\boldsymbol{C}(\boldsymbol{b})\boldsymbol{\Sigma}_{k|k-1}^x(\boldsymbol{b})\boldsymbol{C}^\mathrm{T}(\boldsymbol{b})[\boldsymbol{K}(\boldsymbol{b})\boldsymbol{D}(\boldsymbol{b})\boldsymbol{M}_k(\boldsymbol{b})]^\mathrm{T}\end{aligned} \tag{3.39}$$

且

$$\begin{aligned}&\boldsymbol{K}(\boldsymbol{b})[\boldsymbol{I}-\boldsymbol{D}(\boldsymbol{b})\boldsymbol{M}_k(\boldsymbol{b})]\boldsymbol{R}\{\boldsymbol{K}(\boldsymbol{b})[\boldsymbol{I}-\boldsymbol{D}(\boldsymbol{b})\boldsymbol{M}_k(\boldsymbol{b})]\}^\mathrm{T}\\&=\boldsymbol{K}(\boldsymbol{b})\boldsymbol{R}\boldsymbol{K}^\mathrm{T}(\boldsymbol{b})-\boldsymbol{K}(\boldsymbol{b})\boldsymbol{R}[\boldsymbol{K}(\boldsymbol{b})\boldsymbol{D}(\boldsymbol{b})\boldsymbol{M}_k(\boldsymbol{b})]^\mathrm{T}-\\&\quad\boldsymbol{K}(\boldsymbol{b})\boldsymbol{D}(\boldsymbol{b})\boldsymbol{M}_k(\boldsymbol{b})\boldsymbol{R}\boldsymbol{K}^\mathrm{T}(\boldsymbol{b})+\boldsymbol{K}(\boldsymbol{b})\boldsymbol{D}(\boldsymbol{b})\boldsymbol{M}_k(\boldsymbol{b})\boldsymbol{R}[\boldsymbol{K}(\boldsymbol{b})\boldsymbol{D}(\boldsymbol{b})\boldsymbol{M}_k(\boldsymbol{b})]^\mathrm{T}\end{aligned} \tag{3.40}$$

显然， $\boldsymbol{K}(\boldsymbol{b})\boldsymbol{J}_k(\boldsymbol{b})=\boldsymbol{\Sigma}_{k|k-1}^x(\boldsymbol{b})\boldsymbol{C}^\mathrm{T}(\boldsymbol{b})$ ，将 $\boldsymbol{J}_k(\boldsymbol{b})$ 的表达式代入式(3.38)～式(3.40)，可得状态估计误差的协方差矩阵为

$$\boldsymbol{\Sigma}_k^x(\boldsymbol{b})=\boldsymbol{\Sigma}_{k|k-1}^x(\boldsymbol{b})-\boldsymbol{K}_k(\boldsymbol{b})[\boldsymbol{J}_k(\boldsymbol{b})-\boldsymbol{D}(\boldsymbol{b})\boldsymbol{\Sigma}_k^P(\boldsymbol{b})\boldsymbol{D}^\mathrm{T}(\boldsymbol{b})]\boldsymbol{K}_k^\mathrm{T}(\boldsymbol{b}) \tag{3.41}$$

基于式(3.31)和式(3.36)，可以得到状态估计和载荷估计的协方差矩阵为

$$\begin{aligned}\boldsymbol{\Sigma}_k^{xP}(\boldsymbol{b}) &= \operatorname{cov}[\boldsymbol{e}_k^x(\boldsymbol{b})\boldsymbol{e}_k^P(\boldsymbol{b})] \\ &= -[\boldsymbol{I}-\boldsymbol{T}_k(\boldsymbol{b})\boldsymbol{C}(\boldsymbol{b})]\boldsymbol{\Sigma}_{k|k-1}^x(\boldsymbol{b})\boldsymbol{C}^{\mathrm{T}}(\boldsymbol{b})\boldsymbol{M}_k^{\mathrm{T}}(\boldsymbol{b})+\boldsymbol{T}_k(\boldsymbol{b})\boldsymbol{R}\boldsymbol{M}_k^{\mathrm{T}}(\boldsymbol{b})\end{aligned} \tag{3.42}$$

将 $\boldsymbol{T}_k(\boldsymbol{b})=\boldsymbol{K}_k(\boldsymbol{b})[\boldsymbol{I}-\boldsymbol{D}(\boldsymbol{b})\boldsymbol{M}_k(\boldsymbol{b})]$ 代入上式，可得

$$\begin{aligned}\boldsymbol{\Sigma}_k^{xP}(\boldsymbol{b}) = &-\boldsymbol{\Sigma}_{k|k-1}^x(\boldsymbol{b})\boldsymbol{C}^{\mathrm{T}}(\boldsymbol{b})\boldsymbol{M}_k^{\mathrm{T}}(\boldsymbol{b}) \\ &+\boldsymbol{K}_k(\boldsymbol{b})[\boldsymbol{I}-\boldsymbol{D}(\boldsymbol{b})\boldsymbol{M}_k(\boldsymbol{b})]\boldsymbol{C}(\boldsymbol{b})\boldsymbol{\Sigma}_{k|k-1}^x(\boldsymbol{b})\boldsymbol{C}^{\mathrm{T}}(\boldsymbol{b})\boldsymbol{M}_k^{\mathrm{T}}(\boldsymbol{b}) \\ &+\boldsymbol{K}_k(\boldsymbol{b})[\boldsymbol{I}-\boldsymbol{D}(\boldsymbol{b})\boldsymbol{M}_k(\boldsymbol{b})]\boldsymbol{R}\boldsymbol{M}_k^{\mathrm{T}}(\boldsymbol{b})\end{aligned} \tag{3.43}$$

结合 $\boldsymbol{J}_k(\boldsymbol{b})$ 和 $\boldsymbol{\Sigma}_k^P(\boldsymbol{b})$ 的表达式，可得

$$\begin{aligned}\boldsymbol{\Sigma}_k^{xP}(\boldsymbol{b}) &= -\boldsymbol{\Sigma}_{k|k-1}^x(\boldsymbol{b})\boldsymbol{C}^{\mathrm{T}}(\boldsymbol{b})\boldsymbol{M}_k^{\mathrm{T}}(\boldsymbol{b})+\boldsymbol{K}_k(\boldsymbol{b})[\boldsymbol{I}-\boldsymbol{D}(\boldsymbol{b})\boldsymbol{M}_k(\boldsymbol{b})]\boldsymbol{J}_k(\boldsymbol{b})\boldsymbol{M}_k^{\mathrm{T}}(\boldsymbol{b}) \\ &= -\boldsymbol{K}_k(\boldsymbol{b})\boldsymbol{D}(\boldsymbol{b})\boldsymbol{\Sigma}_k^P(\boldsymbol{b})\end{aligned} \tag{3.44}$$

且 $\boldsymbol{\Sigma}_k^{xP}(\boldsymbol{b})=\boldsymbol{\Sigma}_k^{Px\,\mathrm{T}}(\boldsymbol{b})$。上述推导为利用模态加速度响应进行模态载荷识别的一个完整周期，模态载荷的估计值可以视为模态载荷识别结果，即

$$\boldsymbol{P}(\boldsymbol{b},t_k)=\hat{\boldsymbol{P}}_k(\boldsymbol{b}) \tag{3.45}$$

与 3.2.1 节类似，利用模态加速度响应进行模态载荷识别的一个完整周期也包括三个阶段：状态预测阶段、载荷识别阶段和状态更新阶段，具体的操作流程图如图 3.2(b)所示。与 3.2.1 节不同的是，在状态预测阶段，利用模态位移响应实现了一步延迟载荷识别，而利用模态加速度响应实现了同步载荷识别。在状态预测阶段，利用前一时刻的状态估计结果和载荷估计结果，得到当前时刻的完整状态预测值，如式(3.23)所示，式(3.28)对状态预测的质量优劣做出定量描述。接下来，在载荷识别阶段，利用状态预测结果得到不完整的观测向量，基于加权最小二乘法，通过式(3.30)得到未知外部载荷的无偏估计，并利用式(3.32)对识别载荷的质量优劣做出了定量描述。最后，在状态更新阶段，结合当前时刻状态预测向量与观测响应向量，通过式(3.33)对状态预测向量进行修正更新，得到当前时刻的最优状态估计，并通过式(3.37)定量给出状态估计的优劣。

3.3 模态载荷优化架构下的载荷加载位置与时序历程识别

如 3.2 节所描述的，利用模态响应输入可以推演出所关注阶次模态载荷的时序历程。此外，对于任意假设的虚拟载荷，可以按照式(2.15)进行正向模态载荷计算，不需要重复的有限元计算。本节将基于反求模态载荷与正向模态载荷之间的误差指标，进行载荷加载位置和时序历程识别，优化列式如下：

$$
\begin{aligned}
&\text{find}\ (\chi_1,\cdots,\chi_G),(\xi_1,\cdots,\xi_G,t_i)\ ,\ t_i=t_1,t_2,\cdots,t_{TN}\\
&\min\ \ \boldsymbol{E}(t_{\text{in}},t_{\text{en}})=\sum_{t_i=t_1}^{t_{TN}}\left|\boldsymbol{P}(\boldsymbol{b},t_i)-\boldsymbol{P}_f(\boldsymbol{b},t_i)\right|\\
&\text{s.t.}\ \ \boldsymbol{P}(\boldsymbol{b},t)\Leftarrow\boldsymbol{q}(\boldsymbol{b},t)\ \text{or}\ \ddot{\boldsymbol{q}}(\boldsymbol{b},t)\Leftarrow\{\ddot{\boldsymbol{U}}_{\text{m}}(t)\}\ \text{or}\ \{\boldsymbol{\varepsilon}_{\text{m}}(t)\}\\
&\qquad \boldsymbol{P}_f(\boldsymbol{b},t_i)=\sum_{l=1}^{G}\hat{\boldsymbol{P}}(\chi_l,\boldsymbol{b})\xi_l\Big|_{t_i}
\end{aligned}
\tag{3.46}
$$

式中，$\boldsymbol{E}(t_{\text{in}},t_{\text{en}})$表示整个时序历程上模态载荷的误差函数；$\boldsymbol{P}(\boldsymbol{b},t)$表示通过卡尔曼滤波算法识别的模态载荷；$\boldsymbol{P}_f(\boldsymbol{b},t_i)$表示虚拟载荷下的正向模态载荷，通过叠加原理得到；$\hat{\boldsymbol{P}}(\chi_l,\boldsymbol{b})$表示由第$l$个加载位置处由单位载荷引起的模态载荷，即振型函数在位置χ_l处的取值；$\xi_l^{\text{I}}\Big|_{t_i}$表示外部载荷在$t_i$时刻的取值。与 2.5 节不同的是，式(3.46)将加载位置和时序历程视为确定性参数来提高优化效率。若想要得到更安全的载荷参数，可以在识别结果的基础上进一步开展不确定性分析。接下来，介绍如何进行式(3.46)的求解。

3.3.1　结构振型函数的自适应代理模型构建

确定振型函数在整个结构上的显示表达对求解式(3.46)非常重要。本节利用克里金代理模型建立振型函数的代理模型，通过部分节点处的振型取值确定整个振型函数。假设存在V个节点样本$\boldsymbol{\chi}^V=[\boldsymbol{\chi}^{(1)},\boldsymbol{\chi}^{(2)},\cdots,\boldsymbol{\chi}^{(V)}]^{\text{T}}$，对应的振型取值记为$\hat{\boldsymbol{P}}^V=[\hat{\boldsymbol{P}}^{(1)},\hat{\boldsymbol{P}}^{(2)},\cdots,\hat{\boldsymbol{P}}^{(V)}]^{\text{T}}=[\hat{\boldsymbol{P}}(\boldsymbol{\chi}^{(1)},\boldsymbol{b}),\hat{\boldsymbol{P}}(\boldsymbol{\chi}^{(2)},\boldsymbol{b}),\cdots,\hat{\boldsymbol{P}}(\boldsymbol{\chi}^{(V)},\boldsymbol{b})]^{\text{T}}$，那么结构上任意一点的模态可以通过已知样本的线性加权得到，即

$$
\tilde{\boldsymbol{P}}_r(\boldsymbol{\chi},\boldsymbol{b})=\sum_{k=1}^{V}\boldsymbol{\omega}_r^{(k)}(\boldsymbol{\chi},\boldsymbol{b})\hat{\boldsymbol{P}}_r^{(k)}
\tag{3.47}
$$

式中，r表示第r阶模态；$\boldsymbol{\omega}_r(\boldsymbol{\chi},\boldsymbol{b})=[\boldsymbol{\omega}_r^{(1)}(\boldsymbol{\chi},\boldsymbol{b}),\boldsymbol{\omega}_r^{(2)}(\boldsymbol{\chi},\boldsymbol{b}),\cdots,\boldsymbol{\omega}_r^{(V)}(\boldsymbol{\chi},\boldsymbol{b})]^{\text{T}}$表示线性预测器的系数。为了确定系数$\boldsymbol{\omega}_r(\boldsymbol{\chi},\boldsymbol{b})$，将振型函数视为某个高斯过程的具体表现，即

$$
\hat{\boldsymbol{P}}_r(\boldsymbol{\chi},\boldsymbol{b})=\boldsymbol{p}^{\text{T}}(\boldsymbol{\chi})\boldsymbol{\beta}_r(\boldsymbol{b})+\boldsymbol{w}_r(\boldsymbol{\chi},\boldsymbol{b})
\tag{3.48}
$$

式中，$\boldsymbol{p}(\boldsymbol{\chi})=[p_1(\boldsymbol{\chi}),p_2(\boldsymbol{\chi}),\cdots,p_{\aleph}(\boldsymbol{\chi})]^{\text{T}}$表示$\aleph$阶线性回归函数；$\boldsymbol{\beta}_r(\boldsymbol{b})$表示系数向量；$\boldsymbol{w}_r(\boldsymbol{\chi},\boldsymbol{b})$表示估计误差的随机变量，其均值为 0，方差为$\sigma_r^2(\boldsymbol{b})$，协方差可以表示为

$$
\text{cov}[\boldsymbol{w}_r(\boldsymbol{\chi}^{(i)},\boldsymbol{b}),\boldsymbol{w}_r(\boldsymbol{\chi}^{(j)},\boldsymbol{b})]=\sigma_r^2(\boldsymbol{b})R(\boldsymbol{\theta},\boldsymbol{\chi}^{(i)},\boldsymbol{\chi}^{(j)})=\sigma_r^2(\boldsymbol{b})\prod_{k=1}^{\Xi}\exp[-\boldsymbol{\theta}_k(\boldsymbol{\chi}^{(i)}-\boldsymbol{\chi}^{(j)})^2]
\tag{3.49}
$$

式中，$\boldsymbol{\theta}=[\boldsymbol{\theta}_1,\boldsymbol{\theta}_2,\cdots,\boldsymbol{\theta}_{\Xi}]^{\text{T}}$表示相关函数$R(\boldsymbol{\theta},\boldsymbol{\chi}^{(i)},\boldsymbol{\chi}^{(j)})$的超参数。最优加权系数可以

通过最小化均方差求得，即 $\mathrm{MSE}[\tilde{\boldsymbol{P}}_r(\chi,\boldsymbol{b})-\hat{\boldsymbol{P}}_r(\chi,\boldsymbol{b})]=\mathrm{E}\{[\boldsymbol{\omega}_r(\chi,\boldsymbol{b})\hat{\boldsymbol{P}}_r^V-\hat{\boldsymbol{P}}_r(\chi,\boldsymbol{b})]^2\}$。基于拉格朗日乘子法，克里金模型预测的振型函数均值和均方差可以写为[150]

$$
\begin{aligned}
&\tilde{\boldsymbol{P}}_r(\chi,\boldsymbol{b})=\boldsymbol{p}^{\mathrm{T}}(\chi)\hat{\boldsymbol{\beta}}_r(\boldsymbol{b})+\boldsymbol{r}^{\mathrm{T}}(\chi)(\boldsymbol{R}^V)^{-1}[\hat{\boldsymbol{P}}^V-\boldsymbol{p}^V\hat{\boldsymbol{\beta}}_r(\boldsymbol{b})]\\
&\mathrm{MSE}[\tilde{\boldsymbol{P}}_r(\chi,\boldsymbol{b})]\\
&\quad=\boldsymbol{S}_r^2(\chi,\boldsymbol{b})=\hat{\sigma}_r^2(\boldsymbol{b})[1+\boldsymbol{u}^{\mathrm{T}}(x)[(\boldsymbol{p}^V)^{\mathrm{T}}(\boldsymbol{R}^V)^{-1}\boldsymbol{p}^V]^{-1}\boldsymbol{u}(\chi)-\boldsymbol{r}^{\mathrm{T}}(\chi)(\boldsymbol{R}^V)^{-1}\boldsymbol{r}(\chi)]
\end{aligned}
\tag{3.50}
$$

式中，$\hat{\boldsymbol{\beta}}_r(\boldsymbol{b})=[(\boldsymbol{p}^V)^{\mathrm{T}}(\boldsymbol{R}^V)^{-1}\boldsymbol{p}^V]^{-1}(\boldsymbol{p}^V)^{\mathrm{T}}(\boldsymbol{R}^V)^{-1}\hat{\boldsymbol{P}}^V$ 表示系数向量 $\boldsymbol{\beta}_r(\boldsymbol{b})$ 的最小二乘估计；$\boldsymbol{r}(\chi)=[R(\boldsymbol{\theta},\chi,\chi^{(1)}),R(\boldsymbol{\theta},\chi,\chi^{(2)}),\cdots,R(\boldsymbol{\theta},\chi,\chi^{(V)})]^{\mathrm{T}}$ 表示位置 χ 与已知样本点 χ^V 之间的相关性向量；$\boldsymbol{p}^V=[\boldsymbol{p}(\chi^{(1)}),\boldsymbol{p}(\chi^{(2)}),\cdots,\boldsymbol{p}(\chi^{(V)})]^{\mathrm{T}}$ 表示回归函数矩阵。此外，该过程还满足 $\hat{\sigma}^2(\boldsymbol{b})=\dfrac{1}{V}[\hat{\boldsymbol{P}}^V-\boldsymbol{p}^V\hat{\boldsymbol{\beta}}_r(\boldsymbol{b})]^{\mathrm{T}}(\boldsymbol{p}^V)^{-1}[\hat{\boldsymbol{P}}^V-\boldsymbol{p}^V\hat{\boldsymbol{\beta}}_r(\boldsymbol{b})]$ 以及 $\boldsymbol{u}(\chi)=(\boldsymbol{p}^V)^{\mathrm{T}}(\boldsymbol{R}^V)^{-1}\boldsymbol{r}(\chi)-\boldsymbol{p}(\chi)$。

通常利用拉丁超立方抽样生成的样本点构建克里金代理模型，然而，粗糙代理模型精度有限，需要在代理模型构建过程中引入辅助参数，动态采集样本点并不断更新代理模型以提高逼近精度。对于结构的前几阶模态，若振型函数波峰、波谷处的逼近精度足够高，整个结构空间的振型函数也可以满足精度需求。下面，利用全局优化的改善期望准则[151]，以振型函数的最大和最小为基准，建立一种基于序贯采样策略的自适应克里金代理模型。令 $\hat{\boldsymbol{P}}_{\min}^V=\min(\hat{\boldsymbol{P}}^{(1)},\hat{\boldsymbol{P}}^{(2)},\cdots,\hat{\boldsymbol{P}}^{(V)})$ 和 $\hat{\boldsymbol{P}}_{\max}^V=\max(\hat{\boldsymbol{P}}^{(1)},\hat{\boldsymbol{P}}^{(2)},\cdots,\hat{\boldsymbol{P}}^{(V)})$ 为当前振型函数的两个最优值。由于新位置 χ 处的模态振型未知，可以通过上述克里金模型的估计均值和标准差定义一个正态分布变量，即 $\hat{\boldsymbol{P}}_r(\chi,\boldsymbol{b})\sim N[\tilde{\boldsymbol{P}}_r(\chi,\boldsymbol{b}),\boldsymbol{S}_r^2(\chi,\boldsymbol{b})]$，其概率密度函数为

$$
P[\hat{\boldsymbol{P}}_r(\chi,\boldsymbol{b})]=\frac{2}{\sqrt{2\pi}\boldsymbol{S}_r(\chi,\boldsymbol{b})}\exp\left\{-\frac{1}{2}\left[\frac{\hat{\boldsymbol{P}}_r(\chi,\boldsymbol{b})-\tilde{\boldsymbol{P}}_r(\chi,\boldsymbol{b})}{\boldsymbol{S}_r(\chi,\boldsymbol{b})}\right]^2\right\}
\tag{3.51}
$$

为了找出对应于振型函数最小值(即波谷处)的样本点，定义提升函数为

$$
I_{\min}(\chi,\boldsymbol{b})=\max[\hat{\boldsymbol{P}}_{\min}^V-\hat{\boldsymbol{P}}_r(\chi,\boldsymbol{b}),0]
\tag{3.52}
$$

式(3.52)的期望可以表示为

$$
\mathrm{E}[I_{\min}(\chi,\boldsymbol{b})]=\begin{cases}\left[\hat{\boldsymbol{P}}_{\min}^V-\hat{\boldsymbol{P}}_r(\chi,\boldsymbol{b})\right]\Phi\left[\dfrac{\hat{\boldsymbol{P}}_{\min}^V-\hat{\boldsymbol{P}}_r(\chi,\boldsymbol{b})}{\boldsymbol{S}_r(\chi,\boldsymbol{b})}\right]+\boldsymbol{S}_r(\chi,\boldsymbol{b})\phi\left[\dfrac{\hat{\boldsymbol{P}}_{\min}^V-\hat{\boldsymbol{P}}_r(\chi,\boldsymbol{b})}{\boldsymbol{S}_r(\chi,\boldsymbol{b})}\right], & \boldsymbol{S}_r(\chi,\boldsymbol{b})>0\\ 0, \quad \boldsymbol{S}_r(\chi,\boldsymbol{b})=0\end{cases}
\tag{3.53}
$$

式中，$\Phi(\times)$ 和 $\phi(\times)$ 表示标准正态分布的累积分布函数和概率密度函数。对上式进行最大化操作，则可得到对应于振型函数最小值的新样本点，即 $\chi_{\min}^*\Rightarrow\max\{\mathrm{E}[I_{\min}(\chi,\boldsymbol{b})]\}$。

将新样本点加入原始样本，得到样本集 $\boldsymbol{\chi}^V=[\boldsymbol{\chi}^{(1)},\boldsymbol{\chi}^{(2)},\cdots,\boldsymbol{\chi}^{(V)},\boldsymbol{\chi}^*_{\min}]^{\mathrm{T}}$ 和振型函数集 $\hat{\boldsymbol{P}}^V=[\hat{\boldsymbol{P}}^{(1)},\hat{\boldsymbol{P}}^{(2)},\cdots,\hat{\boldsymbol{P}}^{(V)},\hat{\boldsymbol{P}}^*_{\min}]^{\mathrm{T}}$。接下来，定义有关振型函数最大值的提升函数：

$$I_{\max}(\boldsymbol{\chi},\boldsymbol{b})=\max[\hat{\boldsymbol{P}}_r(\boldsymbol{\chi},\boldsymbol{b})-\hat{\boldsymbol{P}}^V_{\max},0] \tag{3.54}$$

式(3.54)的期望可以表示为

$$\mathrm{E}[I_{\max}(\boldsymbol{\chi},\boldsymbol{b})]=\begin{cases}\left[\hat{\boldsymbol{P}}_r(\boldsymbol{\chi},\boldsymbol{b})-\hat{\boldsymbol{P}}^V_{\max}\right]\Phi\left[\dfrac{\hat{\boldsymbol{P}}_r(\boldsymbol{\chi},\boldsymbol{b})-\hat{\boldsymbol{P}}^V_{\max}}{\boldsymbol{S}_r(\boldsymbol{\chi},\boldsymbol{b})}\right]+\boldsymbol{S}_r(\boldsymbol{\chi},\boldsymbol{b})\phi\left[\dfrac{\hat{\boldsymbol{P}}_r(\boldsymbol{\chi},\boldsymbol{b})-\hat{\boldsymbol{P}}^V_{\max}}{\boldsymbol{S}_r(\boldsymbol{\chi},\boldsymbol{b})}\right], & \boldsymbol{S}_r(\boldsymbol{\chi},\boldsymbol{b})>0\\ 0, \quad \boldsymbol{S}_r(\boldsymbol{\chi},\boldsymbol{b})=0 & \end{cases} \tag{3.55}$$

同样地，通过最大化式(3.55)，可以得到对应于振型函数最大值的样本点，即 $\boldsymbol{\chi}^*_{\max}\Rightarrow\max\{\mathrm{E}[I_{\max}(\boldsymbol{\chi},\boldsymbol{b})]\}$。进而生成新的样本集 $\boldsymbol{\chi}^V=[\boldsymbol{\chi}^{(1)},\boldsymbol{\chi}^{(2)},\cdots\boldsymbol{\chi}^{(V)},\boldsymbol{\chi}^*_{\min},\boldsymbol{\chi}^*_{\max}]^{\mathrm{T}}$ 和振型函数集 $\hat{\boldsymbol{P}}^V=[\hat{\boldsymbol{P}}^{(1)},\hat{\boldsymbol{P}}^{(2)},\cdots,\hat{\boldsymbol{P}}^{(V)},\hat{\boldsymbol{P}}^*_{\min},\hat{\boldsymbol{P}}^*_{\max}]^{\mathrm{T}}$。

上述过程构成了序贯采样的一个完整子步，不断重复该过程，可以将样本点配置到振型函数波峰和波谷地方。为了保证代理模型的全局拟合精度，定义下述收敛条件：

$$\max\{\mathrm{MSE}[\tilde{\boldsymbol{P}}_r(\boldsymbol{\chi},\boldsymbol{b})]\}\leqslant\varepsilon \tag{3.56}$$

式中，ε 为收敛容差。图 3.3 描述了针对某一振型函数最大值的序贯采样过程，通过 3 个拉丁超立方样本点构建初始克里金代理模型，然后通过最大化提升函数生成新的样本点。经过 3 次迭代，可以得到非常接近振型函数最大值的代理模型。对振型函数最大、最小值分别执行上述操作，则可以确定其在整个空间上的显式表达。

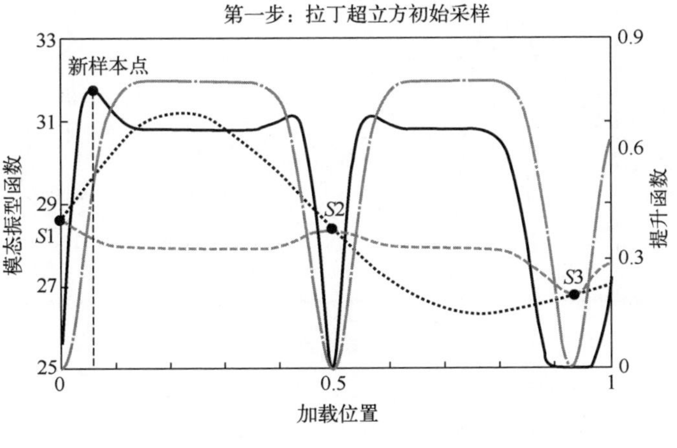

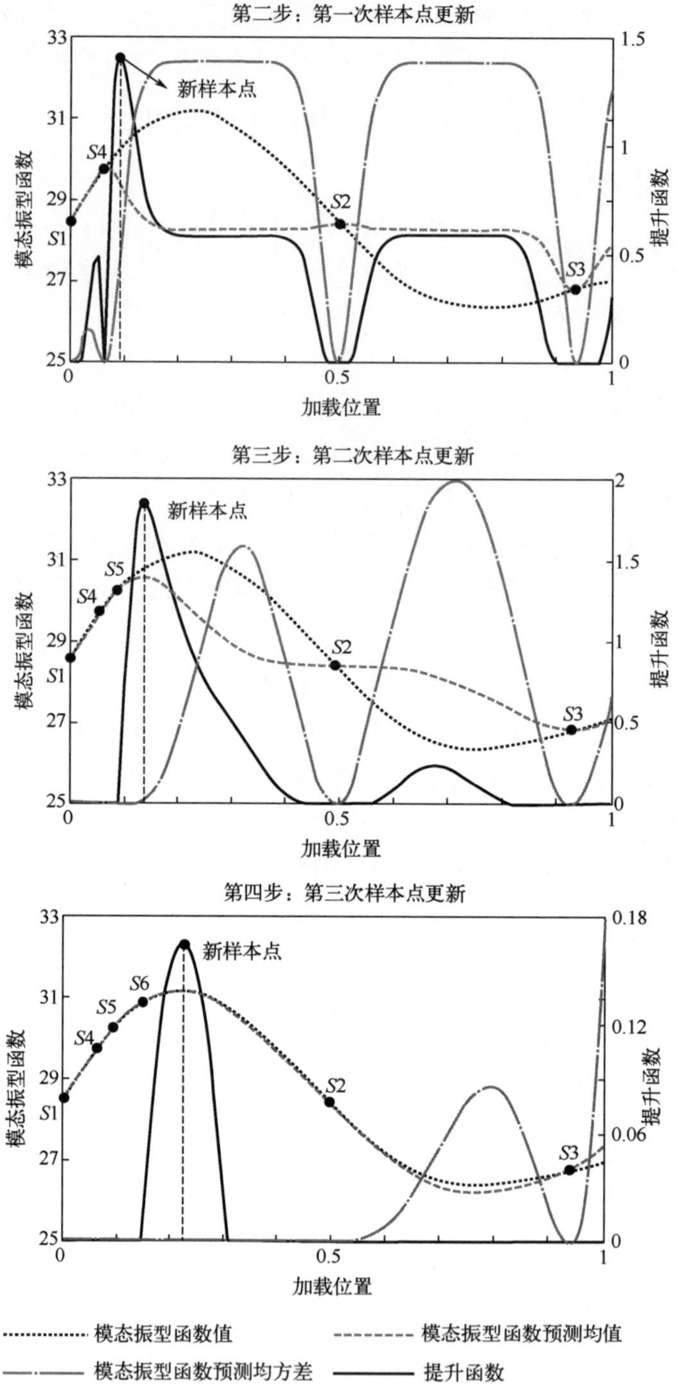

图 3.3　振型函数的序贯采样过程示意图

3.3.2　模态载荷的时变区间误差指标定义

除了建立振型函数高精度代理模型，求解式(3.46)的另一个关键问题是如何处理模态载荷误差函数涉及的不确定性和动态过程。由于各阶模态载荷都是具有一定相关性的时变函数，若直接对式(3.46)中每个离散时刻的未知量进行寻优，存在大量的优化变量，特别是在持续时间长、时间步长小的情况下。对于单点加载情况，外部载荷与模态载荷在时间上的变化趋势是一样的，两者是倍数关系；对于多点载荷，需要提前已知外部载荷的变化趋势(如简谐载荷)。因此，外部载荷在时间历程上的取值可以用几个特征参数表示，如单点载荷的倍数、多点载荷的频率、相位、幅值等。

当考虑结构参数不确定性时，正向模态载荷和反求模态载荷必须用区间历程模型表示，即 $\boldsymbol{P}^*(\boldsymbol{b},t_i)\in\boldsymbol{P}^{*\mathrm{I}}(\boldsymbol{b},t_i)=[\underline{\boldsymbol{P}}^*(\boldsymbol{b},t_i),\overline{\boldsymbol{P}}^*(\boldsymbol{b},t_i)]$ 和 $\boldsymbol{P}(\boldsymbol{b},t_i)\in\boldsymbol{P}^{\mathrm{I}}(\boldsymbol{b},t_i)=[\underline{\boldsymbol{P}}(\boldsymbol{b},t_i),\overline{\boldsymbol{P}}(\boldsymbol{b},t_i)]$。对于误差评估函数，也需要引入区间形式的度量，定义如下可能度指标表示每个离散时刻正向模态载荷和反求模态载荷不相等的可能性：

$$
\begin{aligned}
\boldsymbol{E}(t_i)&=\mathrm{Pos}\{\boldsymbol{P}_r(\boldsymbol{b},t_i)\neq\boldsymbol{P}_r^*(\boldsymbol{b},t_i)\}\\
&=1-\frac{D_{\mathrm{int}}[\boldsymbol{P}_r(\boldsymbol{b},t_i),\boldsymbol{P}_r^*(\boldsymbol{b},t_i)]}{D_{\max}[\boldsymbol{P}_r(\boldsymbol{b},t_i),\boldsymbol{P}_r^*(\boldsymbol{b},t_i)]}=1-\begin{cases}
0, & \text{情况 1}\\
\dfrac{\overline{\boldsymbol{P}}_r(\boldsymbol{b},t_i)-\underline{\boldsymbol{P}}_r^*(\boldsymbol{b},t_i)}{\overline{\boldsymbol{P}}_r^*(\boldsymbol{b},t_i)-\underline{\boldsymbol{P}}_r(\boldsymbol{b},t_i)}, & \text{情况 2}\\
\dfrac{\overline{\boldsymbol{P}}_r(\boldsymbol{b},t_i)-\underline{\boldsymbol{P}}_r(\boldsymbol{b},t_i)}{\overline{\boldsymbol{P}}_r^*(\boldsymbol{b},t_i)-\underline{\boldsymbol{P}}_r^*(\boldsymbol{b},t_i)}, & \text{情况 3}\\
\dfrac{\overline{\boldsymbol{P}}_r^*(\boldsymbol{b},t_i)-\underline{\boldsymbol{P}}_r^*(\boldsymbol{b},t_i)}{\overline{\boldsymbol{P}}_r(\boldsymbol{b},t_i)-\underline{\boldsymbol{P}}_r(\boldsymbol{b},t_i)}, & \text{情况 4}\\
\dfrac{\overline{\boldsymbol{P}}_r^*(\boldsymbol{b},t_i)-\underline{\boldsymbol{P}}_r\left(\boldsymbol{b},t_i\right)}{\overline{\boldsymbol{P}}_r(\boldsymbol{b},t_i)-\underline{\boldsymbol{P}}_r^*\left(\boldsymbol{b},t_i\right)}, & \text{情况 5}\\
0, & \text{情况 6}
\end{cases}
\end{aligned}
\tag{3.57}
$$

式中，$\boldsymbol{E}(t_i)$ 表示时点误差；$\mathrm{Pos}\{\times\}$ 表示事件发生的可能度；$D_{\mathrm{int}}[\boldsymbol{P}_r(\boldsymbol{b},t_i),\boldsymbol{P}_r^*(\boldsymbol{b},t_i)]$ 和 $D_{\max}[\boldsymbol{P}_r(\boldsymbol{b},t_i),\boldsymbol{P}_r^*(\boldsymbol{b},t_i)]$ 表示区间模态载荷的干涉距离和最远距离，具体如图 3.4 所示。

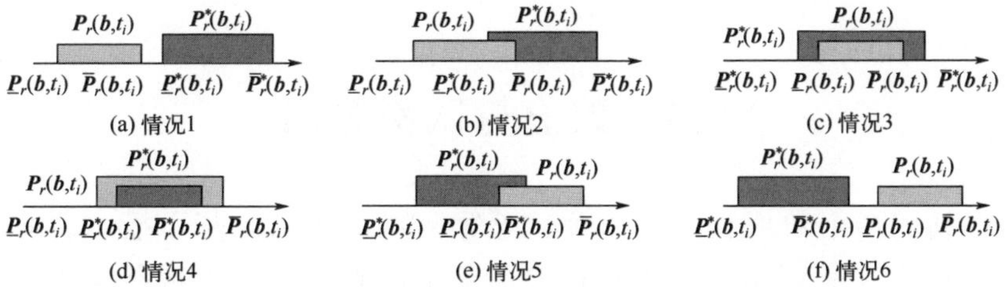

图 3.4　区间模态载荷的不相等可能度示意图

参考系统可靠性计算方法中的二阶窄界限理论[152]，误差函数指标可以表示为

$$\boldsymbol{E}(t_{\text{in}},t_{\text{en}}) \leqslant \sum_{i=1}^{TN}\boldsymbol{E}(t_i) - \sum_{i=2}^{TN}\max_{j<i}[\text{Pos}\{\boldsymbol{P}(\boldsymbol{b},t_j) \neq \boldsymbol{P}^*(\boldsymbol{b},t_j) \cap \boldsymbol{P}(\boldsymbol{b},t_i) \neq \boldsymbol{P}^*(\boldsymbol{b},t_i)\}] \quad (3.58)$$

以及

$$\boldsymbol{E}(t_{\text{in}},t_{\text{en}}) \geqslant \boldsymbol{E}(t_1) + \sum_{i=2}^{TN}\max\left\{\left[\boldsymbol{E}(t_i) - \sum_{j=1}^{i-1}\text{Pos}\{\boldsymbol{P}(\boldsymbol{b},t_j) \neq \boldsymbol{P}^*(\boldsymbol{b},t_j) \cap \boldsymbol{P}(\boldsymbol{b},t_i) \neq \boldsymbol{P}^*(\boldsymbol{b},t_i)\}\right],0\right\} \quad (3.59)$$

不同于系统可靠性中每一个失效事件可以任意交换顺序，模态载荷具有明确的时序排列并且不可以任意打乱。因此，上述的误差函数指标可以进一步修正为

$$\boldsymbol{E}(t_{\text{in}},t_{\text{en}}) \leqslant \sum_{i=1}^{TN}\boldsymbol{E}(t_i) - \sum_{i=2}^{TN}\text{Pos}\{\boldsymbol{P}(\boldsymbol{b},t_{i-1}) \neq \boldsymbol{P}^*(\boldsymbol{b},t_i) \cap \boldsymbol{P}(\boldsymbol{b},t_{i-1}) \neq \boldsymbol{P}^*(\boldsymbol{b},t_i)\} = \bar{\boldsymbol{E}}(t_{\text{in}},t_{\text{en}}) \quad (3.60)$$

以及

$$\begin{aligned}\boldsymbol{E}(t_{\text{in}},t_{\text{en}}) &\geqslant \boldsymbol{E}(t_1) + \sum_{i=2}^{TN}\max\{[\boldsymbol{E}(t_i) - \text{Pos}\{\boldsymbol{P}(\boldsymbol{b},t_{i-1}) \neq \boldsymbol{P}^*(\boldsymbol{b},t_{i-1}) \cap \boldsymbol{P}(\boldsymbol{b},t_i) \neq \boldsymbol{P}^*(\boldsymbol{b},t_i)\}],0\} \\ &= \underline{\boldsymbol{E}}(t_{\text{in}},t_{\text{en}})\end{aligned} \quad (3.61)$$

至此，误差指标可以表示为 $\boldsymbol{E}(t_{\text{in}},t_{\text{en}}) \in [\underline{\boldsymbol{E}}(t_{\text{in}},t_{\text{en}}),\bar{\boldsymbol{E}}(t_{\text{in}},t_{\text{en}})]$，引入加权系数 $\vartheta \in [0,1]$，误差指标可以定义为 $\boldsymbol{E}(t_{\text{in}},t_{\text{en}})=\vartheta\underline{\boldsymbol{E}}(t_{\text{in}},t_{\text{en}})+(1-\vartheta)\bar{\boldsymbol{E}}(t_{\text{in}},t_{\text{en}})$。此外，反求模态载荷和正向模态载荷在相邻时间步上的不相等可能度也是求解该指标的关键，通过下式近似得到

$$\text{Pos}\{\boldsymbol{P}(\boldsymbol{b},t_{i-1}) \neq \boldsymbol{P}^*(\boldsymbol{b},t_i) \cap \boldsymbol{P}(\boldsymbol{b},t_{i-1}) \neq \boldsymbol{P}^*(\boldsymbol{b},t_i)\}=\boldsymbol{E}(t_{i-1})\boldsymbol{E}(t_i) \quad (3.62)$$

结合本节的时变区间误差公式，通过优化变量的更新计算正向模态载荷，使其与反求模态载荷的误差函数达到最小，即可实现动态载荷加载位置和时序特征参数的识别。

3.4 数值与试验算例

本节将利用两个数值算例和一个试验算例对所提出的基于模态载荷的不确定性结构集中动态载荷识别方法进行校验。其中，悬臂长方形板结构主要用于说明

基于模态载荷优化的载荷识别过程，机翼结构主要用于说明卡尔曼滤波载荷时域识别方法的优越性，悬臂梁试验件主要用于说明所提出方法对各种动态载荷的普适性。

3.4.1　悬臂矩形板结构的集中动态载荷识别

本算例以长方形板结构为研究对象，进行单点集中动态载荷识别。长方形板结构左边固支，几何模型和有限元模型如图 3.5 所示，共划分为 1800 个单元，生成 1891 个节点。弹性模量为 E=[200.850, 211.150] GPa，密度为 ρ=[7692.800, 8087.200] kg/m^3，泊松比为 ν=0.3，板的厚度为 h=5mm。假设结构最右侧的中间位置处受到一个法向载荷作用，利用应变响应(测点布置如图 3.5(b)所示)进行模态位移求解，识别前 3 阶弯曲模态对应的模态载荷(即第 1、3、5 阶模态)，并进行载荷加载位置和时序历程识别。

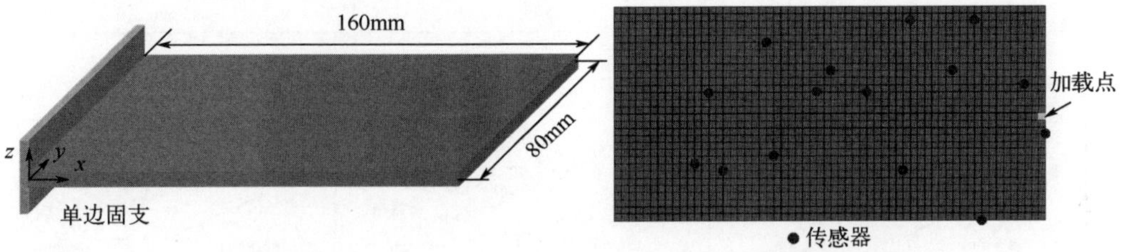

(a) 几何模型　　(b) 有限元模型

图 3.5　长方形板结构示意图

由于高精度的振型函数代理模型是正向模态载荷计算的前提，本算例首先在结构参数中值处，验证基于序贯采样的自适应代理模型的合理性。对于所关注的模态，首先，通过拉丁超立方采样生成 20 个样本建立初始代理模型；然后，根据振型提升函数逐渐增加样本点数量，直至满足收敛条件；最终，分别选取了 49、45、57 个样本点构建第 1、3、5 阶振型函数。作为对比，该算例也通过拉丁超立方采样生成了同样数量的样本以建立代理模型。表 3.1 列出了长方形板结构每个有限元节点处的模态真实值(紫色圆圈)及通过代理模型的预测值(黄色线条)、所选择的样本点(黑色圆点)以及预测值与真实值之间的绝对误差云图。可以看出，利用初始样本点构建的代理模型的精度较差，特别是对于非线性分布程度更高的第 5 阶模态。对于利用序贯采样方法构建的代理模型，绝对误差在整个空间上分布比较均匀，且误差非常小，在 10^{-3} 量级。此外，利用相同数量拉丁超立方样本点构建的代理模型的最大绝对误差也比本书提出的方法大，例如，序贯采样下第 5 阶振型函数的最大误差为 0.009，而拉丁超立方采样下的最大误差为 0.090。

表 3.1　第 1、3、5 阶振型函数的不同策略代理模型结果（见彩图）

模态阶数	初始拉丁超立方采样	序贯采样	相同数量拉丁超立方采样
第1阶	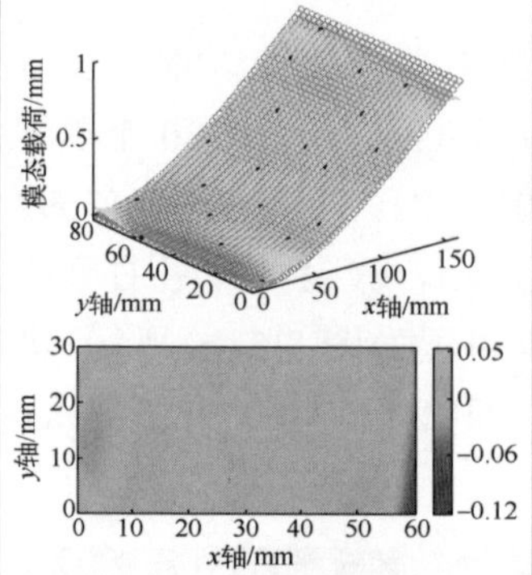	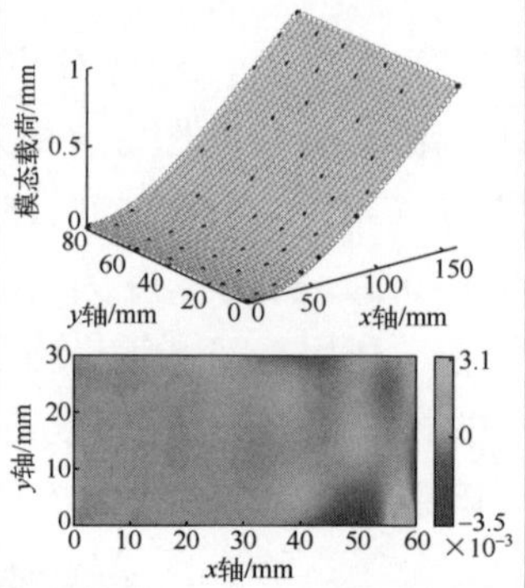	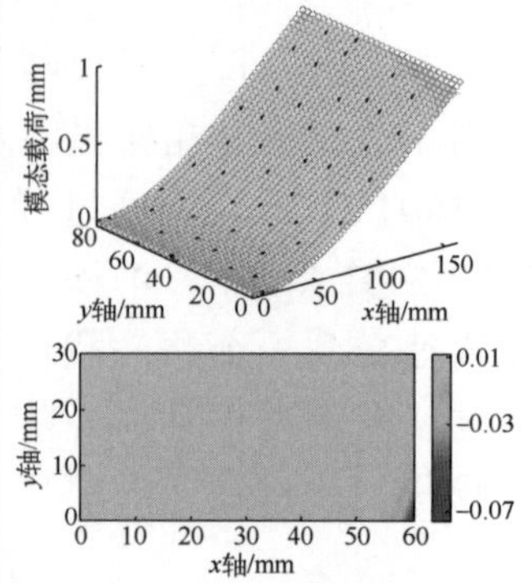
第3阶	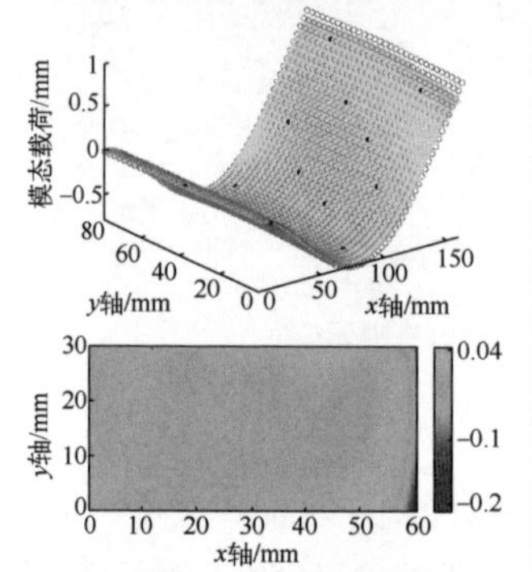	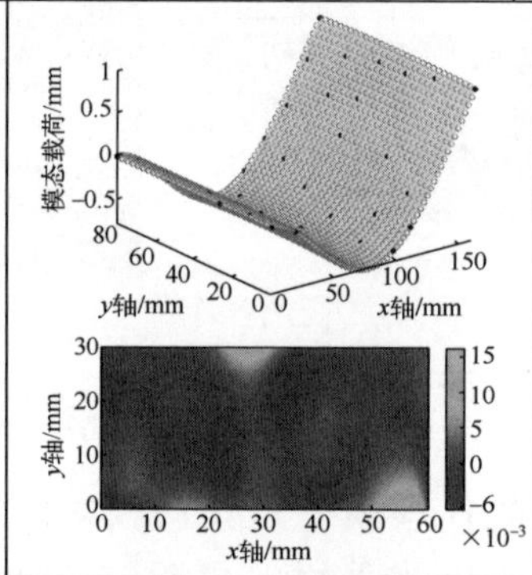	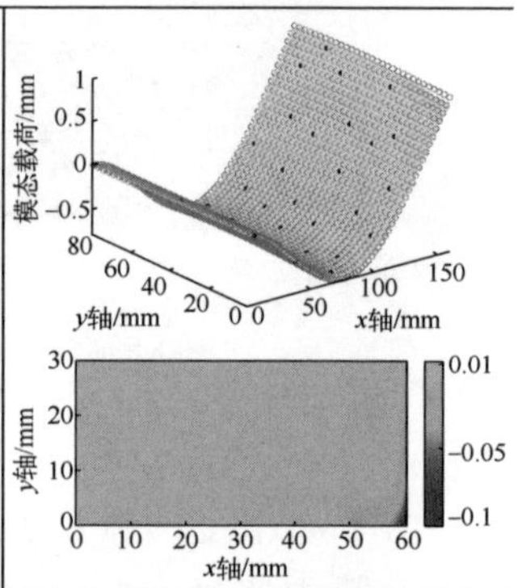
第5阶	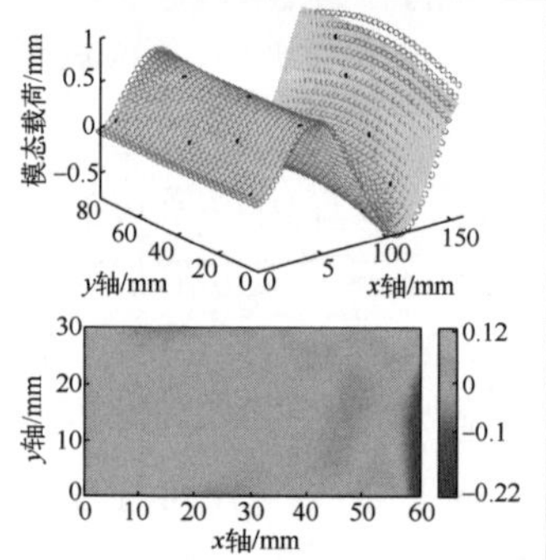	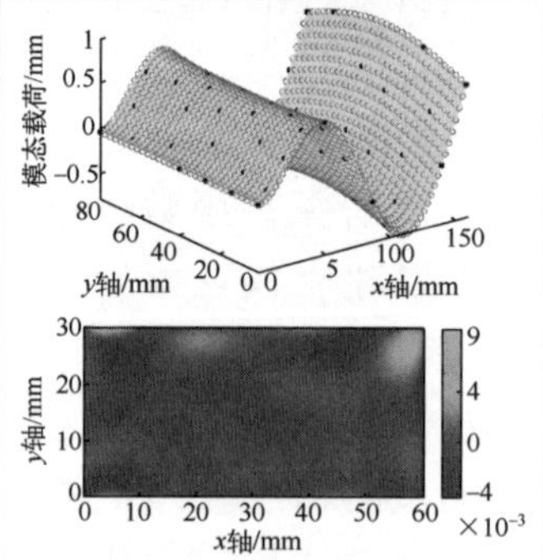	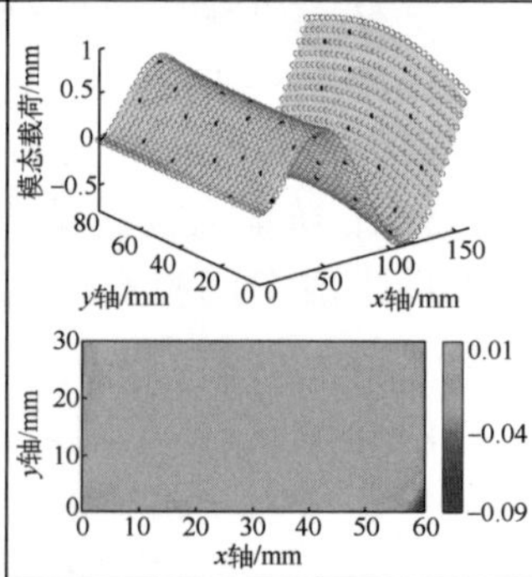

对于单点载荷识别，式(3.46)中的优化变量共有 3 个，分别是 x 方向坐标、y 方向坐标及外部载荷与某一阶模态载荷之间的倍数(第 1 阶为例)。该算例对不同未知量的组合进行识别，分别是：①仅识别载荷时序历程，即 $F(t)$；②识别 x 方向加载位置和载荷时序历程，即 x–$F(t)$；③识别 y 方向加载位置和载荷时序

历程，即 y–$F(t)$；④识别 x、y 方向加载位置和载荷时序历程，即 x–y–$F(t)$。此外，为了研究利用多少阶模态载荷可以准确识别未知量，本算例先后利用第 1 阶模态载荷(工况 1)，第 1、3 阶模态载荷(工况 2)，以及第 1、3、5 阶模态载荷(工况 3)进行上述载荷识别。不同策略下的动态载荷时序历程识别结果如图 3.6 所示，加载位置识别结果及时序历程的评估结果如表 3.2 所示，其中，“最大 $F(t)$”表示时序历程上的最大载荷。可以看出，在工况 1 的识别中，只有时序历程 $F(t)$的单变量识别可以达到较高的识别精度；在工况 2 和工况 3 的识别中，单变量、双变量、三变量的识别都可以实现较好的效果。识别的加载位置几乎与真实位置重合，识别的载荷时序历程也与真实曲线相吻合，最大载荷时刻的相对误差都在 2.5%以下。这表明，对于该算例而言，利用两阶模态载荷也可实现三个未知量的求解。

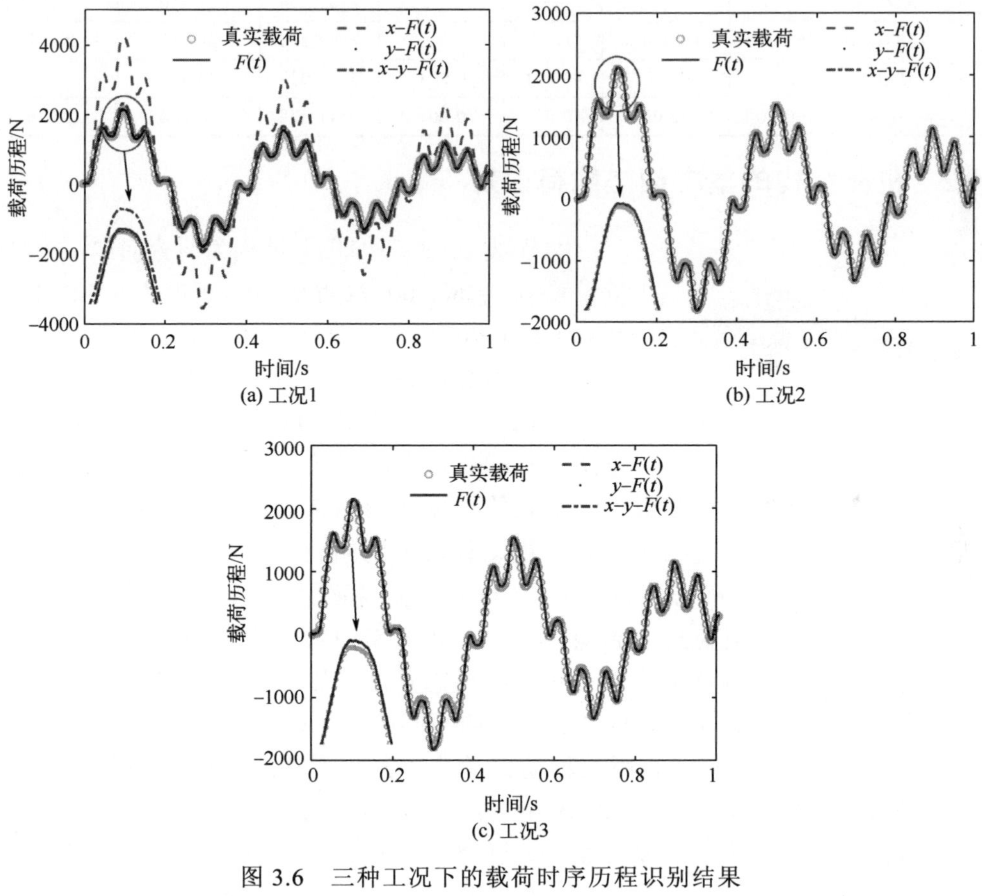

图 3.6　三种工况下的载荷时序历程识别结果

表 3.2　三种工况下的载荷加载位置和时序历程识别结果

不同策略及不同工况		x 坐标 /mm	x-绝对误差 /mm	y 坐标 /mm	y-绝对误差 /mm	最大 $F(t)$ /N	平均绝对误差 /N	最大相对误差 /%
实际情况		160.000	—	40.000	—	2096.496	—	—
工况1	$F(t)$	—	—	—	—	2120.769	16.295	1.158
	x-$F(t)$	101.102	-58.898	—	—	4186.058	787.801	99.669
	y-$F(t)$	—	—	80.000	40.000	2099.299	14.017	0.134
	x-y-$F(t)$	150.821	-9.179	80.000	40.000	2282.004	70.681	8.848
工况2	$F(t)$	—	—	—	—	2120.770	16.295	1.158
	x-$F(t)$	160.000	0.000	—	—	2120.769	16.295	1.158
	y-$F(t)$	—	—	40.002	0.002	2120.493	16.246	1.145
	x-y-$F(t)$	160.000	0.000	40.002	0.002	2120.477	16.243	1.144
工况3	$F(t)$	—	—	—	—	2142.234	21.310	2.182
	x-$F(t)$	160.000	0.000	—	—	2142.234	21.310	2.182
	y-$F(t)$	—	—	40.001	0.001	2141.078	20.984	2.126
	x-y-$F(t)$	160.000	0.000	40.001	0.001	2141.078	20.984	2.126

3.4.2　机翼结构的集中动态载荷识别

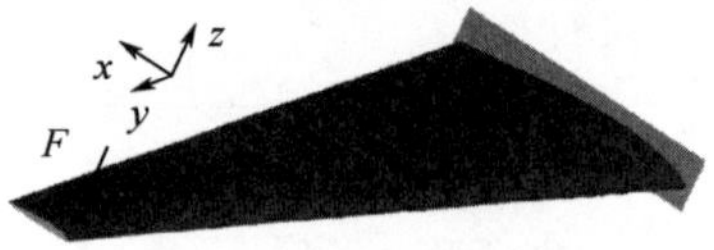

图 3.7　机翼结构示意图

本节以 2.7.3 节的机翼结构为研究对象，弹性模量设置为 E=[68.600, 71.400]GPa，密度为 ρ=[2783.200, 2896.800]kg/m^3，泊松比为 ν=0.330，加载形式如图 3.7 所示。本算例将重点讨论卡尔曼滤波载荷时域识别方法相比于利用传统 Duhamel 方法和 Newmark 方法进行载荷识别的优势。

首先，该算例以结构参数中心值处的正弦载荷识别为例，探究利用模态位移响应和模态加速度响应进行不同阶次模态载荷识别的效果。为了便于讨论，用第 1 阶模态载荷代表低阶模态载荷，用第 10 阶模态载荷代表高阶模态载荷。由于响应信号采集过程不可避免地受到噪声干扰，将高斯白噪声添加至经有限元模拟的加速度测量或者应变测量中，并通过减缩模态矩阵正则化求逆或机器学习等方式得到噪声干扰下的模态响应。与第 2 章算例不同的是，本章算例关注高水平噪声，假设噪声水平设置为 5%，利用三种动力学求解方法识别的低阶/高阶模态载荷的时序历程如表 3.3 所示，其中，“MF by Dis”“MF by Acc”和“Real MF”分别表示通过模态位移响应识别的模态载荷、通过模态加速度响应识别的模态载荷和模态载荷的真实值。表 3.3 表明，对于低阶模态载荷识别，三种动力学求解方法对模态位移响应噪声干扰非常敏感，均出现了不稳定的发散现象；当利用模态加速度响应进行识别时，Newmark 方法和 Duhamel 方法在载荷识别初期具有良好的识别精度，但随着时间的推移，识别结果逐渐漂移，而卡尔曼滤波算法则可以全程追踪载荷变化趋势。对于高阶模态载荷识别，Newmark 方法依然对模态位移响应中的噪声非常敏感，而 Duhamel 方法和卡尔曼滤波算法则对位移噪声的稳健性较强，识别结果与真实值相匹配；当利用模态加速度响应进行识别时，Newmark 方法和 Duhamel 方法在载荷识别初期就出现了偏离，时间越长，结果越发散，而卡尔曼滤波算法始终保持高水平的识别精度。可以总结出，当利用模态位移响应进行载荷识别时，高阶模态载荷识别效果更好，但 Newmark 方法除外；当利用模态加速度响应进行载荷识别时，低阶模态载荷识别效果更好，且卡尔曼滤波算法对高阶模态载荷的识别精度也较高。

表 3.3　利用不同动力学求解方法的低阶/高阶模态载荷识别结果

<table>
<tr><th>不同方法</th><th>低阶模态载荷</th><th>高阶模态载荷</th></tr>
<tr><td>Newmark 方法</td><td>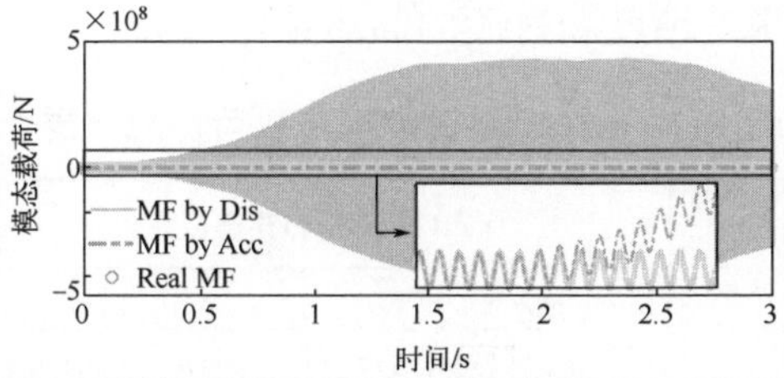
</td><td>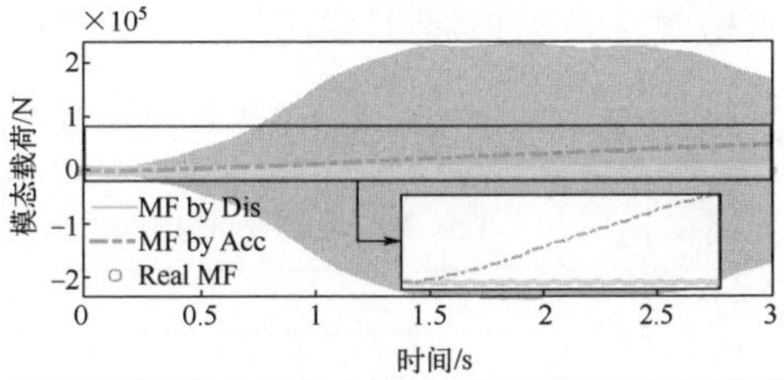
</td></tr>
<tr><td>Duhamel 方法</td><td>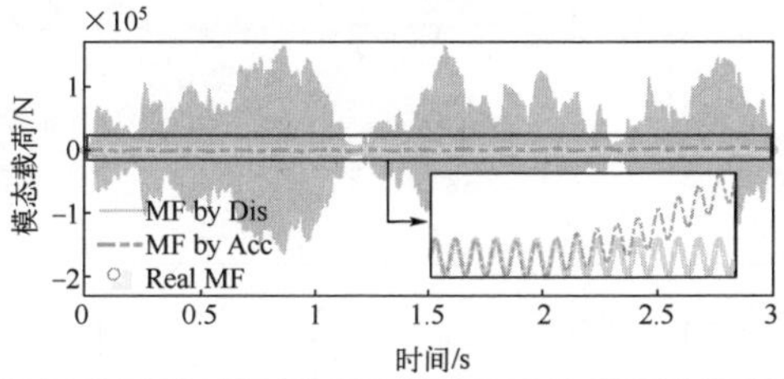
</td><td>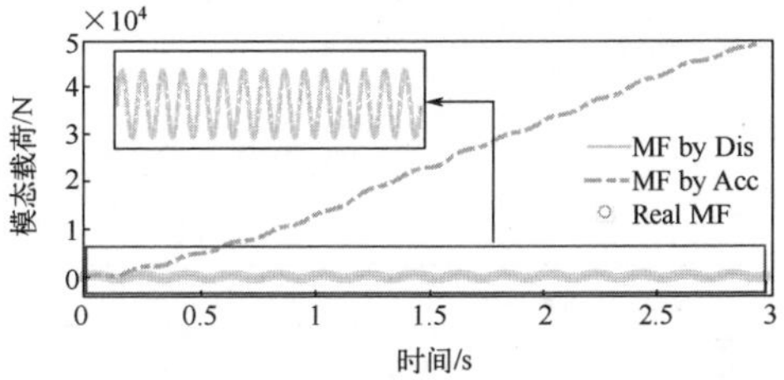
</td></tr>
<tr><td>卡尔曼滤波方法</td><td>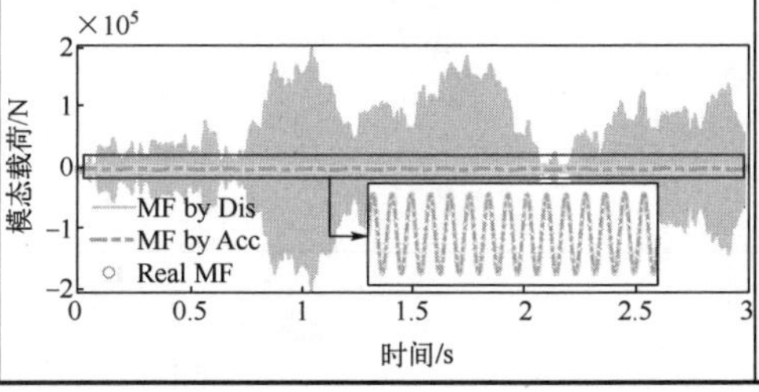
</td><td>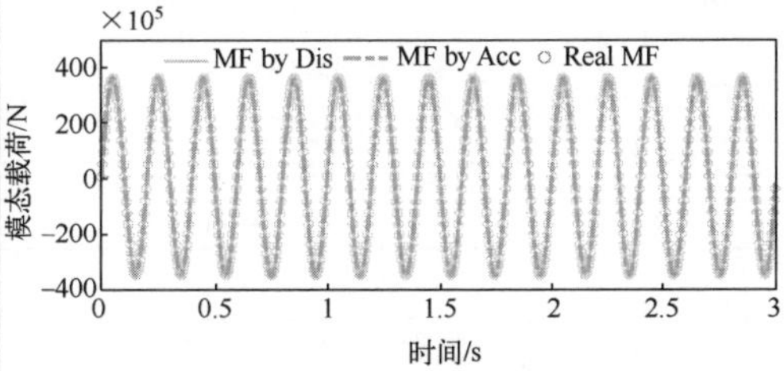
</td></tr>
</table>

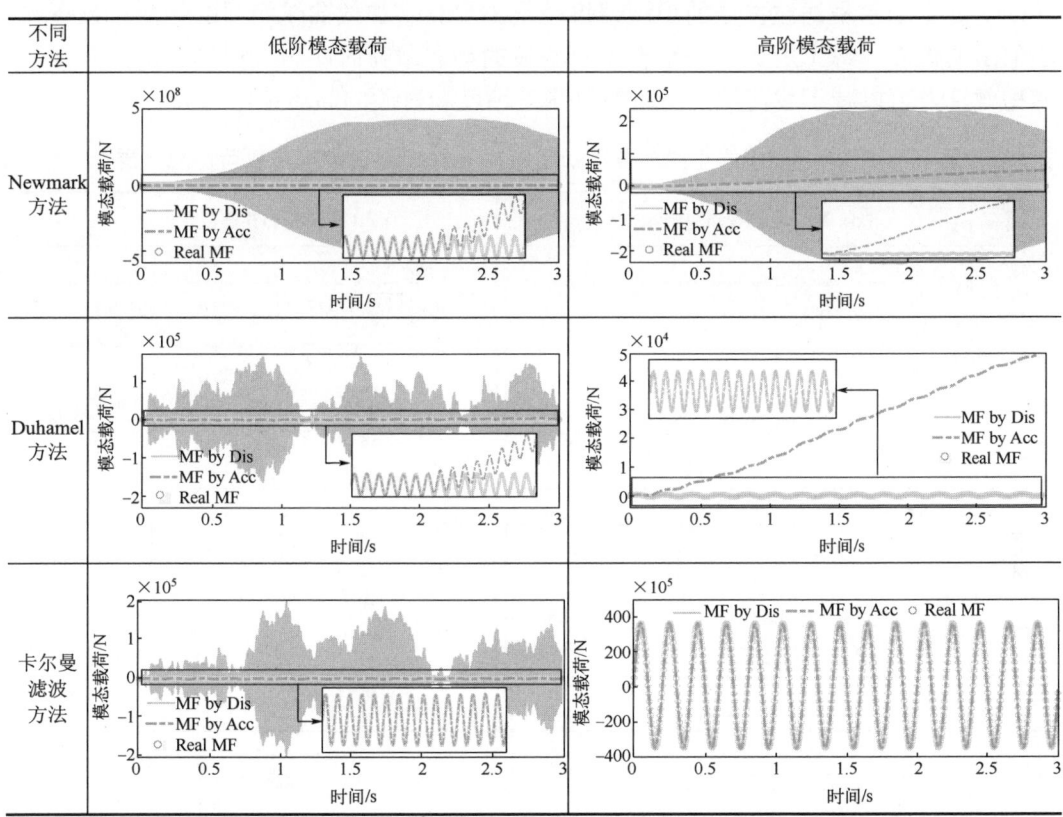

接下来，利用模态位移响应进行高阶模态载荷识别，利用模态加速度响应进行低阶模态载荷识别，并探究三种动力学求解方法对不同噪声水平和非零初始条件的敏感性。其中，噪声水平分别设置为 0(无噪声)、5%(5%噪声)、10%(10%噪声)和

30%(30%噪声)。噪声干扰下载荷识别从零初始时刻开始。非零初始时刻的载荷识别从 1.5s 开始，且不考虑噪声的影响。识别结果如表 3.4 所示。可以看出，当没有噪声干扰时，各种模态载荷识别结果与真实加载情况完全吻合。对于低阶模态载荷的时序历程识别，Newmark 方法和 Duhamel 方法前期可以准确捕捉载荷变化，但后期出现发散现象。而且，噪声水平越高，识别载荷发散时间越早，且发散现象越严重。利用卡尔曼滤波算法识别的低阶模态载荷则较为稳定。对于高阶模态载荷的时序历程识别，Duhamel 方法和卡尔曼滤波算法可以在不同噪声水平下实现精准识别，随着噪声水平增加，精度略有降低，但仍然保持在较高水平。对于非零初始条件，只有利用模态位移响应，并通过 Duhamel 方法和卡尔曼滤波算法对高阶模态载荷进行识别，才能得到高精度的识别结果。Newmark 方法由于初始时刻的模态载荷假设不合理，识别过程发散严重。利用模态加速度响应识别时会出现漂移或者偏移现象，其中，基于卡尔曼滤波算法的识别结果呈现出与真实加载曲线相同的趋势，仅存在幅值上的误差。综上所述，基于卡尔曼滤波的动态载荷时序历程识别方法具有较强的稳健性，可以减小载荷识别反问题对测量精度和时段的高质量需求。

表 3.4　不同水平噪声干扰和非零初始时刻下的低阶/高阶模态载荷识别结果

不同方法	低阶模态载荷(模态加速度响应)	高阶模态载荷(模态位移响应)
Newmark 方法	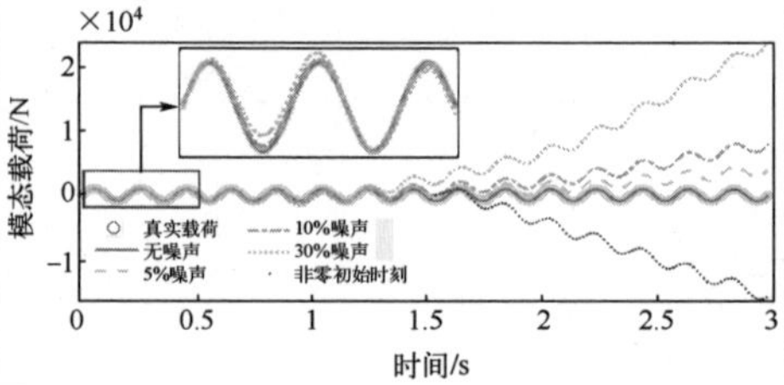	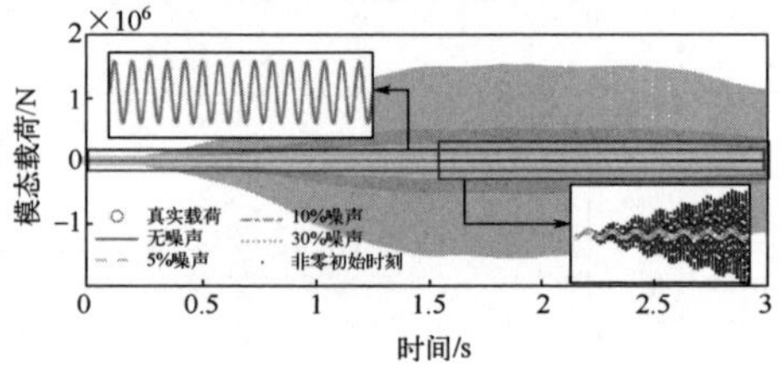
Duhamel 方法	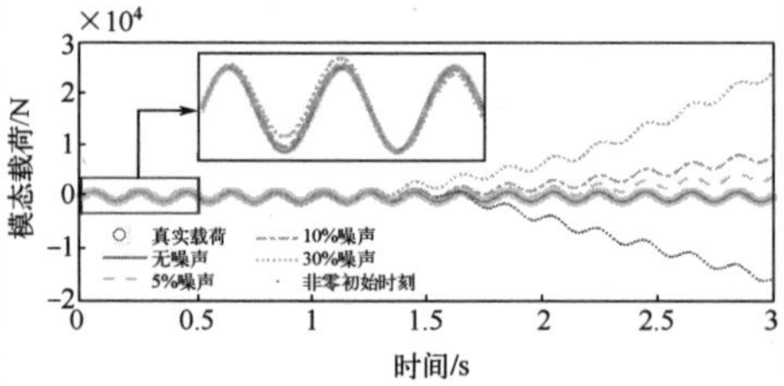	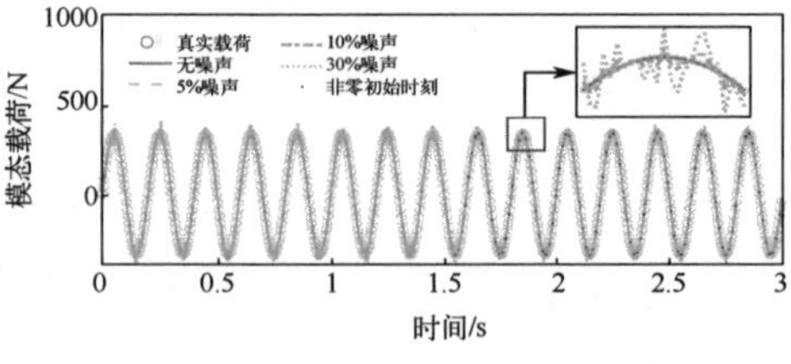
卡尔曼滤波方法	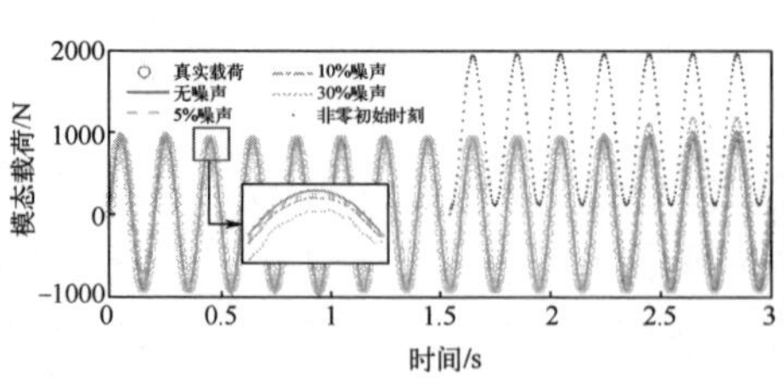	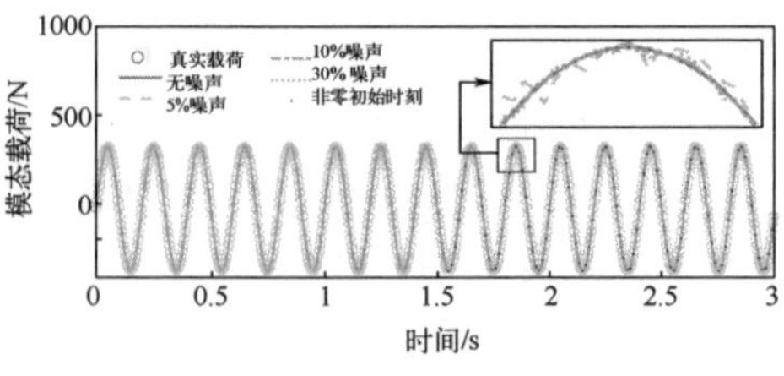

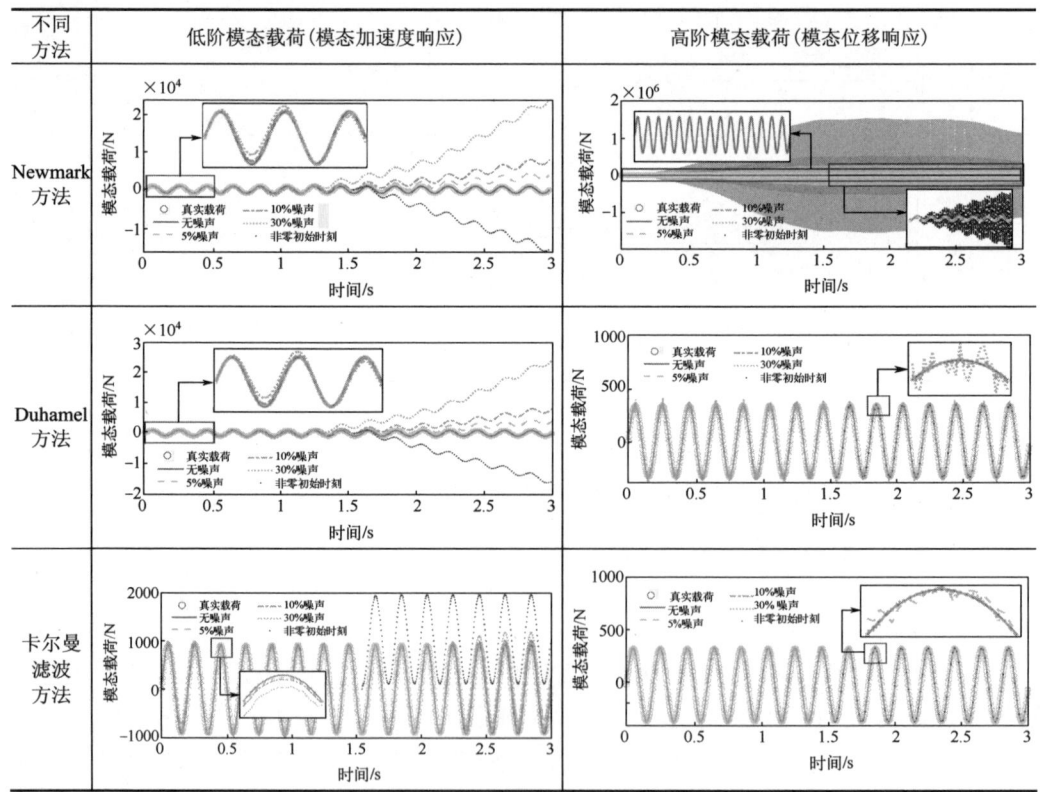

基于前面的对比研究，最后以模态位移响应为输入数据，验证卡尔曼滤波载荷时域识别方法的泛化能力。对工程实际中比较常见的四种载荷类型，即矩形波载荷、谐波载荷、三角波载荷和随机载荷，分别进行 10%噪声干扰下不同初始时刻的载荷时序历程识别，识别结果如图 3.8 所示。采用平均相对误差和线性相关系数两个指标评估载荷识别误差，误差统计如表 3.5 所示。可以看出，无论在图形表示上还是数值统计上，两种初始条件下的载荷识别效果均较好。而且，在所有工况下，初始时刻为 1s 的识别效果略好于初始时刻为 2s 的识别效果。

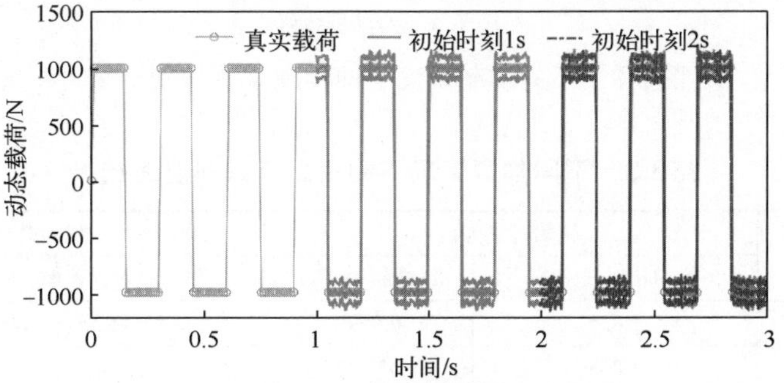

(a) 矩形波载荷

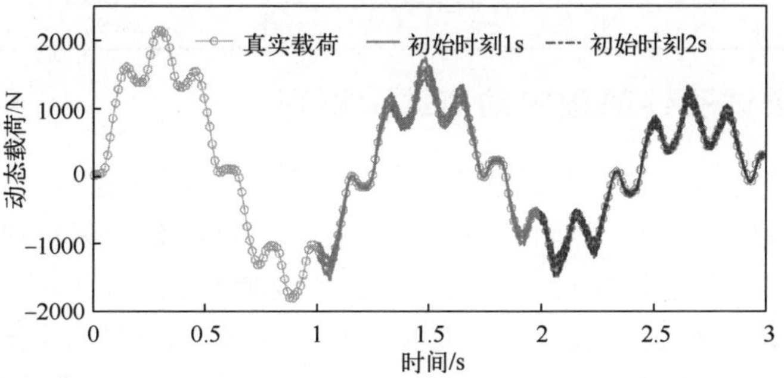

(b) 谐波载荷

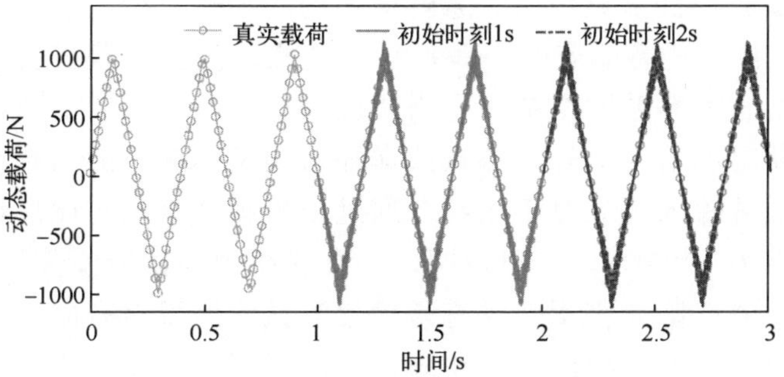

(c) 三角波载荷

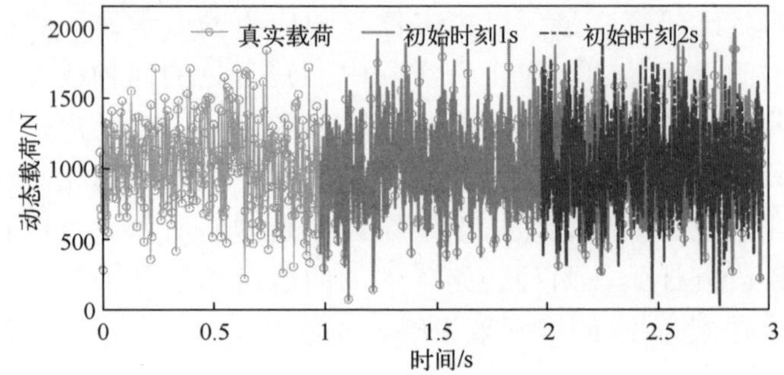

(d) 随机载荷

图 3.8　不同加载工况下的物理载荷识别结果

表 3.5　不同加载工况下物理载荷识别误差结果

载荷工况	初始时刻为1s		初始时刻为2s	
	平均相对误差/%	线性相关系数	平均相对误差/%	线性相关系数
矩形波载荷	1.835	0.9997	2.157	0.9996
谐波载荷	1.835	0.9997	2.124	0.9997
三角波载荷	1.928	0.9997	2.034	0.9997
随机载荷	1.741	0.9973	2.569	0.9948

3.4.3　悬臂梁试验件的集中动态载荷识别

为了验证所提出动态载荷识别方法在处理工程实际问题时的可行性，本节将以悬臂梁结构为研究对象开展动态载荷识别试验验证。悬臂梁材料选用为低碳钢，根部以固支形式安装在试验台上。悬臂梁总长度为 460mm，固支端到顶端之间的长度为 430mm，宽度为 40mm，厚度为 4mm。试验示意图以及现场布置图如图 3.9 所示，动态载荷信号由信号发生器产生，经电压放大器输入至激振器中产生振动载荷，通过激振杆垂直作用于悬臂梁结构的加载点处，加载点位置距离悬臂梁端部 30mm。将力传感器安装在激振杆与结构之间，以获得实时激振器载荷；同时，在悬臂梁表面粘贴四个单向电阻式应变计，并安装一个压电式加速度传感器，以获取振动时的响应信号，测点的详细布局见图 3.9(b)。载荷信号和响应信号由数据采集系统输入至计算机系统，通过分析软件获取时序历程。该算例在时域上的采样频率为 1280Hz。需要说明，动态载荷识别试验验证的具体步骤包括：①首先建立匹配的有限元模型，结合悬臂梁的试验结果对有限元模型进行修正；②根据有限元模型提取结构的特征矩阵，如刚度矩阵、质量矩阵、模态矩阵等；③对悬臂梁结构施加动态载荷并采集应变或加速度响应，利用所提出的方法进行动态载荷识别。

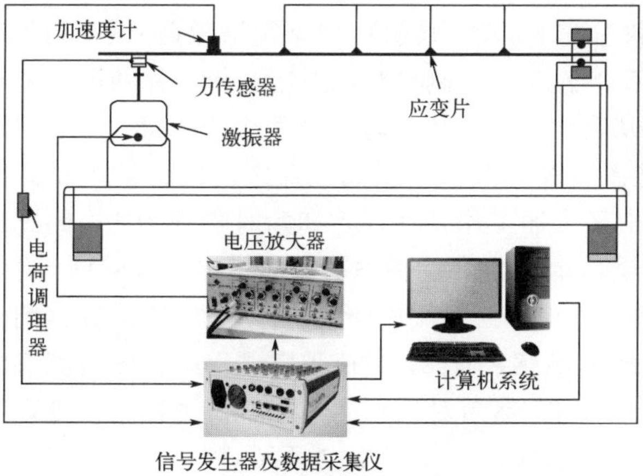

(a) 试验示意图

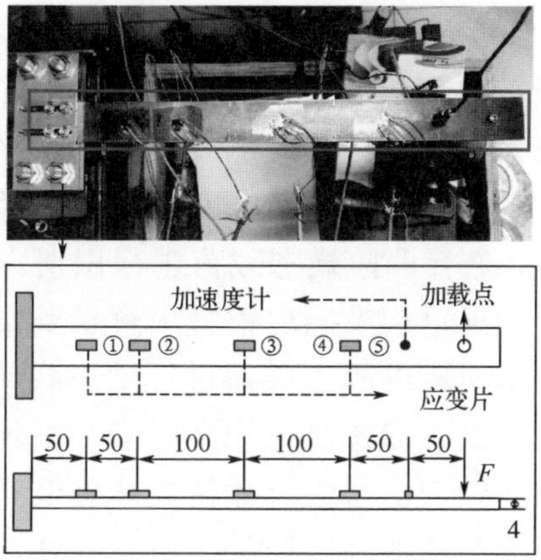

(b) 现场布置图

图 3.9　悬臂梁结构的试验平台示意图

首先，考虑材料分散性以及试验工装的影响，建立如图 3.10 所示的参考有限元模型，共包括 783 个节点和 688 个单元。分别对悬臂梁结构进行静力试验、模态试验及动力试验。对于静力试验，在悬臂梁端部放置不同重量的砝码，测量①、②、③、④号测点处的应变响应，结合应变数值对参考有限元结构的弹性参数进行修正。对于模态试验，借助力锤和加速度计获得悬臂梁结构前三阶弯曲模态对应的固有频率和振型，结合频率结果对参考有限元模型的密度进行修正。对于动力试验，对悬臂梁结构施加简谐载荷，并测量其激发的加速度响应和应变响应，结合测量载荷与测量响应的幅值、周期及相位等参数对参考有限元模型的阻尼参数进行修正。经过模型修正的有限元模型的材料属性如表 3.6 所示，前三阶弯曲模态如图 3.11 所示。

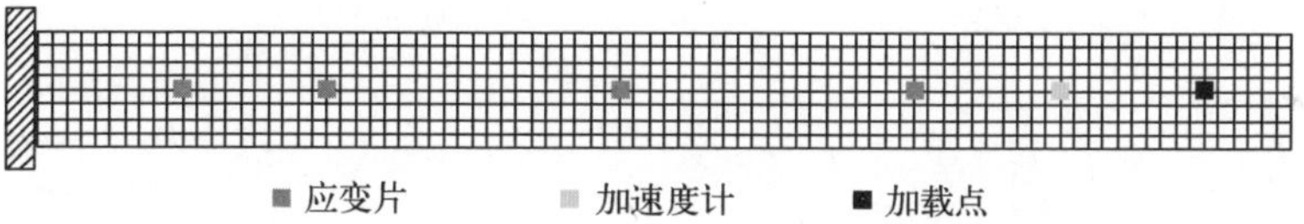

图 3.10　悬臂梁结构的有限元模型示意图

表 3.6　经过模型修正后悬臂梁结构的材料属性

材料属性	弹性模量 E/GPa	密度 ρ/kg/m^3	泊松比 ν	阻尼系数 α	阻尼系数 β
取值	172.052	8046.131	0.300	56.156	2.419×10^{-4}

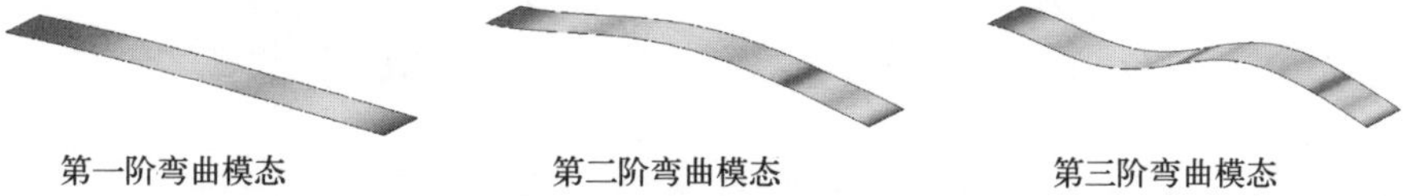

图 3.11　参考有限元模型的前三阶弯曲模态示意图

接下来，对悬臂梁进行不同加载工况下的动力试验，包括简谐载荷(频率为 5Hz 和 10Hz)、三角波载荷和矩形波载荷，截取一段测量响应进行分析，并利用参考有限元模型进行载荷加载位置与时序历程的识别。该过程涉及两个未知量，即加载点在悬臂梁长度方向上的位置以及动态载荷与某一阶模态载荷之间的倍数关系。因此，选择两阶模态载荷进行识别。由于上述工作是在非零初始时刻开始的，因此该算例通过应变响应信号求解悬臂梁结构前两阶弯曲模态对应的模态位移响应，进而反求对应的模态载荷进行动态载荷识别。3.4.2 节中已经表明，利用模态位移响应进行低阶模态载荷识别对噪声干扰比较敏感，因此，载荷识别过程中首先对测量的应变响应信号进行滤波处理降低噪声水平，然后对识别的模态载荷进行滤波处理来平滑载荷曲线，四种工况下滤波前后的响应信号如图 3.12 所示。

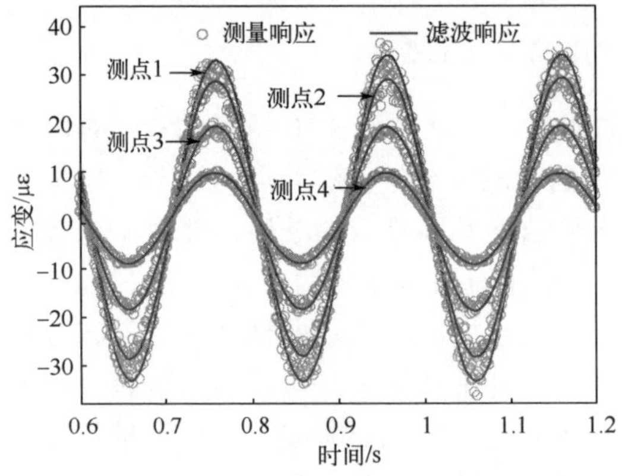

(a) 简谐载荷(5Hz)

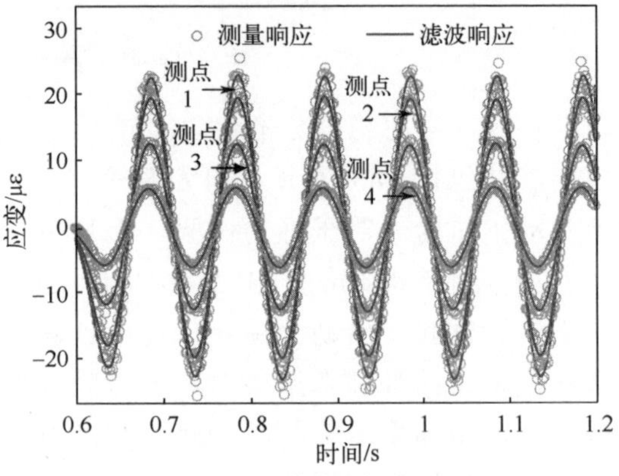

(b) 简谐载荷(10Hz)

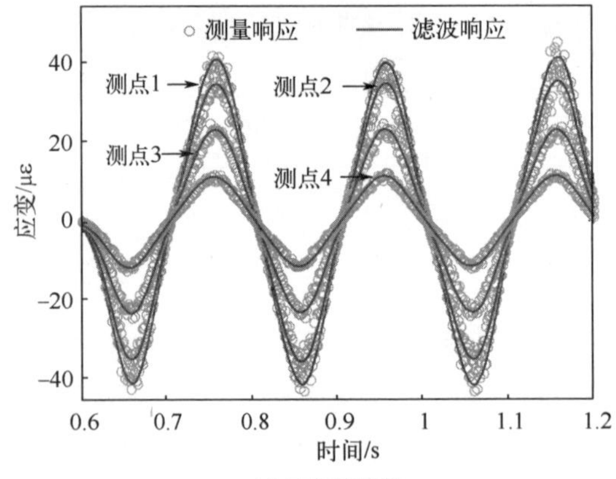

(c) 三角波载荷

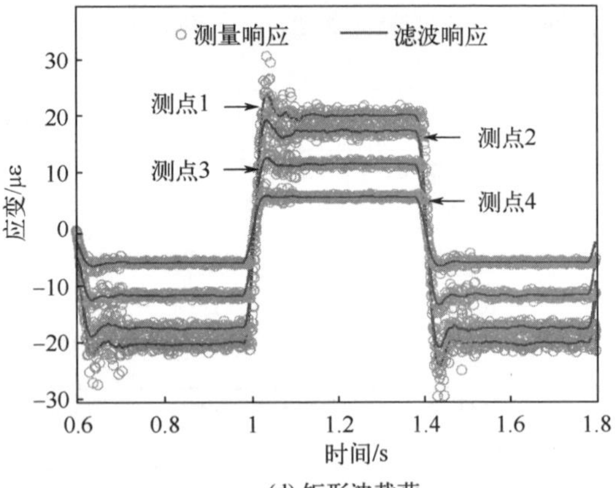

(d) 矩形波载荷

图 3.12　不同工况下的应变响应时序历程

四种加载工况下，识别的载荷加载位置距离悬臂梁端部的长度分别为 22.456mm、29.722mm、29.467mm 和 29.130mm，只有第一种工况与真实加载情况存在较大差异。识别的动态载荷时序历程及其测量值如图 3.13 所示。可以看出，通过两次滤波操作，识别的动态载荷历程曲线非常平滑。对于正弦波载荷，识别载荷与测量载荷在幅值和相位上基本重合；对于三角波载荷，识别载荷的幅值和频率与测量结果一致；对于矩形波载荷，识别载荷的幅值与平稳阶段力传感器的测量信号相匹配。需要指出，在处理三角波和矩形波载荷时，力传感器测量信号在峰值和脉冲转换处可能出现不稳定现象，但对于识别载荷，变化相对平稳。此外，即使加载的是正负幅值对称的载荷，力传感器的测量结果可能会不对称，而识别结果却是对称的，例如，在矩形波载荷识别中，第二个平稳阶段的识别载荷幅值低于测量载荷幅值。这些现象表明，在力传感器安装困难且测量精度受到限制的情况下，通过测量响应来间接反求外部载荷是一种可行的方法。

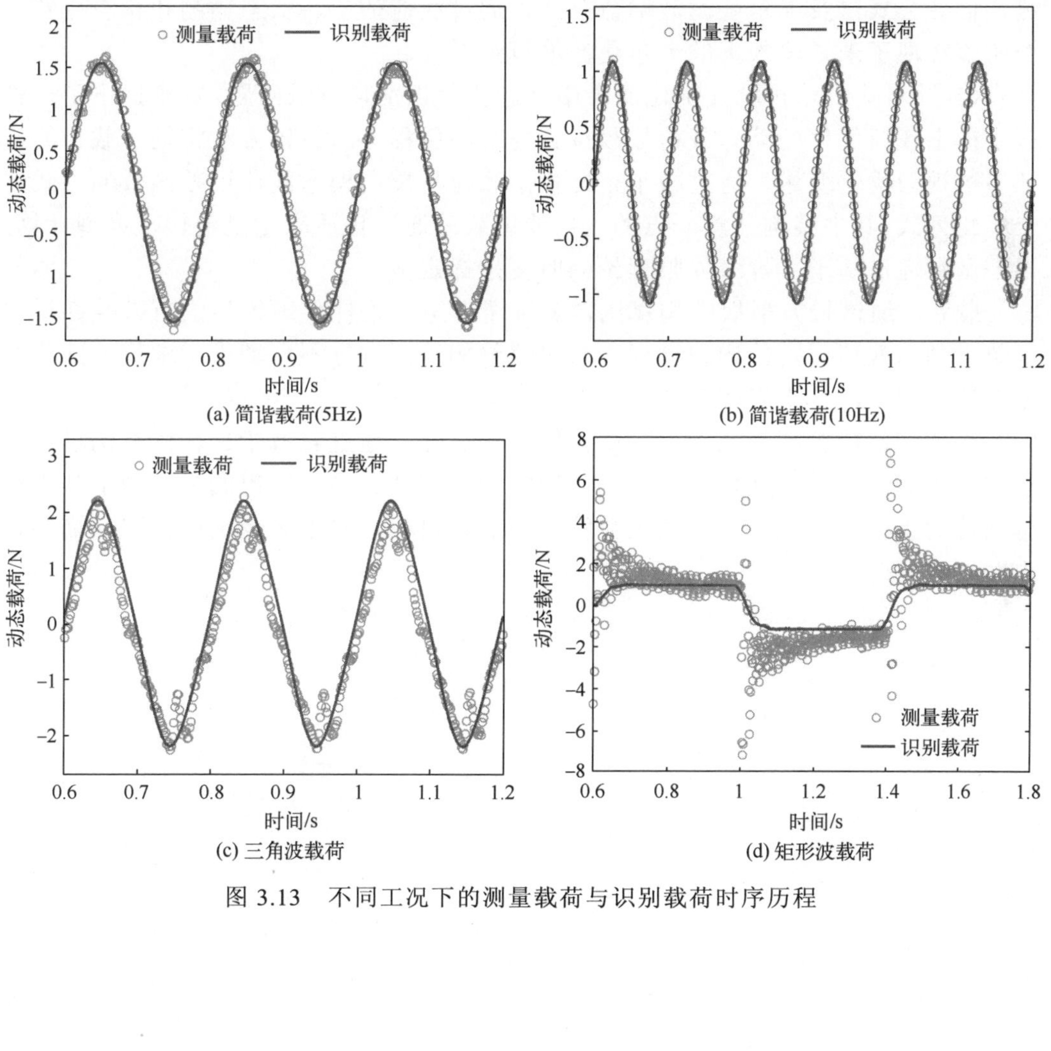

(a) 简谐载荷(5Hz)　(b) 简谐载荷(10Hz)　(c) 三角波载荷　(d) 矩形波载荷

图 3.13　不同工况下的测量载荷与识别载荷时序历程

3.5 本章小结

本章提出了一种基于模态载荷的不确定性结构集中动态载荷识别方法。该方法以模态响应为输入信息，基于卡尔曼滤波算法进行模态载荷反求，并利用模态载荷反向识别结果与正向计算公式实现有关动态载荷加载位置与时序历程特征参数的识别。本章的研究工作可以归纳如下。

(1) 针对传统动态载荷时域识别方法的测量噪声敏感性和初始条件依赖性问题，本章在状态空间离散方程基础上推导了未知输入下的卡尔曼滤波公式，采用加权最小二乘法进行模态载荷反求，并利用最小方差无偏估计推导状态向量的预测、估计公式以及卡尔曼滤波增益公式，通过载荷估计、状态预测和状态更新三个步骤实现了未知输入下的卡尔曼滤波算法迭代。

(2) 针对基于结构响应优化的集中动态载荷识别耗时长问题，本章提出了一种基于模态载荷优化的动态载荷加载位置与时序历程方法。该方法将动态载荷的特征参数视为优化变量，通过减小正向模态载荷与反向模态载荷误差函数的方式建立优化列式，其中结构任意一点的正向模态载荷通过自适应克里金代理模型计算，误差函数通过基于二阶窄界限理论的时变指标定义。

最后，通过长方形板结构算例，验证了自适应采样代理模型的有效性并说明了单点动态载荷识别的详细过程。对机翼结构算例进行不同动力学求解方法下的模态载荷识别，结果表明在噪声干扰和非零初始条件下，卡尔曼滤波载荷时域识别方法依然保持较高的准确性、稳健性和普适性。通过悬臂梁试验件算例进一步说明了所提出方法在处理工程实际问题时的适用性。需要指出的是，由于基于模态载荷的集中动态载荷识别以载荷特征为优化目标，对于多点加载情况，需要预先获知载荷时域类型。

第 4 章　多态不确定性结构的分布动态载荷时域识别

飞行器结构面临的气动载荷通常呈现出时空关联特性，这类载荷在时间和空间维度上均具有连续性，被称为分布动态载荷。针对这类载荷，考虑不确定参数的相关性和模糊性，提出了面向多态不确定性结构的分布动态载荷识别方法。通过将径向基插值函数和系统聚类思想相结合，实现了分布载荷空间特征的有效降维，化无限维分布载荷识别问题为有限维基函数系数求解问题。对于多态不确定性问题，采用区间模型进行凸集-模糊不确定性统一建模，进而提出了基于 Chebyshev 多项式全域逼近的不确定性传播分析方法，解决了分布动态载荷模糊区间边界的准确识别问题。

4.1　引　　言

前文主要讨论了集中动态载荷的数量、位置和时序历程的识别方法。然而，在实际工程中，结构系统往往受到时空关联的分布动态载荷的作用，如飞机蒙皮上的气动载荷、桥梁等建筑结构上的风载荷等[67, 153]。由于分布动态载荷是时间和空间两个维度上的连续函数，反向识别时不仅要识别载荷在时间上的变化，还要确定其在空间上的分布形式，远比集中动态载荷识别复杂得多。显然，通过有限的空间测量响应信息直接求解连续载荷分布是不现实的，这类似于通过有限个方程求解无限个变量。即使使用有限元方法将结构离散化，求解每个节点上的集中载荷也极为困难，因为未知量的数量远远超过方程数量。因此，必须通过确定有限测量响应信息与分布动态载荷空间降维参数之间的传递关系，将无限维问题转化为有限维问题。

对于载荷识别过程中的结构不确定性，第 2 章和第 3 章采用区间模型来量化不确定参数的波动范围。该模型假设参数相互独立，但是得到的传播分析结果通常较为保守。为更好地考虑不确定参数之间的相关性，Ben-Haim 和 Elishakoff 等提出了基于椭球凸模型的非概率量化方法[154]。相比于高维长方体包络的区间模型，椭球凸模型具有更加灵活的几何形态，能够提供更紧凑的、不确定域的表示，且边界连续可微，便于在不确定域上进行数学运算。此外，复杂系统中的不确定参数往往呈现多种状态，因此，建立多态集合量化模型以合理表征不确定性至关重要。在认知不确定性的分析中，基于模糊数学的集合模型也是一种有效的量化方法[155]。该模型在获取不确定变量的隶属度函数时无须依赖大量样本，在处理实际工程问题时具有一定优势。

基于上述讨论，本章采用径向基插值函数对分布载荷进行空间域的有限维表征，将分布动态载荷的识别问题转化为每个离散时刻基函数系数的求解问题。为提高载荷空间降维的精度，借助系统聚类思想来确定径向基插值函数的超参数。针对结构不确定性参数的多样性，构建了一种凸集-模糊不确定性相结合的统一区间建模方法，并基于 Chebyshev 正交多项式展开，完成对多态不确定性的传播分析，最终确定分布动态载荷的区间边界。

4.2 基于系统聚类-径向基降维策略的分布动态载荷识别

本章所研究的分布动态载荷仅考虑载荷在结构某一自由度上连续分布的情况。为了实现载荷分布特征的有效降维，需要寻找一种同时适用于平滑函数和强非线性函数的数据插值或拟合方法。由于径向基插值函数同时包含线性和非线性基函数，可以将低维空间内的非线性关系投影至高维空间并将其转换为线性关系，进而可以逼近任意函数，因此，本章采用径向基插值函数描述分布载荷的空间场特征。假设空间中存在一个集合 $\boldsymbol{X}=\{\boldsymbol{x}_1,\boldsymbol{x}_2,\cdots,\boldsymbol{x}_q\}$，那么结构上任意一点的动态载荷可以表示为

$$\boldsymbol{F}(\boldsymbol{b},\boldsymbol{\chi},t)=\sum_{j=1}^{q}\alpha_j(\boldsymbol{b},t)\phi(\|\boldsymbol{\chi}-\boldsymbol{x}_j\|)+\sum_{h=0}^{\varXi}\eta_h(\boldsymbol{b},t)p_h(\boldsymbol{\chi}) \tag{4.1}$$

式中，$\boldsymbol{F}(\boldsymbol{b},\boldsymbol{\chi},t)$ 表示 t 时刻在结构坐标 $\boldsymbol{\chi}$ 处的载荷；$\boldsymbol{X}$ 表示含 q 个元素的中心集；$\boldsymbol{x}_1,\boldsymbol{x}_2,\cdots,\boldsymbol{x}_q$ 表示各元素的空间坐标；$\phi(\cdot)$ 表示径向基基底函数；$\|\boldsymbol{\chi}-\boldsymbol{x}_j\|$ 表示两点之间的欧拉距离；$p_h(\boldsymbol{\chi})$ 为多项式基底函数，用于保证计算的非奇异性；$\alpha_j(\boldsymbol{b},t)$ 和 $\eta_h(\boldsymbol{b},t)$ 分别表示径向基基底和多项式基底的系数，其取值决定了载荷的空间分布形式；$\varXi$ 表示结构所涉及的空间维度。如果中心集 $\boldsymbol{X}$ 中的元素互不相同，那么函数集 $\phi(\|\boldsymbol{\chi}-\boldsymbol{x}_j\|)$, $j=1,2,\cdots,q$ 相互独立，径向基基底和多项式基底的系数满足正交条件，即

$$\sum_{j=1}^{q}\alpha_j(\boldsymbol{b},t)p_h(\boldsymbol{\chi}_j)=0,\quad h=0,1,\cdots,\varXi \tag{4.2}$$

本章选择常用的高斯函数作为径向基基底函数，即

$$\phi(\|\boldsymbol{\chi}-\boldsymbol{x}_j\|)=\exp\left(-\frac{1}{2\sigma_j^{\,2}}\|\boldsymbol{\chi}-\boldsymbol{x}_j\|^2\right) \tag{4.3}$$

式中，σ_j 表示高斯函数的方差，控制着函数宽度；$\phi(\|\boldsymbol{\chi}-\boldsymbol{x}_j\|)$ 的取值随着距离 $\|\boldsymbol{\chi}-\boldsymbol{x}_j\|$ 的增加而减小。

为了更好地控制径向基插值函数的取值，通常需要将结构的空间坐标 $\boldsymbol{\chi}$ 归一化到标准空间，即

$$\tilde{\boldsymbol{\chi}}^i = \frac{2\boldsymbol{\chi}^i - (A_{\max} + A_{\min})}{A_{\max} - A_{\min}}, \quad i = 1, \cdots, \varXi \tag{4.4}$$

式中，$\boldsymbol{\chi}^i$ 和 $\tilde{\boldsymbol{\chi}}^i$ 分别表示第 i 个维度上的原始坐标值和归一化坐标值，$[A_{\min}, A_{\max}]$ 表示标准坐标区间。进而，分布动态载荷可以表示为

$$F(\boldsymbol{b},\boldsymbol{\chi},t) = F(\boldsymbol{b},\tilde{\boldsymbol{\chi}},t) = \sum_{j=1}^{q}\alpha_j(\boldsymbol{b},t)\phi(\|\tilde{\boldsymbol{\chi}} - \tilde{\boldsymbol{x}}_j\|) + \sum_{h=0}^{\varXi}\eta_h(\boldsymbol{b},t)p_h(\tilde{\boldsymbol{\chi}}) \tag{4.5}$$

以三维结构为例，欧拉距离、线性多项式基底以及正交条件分别可以表示为

$$\begin{aligned}
&\left\|\tilde{\boldsymbol{\chi}} - \tilde{\boldsymbol{x}}_j\right\| = \sqrt{(\tilde{x}-\tilde{x}_j)^2 + (\tilde{y}-\tilde{y}_j)^2 + (\tilde{z}-\tilde{z}_j)^2} \\
&p(\boldsymbol{b},\boldsymbol{\chi},t) = \eta_0(\boldsymbol{b},t) + \eta_1(\boldsymbol{b},t)\tilde{x} + \eta_2(\boldsymbol{b},t)\tilde{y} + \eta_3(\boldsymbol{b},t)\tilde{z} \\
&\sum_{j=1}^{q}\alpha_j(\boldsymbol{b},t) = \sum_{j=1}^{q}\alpha_j(\boldsymbol{b},t)\tilde{x}_j = \sum_{j=1}^{q}\alpha_j(\boldsymbol{b},t)\tilde{y}_j = \sum_{j=1}^{q}\alpha_j(\boldsymbol{b},t)\tilde{z}_j = 0
\end{aligned} \tag{4.6}$$

式中，$\tilde{x}_j$、$\tilde{y}_j$、$\tilde{z}_j$ 表示中心集元素 $\tilde{\boldsymbol{x}}_j$ 归一化后的坐标。图 4.1 描述了一维、二维情况下的径向基插值函数。一旦径向基中心集给定，空间中的任意曲线和曲面都可以通过非线性径向基基底和线性多项式基底逼近。显然，分布载荷的降维方式不是唯一的，也可以利用多项式插值、样条函数插值法等其他方法实现。

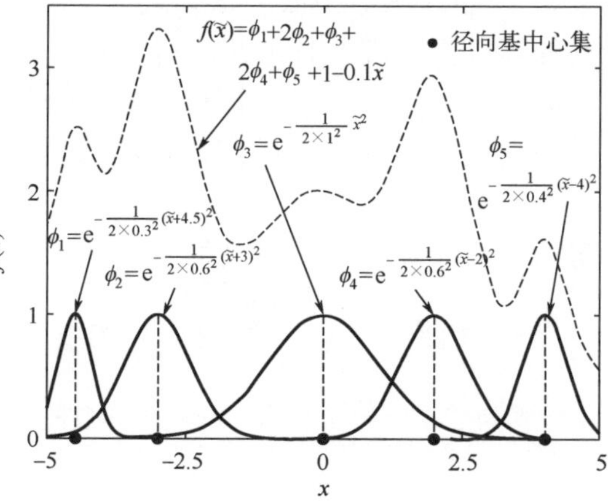

(a) 一维曲线逼近

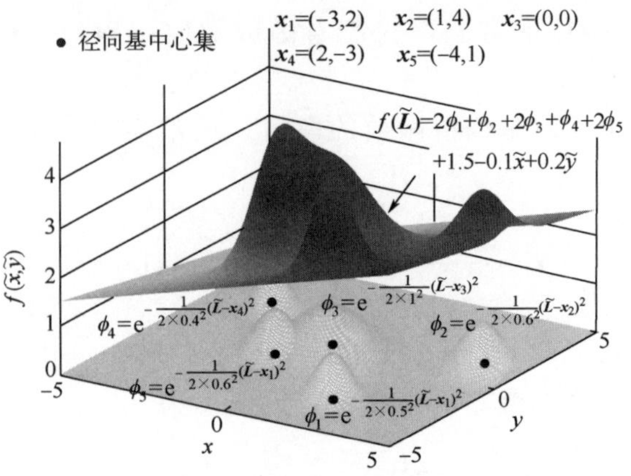

(b) 二维曲线逼近

图 4.1　一维、二维情况下的径向基插值示意图

对于径向基插值函数，基底中心集 $\boldsymbol{X}$ 应尽可能全部覆盖输入空间。在进行分布载荷逼近时，存在以下几个关键参数。其中，中心集元素的数量 q 决定了径向基插值函数的复杂度和逼近能力。增加中心集数量会增强函数逼近能力，但也会降低基函数的泛化能力并增大计算量。确定基底中心最常用的方式是 K-means 聚类方法，但该方法需要预先给定初始聚类中心，这意味着在聚类前就需要明确样本类别数。对于分布载荷识别问题，无法预先确定最优中心集数量。此外，初始聚类中心不同，最终聚类结果也不同。由于分布载荷在空间上的取值与空间坐标有关，因此可以通过结构表面有限元节点的空间位置确定径向基插值函数的中心集 $\boldsymbol{X}$。记结构表面节点的归一化坐标为 $\tilde{\boldsymbol{\chi}}_{\mathrm{f}}=\{\tilde{\boldsymbol{\chi}}_1,\tilde{\boldsymbol{\chi}}_2,\cdots,\tilde{\boldsymbol{\chi}}_\kappa\}$，$\kappa$ 表示结构表面节点的数量，将系统聚类思想[156]融入基底中心的选择过程，使其张成的函数空间具有更好的逼近能力和更低的计算复杂度。核心思想是：首先，将集合 $\tilde{\boldsymbol{\chi}}_{\mathrm{f}}$ 中的每一个样本均看作初始聚类中心(共 κ 个)；然后，计算初始聚类簇的欧氏距离，将距离最近的两个簇合并成一个新簇；不断合并距离最近的两个聚类簇，直至所有表面节点合并成一簇。

下面，介绍各簇间距离的计算方式。定义样本 $\tilde{\boldsymbol{\chi}}_v$ 和 $\tilde{\boldsymbol{\chi}}_w$ 之间的距离[157]为

$$\xi_{vw}=\|\tilde{\boldsymbol{\chi}}_v-\tilde{\boldsymbol{\chi}}_w\|=\sqrt{\sum_{i=1}^{\Xi}(\tilde{\boldsymbol{\chi}}_v^i-\tilde{\boldsymbol{\chi}}_w^i)^2} \tag{4.7}$$

定义簇 E_p 和 E_o 之间的距离为 ζ_{po}。为考虑每个聚类簇中的所有样本信息，簇间距离通过下式计算：

$$\zeta_{po}=\frac{1}{\Delta_p\Delta_o}\sum_{\tilde{\boldsymbol{\chi}}_v\in E_p}\sum_{\tilde{\boldsymbol{\chi}}_w\in E_o}\xi_{vw} \tag{4.8}$$

式中，Δ_p 和 Δ_o 表示两个簇里的节点数量。当簇 E_p 和簇 E_o 合并成新的簇 E_a 时，簇 E_a 与其他簇之间的簇间距离为

$$\zeta_{ae}=\frac{1}{\Delta_a\Delta_e}\sum_{\tilde{\chi}_v\in E_a}\sum_{\tilde{\chi}_w\in E_e}\xi_{vw}=\frac{\Delta_p}{\Delta_a}\zeta_{pe}+\frac{\Delta_o}{\Delta_a}\zeta_{oe} \tag{4.9}$$

此外，聚类过程应遵循一些基本原则，即节点划分结果应使簇内距离尽可能小、即相似性尽可能大，簇间距离尽可能大、即相似性尽可能小。进而，基底中心的数量 q 可以根据聚类簇间距离确定，将聚类过程中的最大簇间距离作为标准，即最后一次合并时的簇间距离 ζ^{m-1}。假设第 ε 次迭代时合并的簇间距离为 $\zeta^{(\varepsilon)}$，若满足 $\zeta^{(\varepsilon)}\geqslant\tau\zeta^{m-1}$（$\tau$ 为比例系数），则认为两簇之间的距离已经足够大且簇与簇之间的相似度足够小。最后，将结构表面节点划分为 $q=m-\varepsilon$ 个簇，每个聚类簇可以看成一组节点的组合。以一个具有 28 个节点的不规则六边形为例说明整个聚类过程，图 4.2(a)展示了逐步聚类过程的示意图，用双点线对聚类结果进行分割，得到图 4.2(b)所示的 4 个聚类簇。

一旦确定了基底中心的数量，中心集可以利用重心法和最终的聚类簇确定，即

$$\tilde{\boldsymbol{x}}_j=\frac{1}{\Delta_j}\sum_{\tilde{\chi}_*\in\hat{E}_j}\tilde{\chi}_*,\quad j=1,2,\cdots,m-\varepsilon \tag{4.10}$$

最后，每一个基函数的宽度可以通过下式确定：

$$\sigma_j=\lambda\Im_j,\quad \Im_j=\min(\|\tilde{\boldsymbol{x}}_j-\tilde{\boldsymbol{x}}_i\|) \tag{4.11}$$

式中，$\Im_j$ 为第 j 个聚类中心到其他各个聚类中心距离的最小值；$\{\lambda\}$ 表示重叠系数，控制基函数的平滑程度，重叠系数越大，径向基基底函数 $\phi(\|\tilde{\chi}-\tilde{\boldsymbol{x}}_j\|)$ 越平滑、

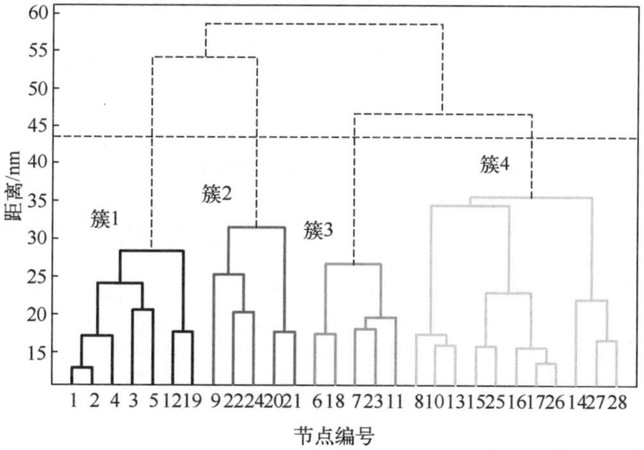

(a) 树状图

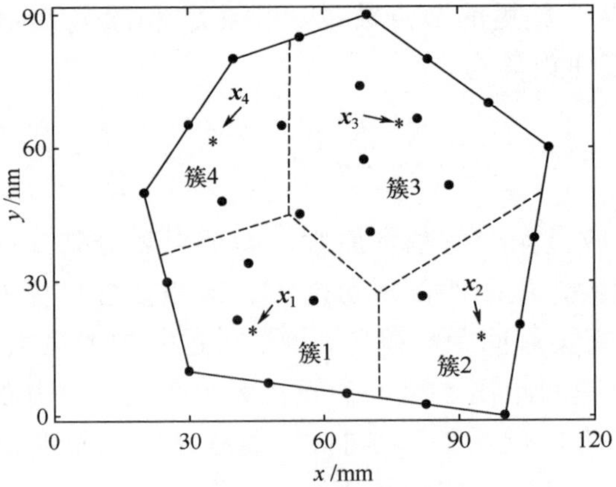

(b) 层次聚类结果

图 4.2　有限元节点的系统聚类示意图

作用范围越大。以上过程为聚类中心及相关参数的选择方式，该过程通过系统聚类方法不断合并距离最小的聚类簇，不需要选取初始聚类中心，只需给定样本距离和簇间距离的计算方法即可。需要指出，聚类中心的选择结果与比例系数 τ 和重叠系数 λ 有关。这意味着可以通过调整系数的取值来更换基底中心，进而提高径向基插值函数的逼近能力。

基于径向基插值函数逼近，作用在第 l 个有限元节点上的载荷可以表示为

$$\boldsymbol{F}^l(\boldsymbol{b},t_i)=F(\boldsymbol{b},\chi_l,t_i)=\boldsymbol{Z}(\tilde{\chi}_l)\boldsymbol{A}(\boldsymbol{b},t_i) \tag{4.12}$$

式中，$\tilde{\chi}_l$ 表示第 l 个有限元节点的归一化空间坐标；$\boldsymbol{Z}(\tilde{\chi}_l)$ 表示基函数向量；$\boldsymbol{A}(\boldsymbol{b},t_i)$ 表示系数向量，在分布载荷识别过程中需要反向求解。具体可以表示为

$$\begin{aligned}\boldsymbol{Z}(\tilde{\chi}_l)&=[\phi(\|\tilde{\chi}_l-\tilde{\boldsymbol{x}}_1\|)\quad\cdots\quad\phi(\|\tilde{\chi}_l-\tilde{\boldsymbol{x}}_q\|)\quad p_0(\tilde{\chi}_l)\quad\cdots\quad p_{\Xi}(\tilde{\chi}_l)]\\ \boldsymbol{A}(\boldsymbol{b},t_i)&=[\alpha_1(\boldsymbol{b},t_i)\quad\cdots\quad\alpha_q(\boldsymbol{b},t_i)\quad\eta_0(\boldsymbol{b},t_i)\quad\cdots\quad\eta_{\Xi}(\boldsymbol{b},t_i)]^{\mathrm{T}}\end{aligned} \tag{4.13}$$

进一步，模态载荷可以表示为

$$\begin{bmatrix}\boldsymbol{P}_1(\boldsymbol{b},t_i)\\ \boldsymbol{P}_2(\boldsymbol{b},t_i)\\ \vdots\\ \boldsymbol{P}_M(\boldsymbol{b},t_i)\end{bmatrix}=\begin{bmatrix}\boldsymbol{\Phi}_1^1(\boldsymbol{b}) & \boldsymbol{\Phi}_2^1(\boldsymbol{b}) & \cdots & \boldsymbol{\Phi}_M^1(\boldsymbol{b})\\ \boldsymbol{\Phi}_1^2(\boldsymbol{b}) & \boldsymbol{\Phi}_2^2(\boldsymbol{b}) & \cdots & \boldsymbol{\Phi}_M^2(\boldsymbol{b})\\ \vdots & \vdots & \ddots & \vdots\\ \boldsymbol{\Phi}_1^n(\boldsymbol{b}) & \boldsymbol{\Phi}_2^n(\boldsymbol{b}) & \cdots & \boldsymbol{\Phi}_M^n(\boldsymbol{b})\end{bmatrix}^{\mathrm{T}}\boldsymbol{L}(\chi)\begin{bmatrix}\boldsymbol{Z}(\tilde{\chi}_1)\\ \boldsymbol{Z}(\tilde{\chi}_2)\\ \vdots\\ \boldsymbol{Z}(\tilde{\chi}_G)\end{bmatrix}\boldsymbol{A}(\boldsymbol{b},t_i) \tag{4.14}$$

即

$$\boldsymbol{P}(\boldsymbol{b},t_i)=\boldsymbol{\Phi}^{\mathrm{T}}(\boldsymbol{b})\boldsymbol{L}(\chi)\boldsymbol{Z}(\tilde{\chi})\boldsymbol{A}(\boldsymbol{b},t_i) \tag{4.15}$$

式中，$\boldsymbol{L}(\chi)$ 表示分布载荷自由度的转换矩阵；$\boldsymbol{\Phi}(\boldsymbol{b})$ 表示对应于分布载荷自由度的

减缩模态矩阵；模态载荷 $\boldsymbol{P}(\boldsymbol{b},t_i)$ 可以利用测量响应和第 2、3 章的模态载荷识别方法求解。此外，径向基插值的正交性条件可以写为

$$\begin{bmatrix} p_0(\tilde{\boldsymbol{x}}_1) & \cdots & p_0(\tilde{\boldsymbol{x}}_q) & 0 & \cdots & 0 \\ \vdots & \ddots & \vdots & \vdots & \ddots & \vdots \\ p_{\Xi}(\tilde{\boldsymbol{x}}_1) & \cdots & p_{\Xi}(\tilde{\boldsymbol{x}}_q) & 0 & \cdots & 0 \end{bmatrix} \boldsymbol{A}(\boldsymbol{b},t_i) = \begin{bmatrix} 0 \\ \vdots \\ 0 \end{bmatrix} \Rightarrow \boldsymbol{\Gamma}(\tilde{\boldsymbol{X}})\boldsymbol{A}(\boldsymbol{b},t_i) = [\boldsymbol{0}] \tag{4.16}$$

基于式(4.14)和式(4.16)，每个离散时刻的径向基插值系数可以通过最小二乘法得到，即

$$\boldsymbol{A}(\boldsymbol{b},t_i) = \left\{ \begin{bmatrix} \boldsymbol{\Phi}^{\mathrm{T}}(\boldsymbol{b})\boldsymbol{L}(\chi)\boldsymbol{Z}(\tilde{\chi}) \\ \boldsymbol{\Gamma}(\tilde{\boldsymbol{X}}) \end{bmatrix}^{\mathrm{T}} \begin{bmatrix} \boldsymbol{\Phi}^{\mathrm{T}}(\boldsymbol{b})\boldsymbol{L}(\chi)\boldsymbol{Z}(\tilde{\chi}) \\ \boldsymbol{\Gamma}(\tilde{\boldsymbol{X}}) \end{bmatrix} \right\}^{-1} \begin{bmatrix} \boldsymbol{\Phi}^{\mathrm{T}}(\boldsymbol{b})\boldsymbol{L}(\chi)\boldsymbol{Z}(\tilde{\chi}) \\ \boldsymbol{\Gamma}(\tilde{\boldsymbol{X}}) \end{bmatrix}^{\mathrm{T}} \begin{bmatrix} \boldsymbol{P}(\boldsymbol{b},t_i) \\ \boldsymbol{0} \end{bmatrix} \tag{4.17}$$

将求解的系数代入式(4.12)，即可得到结构表面上每个有限元节点的离散载荷。

4.3　面向凸集-模糊多态不确定性的建模与分析

实际工程中，由于无法通过足够多的样本获得不确定参数的概率分布情况，本章将综合利用处理认知不确定性的凸集模型和模糊模型，构建合理有效的多态不确定性建模与分析方法，进而得到结构分布动态载荷的时空包络。

4.3.1　椭球-模糊模型的区间表征

对于具有凸集不确定参数，区间模型和椭球模型是最常见的两种方法。若考虑参数之间的相关性，采用椭球模型描述不确定域更为合理，这里引入多维超椭球模型 $E_{\boldsymbol{b}_{\mathrm{C}}}$ 描述凸集不确定参数 $\boldsymbol{b}_{\mathrm{C}} = \{\boldsymbol{b}_{\mathrm{C}1}, \boldsymbol{b}_{\mathrm{C}2}, \cdots, \boldsymbol{b}_{\mathrm{C}P}\}$，即

$$E_{\boldsymbol{b}_{\mathrm{C}}} = \{\boldsymbol{b}_{\mathrm{C}} \mid (\boldsymbol{b}_{\mathrm{C}} - \boldsymbol{b}_{\mathrm{C}}^{\mathrm{c}})^{\mathrm{T}} \boldsymbol{\Omega} (\boldsymbol{b}_{\mathrm{C}} - \boldsymbol{b}_{\mathrm{C}}^{\mathrm{c}}) \leqslant \varpi^2, \boldsymbol{b}_{\mathrm{C}} \in \mathbb{R}^P\} \tag{4.18}$$

式中，$\boldsymbol{b}_{\mathrm{C}}^{\mathrm{c}}$ 表示椭球的中心，由不确定参数的中心值确定；P 为凸集不确定参数的维数；$\boldsymbol{\Omega}$ 是一个决定椭球形状和主轴方向的对称正定特征矩阵，与 ϖ 一同决定椭球的大小，即参数的不确定程度。下面定义一些椭球模型的基本变量。首先，将椭球模型投影至坐标轴 $\boldsymbol{b}_{\mathrm{C}o}, (o = 1, 2, \cdots, P)$ 上，得到区间 $\boldsymbol{b}_{\mathrm{C}o}^{\mathrm{I}} = [\underline{\boldsymbol{b}}_{\mathrm{C}o}, \overline{\boldsymbol{b}}_{\mathrm{C}o}]$，则可以按照下式定义变量 $\boldsymbol{b}_{\mathrm{C}o}^{\mathrm{I}}$ 的中心值 $\boldsymbol{b}_{\mathrm{C}o}^{\mathrm{c}}$、半径 $\boldsymbol{b}_{\mathrm{C}o}^{\mathrm{r}}$ 和方差 $D_{\mathrm{C}o}$

$$\boldsymbol{b}_{\mathrm{C}o}^{\mathrm{c}} = \frac{\underline{\boldsymbol{b}}_{\mathrm{C}o} + \overline{\boldsymbol{b}}_{\mathrm{C}o}}{2}, \quad \boldsymbol{b}_{\mathrm{C}o}^{\mathrm{r}} = \frac{\overline{\boldsymbol{b}}_{\mathrm{C}o} - \underline{\boldsymbol{b}}_{\mathrm{C}o}}{2}, \quad D_{\mathrm{C}o} = (\boldsymbol{b}_{\mathrm{C}o}^{\mathrm{r}})^2 \tag{4.19}$$

进而得到椭球模型的协方差矩阵：

$$\boldsymbol{W}=\begin{bmatrix}\mathrm{cov}(\boldsymbol{b}_{\mathrm{C1}},\boldsymbol{b}_{\mathrm{C1}}) & \mathrm{cov}(\boldsymbol{b}_{\mathrm{C1}},\boldsymbol{b}_{\mathrm{C2}}) & \cdots & \mathrm{cov}(\boldsymbol{b}_{\mathrm{C1}},\boldsymbol{b}_{\mathrm{C}P}) \\ & \mathrm{cov}(\boldsymbol{b}_{\mathrm{C2}},\boldsymbol{b}_{\mathrm{C2}}) & \cdots & \mathrm{cov}(\boldsymbol{b}_{\mathrm{C2}},\boldsymbol{b}_{\mathrm{C}P}) \\ & & \ddots & \vdots \\ \mathrm{Sym} & & & \mathrm{cov}(\boldsymbol{b}_{\mathrm{C}P},\boldsymbol{b}_{\mathrm{C}P})\end{bmatrix} \tag{4.20}$$

上式中的元素通过 $\mathrm{cov}(\boldsymbol{b}_{\mathrm{C}o},\boldsymbol{b}_{\mathrm{C}o})=D_{\mathrm{C}o}$， $\mathrm{cov}(\boldsymbol{b}_{\mathrm{C}o},\boldsymbol{b}_{\mathrm{C}l})=\rho(\boldsymbol{b}_{\mathrm{C}o},\boldsymbol{b}_{\mathrm{C}l})\sqrt{D_{\mathrm{C}o}}\sqrt{D_{\mathrm{C}l}}$ 计算得到，$\rho(\boldsymbol{b}_{\mathrm{C}o},\boldsymbol{b}_{\mathrm{C}l})$ 为两个变量间的相关系数。需要指出的是，特征矩阵的伪逆矩阵即为椭球模型的协方差矩阵[158]。

由于不确定参数在不同维度上可能存在量级上的差异，因此特征矩阵求逆时存在病态性风险。因此，需要将原始参数归一化到无量纲空间，即

$$\tilde{\boldsymbol{b}}_{\mathrm{C}o}=\frac{\boldsymbol{b}_{\mathrm{C}o}-\boldsymbol{b}_{\mathrm{C}o}^{\mathrm{c}}}{\boldsymbol{b}_{\mathrm{C}o}^{\mathrm{r}}}, \quad o=1,2,\cdots,P \tag{4.21}$$

通过上述变换，可以得到一个等价的椭球模型 $\tilde{E}_{\boldsymbol{b}_{\mathrm{C}}}$，即

$$\tilde{E}_{\boldsymbol{b}_{\mathrm{C}}}=\{\tilde{\boldsymbol{b}}_{\mathrm{C}}\,|\,\tilde{\boldsymbol{b}}_{\mathrm{C}}{}^{\mathrm{T}}\tilde{\boldsymbol{\Omega}}\tilde{\boldsymbol{b}}_{\mathrm{C}}\leqslant\varpi^2,\tilde{\boldsymbol{b}}_{\mathrm{C}}\in\mathbb{R}^P\} \tag{4.22}$$

式中，$\tilde{\boldsymbol{\Omega}}$ 为无量纲空间椭球的特征矩阵，且 $\tilde{\boldsymbol{\Omega}}=\mathrm{diag}(\boldsymbol{b}_{\mathrm{C}o}^{\mathrm{c}})\boldsymbol{\Omega}\mathrm{diag}(\boldsymbol{b}_{\mathrm{C}o}^{\mathrm{c}})$， $\mathrm{diag}(\boldsymbol{b}_{\mathrm{C}o}^{\mathrm{c}})$ 是以 $\boldsymbol{b}_{\mathrm{C}o}^{\mathrm{c}}$ 为对角元素的对角阵，$\tilde{\boldsymbol{\Omega}}$ 中的元素具有相同的量级，求逆时不存在病态性困扰。为了更一般地对椭球模型进行研究，可以将不确定参数从无量纲空间进一步转换到标准空间，具体过程如下。对 $\tilde{\boldsymbol{\Omega}}$ 进行特征分解：

$$\tilde{\boldsymbol{\Omega}}=\boldsymbol{T}^{\mathrm{T}}\boldsymbol{H}\boldsymbol{T} \tag{4.23}$$

式中，$\boldsymbol{T}$ 为正交矩阵，且 $\boldsymbol{T}^{\mathrm{T}}\boldsymbol{T}=\boldsymbol{I}$；$\boldsymbol{H}$ 为由特征值组成的对角阵。引入标准化向量：

$$\hat{\boldsymbol{b}}_{\mathrm{C}}=\frac{1}{\varpi}\boldsymbol{H}^{0.5}\boldsymbol{T}\tilde{\boldsymbol{b}}_{\mathrm{C}} \tag{4.24}$$

多维椭球模型可以最终转换为 $\hat{\boldsymbol{b}}_{\mathrm{C}}$ 空间下的单位超球模型 $\hat{E}_{\boldsymbol{b}_{\mathrm{C}}}$，即

$$\hat{E}_{\boldsymbol{b}_{\mathrm{C}}}=\{\hat{\boldsymbol{b}}_{\mathrm{C}}\,|\,\hat{\boldsymbol{b}}_{\mathrm{C}}{}^{\mathrm{T}}\hat{\boldsymbol{b}}_{\mathrm{C}}\leqslant 1,\hat{\boldsymbol{b}}_{\mathrm{C}}\in\mathbb{R}^P\} \tag{4.25}$$

式中，$\hat{\boldsymbol{b}}_{\mathrm{C}}$ 表示与不确定参量 $\boldsymbol{b}_{\mathrm{C}}$ 对应的标准化向量。图 4.3 展示了二维不确定参数的椭球模型变换过程，经过两次变换，最终利用单位圆模型表征不确定参数。为了在原始椭球域内进行采样，用球坐标 $(R,\theta_1,\theta_2,\cdots,\theta_{P-1})$ 表示单位超球模型，其中，$R\in[0,1]$， $\theta_{P-1}\in[0,2\pi]$， $\theta_a\in[0,\pi]$， $a=1,2,\cdots,P-2$，具体为

$$\begin{cases}\hat{\boldsymbol{b}}_{\mathrm{C}}=\left\{\begin{array}{l}R\cos\theta_1 \\ R\sin\theta_1\cos\theta_2 \\ R\sin\theta_1\sin\theta_2\cos\theta_3 \\ \vdots \\ R\sin\theta_1\sin\theta_2\cdots\sin\theta_{P-2}\cos\theta_{P-1}\end{array}\right\} \\ \boldsymbol{b}_{\mathrm{C}}=\varpi\boldsymbol{T}^{\mathrm{T}}\boldsymbol{H}^{-0.5}\hat{\boldsymbol{b}}_{\mathrm{C}}+\boldsymbol{b}_{\mathrm{C}}^{\mathrm{c}}\end{cases} \tag{4.26}$$

上述单位超球体的球坐标均为区间变量，可以借助区间量化与传播分析方法处理。

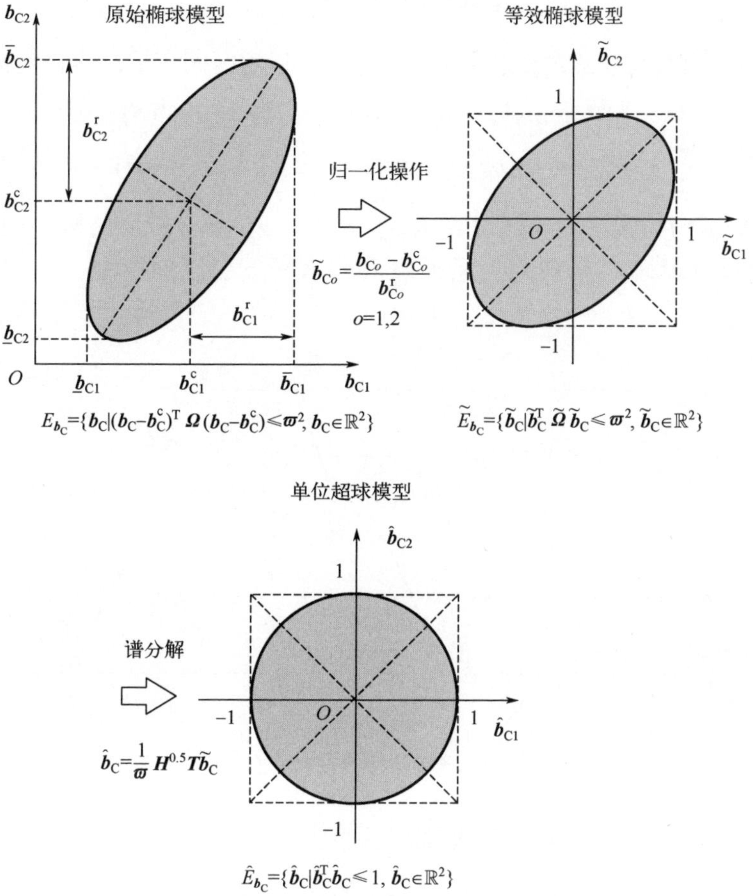

图 4.3　不同空间下的椭球不确定参数示意图

对模糊不确定参数进行不确定分析时，首先对模糊信息进行处理，其中水平截集法是一种有效的处理方式。在模糊集合中，模糊变量 $\boldsymbol{b}_{\mathrm{F}}=\{\boldsymbol{b}_{\mathrm{F1}},\boldsymbol{b}_{\mathrm{F2}},\cdots,\boldsymbol{b}_{\mathrm{F}Q}\}$ 的取值特征可以用隶属度函数 $\ell(\boldsymbol{b}_{\mathrm{F}e}),(e=1,2,\cdots,Q)$ 描述。隶属度函数主要有高斯型、梯形、三角形等几种类型，其确定方式可以参考文献[159]，具体表示为

$$\ell(\boldsymbol{b}_{\mathrm{F}e})=\begin{cases} g_{\boldsymbol{b}_{\mathrm{F}e}}^{1}(\boldsymbol{b}_{\mathrm{F}e}), & \delta_{\boldsymbol{b}_{\mathrm{F}e}}^{1}\leqslant\boldsymbol{b}_{\mathrm{F}e}<\delta_{\boldsymbol{b}_{\mathrm{F}e}}^{2} \\ 1, & \delta_{\boldsymbol{b}_{\mathrm{F}e}}^{2}\leqslant\boldsymbol{b}_{\mathrm{F}e}\leqslant\delta_{\boldsymbol{b}_{\mathrm{F}e}}^{3} \\ g_{\boldsymbol{b}_{\mathrm{F}e}}^{2}(\boldsymbol{b}_{\mathrm{F}e}), & \delta_{\boldsymbol{b}_{\mathrm{F}e}}^{3}<\boldsymbol{b}_{\mathrm{F}e}\leqslant\delta_{\boldsymbol{b}_{\mathrm{F}e}}^{4} \\ 0, & \text{其他} \end{cases} \tag{4.27}$$

式中，$g_{\boldsymbol{b}_{\mathrm{F}e}}^{1}(\boldsymbol{b}_{\mathrm{F}e})$ 和 $g_{\boldsymbol{b}_{\mathrm{F}e}}^{2}(\boldsymbol{b}_{\mathrm{F}e})$ 分别是模糊变量 $\boldsymbol{b}_{\mathrm{F}e}$ 的单调递增和单调递减函数。给定隶

属水平 δ，模糊数 $\boldsymbol{b}_{\mathrm{F}e}$ 的 δ-水平截集（$\delta\in[0,1]$）可以表示为

$$\boldsymbol{b}_{\mathrm{F}e}^{\delta}=\{\boldsymbol{b}_{\mathrm{F}e}|\ell(\boldsymbol{b}_{\mathrm{F}e})\geqslant\delta,\boldsymbol{b}_{\mathrm{F}e}\in\mathbb{R}\} \tag{4.28}$$

如图 4.4 所示，模糊数任意隶属度水平下的截集可以用区间变量 $\boldsymbol{b}_{\mathrm{F}e}^{\delta}\in[\underline{\boldsymbol{b}}_{\mathrm{F}e}^{\delta},\overline{\boldsymbol{b}}_{\mathrm{F}e}^{\delta}]$ 表示，即

$$\begin{aligned}\underline{\boldsymbol{b}}_{\mathrm{F}e}^{\delta}&=\min\left\{\boldsymbol{b}_{\mathrm{F}e}|\ell(\boldsymbol{b}_{\mathrm{F}e})\geqslant\delta,\boldsymbol{b}_{\mathrm{F}e}\in\mathbb{R}\right\}=(g_{\boldsymbol{b}_{\mathrm{F}e}}^{1})^{-1}(\delta)\\ \overline{\boldsymbol{b}}_{\mathrm{F}e}^{\delta}&=\max\left\{\boldsymbol{b}_{\mathrm{F}e}|\ell(\boldsymbol{b}_{\mathrm{F}e})\geqslant\delta,\boldsymbol{b}_{\mathrm{F}e}\in\mathbb{R}\right\}=(g_{\boldsymbol{b}_{\mathrm{F}e}}^{2})^{-1}(\delta)\end{aligned} \tag{4.29}$$

式中，$(g_{\boldsymbol{b}_{\mathrm{F}e}}^{1})^{-1}(\times)$ 和 $(g_{\boldsymbol{b}_{\mathrm{F}e}}^{2})^{-1}(\times)$ 分别表示 $g_{\boldsymbol{b}_{\mathrm{F}e}}^{1}(\boldsymbol{b}_{\mathrm{F}e})$ 和 $g_{\boldsymbol{b}_{\mathrm{F}e}}^{2}(\boldsymbol{b}_{\mathrm{F}e})$ 的反函数。因此，模糊模型也可以通过分解理论转换为一系列隶属度水平下的区间模型。

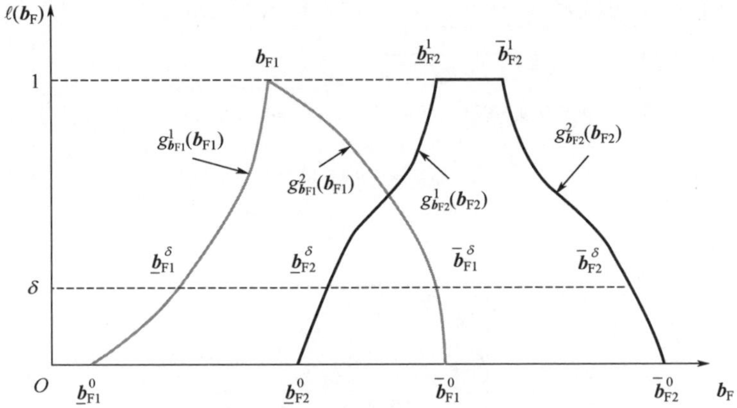

图 4.4　模糊不确定参数示意图

4.3.2　全域逼近的不确定性传播

如 4.2 节所描述的，根据测量响应及径向基插值函数空间，可以实现径向基插值系数的反向求解，并近似得到每个离散时刻上结构表面的载荷分布情况。当仅用凸集模型量化结构不确定参数时，识别的载荷可以用区间变量表示；当仅用模糊模型量化结构不确定参数时，识别的载荷需要用模糊数表示。但在某一截集水平下，识别的载荷可以用区间变量表示。将凸集-模糊多态不确定参数统一用区间模型表示，即

$$\boldsymbol{b}\in\boldsymbol{b}^{\mathrm{I}}=\{R,\theta_1,\theta_2,\cdots,\theta_{P-1},\boldsymbol{b}_{\mathrm{F1}}^{\delta},\boldsymbol{b}_{\mathrm{F2}}^{\delta},\cdots,\boldsymbol{b}_{\mathrm{F}Q}^{\delta}\}\ \Rightarrow\ \boldsymbol{b}=\{\boldsymbol{b}_1,\boldsymbol{b}_2,\cdots,\boldsymbol{b}_{P+Q}\} \tag{4.30}$$

在某一隶属度水平下，识别的载荷边界可以表示为

$$\begin{aligned}\underline{\boldsymbol{F}}^{l}(\boldsymbol{b},t)&=\min_{\boldsymbol{b}\in\boldsymbol{b}^{\mathrm{I}}}\{\boldsymbol{F}(\boldsymbol{b},t)\,|\,\boldsymbol{M}(\boldsymbol{b})\ddot{\boldsymbol{U}}(\boldsymbol{b},t)+\boldsymbol{C}(\boldsymbol{b})\dot{\boldsymbol{U}}(\boldsymbol{b},t)+\boldsymbol{K}(\boldsymbol{b})\boldsymbol{U}(\boldsymbol{b},t)=\boldsymbol{L}(\boldsymbol{\chi})\boldsymbol{F}(\boldsymbol{b},\boldsymbol{\chi},t)\}\\ \overline{\boldsymbol{F}}^{l}(\boldsymbol{b},t)&=\max_{\boldsymbol{b}\in\boldsymbol{b}^{\mathrm{I}}}\{\boldsymbol{F}(\boldsymbol{b},t)\,|\,\boldsymbol{M}(\boldsymbol{b})\ddot{\boldsymbol{U}}(\boldsymbol{b},t)+\boldsymbol{C}(\boldsymbol{b})\dot{\boldsymbol{U}}(\boldsymbol{b},t)+\boldsymbol{K}(\boldsymbol{b})\boldsymbol{U}(\boldsymbol{b},t)=\boldsymbol{L}(\boldsymbol{\chi})\boldsymbol{F}(\boldsymbol{b},\boldsymbol{\chi},t)\}\end{aligned} \tag{4.31}$$

第 2 章提出了基于 Chebyshev 多项式逐维逼近的不确定性传播分析方法以确定动力学参数的区间边界。该方法利用一维 Chebyshev 正交多项式逼近参数在每个不确定维度上的变化趋势，在一定程度上提高了计算效率。当各不确定性变量对目标参量的影响相互独立时，该方法可以保证非线性函数的分析精度；但当不确定性变量对目标参量的影响相互耦合时，每个维度的正交多项式展开不应该在其他维度参数的中心值处，而应该在对应的最值点处，否则会导致差值 $\Delta_j^{\min}$ 、$\Delta_j^{\max}$ 计算不准确。由于 4.3.1 节中的凸集不确定变量最终用经过坐标变换的球坐标表示，不同维度的区间变量之间必然存在相关性，区间逐维逼近方法也变得不再适用。本节将提出一种 Chebyshev 正交多项式全域逼近的区间不确定性传播分析方法。

在式(4.30)中，载荷 $\boldsymbol{F}^l(\boldsymbol{b},t)$ 在不同维度区间变量上的非线性程度可能是不同的，应该选取不同阶数的 Chebyshev 正交多项式逼近载荷在不同维度上的变化趋势。例如，对应于凸集不确定性角度变量的非线性程度明显高于对应于模糊截集变量的非线性程度，因此，前者应采用高阶多项式，后者应采用低阶多项式。凸集-模糊多态不确定域上的多维最佳逼近函数 $T_r(\boldsymbol{\zeta},t)$ 可以表示为

$$\boldsymbol{F}^l(\boldsymbol{b},t)\approx T_r(\boldsymbol{\zeta},t)=\sum_{k_1=0}^{p_1}\sum_{k_2=0}^{p_2}\cdots\sum_{k_{P+Q}=0}^{p_{P+Q}}\left(\frac{1}{2}\right)^{\mathbb{S}}a_{k_1k_2\cdots k_{P+Q}}(t)C_{k_1k_2\cdots k_{P+Q}}(\zeta_1,\zeta_2,\cdots,\zeta_{P+Q}) \tag{4.32}$$

式中，$\mathbb{S}$ 表示下标 $k_1k_2\cdots k_{P+Q}$ 中含有 0 的数量；ζ_j , $j=1,2,\cdots,P+Q$ 为按照式(2.7)标准化后的区间变量；$C_{k_1k_2\cdots k_{P+Q}}(\zeta_1,\zeta_2,\cdots,\zeta_{P+Q})$ 表示多维 Chebyshev 多项式，具体可以写为

$$C_{k_1k_2\cdots k_{P+Q}}(\zeta_1,\zeta_2,\cdots,\zeta_{P+Q})=\prod_{j=1}^{P+Q}C_{i_j}(\zeta_j),\quad i_j=0,1,2,\cdots,p_j \tag{4.33}$$

$a_{k_1k_2\cdots k_{P+Q}}(t)$ 表示待求解的多项式系数，可以通过下式求解[160]：

$$a_{k_1k_2\cdots k_{P+Q}}(t)\approx\left(\frac{2}{h_\iota}\right)\sum_{s_1=1}^{h_1}\sum_{s_2=1}^{h_2}\cdots\sum_{s_{P+Q}=1}^{h_{P+Q}}\left[\boldsymbol{F}^l([b_{1,s_1}^*,b_{2,s_2}^*,\cdots,b_{P+Q,s_{P+Q}}^*],t)\prod_{j=1}^{P+Q}C_{i_j}(\zeta_{j,s_j}^*)\right] \tag{4.34}$$

式中，ζ_{j,s_j}^* , $s_j=1,2,\cdots,h_j$ 表示 h_j 个高斯积分节点；不确定变量的取值可以通过 $b_{j,s_j}^*=b^{\mathrm{c}}+b^{\mathrm{r}}\zeta_{j,s_j}^*$ 计算得到；$\boldsymbol{F}^l([b_{1,s_1}^*,b_{2,s_2}^*,\cdots,b_{P+Q,s_{P+Q}}^*],t)$ 通过 4.2 节中的分布动态载荷识别方法得到。为了最小化积分误差，应保证 $h_j\geqslant p_j+1$，图 4.5 展示了二维和三维情况下的全域高斯点采样情况。

得到 Chebyshev 正交多项式系数后，即可表示出结构表面任意节点载荷在整个凸集-模糊不确定域上的变化趋势。每个模糊截集对应的载荷区间边界可以通过下式得到

$$\underline{\boldsymbol{F}}^l(\boldsymbol{b},t)=\min\{T_r(\boldsymbol{\zeta},t)\},\quad \overline{\boldsymbol{F}}^l(\boldsymbol{b},t)=\max\{T_r(\boldsymbol{\zeta},t)\} \tag{4.35}$$

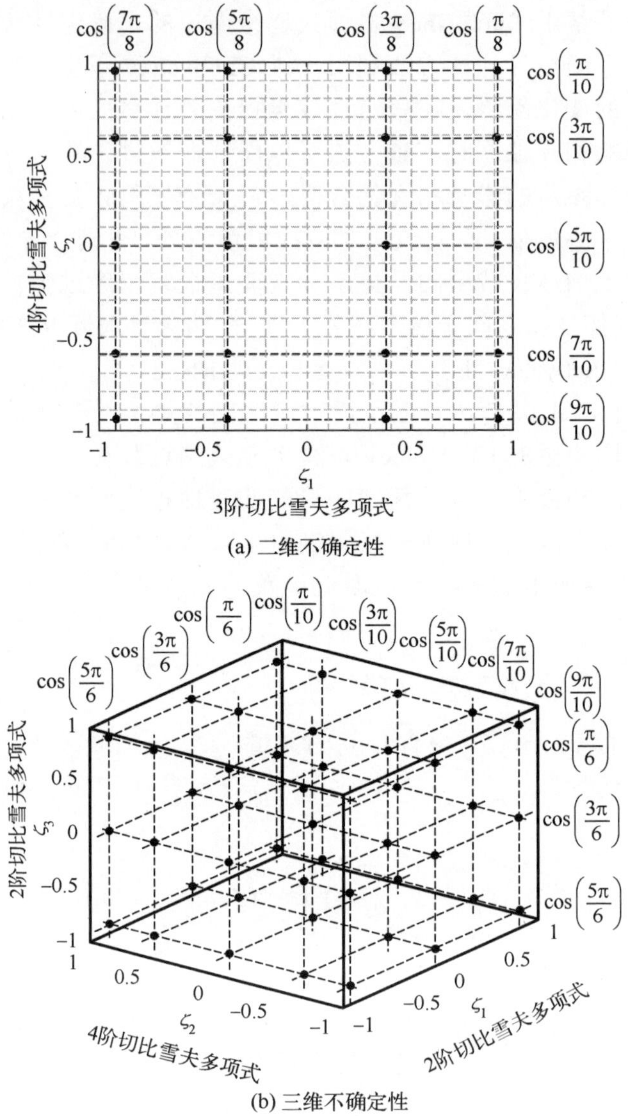

(a) 二维不确定性

(b) 三维不确定性

图 4.5　二维、三维不确定参数的全域高斯点抽样示意图

4.4　数 值 算 例

本章提出的多态不确定性结构的分布动态载荷识别包括动力学逆向建模、载荷空间逼近及多态不确定性分析三个过程，其简要流程如图 4.6 所示。本节将利用三个数值算例对所提出方法进行校验。其中，一维悬臂梁结构主要用于说明多

态不确定性建模与分析方法的有效性；二维舵面结构主要用于说明利用径向基插值函数进行分布载荷空间降维的优越性；三维机翼结构主要用于说明系统聚类超参数对识别结果的影响。

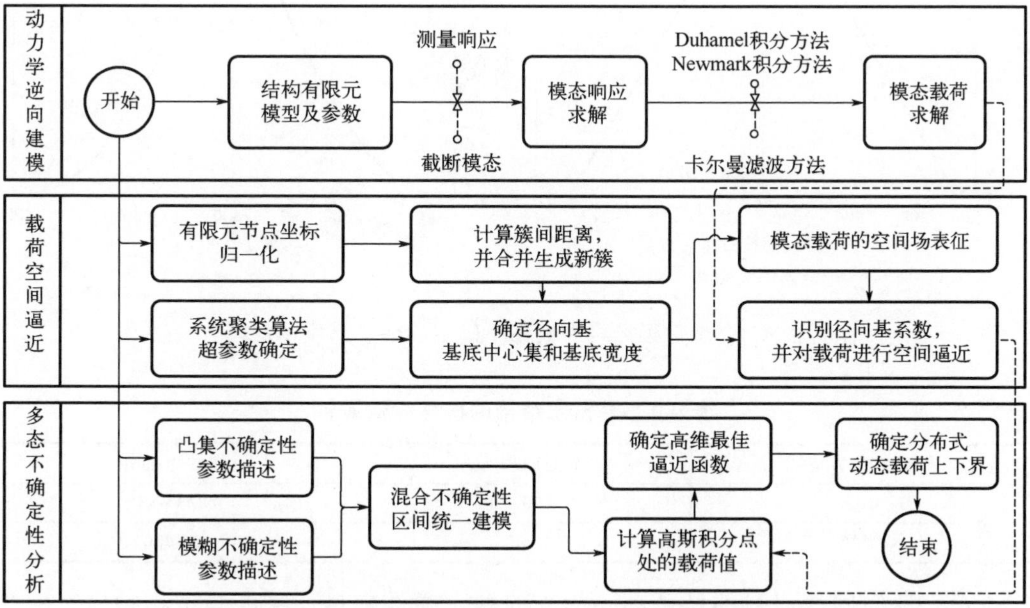

图 4.6　面向多态不确定性结构的分布动态载荷识别流程图

4.4.1　悬臂梁结构的分布动态载荷识别

如图 4.7 所示，该算例以长度为 1000mm 的一维悬臂梁结构为研究对象，探究凸集-模糊多态不确定性的建模与分析方法的有效性。结构的弹性模量和密度视为模糊参数，隶属度函数如图 4.8 所示。截面面积和转动惯量视为凸集参数，相关系数为 0.5，中值和半径取值如表 4.1 所示。假设悬臂梁结构受到横向分布动态载荷的作用，加载时间为 2s，时间步长为 0.001s，利用节点 4、7、10 处的加速度响应进行分布动态载荷识别。

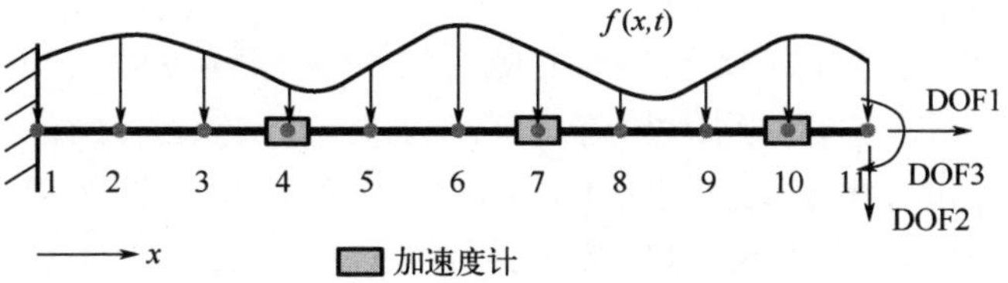

图 4.7　一维悬臂梁结构示意图

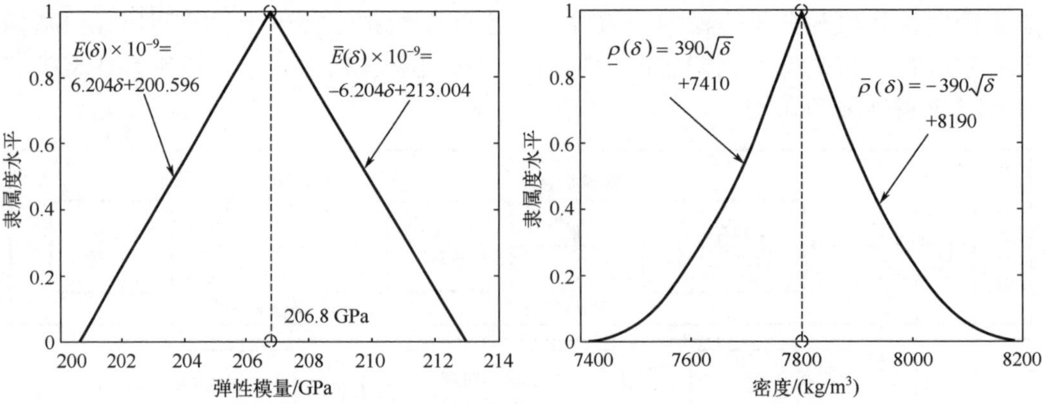

(a) 弹性模量　(b) 密度

图 4.8　悬臂梁结构的模糊不确定参数隶属度示意图

表 4.1　悬臂梁结构的椭球参数属性

不确定参数特征	截面面积/mm^2	惯性矩/mm^4
中值	100.000	833.333
半径	5.000	25.000

对于各向同性材料的结构动力学正问题，弹性模量、密度与结构响应之间几乎呈线性关系，该算例选取 2 阶 Chebyshev 多项式即可反映不确定载荷在模糊参数隶属度截集上的变化趋势。对于凸集参数，根据凸优化理论，不确定载荷将会在椭圆边界上取最值。为了确定式(4.32)中对应于椭圆角度变量的多项式阶数，分别采用 2 阶、3 阶、4 阶和 5 阶多项式来计算载荷区间。作为对比，本算例还引入了蒙特卡洛模拟方法进行载荷区间识别。在模糊参数的 0 隶属度水平下，最大载荷时刻(0.126s)对应的整个空间域、最大载荷节点(第 4 个)对应的整个时间域的载荷识别结果如图 4.9 所示。图 4.9(c)描述了第 4 个节点在 0.126s 的载荷区间以及载荷识别算法的调用次数。图中，“MC”表示蒙特卡洛模拟结果，“CI a-b-c-d”表示用于弹性模量、密度、凸模型半径变量、凸模型角度变量多项式拟合的阶数分别是 a、b、c、d 阶。从图中可以看出，随着凸模型角度变量多项式阶数的增加，通过 Chebyshev 正交多项式展开得到的载荷区间越来越接近蒙特卡洛模拟结果。其中，“CI 2-2-2-5”方案得到的载荷边界与蒙特卡洛方法得到的载荷边界的相对误差仅为 0.049%和 0.075%。若采用文献[160]中的不确定性传播分析方法，即各个维度的不确定参数均采用相同阶数的正交多项式，即“CI 5-5-5-5”方案，得到的载荷区间与“CI 2-2-2-5”方案相同，但载荷识别次数大大增加。因此，利用 4.3.2 节提出的不确定性传播分析方法，可以实现精度和效率的共赢。

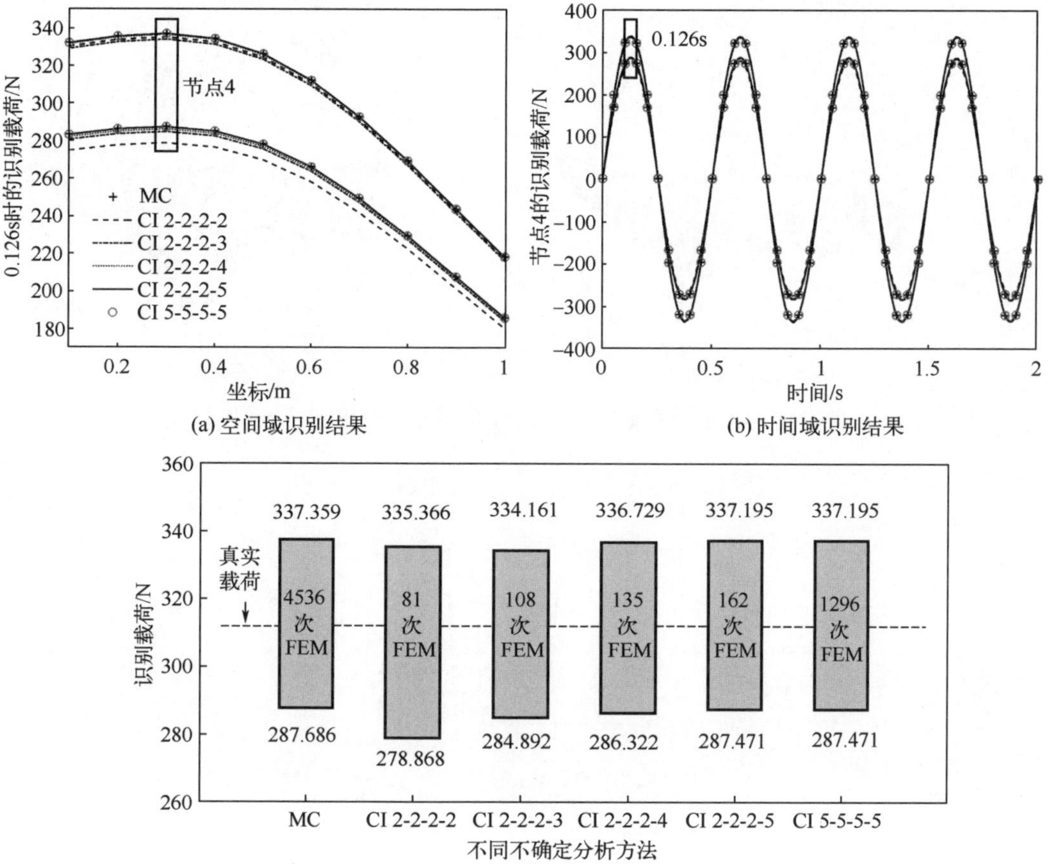

(a) 空间域识别结果　　(b) 时间域识别结果

(c) 0.126s时节点4的识别结果

图 4.9　悬臂梁结构在模糊参数 0 隶属度水平下的分布动态载荷识别结果

在椭球参数的中心值及模糊参数的 1 隶属度水平下进行确定性分布动态载荷识别，在椭圆不确定域及模糊参数的 0 隶属度水平下进行不确定性分布动态载荷识别，结果如图 4.10 所示。采用峰值相对误差(peak relative error，PRE)、归一化均方差(normalized mean squared error，NMSE)和峰值相对波动程度(RDPI)三个指标对识别结果进行评估，所有有限元节点的结果如表 4.2 所示。此外，在模糊参数的不同隶属度截集下，0.126s 对应空间域和节点 4 对应时间域上的识别载荷隶属度曲线如图 4.11 所示。可以看出，不考虑参数不确定性时，最大 PRE 为 1.053%，最大 NMSE 为 1.258×10^{-3}，利用径向基插值函数进行分布载荷空间表征可以实现载荷的高精度识别。0 隶属度水平下，各节点识别载荷区间的相对波动程度在 16%左右，无论在时间变化上还是空间分布上，识别载荷边界都可以将真实载荷包络。

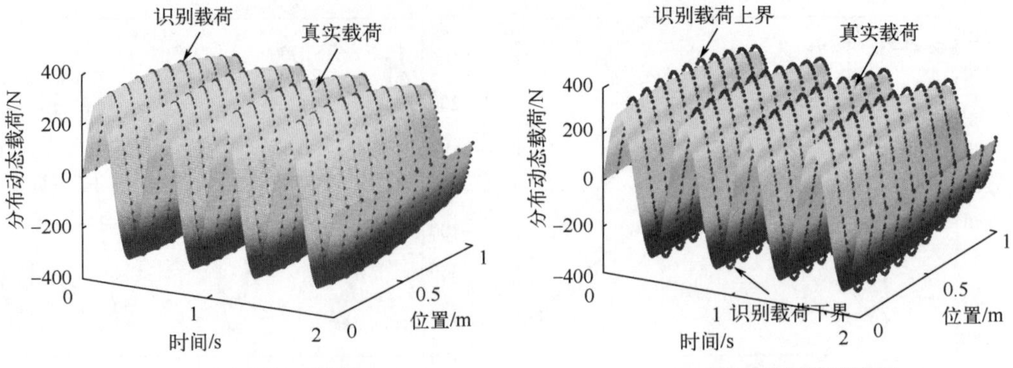

(a) 确定性识别结果　(b) 不确定性识别结果

图 4.10　悬臂梁结构在不同参数取值下的分布动态载荷识别结果(每 10 个时间步)

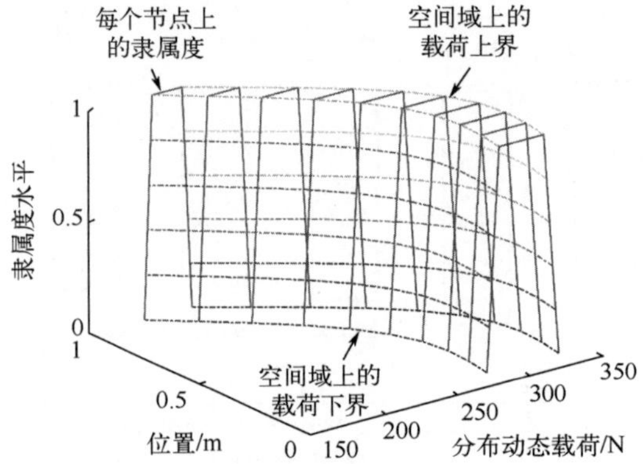

(a) 空间域识别结果

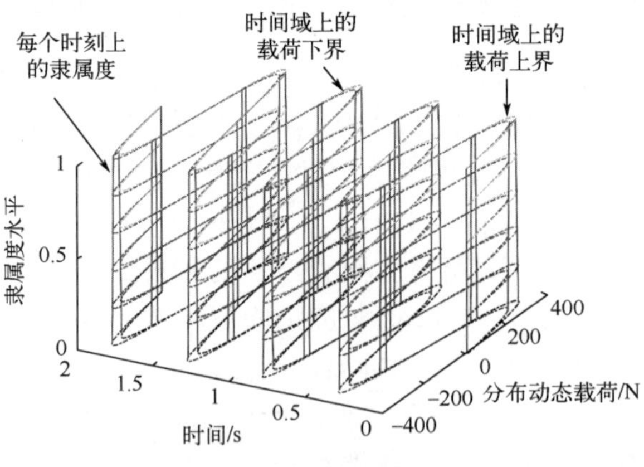

(b) 时间域识别结果

图 4.11　悬臂梁结构在不同隶属度水平下的分布动态载荷识别结果

表 4.2　悬臂梁结构的分布动态载荷识别误差结果

载荷识别结果	节点 2	节点 3	节点 4	节点 5	节点 6
PRE/%	0.170	0.400	0.019	0.516	0.692
NMSE/10^{-5}	1.534	2.610	0.041	2.927	5.817
RDPI/%	15.888	15.861	15.937	16.025	16.061
载荷识别结果	节点 7	节点 8	节点 9	节点 10	节点 11
PRE/%	0.375	0.338	1.044	0.992	1.052
NMSE/10^{-5}	2.341	0.700	8.957	8.252	12.582
RDPI/%	16.016	15.907	15.815	15.838	16.177

4.4.2　舵面结构的分布动态载荷识别

本算例以 2.7.1 节的舵面结构为研究对象。为了便于有限元分析，通过不确定性模型等效方法对舵面结构进行适当简化。简化过程分为两步：①对舵面结构的蜂窝芯层进行力学性能等效，将蜂窝结构简化为实体结构；②对舵面整体结构进行板模型等效，将上一步简化的蜂窝等效模型近似为板结构。等效模型的材料属性如表 4.3 所示。假设舵面受到垂直于面板的分布动态载荷作用，加载时间为 1s，时间步长为 0.001s，利用 10 个加速度计识别结构的分布动态载荷。

表 4.3　等效舵面结构的材料属性

材料属性	E_{11}/GPa	E_{22}/GPa	E_{33}/GPa	v_{12}	v_{23}
取值	190.650	191.230	48.930	0.190	0.250
材料属性	v_{31}	G_{12}/GPa	G_{23}/GPa	G_{31}/GPa	ρ/(kg/m^3)
取值	0.069	46.940	17.790	14.600	2380.000

首先，在参数中心值处进行确定性载荷识别，验证径向基插值方法的空间泛化性。动态载荷的数学表达式如表 4.4 所示。现有分布动态载荷识别文献主要利用 Chebyshev、Legendre 等正交多项式进行空间降维[88]，本算例利用 Chebyshev 正交多项式和径向基插值函数进行分布载荷空间降维。最大载荷时刻对应的整个空间域、最大载荷节点对应的整个时间域的识别结果如表 4.5 所示，子图中，“COP”和“RBF”表示 Chebyshev 正交多项式和径向基插值函数。对于评估指标 PRE 和 NMSE，所有有限元节点的误差平均值和最大值如图 4.12 所示。可以看出，利用径向基插值函数进行空间逼近时，各工况下识别载荷的空间分布、时序历程均与真实情况匹配，平均 PRE 不超过 2.5%，平均 NMSE 不超过 0.001，这说明基于系统聚类-径向基基底的空间降维方法具有较好的泛化能力。而利用正交多项式进行逼近时，仅对空间上线性化程度较高的分布载荷(工况 1 和 3)识别误差较小。尤

其是完全线性分布的工况 3，平均 PRE 仅为 0.496%，平均 NMSE 为 0.342×10^{-5}，识别效果优于利用径向基插值函数。

表 4.4　舵面结构的分布动态载荷表达式

工况	分布动态载荷表达式
工况 1	$F=[-15(\tilde{x}+5)^3+60\tilde{x}^2+750\tilde{x}+150(\tilde{y}+5)^{1.5}+240\tilde{y}+3450]\sin(12\pi t)\,\mathrm{e}^{-t}$
工况 2	$F=[300\tilde{x}^2+400\tilde{y}^2-250\tilde{x}+480\tilde{y}+975][\sin(8\pi t)+\sin(12\pi t)]$
工况 3	$F=[1000\tilde{x}-500\tilde{y}+2500]\sin[10\pi(1-t)^{1.5}-10\pi]$
工况 4	$F=[100\tilde{y}^2+100\lvert\tilde{x}\rvert+200\tilde{y}+150]\lvert 2\sin(16\pi t)-3\sin(12\pi t)\rvert$

表 4.5　舵面结构的确定性分布动态载荷识别结果(见彩图)

工况	空间域	时间域
工况 1	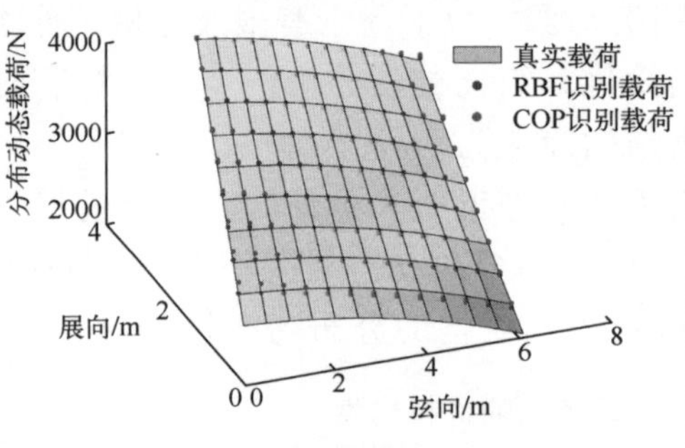	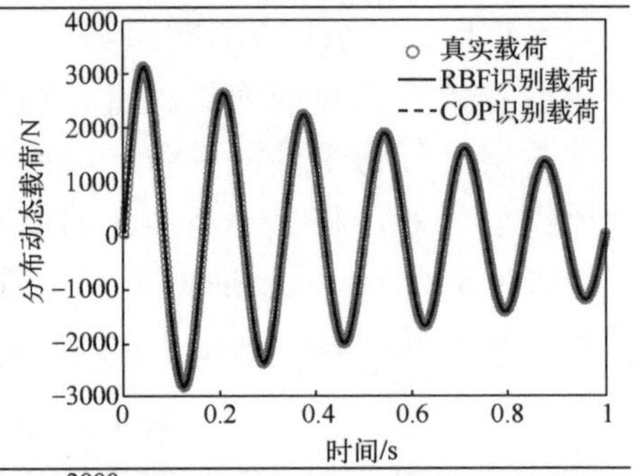
工况 2	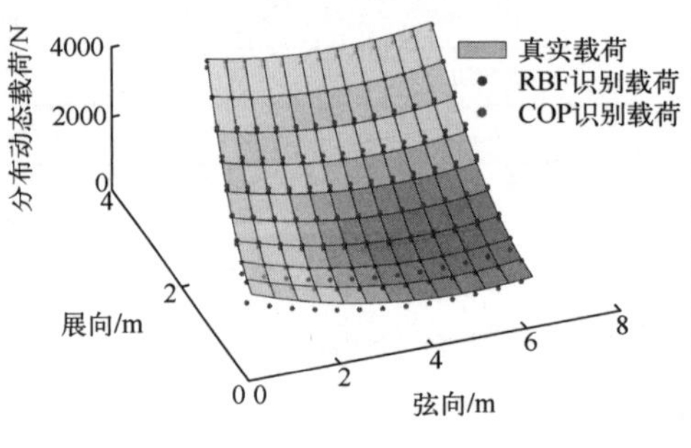	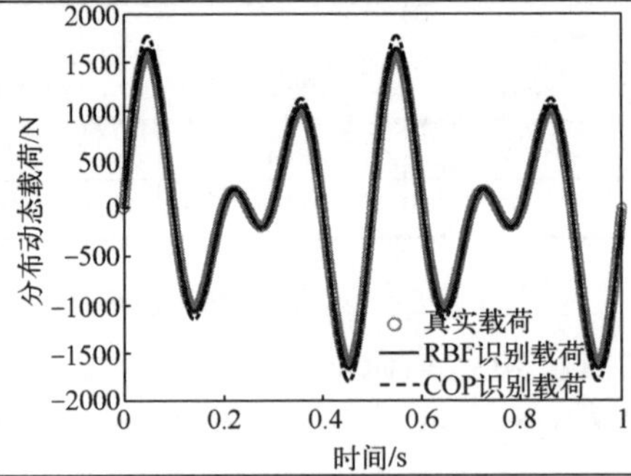
工况 3	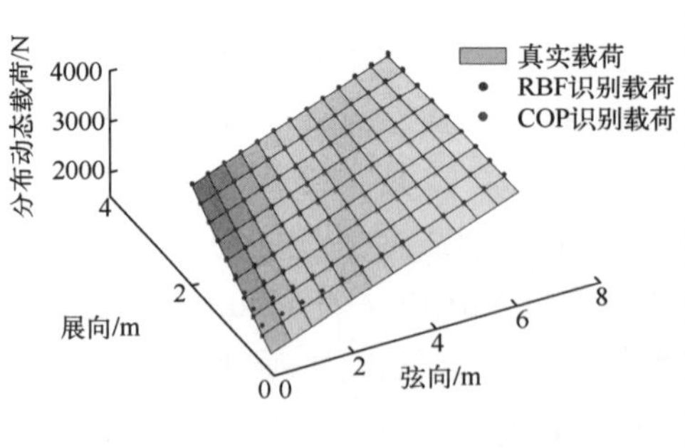	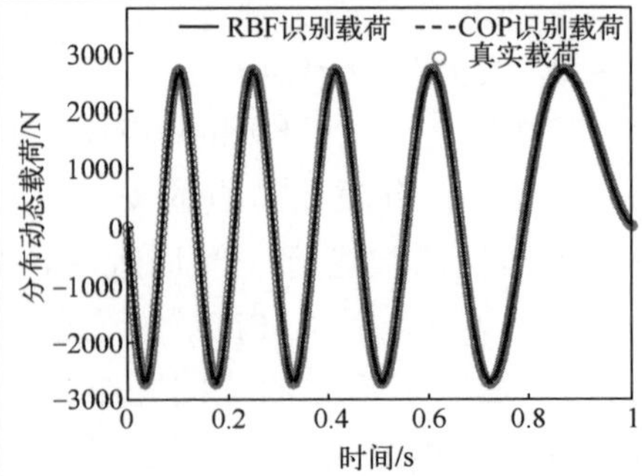

续表

工况	空间域	时间域
工况 4	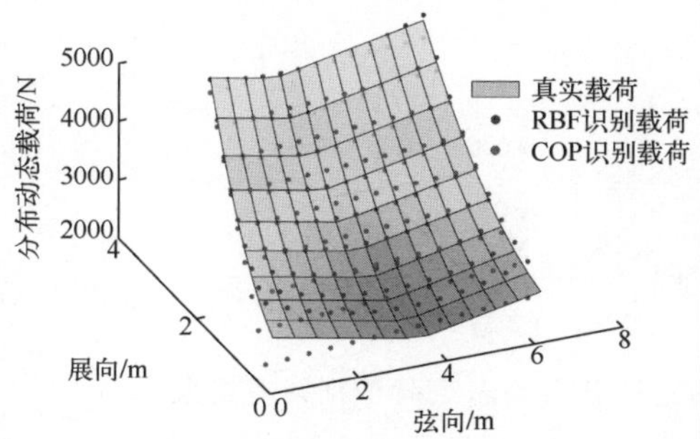	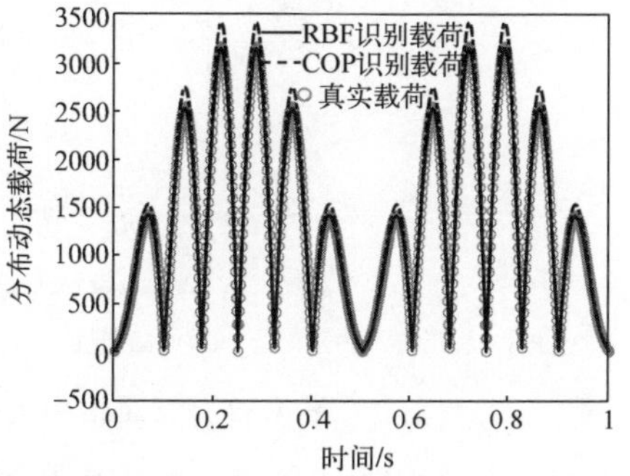

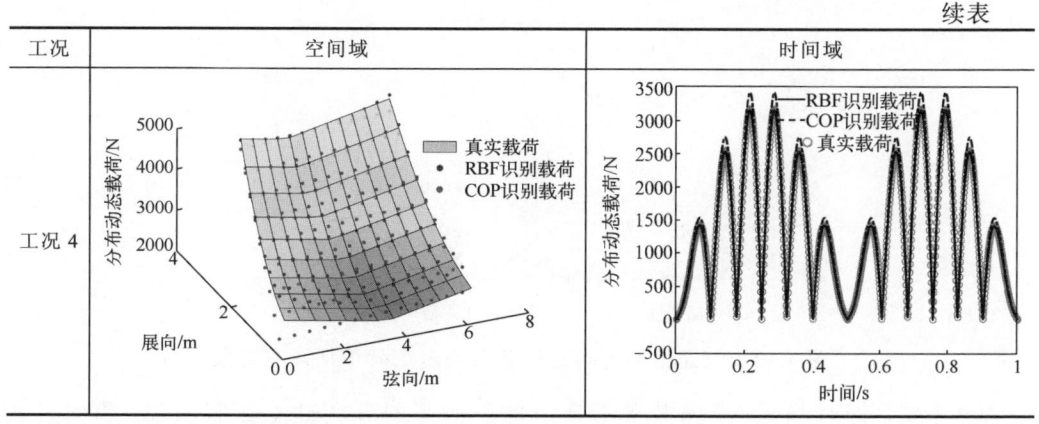

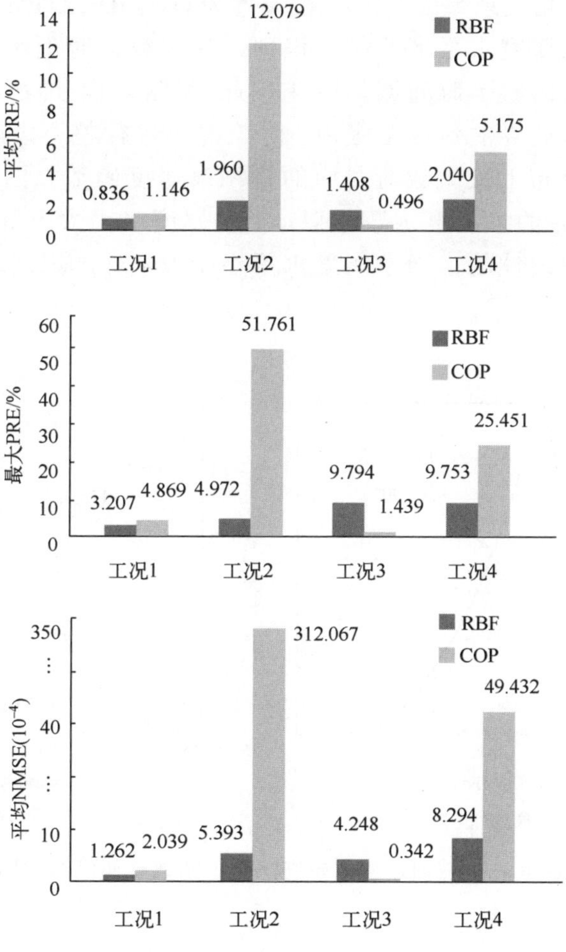

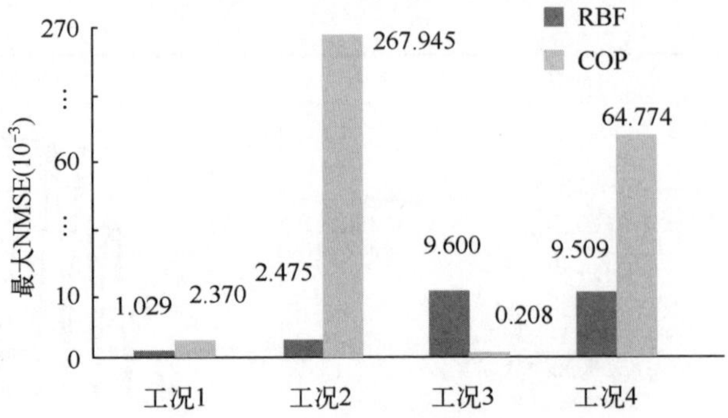

图 4.12　舵面结构的确定性分布动态载荷识别误差结果

接下来，针对凸集-模糊多态不确定性结构开展分布动态载荷识别。将弹性模量 E_{11} 和 E_{22} 视为模糊不确定参数，隶属度函数如图 4.13 所示；剪切模量 G_{23} 和 G_{31} 视为凸集参数，相关系数为 0.8，半径设置为 $G^{r}_{23}=0.712\ \text{GPa}$ 和 $G^{r}_{23}=0.584\ \text{GPa}$。对工况 1 进行 0 隶属度水平下的载荷识别，最大载荷时刻对应的整个空间域、最大载荷节点对应的整个时间域如图 4.14(a)和图 4.14(b)所示。可以看出，真实载荷在识别载荷边界的包络范围内。对工况 1 进行整个隶属度水平上的载荷识别，整个时空分布上最大载荷对应的模糊隶属度函数如图 4.14(c)所示。与弹性模量 E_{11} 和 E_{22} 的隶属度函数相似，当隶属度水平大于 0.4 时，识别载荷的隶属度函数几乎是线性的；当隶属度水平小于 0.4 时，识别载荷的隶属度函数是非线性的。

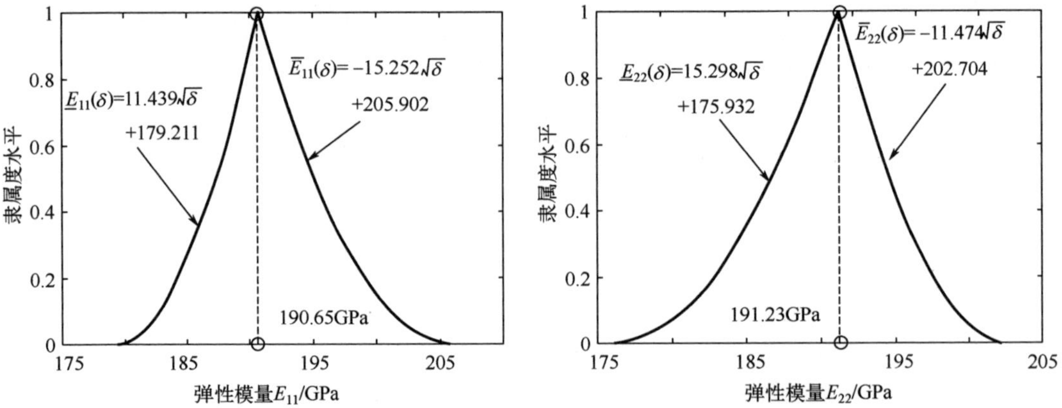

(a) 弹性模量E_{11}　　(b) 弹性模量E_{22}

图 4.13　舵面结构的模糊不确定参数隶属度示意图

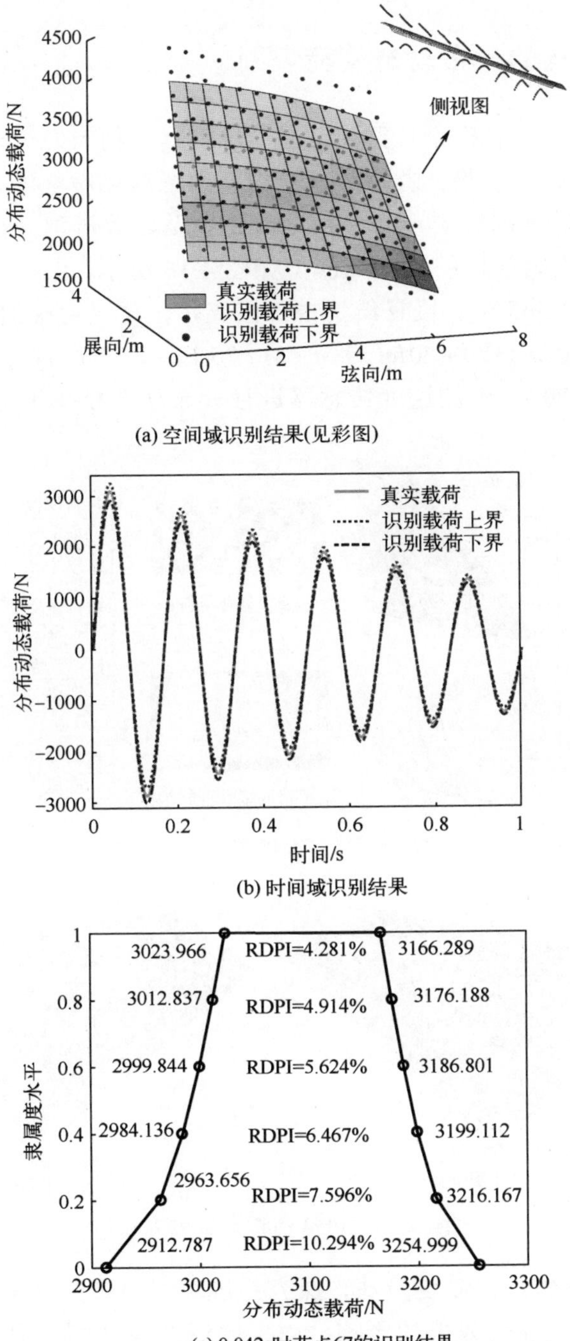

(a) 空间域识别结果(见彩图)

(b) 时间域识别结果

(c) 0.042s时节点67的识别结果

图 4.14　舵面结构在工况 1 下的不确定性分布动态载荷识别结果

4.4.3 机翼结构的分布动态载荷识别

如图 4.15 所示，本算例以更复杂的三维机翼结构为研究对象。机翼整体包覆厚度为 0.2mm 的纤维织物，内部填充聚甲基丙烯酰亚胺泡沫，根据文献[161]，将纤维复合材料经过细观、宏观两个尺度的建模及参数辨识，得到等效的各向异性蒙皮材料参数。机翼结构的有限元模型如图 4.16 所示，共有节点 224 个，壳单元 176 个，实体单元 565 个。机翼结构根部固支，在蒙皮上施加如下分布动态载荷：$F=[50\tilde{x}^2+60\tilde{y}^2+30\tilde{z}+1120+20\ln(\tilde{z}+5t+8)+20(10-\tilde{x}+\tilde{y}+2t)^2][\sin(16\pi t)-\sin(14\pi t)]$。选择图 4.16 所示的 14 个加速度传感器进行分布动态载荷识别。

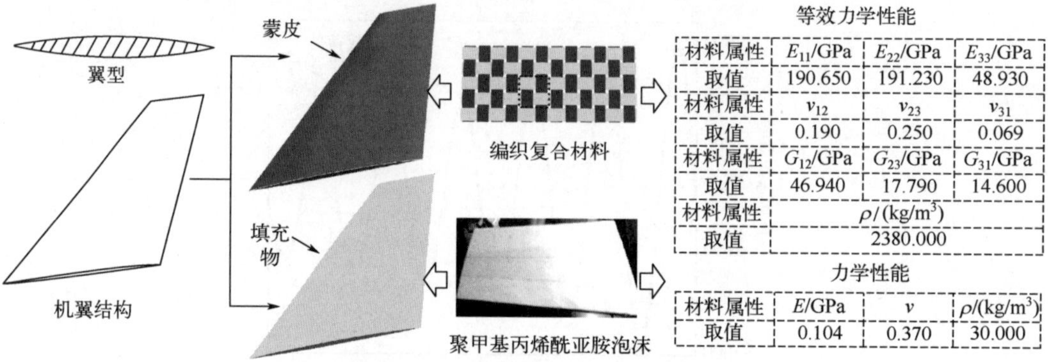

图 4.15　三维机翼结构示意图

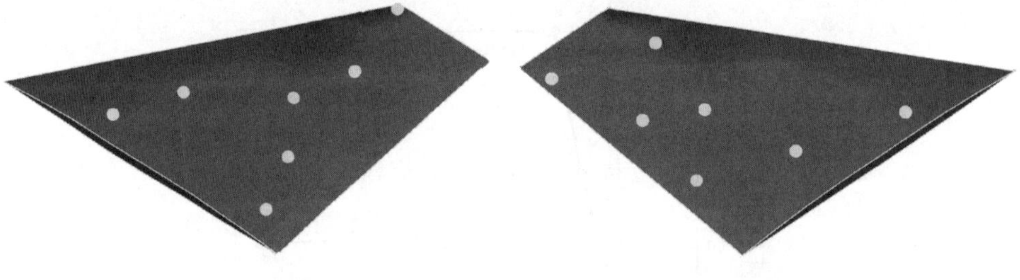
(a) 上翼面　　(b) 下翼面

图 4.16　机翼结构的有限元模型

首先，本算例基于控制变量法，探究系统聚类超参数(比例系数 τ 和重叠系数 λ)对分布载荷空间逼近效果的影响。由于比例系数直接影响径向基中心的数量，因此需要预先确定。比例系数分别取 0.1、0.2、0.3、0.4、0.5 和 0.6 时，径向基中心的数量分别为 121、48、22、11、7 和 3 个。假设重叠系数 $\lambda=3$(也可选取其他数值），机翼蒙皮有限元节点识别载荷的评估指标如表 4.6 所示。可以看出，平均 PRE 和 NMSE 在 $\tau=0.2$ 时取得最小值。然后，在 $\tau=0.2$ 的基础上，对系统聚类方法的重叠系数进行优选，该参数直接决定了径向基基底的宽度，识别载荷评估结果如表 4.7所示。可以看出，重叠系数对径向基插值函数的逼近能力影响较小，PRE 和 NMSE 在 $\lambda=3$ 时能取得最小值。需要指出的是，无论传感测点如何布置，只要给定结构的有限元模型及系统聚类的超参数，径向基插值函数的中心位置、中心数量及宽度是唯一的。

表 4.6　机翼结构在不同比例系数下的分布动态载荷识别误差结果

载荷识别结果	τ=0.1	τ=0.2	τ=0.3	τ=0.4	τ=0.5	τ=0.6
平均 PRE/%	2.676	1.290	1.596	1.708	1.606	3.167
平均 NMSE/(10^{-4})	17.771	3.897	4.634	5.157	4.641	17.572

表 4.7　机翼结构在不同重叠系数下的分布动态载荷识别误差结果

载荷识别结果	$\lambda=1$	$\lambda=2$	$\lambda=3$	$\lambda=4$	$\lambda=5$	$\lambda=6$	$\lambda=10$
平均 PRE/%	2.283	1.628	1.290	1.481	1.607	1.661	1.685
平均 NMSE/(10^{-4})	11.502	7.341	3.897	4.113	4.656	4.923	5.027

接下来，进行机翼结构的分布动态载荷识别。针对确定性结构，最大加载时刻对应的翼面空间域结果如图 4.17 所示。可以看出，大多数节点的 PRE 指标在 4%以内。受到边界效应的影响，机翼前缘根部位置处识别误差较大。最大误差为 7.980%，出现在节点 2 处。若想要进一步提高识别精度，可以通过增加传感器数量或者优化传感器布局等方式实现。当考虑凸集-模糊多态不确定性时，假设泡沫的弹性模量为模糊参数，0 隶属度水平下的区间为[0.099, 0.109] GPa；编织纤维主方向的弹性模量 E_{11} 和 E_{22} 为凸集参数，相关系数为 0.5，半径为 $E_{11}^{\mathrm{r}}=0.712\,\mathrm{GPa}$ 、 $E_{22}^{\mathrm{r}}=9.562\,\mathrm{GPa}$ 。进行最大截集水平下的不确定性载荷识别，最大加载时刻对应的翼面空间域结果如图 4.18 所示。可以看出，载荷上界、下界与真实载荷的空间分布趋势有所不同。所有节点识别载荷区间波动程度的平均值为 15.454%，且机翼上表面翼根部位波动程度较大。对于载荷最大的节点，在整个时间域上的识别载荷结果如图 4.19 所示，可以得出与 4.4.1 节和 4.4.2 节相同的结论。

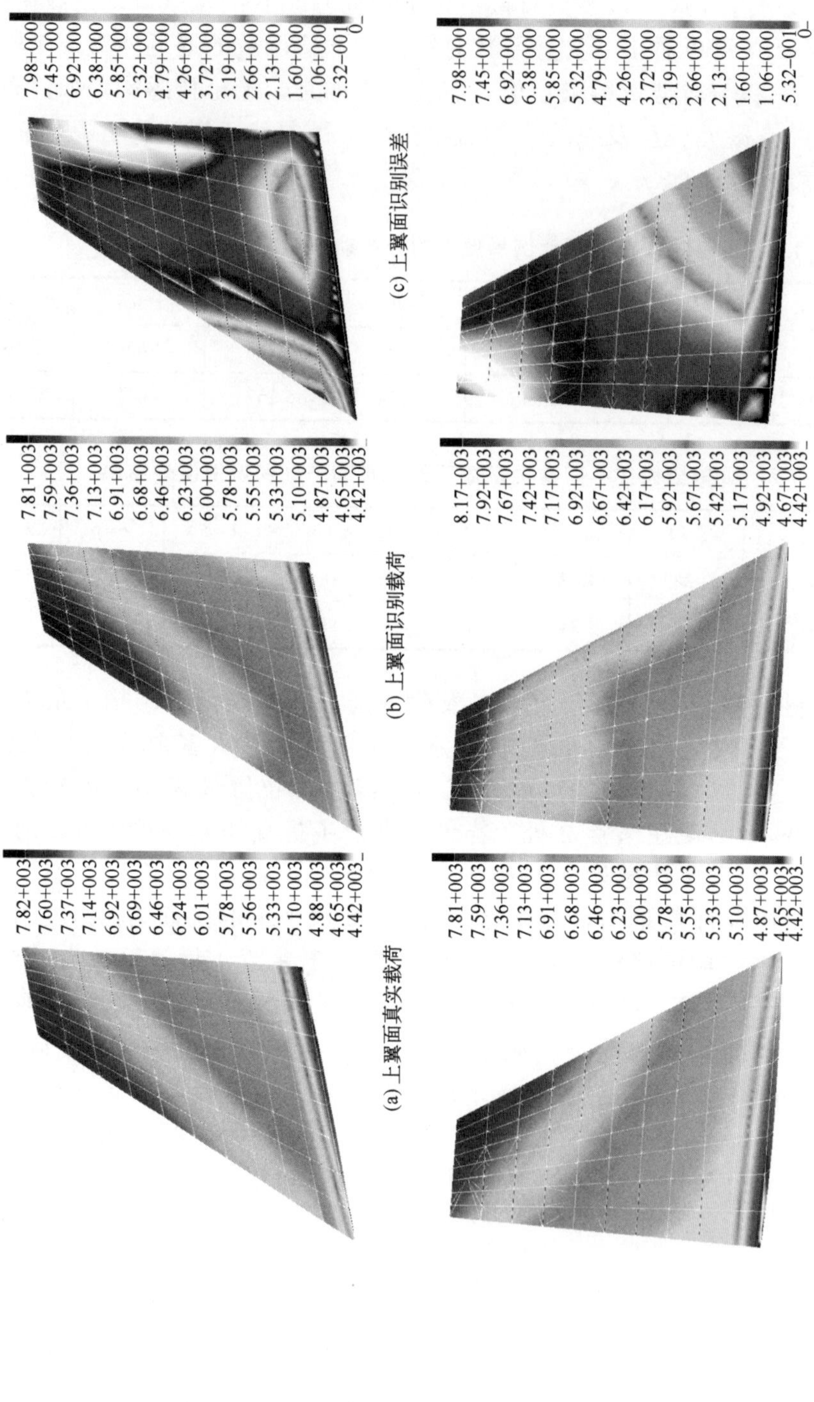

(a) 上翼面真实载荷　(b) 上翼面识别载荷　(c) 上翼面识别误差

(d) 下翼面真实载荷　(e) 下翼面识别载荷　(f) 下翼面识别误差

图 4.17　机翼结构在最大载荷时刻上的确定性分布动态载荷空间域识别结果(见彩图)

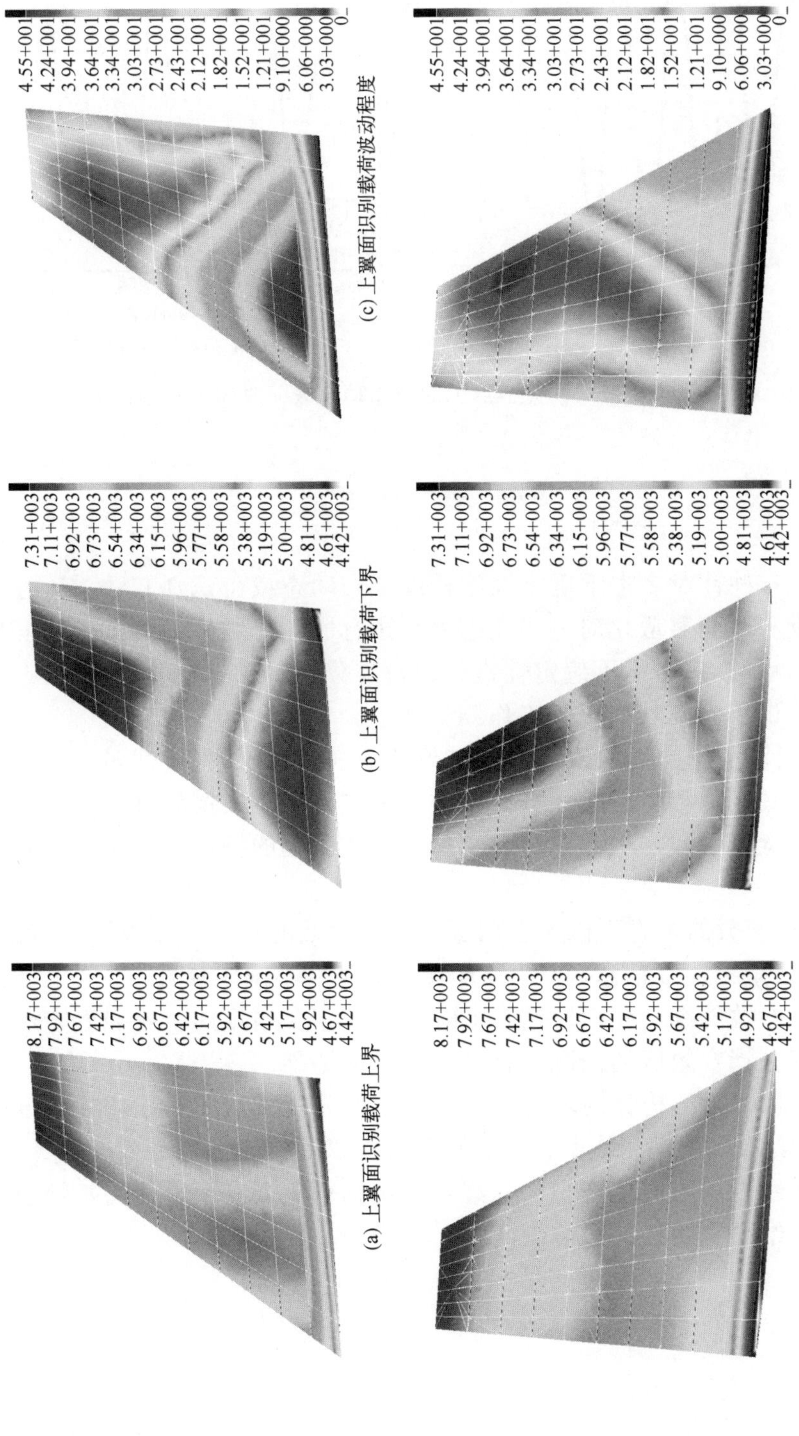

(a) 上翼面识别载荷上界　(b) 上翼面识别载荷下界　(c) 上翼面识别载荷波动程度

(d) 下翼面识别载荷上界　(e) 下翼面识别载荷下界　(f) 下翼面识别载荷波动程度

图 4.18　机翼结构在最大载荷时刻上的不确定性分布动态载荷空间域识别结果（见彩图）

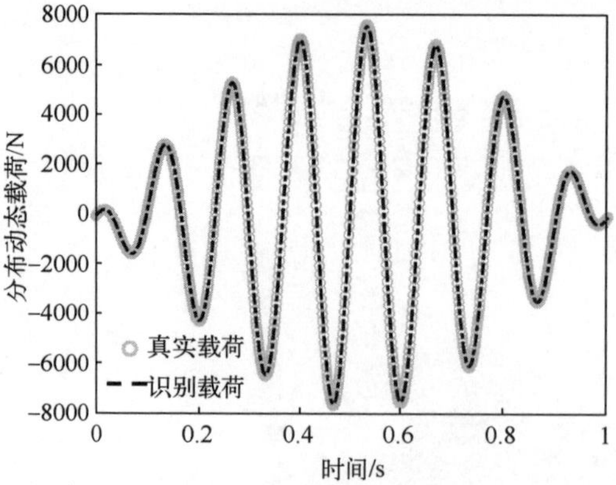

(a) 确定性识别结果

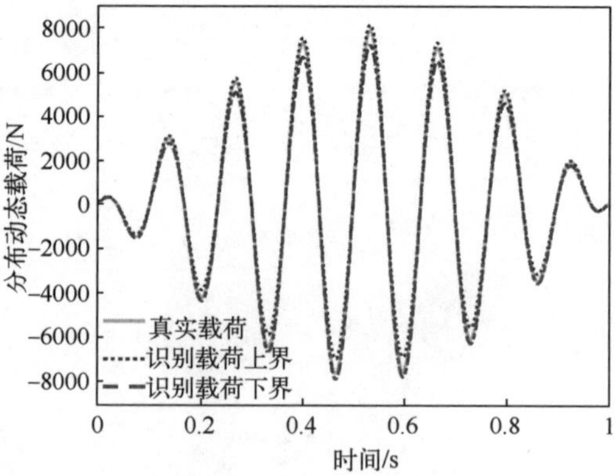

(b) 不确定性识别结果

图 4.19　机翼结构在最大载荷节点上的分布动态载荷时间域识别结果

4.5　本 章 小 结

本章提出了一种针对多态不确定性结构的分布动态载荷识别方法。该方法通过空间函数逼近和时间离散化对分布动态载荷进行时空降维，并通过坐标变换和隶属度截断对凸集-模糊多态不确定性进行建模与分析，最终实现了分布动态载荷模糊区间边界的识别。本章的研究工作归纳如下。

(1) 针对有限测点下的无限维分布动态载荷识别问题，采用线性多项式基底与非线性径向基基底进行载荷的空间分布降维。通过系统聚类策略确定径向基插值函数的中心集和宽度参数，进而通过反求每个离散时刻的插值系数实现分布动态载荷的识别。

(2) 针对结构参数的多态不确定性问题，考虑参数的相关性和数据的模糊性，采用凸集-模糊模型描述贫信息、少数据环境下的结构不确定参数，并通过多维区间模型实现多态参数的统一建模。结合 Chebyshev 正交多项式全域逼近方法，针对不确定参数存在耦合效应的情况，预估模糊区间边界。

最后，一维悬臂梁结构算例表明，该不确定性分析方法在保证传播精度的同时，显著减少了有限元的调用次数；二维舵面结构算例验证了基于系统聚类-径向基基底的空间降维方法的泛化能力；三维机翼结构算例则显示了径向基插值函数的超参数对识别结果有明显的影响。

第5章　考虑多源不确定性因素的动态载荷频域识别

在实际服役中，飞行器结构还会受到时域上杂乱无章的随机动态载荷作用。与时序历程识别相比，对其频域上的统计特性进行识别往往更为重要。针对平稳随机动态载荷，发展了载荷/结构/测量等多源不确定性因素共存下的动态载荷频域区间识别方法。在辨识机理方面，基于逆虚拟激励方法，建立了动态载荷频域特征识别模型；通过剖析载荷识别过程的误差产生原因，提出了两步加权正则化方法，以抑制反问题的病态性。对于多源不确定性的融合处理问题，基于响应叠加-分解原理，提出了一种针对载荷识别反问题的区间不确定性分析方法，有效避免了识别载荷的区间扩张现象。

5.1　引　　言

前面章节通过动力学系统的逆向推演，实现了集中和分布动态载荷的时序历程识别。这些载荷在时域上往往呈现出周期性或冲击性的规律性变化趋势。然而，工程结构还常常面临随机振动问题[2]。此时的载荷和响应在时域内显得杂乱无章，如图 5.1 所示。相比时域识别，识别其在频域上的统计特征往往更具实际意义。目前，大多数随机动态载荷的识别方法基于虚拟激励法，借助频响函数矩阵的求逆来获取随机载荷的频域统计信息[93]。然而，在固有频率附近，频域内矩阵求逆常常遇到病态问题，即结构响应的微小扰动会导致载荷识别出现较大偏差。为解决这一问题，现已发展出多种正则化方法，如奇异值分解、总体最小二乘法和 Tikhonov 正则化方法[162]。这些方法通过不同的辅助手段，用近似解替代原始问

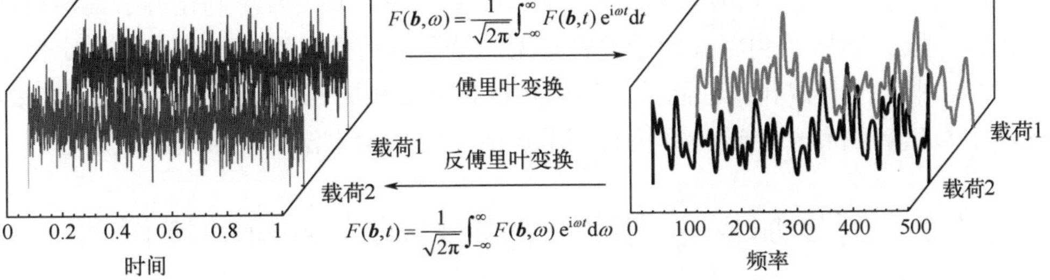

图 5.1　随机载荷的时-频域转换示意图

题的精确解，虽然牺牲了一定的精度，但保证了求解的稳定性[34]。需要指出的是，这些正则化方法通常对特征矩阵进行统一处理，并不能在所有情况下完全克服病态矩阵问题，存在一定的依赖性和局限性。

现有的大部分正则化方法主要关注响应噪声对随机载荷识别的影响，只有少数文献考虑了模型误差的影响。这些研究将模型误差视为结构的不确定性，从模型随机性的角度进行随机载荷识别，其结果通过某种不确定性量化形式来表征[95]。然而，这些方法通常仅适用于单一加载工况，即载荷识别所依据的响应信号是由确定性激励产生的。当进行多次试验统计时，随机载荷的频域特征不一定是一个确定值，而是表现出一定的波动性。在这种情况下，结构响应的不确定性是由外部载荷分散性、结构自身波动性以及测量噪声等多源不确定性综合作用的结果[138, 140]，如图 5.2 所示。直接使用前面章节中提出的不确定性结构识别方法来反求外部载荷，可能会因不确定性交叉耦合导致误差累积和放大，进而使识别出的载荷区间偏于保守。因此，有必要对载荷、结构和响应三者之间的不确定性耦合关系进行分解，并引入高效且高精度的不确定性分析方法，以便在多源不确定性的影响下，准确识别出真实的载荷包络。

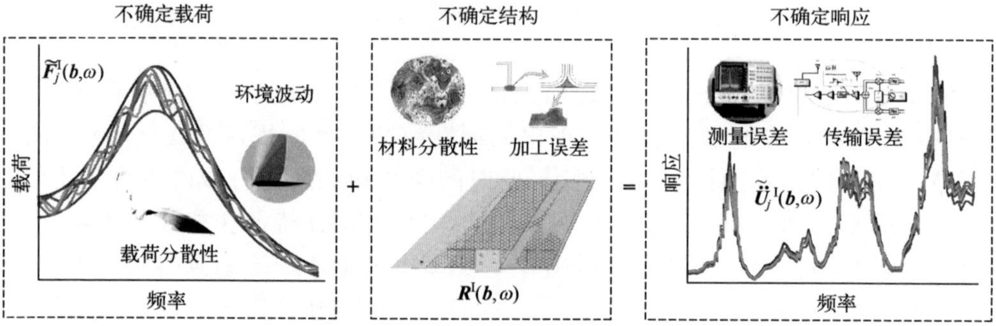

图 5.2　载荷识别过程中的多源不确定性因素示意图

基于上述讨论，本章将提出一种综合考虑多源不确定性因素的随机动态载荷频域识别方法。首先，建立一个同时考虑载荷、结构和测量等多源不确定性的随机振动模型。在此模型基础上，分析载荷识别误差的产生原因，并结合正则化方法提出相应的误差控制手段。然后，利用叠加原理将模型波动和载荷波动引起的响应不确定性进行分离，结合非线性函数和线性函数的不确定性传播分析方法识别载荷特征边界。最后，通过两个数值算例和一个试验算例验证本章所提出理论方法的有效性和适用性。

5.2　两步加权正则化下的随机动态载荷频域识别

随机载荷与规律性载荷最大的区别在于时序历程的不确定性和载荷之间的关

联性。在有些情况下，仅利用有限测量响应识别随机动态载荷的短时段历程是不具代表性的，需要对大量载荷数据进行分析并描述其统计特征。工程实际中的大部分随机信号都是平稳随机信号，它们的统计特性不随时间变化，通常用频域内的功率谱密度指标描述[2, 92]。本节以加速度测量响应为输入，进行平稳随机动态载荷的功率谱密度识别。

5.2.1 载荷功率谱密度识别模型构建

对加速度响应信号 $\ddot{\boldsymbol{U}}(\boldsymbol{b},t)$ 和载荷信号 $\boldsymbol{F}(\boldsymbol{b},t)$ 进行傅里叶变换，可得

$$\ddot{\boldsymbol{U}}(\omega)=\left[\ddot{U}_1(\omega),\ddot{U}_2(\omega),\cdots,\ddot{U}_N(\omega)\right],\quad \boldsymbol{F}(\omega)=[F_1(\omega),F_2(\omega),\cdots,F_l(\omega)] \tag{5.1}$$

式中，ω 表示角频率。功率谱密度可以通过下式计算：

$$\begin{aligned}\boldsymbol{S}_{\ddot{U}\ddot{U}}(\boldsymbol{b},\omega)&=\lim_{T\to\infty}\frac{1}{T}\mathrm{E}\{[\ddot{\boldsymbol{U}}(\boldsymbol{b},\omega)]^*[\ddot{\boldsymbol{U}}(\boldsymbol{b},\omega)]^{\mathrm{T}}\}\\ \boldsymbol{S}_{FF}(\boldsymbol{b},\omega)&=\lim_{T\to\infty}\frac{1}{T}\mathrm{E}\{[\boldsymbol{F}(\boldsymbol{b},\omega)]^*[\boldsymbol{F}(\boldsymbol{b},\omega)]^{\mathrm{T}}\}\end{aligned} \tag{5.2}$$

式中，$\boldsymbol{S}_{\ddot{U}\ddot{U}}(\boldsymbol{b},\omega)$ 和 $\boldsymbol{S}_{FF}(\boldsymbol{b},\omega)$ 分别表示加速度响应和外部载荷的功率谱密度矩阵。根据结构振动理论，结构响应与载荷之间的关系可以表示为

$$\ddot{\boldsymbol{U}}(\boldsymbol{b},\omega)=\boldsymbol{H}(\boldsymbol{b},\omega)\boldsymbol{F}(\boldsymbol{b},\omega) \tag{5.3}$$

式中，$\boldsymbol{H}(\boldsymbol{b},\omega)$ 为加速度频响函数矩阵，具体为 $\boldsymbol{H}(\boldsymbol{b},\omega)=\dfrac{\omega^2}{-\omega^2\boldsymbol{M}(\omega)+\mathrm{i}\omega\boldsymbol{C}(\omega)+\boldsymbol{K}(\omega)}$。进而，式(5.2)可以转换为

$$\boldsymbol{S}_{\ddot{U}\ddot{U}}(\boldsymbol{b},\omega)=[\boldsymbol{H}(\boldsymbol{b},\omega)]^*\boldsymbol{S}_{FF}(\boldsymbol{b},\omega)[\boldsymbol{H}(\boldsymbol{b},\omega)]^{\mathrm{T}} \tag{5.4}$$

式中，上标“*”表示复共轭算子。载荷功率谱密度矩阵通过式(5.4)的求逆得到，即

$$\boldsymbol{S}_{FF}(\boldsymbol{b},\omega)=[\boldsymbol{H}(\boldsymbol{b},\omega)]^{+*}\boldsymbol{S}_{\ddot{U}\ddot{U}}(\boldsymbol{b},\omega)[\boldsymbol{H}(\boldsymbol{b},\omega)]^{+\mathrm{T}} \tag{5.5}$$

式中，上标“+”表示广义逆操作。当引入大量不确定性因素时，直接求逆面临着方程组系数的病态性问题，从而导致测量响应和结构本体中的噪声传递并放大到载荷识别结果中，使得识别结果不可信。

近些年，林家浩等提出了计算随机响应的虚拟激励法和用于载荷识别的逆虚拟激励法[93]，其原理简单，算法明确高效，被广泛应用在随机振动问题中。对于正问题来讲，加速度响应功率谱密度矩阵可以通过谱分解的形式表达，即

$$\boldsymbol{S}_{\ddot{U}\ddot{U}}(\boldsymbol{b},\omega)=\sum_{j=1}^{r}\gamma_j(\boldsymbol{b},\omega)\boldsymbol{\xi}_j(\boldsymbol{b},\omega)[\boldsymbol{\xi}_j(\boldsymbol{b},\omega)]^{\mathrm{H}} \tag{5.6}$$

式中，$\gamma_j(\boldsymbol{b},\omega)$ 和 $\boldsymbol{\xi}_j(\boldsymbol{b},\omega)$ 为矩阵 $\boldsymbol{S}_{\ddot{U}\ddot{U}}(\boldsymbol{b},\omega)$ 的特征值和特征向量；r 为矩阵的秩，反映了响应之间的相关性；上标“H”表示复共轭转置。利用上式的特征值和特征向量构造虚拟简谐加速度响应，即

$$\tilde{\ddot{\boldsymbol{U}}}'_j(\boldsymbol{b},\omega)=\tilde{\ddot{\boldsymbol{U}}}_j(\boldsymbol{b},\omega)\mathrm{e}^{\mathrm{i}\omega t}=\sqrt{\gamma_j(\boldsymbol{b},\omega)}\boldsymbol{\xi}_j(\boldsymbol{b},\omega)\mathrm{e}^{\mathrm{i}\omega t},\quad j=1,2,\cdots,r \tag{5.7}$$

假设上述的虚拟加速度响应由以下虚拟简谐载荷引起，即

$$\tilde{\boldsymbol{F}}'_j(\boldsymbol{b},\omega)=\tilde{\boldsymbol{F}}_j(\boldsymbol{b},\omega)\mathrm{e}^{\mathrm{i}\omega t},\quad j=1,2,\cdots,r \tag{5.8}$$

那么载荷的功率谱密度矩阵可以表示为

$$\boldsymbol{S}_{\boldsymbol{FF}}(\boldsymbol{b},\omega)=\sum_{j=1}^{r}\tilde{\boldsymbol{F}}_j(\boldsymbol{b},\omega)[\tilde{\boldsymbol{F}}_j(\boldsymbol{b},\omega)]^{\mathrm{H}} \tag{5.9}$$

对于大自由度系统，虚拟载荷与响应间的简谐运动方程也可以在模态空间内推导，即

$$\tilde{\ddot{\boldsymbol{U}}}_j(\boldsymbol{b},\omega)=\boldsymbol{\Phi}(\boldsymbol{b},\boldsymbol{S})\hat{\boldsymbol{H}}(\boldsymbol{b},\omega)[\boldsymbol{\Phi}(\boldsymbol{b})]^{\mathrm{T}}\boldsymbol{L}\tilde{\boldsymbol{F}}_j(\boldsymbol{b},\omega)=\boldsymbol{R}(\boldsymbol{b},\omega)\tilde{\boldsymbol{F}}_j(\boldsymbol{b},\omega) \tag{5.10}$$

式中，$\boldsymbol{R}(\boldsymbol{b},\omega)=\boldsymbol{\Phi}(\boldsymbol{b},\boldsymbol{S})\hat{\boldsymbol{H}}(\boldsymbol{b},\omega)[\boldsymbol{\Phi}(\boldsymbol{b})]^{\mathrm{T}}\boldsymbol{L}$ 表示传感器方案 $\boldsymbol{S}$ 下角频率 ω 处的传递矩阵；$\hat{\boldsymbol{H}}(\boldsymbol{b},\omega)=\dfrac{\omega^2}{-\omega^2\hat{\boldsymbol{M}}(\boldsymbol{b},\omega)+\mathrm{i}\omega\hat{\boldsymbol{C}}(\boldsymbol{b},\omega)+\hat{\boldsymbol{K}}(\boldsymbol{b},\omega)}$ 表示模态空间下加速度频响函数矩阵。

5.2.2 基于误差分析的反问题病态性抑制方法

对于逆虚拟激励法，通过广义逆 $\tilde{\boldsymbol{F}}_j(\boldsymbol{b},\omega)=[\boldsymbol{R}(\boldsymbol{b},\omega)]^{+}\tilde{\ddot{\boldsymbol{U}}}_j(\boldsymbol{b},\omega)$ 求解虚拟激励，在结构固有频率附近往往会出现病态性现象。本节将从数值误差分析和矩阵求逆算法出发，提出一种如图 5.3 所示的两步加权正则化方法，通过提高每一阶虚拟载荷的识别稳定性，保证随机载荷功率谱密度在整个频段上的识别精度。

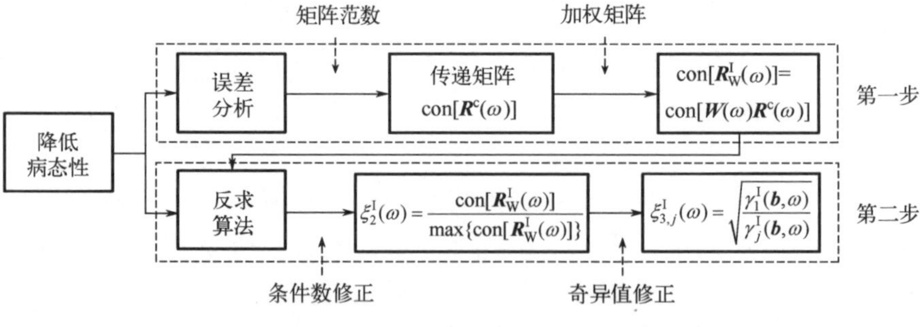

图 5.3 载荷识别的两步加权正则化方法示意图

利用区间模型描述结构本体、外部载荷和测量响应等多源不确定参数，即

$$
\begin{aligned}
&\ddot{\tilde{\boldsymbol{U}}}_j(\boldsymbol{b},\omega) \in \ddot{\tilde{\boldsymbol{U}}}_j^{\mathrm{I}}(\boldsymbol{b},\omega) = [\underline{\ddot{\tilde{\boldsymbol{U}}}}_j(\boldsymbol{b},\omega), \overline{\ddot{\tilde{\boldsymbol{U}}}}_j(\boldsymbol{b},\omega)] = \ddot{\tilde{\boldsymbol{U}}}_j^{\mathrm{c}}(\omega) + \ddot{\tilde{\boldsymbol{U}}}_j^{\mathrm{r}}(\omega) \circ \boldsymbol{\delta}_{\ddot{\tilde{U}}} \\
&\tilde{\boldsymbol{F}}_j(\boldsymbol{b},\omega) \in \tilde{\boldsymbol{F}}_j^{\mathrm{I}}(\boldsymbol{b},\omega) = [\underline{\tilde{\boldsymbol{F}}}_j(\boldsymbol{b},\omega), \overline{\tilde{\boldsymbol{F}}}_j(\boldsymbol{b},\omega)] = \tilde{\boldsymbol{F}}_j^{\mathrm{c}}(\omega) + \tilde{\boldsymbol{F}}_j^{\mathrm{r}}(\omega) \circ \boldsymbol{\delta}_{\tilde{F}} \\
&\boldsymbol{R}(\boldsymbol{b},\omega) \in \boldsymbol{R}^{\mathrm{I}}(\boldsymbol{b},\omega) = [\underline{\boldsymbol{R}}(\boldsymbol{b},\omega), \overline{\boldsymbol{R}}(\boldsymbol{b},\omega)] = \boldsymbol{R}^{\mathrm{c}}(\omega) + \boldsymbol{R}^{\mathrm{r}}(\omega) \circ \boldsymbol{\delta}_{\boldsymbol{R}}
\end{aligned} \tag{5.11}
$$

那么，式(5.10)中的平衡方程可以进一步改写为

$$
[\boldsymbol{R}^{\mathrm{c}}(\omega) + \boldsymbol{R}^{\mathrm{r}}(\omega) \circ \boldsymbol{\delta}_{\boldsymbol{R}}][\tilde{\boldsymbol{F}}_j^{\mathrm{c}}(\omega) + \tilde{\boldsymbol{F}}_j^{\mathrm{r}}(\omega) \circ \boldsymbol{\delta}_{\tilde{F}}] = \ddot{\tilde{\boldsymbol{U}}}_j^{\mathrm{c}}(\omega) + \ddot{\tilde{\boldsymbol{U}}}_j^{\mathrm{r}}(\omega) \circ \boldsymbol{\delta}_{\ddot{\tilde{U}}} \tag{5.12}
$$

即

$$
\begin{aligned}
&\tilde{\boldsymbol{F}}_j^{\mathrm{r}}(\omega) \circ \boldsymbol{\delta}_{\tilde{F}} \\
&= [\boldsymbol{R}^{\mathrm{c}}(\omega)]^{+} \ddot{\tilde{\boldsymbol{U}}}_j^{\mathrm{r}}(\omega) \circ \boldsymbol{\delta}_{\ddot{\tilde{U}}} - [\boldsymbol{R}^{\mathrm{c}}(\omega)]^{+} \boldsymbol{R}^{\mathrm{r}} \circ \boldsymbol{\delta}_{\boldsymbol{R}} \tilde{\boldsymbol{F}}_j^{\mathrm{c}}(\omega) - [\boldsymbol{R}^{\mathrm{c}}(\omega)]^{+} \boldsymbol{R}^{\mathrm{r}} \circ \boldsymbol{\delta}_{\boldsymbol{R}} \tilde{\boldsymbol{F}}_j^{\mathrm{r}}(\omega) \circ \boldsymbol{\delta}_{\tilde{F}}
\end{aligned} \tag{5.13}
$$

为了计算每一阶虚拟载荷的波动程度，对上述方程两侧同时取范数，可得

$$
\begin{aligned}
&\left(1 - \left\|[\boldsymbol{R}^{\mathrm{c}}(\omega)]^{+}\right\| \left\|\boldsymbol{R}^{\mathrm{r}} \circ \boldsymbol{\delta}_{\boldsymbol{R}}\right\|\right) \left\|\tilde{\boldsymbol{F}}_j^{\mathrm{r}}(\omega) \circ \boldsymbol{\delta}_{\tilde{F}}\right\| \\
&\leqslant \left\|[\boldsymbol{R}^{\mathrm{c}}(\omega)]^{+}\right\| \left\|\ddot{\tilde{\boldsymbol{U}}}_j^{\mathrm{r}}(\omega) \circ \boldsymbol{\delta}_{\ddot{\tilde{U}}}\right\| + \left\|[\boldsymbol{R}^{\mathrm{c}}(\omega)]^{+}\right\| \left\|\boldsymbol{R}^{\mathrm{r}}(\omega) \circ \boldsymbol{\delta}_{\boldsymbol{R}}\right\| \left\|\tilde{\boldsymbol{F}}_j^{\mathrm{c}}(\omega)\right\|
\end{aligned} \tag{5.14}
$$

在参数中心值处，由 $\ddot{\tilde{\boldsymbol{U}}}_j^{\mathrm{c}}(\omega) = \boldsymbol{R}^{\mathrm{c}}(\omega) \tilde{\boldsymbol{F}}_j^{\mathrm{c}}(\omega)$ 可得

$$
\left\|\tilde{\boldsymbol{U}}_j^{\mathrm{c}}(\omega)\right\| \leqslant \left\|\boldsymbol{R}^{\mathrm{c}}(\omega)\right\| \left\|\tilde{\boldsymbol{F}}_j^{\mathrm{c}}(\omega)\right\| \tag{5.15}
$$

将式(5.14)和式(5.15)相乘，可得

$$
\frac{\left\|\tilde{\boldsymbol{F}}_j^{\mathrm{r}}(\omega) \circ \boldsymbol{\delta}_{\tilde{F}}\right\|}{\left\|\tilde{\boldsymbol{F}}_j^{\mathrm{c}}(\omega)\right\|} \leqslant \frac{\left\|\boldsymbol{R}^{\mathrm{c}}(\omega)\right\| \left\|[\boldsymbol{R}^{\mathrm{c}}(\omega)]^{+}\right\|}{1 - \left\|[\boldsymbol{R}^{\mathrm{c}}(\omega)]^{+}\right\| \left\|\boldsymbol{R}^{\mathrm{r}}(\omega) \circ \boldsymbol{\delta}_{\boldsymbol{R}}\right\|} \left(\frac{\left\|\ddot{\tilde{\boldsymbol{U}}}_j^{\mathrm{r}}(\omega) \circ \boldsymbol{\delta}_{\ddot{\tilde{U}}}\right\|}{\left\|\tilde{\boldsymbol{U}}_j^{\mathrm{c}}(\omega)\right\|} + \frac{\left\|\boldsymbol{R}^{\mathrm{r}}(\omega) \circ \boldsymbol{\delta}_{\boldsymbol{R}}\right\| \left\|\tilde{\boldsymbol{F}}_j^{\mathrm{c}}(\omega)\right\|}{\left\|\tilde{\boldsymbol{U}}_j^{\mathrm{c}}(\omega)\right\|} \right) \tag{5.16}
$$

根据条件数的定义，即 $\mathrm{con}[\boldsymbol{R}^{\mathrm{c}}(\omega)] = \left\|\boldsymbol{R}^{\mathrm{c}}(\omega)\right\| \left\|[\boldsymbol{R}^{\mathrm{c}}(\omega)]^{+}\right\|$，上式可以整理为

$$
\begin{aligned}
\frac{\left\|\tilde{\boldsymbol{F}}_j^{\mathrm{r}}(\omega) \circ \boldsymbol{\delta}_{\tilde{F}}\right\|}{\left\|\tilde{\boldsymbol{F}}_j^{\mathrm{c}}(\omega)\right\|} &\leqslant \frac{\mathrm{con}[\boldsymbol{R}^{\mathrm{c}}(\omega)]}{1 - \mathrm{con}[\boldsymbol{R}^{\mathrm{c}}(\omega)] \dfrac{\left\|\boldsymbol{R}^{\mathrm{r}}(\omega) \circ \boldsymbol{\delta}_{\boldsymbol{R}}\right\|}{\left\|\boldsymbol{R}^{\mathrm{c}}(\omega)\right\|}} \left(\frac{\left\|\ddot{\tilde{\boldsymbol{U}}}_j^{\mathrm{r}}(\omega) \circ \boldsymbol{\delta}_{\ddot{\tilde{U}}}\right\|}{\left\|\tilde{\boldsymbol{U}}_j^{\mathrm{c}}(\omega)\right\|} + \frac{\left\|\boldsymbol{R}^{\mathrm{r}}(\omega) \circ \boldsymbol{\delta}_{\boldsymbol{R}}\right\|}{\left\|\boldsymbol{R}^{\mathrm{c}}(\omega)\right\|} \right) \\
&\leqslant \frac{\mathrm{con}[\boldsymbol{R}^{\mathrm{c}}(\omega)]}{1 - \mathrm{con}[\boldsymbol{R}^{\mathrm{c}}(\omega)] \dfrac{\left\|\boldsymbol{R}^{\mathrm{r}}(\omega)\right\|}{\left\|\boldsymbol{R}^{\mathrm{c}}(\omega)\right\|}} \left(\frac{\left\|\ddot{\tilde{\boldsymbol{U}}}_j^{\mathrm{r}}(\omega)\right\|}{\left\|\tilde{\boldsymbol{U}}_j^{\mathrm{c}}(\omega)\right\|} + \frac{\left\|\boldsymbol{R}^{\mathrm{r}}(\omega)\right\|}{\left\|\boldsymbol{R}^{\mathrm{c}}(\omega)\right\|} \right)
\end{aligned} \tag{5.17}
$$

为了提高载荷功率谱密度识别的稳健性，反求的每一阶虚拟载荷的波动程度 $\left\|\tilde{\boldsymbol{F}}_j^{\mathrm{r}}(\omega) \circ \boldsymbol{\delta}_{\tilde{F}}\right\| / \left\|\tilde{\boldsymbol{F}}_j^{\mathrm{c}}(\omega)\right\|$ 应尽可能小。从式(5.17)中可以看出，识别每一阶虚拟载荷的

波动程度与测量响应的噪声水平 $\left\|\tilde{\ddot{\boldsymbol{U}}}_j^{\mathrm{r}}(\omega)\right\| / \left\|\tilde{\boldsymbol{U}}_j^{\mathrm{c}}(\omega)\right\|$、结构本身的波动水平 $\left\|\boldsymbol{R}^{\mathrm{r}}(\omega)\right\| / \left\|\boldsymbol{R}^{\mathrm{c}}(\omega)\right\|$ 以及中心参数处传递矩阵的条件数 $\operatorname{con}[\boldsymbol{R}^{\mathrm{c}}(\omega)]$ 呈正相关。前两者都是客观存在的，可以通过提高测量精度以及多次测量取平均的方式防止响应和结构不确定性的进一步放大；对于传递矩阵的条件数，可以表示为

$$
\begin{aligned}
\operatorname{con}[\boldsymbol{R}^{\mathrm{c}}(\omega)] &= \operatorname{con}[\boldsymbol{\Phi}(\boldsymbol{b}^{\mathrm{c}},\boldsymbol{S})\hat{\boldsymbol{H}}(\boldsymbol{b}^{\mathrm{c}},\omega)\boldsymbol{\Phi}^{\mathrm{T}}(\boldsymbol{b}^{\mathrm{c}},\boldsymbol{S})\boldsymbol{L}] \\
&\leqslant \operatorname{con}[\boldsymbol{\Phi}(\boldsymbol{b}^{\mathrm{c}},\boldsymbol{S})]\operatorname{con}[\hat{\boldsymbol{H}}(\boldsymbol{b}^{\mathrm{c}},\omega)]\operatorname{con}[\boldsymbol{\Phi}^{\mathrm{T}}(\boldsymbol{b}^{\mathrm{c}},\boldsymbol{S})]\operatorname{con}(\boldsymbol{L})
\end{aligned} \tag{5.18}
$$

式中，$\boldsymbol{\Phi}(\boldsymbol{b}^{\mathrm{c}},\boldsymbol{S})$ 和 $\hat{\boldsymbol{H}}(\boldsymbol{b}^{\mathrm{c}},\omega)$ 表示参数中心值处的模态矩阵和频响函数矩阵。降低传递矩阵的条件数主要有三种方式：①通过模态因子分析进行恰当的模态截断，从而降低条件数；②通过传感器布局优化选择合适的响应测点，进而降低条件数；③通过适当的数值方法缓解矩阵求逆过程的病态性。当模态和测点给定时，只能通过第三种方式降低传递矩阵的条件数。在不影响虚拟载荷识别结果的前提下，引入一个辅助加权矩阵 $\boldsymbol{W}(\omega)$，在平衡方程两侧同乘加权矩阵，可得

$$
\boldsymbol{W}(\omega)[\boldsymbol{R}^{\mathrm{c}}(\omega)+\boldsymbol{R}^{\mathrm{r}}(\omega)\circ\boldsymbol{\delta}_{\boldsymbol{R}}][\tilde{\boldsymbol{F}}_j^{\mathrm{c}}(\omega)+\tilde{\boldsymbol{F}}_j^{\mathrm{r}}(\omega)\circ\boldsymbol{\delta}_{\tilde{\boldsymbol{F}}}] = \boldsymbol{W}(\omega)[\tilde{\ddot{\boldsymbol{U}}}_j^{\mathrm{c}}(\omega)+\tilde{\ddot{\boldsymbol{U}}}_j^{\mathrm{r}}(\omega)\circ\boldsymbol{\delta}_{\tilde{\ddot{\boldsymbol{U}}}}] \tag{5.19}
$$

对上述方程两侧同时取范数，可得

$$
\begin{aligned}
&\left(1-\left\|[\boldsymbol{W}(\omega)\boldsymbol{R}^{\mathrm{c}}(\omega)]^{+}\right\|\left\|\boldsymbol{W}(\omega)\boldsymbol{R}^{\mathrm{r}}(\omega)\circ\boldsymbol{\delta}_{\boldsymbol{R}}\right\|\right)\left\|\tilde{\boldsymbol{F}}_j^{\mathrm{r}}(\omega)\circ\boldsymbol{\delta}_{\tilde{\boldsymbol{F}}}\right\| \\
&\leqslant \left\|[\boldsymbol{W}(\omega)\boldsymbol{R}^{\mathrm{c}}(\omega)]^{+}\right\|\left\|\boldsymbol{W}(\omega)\right\|\left\|\tilde{\ddot{\boldsymbol{U}}}_j^{\mathrm{r}}(\omega)\circ\boldsymbol{\delta}_{\tilde{\ddot{\boldsymbol{U}}}}\right\| + \left\|[\boldsymbol{W}(\omega)\boldsymbol{R}^{\mathrm{c}}(\omega)]^{+}\right\|\left\|\boldsymbol{W}(\omega)\right\|\left\|\boldsymbol{R}^{\mathrm{r}}(\omega)\circ\boldsymbol{\delta}_{\boldsymbol{R}}\right\|\left\|\tilde{\boldsymbol{F}}_j^{\mathrm{c}}(\omega)\right\|
\end{aligned} \tag{5.20}
$$

将上式与式(5.15)相乘，可得

$$
\frac{\left\|\tilde{\boldsymbol{F}}_j^{\mathrm{r}}(\omega)\circ\boldsymbol{\delta}_{\tilde{\boldsymbol{F}}}\right\|}{\left\|\tilde{\boldsymbol{F}}_j^{\mathrm{c}}(\omega)\right\|} \leqslant \frac{\left\|[\boldsymbol{W}(\omega)\boldsymbol{R}^{\mathrm{c}}(\omega)]^{+}\right\|\left\|\boldsymbol{W}(\omega)\right\|\left\|\boldsymbol{R}^{\mathrm{c}}(\omega)\right\|}{1-\left\|[\boldsymbol{W}(\omega)\boldsymbol{R}^{\mathrm{c}}(\omega)]^{+}\right\|\left\|\boldsymbol{W}(\omega)\boldsymbol{R}^{\mathrm{r}}(\omega)\circ\boldsymbol{\delta}_{\boldsymbol{R}}\right\|}\left(\frac{\left\|\tilde{\ddot{\boldsymbol{U}}}_j^{\mathrm{r}}(\omega)\circ\boldsymbol{\delta}_{\tilde{\ddot{\boldsymbol{U}}}}\right\|}{\left\|\tilde{\boldsymbol{U}}_j(\omega)\right\|}+\frac{\left\|\boldsymbol{R}^{\mathrm{r}}(\omega)\circ\boldsymbol{\delta}_{\boldsymbol{R}}\right\|\left\|\tilde{\boldsymbol{F}}_j^{\mathrm{c}}(\omega)\right\|}{\left\|\tilde{\boldsymbol{U}}_j(\omega)\right\|}\right) \tag{5.21}
$$

根据条件数的定义，即 $\operatorname{con}[\boldsymbol{W}(\omega)\boldsymbol{R}^{\mathrm{c}}(\omega)]=\left\|\boldsymbol{W}(\omega)\boldsymbol{R}^{\mathrm{c}}(\omega)\right\|\left\|[\boldsymbol{W}(\omega)\boldsymbol{R}^{\mathrm{c}}(\omega)]^{+}\right\|$，上式可以整理为

$$
\frac{\left\|\tilde{\boldsymbol{F}}_j^{\mathrm{r}}(\omega)\circ\boldsymbol{\delta}_{\tilde{\boldsymbol{F}}}\right\|}{\left\|\tilde{\boldsymbol{F}}_j^{\mathrm{c}}(\omega)\right\|} \leqslant \frac{\operatorname{con}\left[\boldsymbol{W}(\omega)\boldsymbol{R}^{\mathrm{c}}(\omega)\right]\dfrac{\left\|\boldsymbol{W}(\omega)\right\|\left\|\boldsymbol{R}^{\mathrm{c}}(\omega)\right\|}{\left\|\boldsymbol{W}(\omega)\boldsymbol{R}^{\mathrm{c}}(\omega)\right\|}}{1-\operatorname{con}[\boldsymbol{W}(\omega)\boldsymbol{R}^{\mathrm{c}}(\omega)]\dfrac{\left\|\boldsymbol{W}(\omega)\boldsymbol{R}^{\mathrm{r}}(\omega)\right\|}{\left\|\boldsymbol{W}(\omega)\boldsymbol{R}^{\mathrm{c}}(\omega)\right\|}}\left(\frac{\left\|\tilde{\ddot{\boldsymbol{U}}}_j^{\mathrm{r}}(\omega)\right\|}{\left\|\tilde{\ddot{\boldsymbol{U}}}_j^{\mathrm{c}}(\omega)\right\|}+\frac{\left\|\boldsymbol{R}^{\mathrm{r}}(\omega)\right\|}{\left\|\boldsymbol{R}^{\mathrm{c}}(\omega)\right\|}\right) \tag{5.22}
$$

通过比较式(5.17)和式(5.22)，若想降低传递矩阵的条件数，必须满足以下条件：

$$\mathrm{con}[\boldsymbol{W}(\omega)\boldsymbol{R}^{\mathrm{c}}(\omega)]\frac{\left\|\boldsymbol{W}(\omega)\right\|\left\|\boldsymbol{R}^{\mathrm{c}}(\omega)\right\|}{\left\|\boldsymbol{W}(\omega)\boldsymbol{R}^{\mathrm{c}}(\omega)\right\|}\leqslant \mathrm{con}[\boldsymbol{R}^{\mathrm{c}}(\omega)] \tag{5.23}$$

以及

$$\mathrm{con}[\boldsymbol{W}(\omega)\boldsymbol{R}^{\mathrm{c}}(\omega)]\frac{\left\|\boldsymbol{W}(\omega)\boldsymbol{R}^{\mathrm{r}}(\omega)\right\|}{\left\|\boldsymbol{W}(\omega)\boldsymbol{R}^{\mathrm{c}}(\omega)\right\|}\leqslant \mathrm{con}[\boldsymbol{R}^{\mathrm{c}}(\omega)]\frac{\left\|\boldsymbol{R}^{\mathrm{r}}(\omega)\right\|}{\left\|\boldsymbol{R}^{\mathrm{c}}(\omega)\right\|} \tag{5.24}$$

这种情况下，引入的加权矩阵不仅可以有效降低传递矩阵的条件数，还可以尽可能抑制传递矩阵和测量响应双重不确定性的扩大，从而达到提高载荷识别稳定性以及抑制载荷区间扩张的目的。为了提高加权矩阵的计算效率，并满足上面两个条件，选择如下对角矩阵作为加权矩阵[163]：

$$\boldsymbol{W}(\omega)=\begin{bmatrix}\beta_1(\omega) & & \\ & \ddots & \\ & & \beta_v(\omega)\end{bmatrix},\quad \beta_o(\omega)=\sqrt{\left(\sum_{h=1}^{l}\left|\boldsymbol{R}_{oh}^{\mathrm{c}}(\omega)\right|^2\right)^{-1}}\quad (o=1,2,\cdots,v) \tag{5.25}$$

需要指出的是，加权矩阵的选择方式不是唯一的，可以针对具体问题具体分析。

记引入加权矩阵后的传递矩阵为 $\boldsymbol{R}_{\mathrm{W}}^{I}(\omega)=\boldsymbol{W}(\omega)\boldsymbol{R}^{\mathrm{I}}(\omega)$，接下来的任务是根据式(5.19)进行虚拟载荷识别。Moore-Penrose 求伪逆过程一般采用奇异值分解方法缓解求逆病态性，进而虚拟载荷可以通过下式求解：

$$\begin{aligned}\tilde{\boldsymbol{F}}_j^{\mathrm{I}}(\boldsymbol{b},\omega)&=[\boldsymbol{R}_{\mathrm{W}}^{\mathrm{I}}(\boldsymbol{b},\omega)]^{+}\boldsymbol{W}(\omega)\tilde{\tilde{\boldsymbol{U}}}_j^{\mathrm{I}}(\boldsymbol{b},\omega)=\boldsymbol{V}^{\mathrm{I}}(\omega)[\boldsymbol{D}^{\mathrm{I}}(\boldsymbol{b},\omega)]^{+}[\boldsymbol{S}^{\mathrm{I}}(\boldsymbol{b},\omega)]^{\mathrm{H}}\boldsymbol{W}(\omega)\tilde{\boldsymbol{U}}_j^{\mathrm{I}}(\boldsymbol{b},\omega)\\&=\sum_{i=1}^{l}\boldsymbol{V}_i^{\mathrm{I}}(\boldsymbol{b},\omega)[\sigma_i^{\mathrm{I}}(\boldsymbol{b},\omega)]^{-1}[\boldsymbol{S}_i^{\mathrm{I}}(\boldsymbol{b},\omega)]^{\mathrm{H}}\boldsymbol{W}(\omega)\tilde{\boldsymbol{U}}_j^{\mathrm{I}}(\boldsymbol{b},\omega)\end{aligned} \tag{5.26}$$

式中，$\boldsymbol{V}^{\mathrm{I}}(\boldsymbol{b},\omega)=[\boldsymbol{V}_1^{\mathrm{I}}(\boldsymbol{b},\omega),\boldsymbol{V}_2^{\mathrm{I}}(\boldsymbol{b},\omega),\cdots,\boldsymbol{V}_v^{\mathrm{I}}(\boldsymbol{b},\omega)]$ 和 $\boldsymbol{S}^{\mathrm{I}}(\boldsymbol{b},\omega)=[\boldsymbol{S}_1^{\mathrm{I}}(\boldsymbol{b},\omega),\boldsymbol{S}_2^{\mathrm{I}}(\boldsymbol{b},\omega),\cdots,\boldsymbol{S}_l^{\mathrm{I}}(\boldsymbol{b},\omega)]$ 均为酉矩阵；$(\sigma_i^{\mathrm{I}})^2, i=1,2,\cdots,G$ 是矩阵 $[\boldsymbol{R}_{\mathrm{W}}^{\mathrm{I}}(\boldsymbol{b},\omega)]^{\mathrm{H}}\boldsymbol{R}_{\mathrm{W}}^{\mathrm{I}}(\boldsymbol{b},\omega)$ 的特征值，并且满足 $\boldsymbol{D}^{\mathrm{I}}(\boldsymbol{b},\omega)=\{[\boldsymbol{\Sigma}^{\mathrm{I}}(\boldsymbol{b},\omega)];[\boldsymbol{0}]\}_{N\times G}$，$\boldsymbol{\Sigma}^{\mathrm{I}}(\boldsymbol{b},\omega)=\mathrm{diag}[\sigma_1^{\mathrm{I}}(\boldsymbol{b},\omega),\sigma_2^{\mathrm{I}}(\boldsymbol{b},\omega),\cdots,\sigma_G^{\mathrm{I}}(\boldsymbol{b},\omega)]$。从式(5.26)中可以看出，加权传递函数 $\boldsymbol{R}_{\mathrm{W}}^{\mathrm{I}}(\omega)$ 的小奇异值在求逆时会产生较大的数，从而放大测量响应和结构本体的误差，导致求解不稳定。因此，需要对小奇异值进行修正。特别地，Tikhonov 正则化方法就是为解决小奇异值病态性而提出的一种有效手段，它通过对最小二乘问题进行惩罚的方式得到一个近似解，即

$$\tilde{\boldsymbol{F}}_j^{\mathrm{I}\lambda}(\boldsymbol{b},\omega)=\arg\min\left\{\left\|\boldsymbol{R}_{\mathrm{W}}^{\mathrm{I}}(\boldsymbol{b},\omega)\tilde{\boldsymbol{F}}_j^{\mathrm{I}}(\boldsymbol{b},\omega)-\boldsymbol{W}(\omega)\tilde{\boldsymbol{U}}_j^{\mathrm{I}}(\boldsymbol{b},\omega)\right\|^2+[\lambda^{\mathrm{I}}(\boldsymbol{b},\omega)]^2\left\|\tilde{\boldsymbol{F}}_j^{\mathrm{I}}(\boldsymbol{b},\omega)\right\|^2\right\} \tag{5.27}$$

进而，Moore-Penrose 伪逆可以写作：

$$\tilde{\boldsymbol{F}}_j^{\mathrm{I}\lambda}(\boldsymbol{b},\omega)=\sum_{i=1}^{l}\boldsymbol{V}_i^{\mathrm{I}}(\boldsymbol{b},\omega)\alpha^{\mathrm{I}}\left(\lambda,\sigma_i,\omega\right)[\sigma_i^{\mathrm{I}}(\boldsymbol{b},\omega)]^{-1}[\boldsymbol{S}_i^{\mathrm{I}}(\boldsymbol{b},\omega)]^{\mathrm{H}}\tilde{\boldsymbol{U}}_j^{\mathrm{I}}(\boldsymbol{b},\omega) \tag{5.28}$$

式中，$\alpha^{\mathrm{I}}(\lambda,\sigma_i,\omega)=\dfrac{[\sigma_i^{\mathrm{I}}(\boldsymbol{b},\omega)]^2}{[\lambda^{\mathrm{I}}(\boldsymbol{b},\omega)]^2+[\sigma_i^{\mathrm{I}}(\boldsymbol{b},\omega)]^2}$ 表示正则化因子；参数 $\lambda^{\mathrm{I}}(\boldsymbol{b},\omega)$ 可以通过

Morozov 偏差原理、广义交叉验证、L 曲线准则等方法确定[34]。尽管 Tikhonov 正则化方法可以有效缓解反问题的病态性，但对所有频率下传递矩阵的所有奇异值进行统一修正是不必要的。接下来，定义三个修正因子来改善 Tikhonov 正则化方法。

通常来讲，传递矩阵的病态性主要发生在固有频率附近以及低频区，若在每个频率上都进行正则化操作，一方面会降低计算效率，另一方面可能会造成过度正则化，特别是非固有频率处的高频区。下面，首先根据加权传递矩阵 $\boldsymbol{R}_{\mathrm{W}}^{\mathrm{I}}(\omega)$ 在整个频率段上的条件数判断是否需要进行正则化操作，阈值设为

$$\xi_1^{\mathrm{I}} = \eta \cdot \max\{\mathrm{con}[\boldsymbol{R}_{\mathrm{W}}^{\mathrm{I}}(\boldsymbol{b},\omega)]\}, \quad \xi_2^{\mathrm{I}}(\omega) = \frac{\mathrm{con}[\boldsymbol{R}_{\mathrm{W}}^{\mathrm{I}}(\boldsymbol{b},\omega)]}{\max\{\mathrm{con}[\boldsymbol{R}_{\mathrm{W}}^{\mathrm{I}}(\boldsymbol{b},\omega)]\}} \tag{5.29}$$

式中，ξ_1^{I} 用于判断是否进行正则化操作；$\xi_2^{\mathrm{I}}(\omega)$ 用于修正不同频率下的 $\lambda^{\mathrm{I}}(\boldsymbol{b},\omega)$ 参数；η 表示进行正则化操作的条件数水平；$\max\{\mathrm{con}[\boldsymbol{R}_{\mathrm{W}}^{\mathrm{I}}(\boldsymbol{b},\omega)]\}$ 为关注频段上加权传递矩阵条件数的最大值。上述修正方式会使得传递矩阵在低频区以及固有频率附近得到一个较大的正则化参数，而在高频区选择一个较小的正则化参数或者不进行正则化操作。

此外，对于传统的 Tikhonov 正则化方法，在某一个离散频率下，正则化参数 $\lambda^{\mathrm{I}}(\boldsymbol{b},\omega)$ 是唯一的。小奇异值加权可以有效抑制矩阵病态，提高虚拟载荷识别稳定性，而大奇异值加权会改变传递矩阵成分进而影响识别结果。这点不足将直接体现在不同阶数虚拟响应向量的反求计算上。理论上，通过随机响应功率谱分解得到的每一阶虚拟响应都包含了不同等级的能量。能量指标随阶数增加而减小，同时响应功率谱密度矩阵的特征值也随阶数的增加而减小。由于前几阶虚拟响应包含大部分响应信息，且有着较大的奇异值，因此可以选择较小的正则化参数，以保证识别虚拟载荷的准确性；后几阶虚拟响应包含的能量较少，且对应着较小的奇异值，可以选择较大的正则化参数，以减小测量噪声的影响。基于此，定义如下指标来匹配不同阶数的虚拟响应：

$$\xi_{3,j}^{\mathrm{I}}(\omega) = \sqrt{\frac{\gamma_1^{\mathrm{I}}(\boldsymbol{b},\omega)}{\gamma_j^{\mathrm{I}}(\boldsymbol{b},\omega)}} \tag{5.30}$$

式中，$\gamma_1^{\mathrm{I}}(\boldsymbol{b},\omega)$ 表示测量响应功率谱密度矩阵的最大特征值。

综上，通过两次加权操作，传递矩阵求逆操作中涉及的 Tikhonov 正则化参数可以总结为

$$\tilde{\lambda}_j^{\mathrm{I}}(\boldsymbol{b},\omega) = \begin{cases} \xi_2^{\mathrm{I}}(\omega)\xi_{3,j}^{\mathrm{I}}(\omega)\lambda^{\mathrm{I}}(\boldsymbol{b},\omega) = \dfrac{\mathrm{con}[\boldsymbol{R}_{\mathrm{W}}^{\mathrm{I}}(\omega)]\sqrt{\gamma_1^{\mathrm{I}}(\boldsymbol{b},\omega)}\lambda^{\mathrm{I}}(\boldsymbol{b},\omega)}{\max\{\mathrm{con}[\boldsymbol{R}_{\mathrm{W}}^{\mathrm{I}}(\omega)]\}\sqrt{\gamma_j^{\mathrm{I}}(\boldsymbol{b},\omega)}}, & \mathrm{con}[\boldsymbol{R}_{\mathrm{W}}^{\mathrm{I}}(\omega)] > \xi_1^{\mathrm{I}} \\ 0, & \mathrm{con}[\boldsymbol{R}_{\mathrm{W}}^{\mathrm{I}}(\omega)] \leqslant \xi_1^{\mathrm{I}} \end{cases} \tag{5.31}$$

5.3　多源不确定性下的动态载荷频域特征区间边界反求

5.2 节给出了频域内的随机动态载荷识别方法，可以利用给定的确定性响应统计特性和确定性结构参数实现随机动态载荷频域特征的识别。当综合考虑结构、载荷、响应的多源不确定性因素时，大部分研究都是分析不确定结构和不确定载荷引起的不确定响应，这类问题称为不确定性正问题。其中，结构和载荷的不确定性看作“因”，响应的不确定性看作“果”。相应地，利用已知不确定响应反求不确定结构或者不确定载荷的问题称为不确定性反问题。随着不确定参数的引入和计算过程的迭代，区间分析往往出现边界扩张问题。为了准确地识别出载荷原本的分散程度，本节基于响应叠加-分解原理，提出一种针对不确定性载荷识别反问题的区间分析方法。

5.3.1　基于叠加-分解原理的响应区间边界预计

对于不确定性正问题，若忽略测量误差和传输误差，将不确定参数进一步细化，平衡方程(5.4)可以改写为

$$\boldsymbol{S}_{\ddot{U}\ddot{U}}(\boldsymbol{b},\omega)=\boldsymbol{S}_{\ddot{U}\ddot{U}}(\boldsymbol{b}_{\mathrm{s}},\boldsymbol{b}_{\mathrm{f}},\omega)=[\boldsymbol{H}(\boldsymbol{b}_{\mathrm{s}},\omega)]^{*}\boldsymbol{S}_{\boldsymbol{FF}}(\boldsymbol{b}_{\mathrm{f}},\omega)[\boldsymbol{H}(\boldsymbol{b}_{\mathrm{s}},\omega)]^{\mathrm{T}} \tag{5.32}$$

式中，$\boldsymbol{b}_{\mathrm{s}}=\boldsymbol{b}_{\mathrm{s}}^{\mathrm{c}}+\boldsymbol{b}_{\mathrm{s}}^{\mathrm{r}}\circ\boldsymbol{\zeta}\in\boldsymbol{b}_{\mathrm{s}}^{\mathrm{I}}=[\underline{\boldsymbol{b}}_{\mathrm{s}},\overline{\boldsymbol{b}}_{\mathrm{s}}]$ 表示引起传递矩阵波动的不确定性变量；$\boldsymbol{b}_{\mathrm{f}}=\boldsymbol{b}_{\mathrm{f}}^{\mathrm{c}}+\boldsymbol{b}_{\mathrm{f}}^{\mathrm{r}}\circ\boldsymbol{\zeta}\in\boldsymbol{b}_{\mathrm{f}}^{\mathrm{I}}=[\underline{\boldsymbol{b}}_{\mathrm{f}},\overline{\boldsymbol{b}}_{\mathrm{f}}]$ 为引起载荷波动的不确定性变量。为了利用测量响应区间 $[\underline{\boldsymbol{S}}_{\ddot{U}\ddot{U}}(\boldsymbol{b},\omega),\overline{\boldsymbol{S}}_{\ddot{U}\ddot{U}}(\boldsymbol{b},\omega)]$ 和结构参数区间 $[\underline{\boldsymbol{b}}_{\mathrm{s}},\overline{\boldsymbol{b}}_{\mathrm{s}}]$ 实现载荷区间 $[\underline{\boldsymbol{S}}_{\boldsymbol{FF}}(\boldsymbol{b},\omega),\overline{\boldsymbol{S}}_{\boldsymbol{FF}}(\boldsymbol{b},\omega)]$ 的识别，首先，引入参考虚拟载荷的概念，并按照下式进行其名义值识别：

$$\tilde{\ddot{\boldsymbol{U}}}_{j}^{\mathrm{c}}(\boldsymbol{b},\omega)=\boldsymbol{R}(\boldsymbol{b}_{\mathrm{s}}^{\mathrm{c}},\omega)\tilde{\boldsymbol{F}}_{j}(\boldsymbol{b}_{\mathrm{f}}^{\mathrm{m}},\omega) \tag{5.33}$$

式中，$\tilde{\ddot{\boldsymbol{U}}}_{j}^{\mathrm{c}}(\boldsymbol{b},\omega)$ 由响应功率谱中心值 $\boldsymbol{S}_{\ddot{U}\ddot{U}}^{\mathrm{c}}(\boldsymbol{b},\omega)$ 的谱分解得到；$\boldsymbol{b}_{\mathrm{s}}^{\mathrm{c}}$ 表示结构参数中心值。进而，参考载荷的功率谱密度矩阵可以表示为

$$\boldsymbol{S}_{\boldsymbol{FF}}(\boldsymbol{b}_{\mathrm{s}}^{\mathrm{c}},\boldsymbol{b}_{\mathrm{f}}^{\mathrm{m}},\omega)=\sum_{j=1}^{ra}\tilde{\boldsymbol{F}}_{j}(\boldsymbol{b}_{\mathrm{f}}^{\mathrm{m}},\omega)[\tilde{\boldsymbol{F}}_{j}(\boldsymbol{b}_{\mathrm{f}}^{\mathrm{m}},\omega)]^{\mathrm{H}} \tag{5.34}$$

对于线性系统，输出响应与输入载荷成正比，响应极值在载荷边界处取得，即

$$\underline{\boldsymbol{S}}_{\ddot{U}\ddot{U}}(\boldsymbol{b},\omega)=[\boldsymbol{H}(\boldsymbol{b}_{\mathrm{s}}^{\min},\omega)]^{*}\underline{\boldsymbol{S}}_{\boldsymbol{FF}}(\boldsymbol{b}_{\mathrm{f}},\omega)[\boldsymbol{H}(\boldsymbol{b}_{\mathrm{s}}^{\min},\omega)]^{\mathrm{T}} \tag{5.35}$$

$$\overline{\boldsymbol{S}}_{\ddot{U}\ddot{U}}(\boldsymbol{b},\omega)=[\boldsymbol{H}(\boldsymbol{b}_{\mathrm{s}}^{\max},\omega)]^{*}\overline{\boldsymbol{S}}_{\boldsymbol{FF}}(\boldsymbol{b}_{\mathrm{f}},\omega)[\boldsymbol{H}(\boldsymbol{b}_{\mathrm{s}}^{\max},\omega)]^{\mathrm{T}} \tag{5.36}$$

式中，$\boldsymbol{b}_{\mathrm{s}}^{\min}$ 和 $\boldsymbol{b}_{\mathrm{s}}^{\max}$ 分别对应于响应功率谱取得最小值、最大值时的结构参数。根据响应叠加-分解原理，载荷边界还可以表示为

$$\underline{\boldsymbol{S}}_{\ddot{U}\ddot{U}}(\boldsymbol{b},\omega)=\boldsymbol{S}_{\ddot{U}\ddot{U}}(\boldsymbol{b}_{\mathrm{s}}^{\min},\boldsymbol{b}_{\mathrm{f}}^{\mathrm{m}},\omega)-\boldsymbol{S}_{\ddot{U}\ddot{U}}^{\mathrm{r}}(\boldsymbol{b}_{\mathrm{s}}^{\min},\boldsymbol{b}_{\mathrm{f}},\omega) \tag{5.37}$$

$$\overline{\boldsymbol{S}}_{\ddot{U}\ddot{U}}(\boldsymbol{b},\omega)=\boldsymbol{S}_{\ddot{U}\ddot{U}}(\boldsymbol{b}_{\mathrm{s}}^{\max},\boldsymbol{b}_{\mathrm{f}}^{\mathrm{m}},\omega)+\boldsymbol{S}_{\ddot{U}\ddot{U}}^{\mathrm{r}}(\boldsymbol{b}_{\mathrm{s}}^{\max},\boldsymbol{b}_{\mathrm{f}},\omega) \tag{5.38}$$

式中，$\boldsymbol{S}_{\ddot{U}\ddot{U}}(\boldsymbol{b}_{\mathrm{s}}^{\min},\boldsymbol{b}_{\mathrm{f}}^{\mathrm{m}},\omega)=\underline{\boldsymbol{S}}_{\ddot{U}\ddot{U}}(\boldsymbol{b}_{\mathrm{s}},\boldsymbol{b}_{\mathrm{f}}^{\mathrm{m}},\omega)$ 和 $\boldsymbol{S}_{\ddot{U}\ddot{U}}(\boldsymbol{b}_{\mathrm{s}}^{\max},\boldsymbol{b}_{\mathrm{f}}^{\mathrm{m}},\omega)=\overline{\boldsymbol{S}}_{\ddot{U}\ddot{U}}(\boldsymbol{b}_{\mathrm{s}},\boldsymbol{b}_{\mathrm{f}}^{\mathrm{m}},\omega)$ 分别表示参考载荷作用下结构参数不确定性引起的响应功率谱最小值和最大值；$\boldsymbol{S}_{\ddot{U}\ddot{U}}^{\mathrm{r}}(\boldsymbol{b}_{\mathrm{s}}^{\min},\boldsymbol{b}_{\mathrm{f}},\omega)$ 和 $\boldsymbol{S}_{\ddot{U}\ddot{U}}^{\mathrm{r}}(\boldsymbol{b}_{\mathrm{s}}^{\max},\boldsymbol{b}_{\mathrm{f}},\omega)$ 分别表示在参数 $\boldsymbol{b}_{\mathrm{s}}^{\min}$ 和 $\boldsymbol{b}_{\mathrm{s}}^{\max}$ 处载荷不确定性引起的响应波动。上述方程可以通过图 5.4 进行说明。

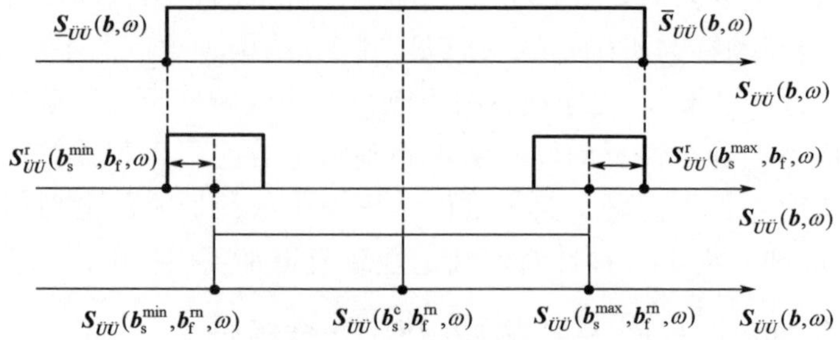

图 5.4　多源不确定性下的响应叠加-分解原理示意图

5.3.2　面向载荷识别反问题的不确定性分析方法

本节将基于 5.3.1 节的响应叠加-分解公式，给出多源不确定条件下载荷频域特征区间边界的反求方法。首先，介绍如何计算参考载荷作用下结构参数不确定性引起的响应功率谱最小值和最大值。对于复杂结构系统，响应功率谱与结构参数之间的关系是非线性的。对于非线性不确定性传播分析，第 2 章针对各不确定性变量相互独立的情况，提出了基于 Chebyshev 多项式的区间逐维分析方法；第 4 章针对各不确定性变量相互耦合的情况，提出了基于 Chebyshev 多项式的区间全域分析方法。然而，如何确定不确定参数间的耦合关系以及各个变量对应的多项式阶数并没有给出明确的判断与准则。为了同时兼顾区间分析精度和效率，本节将 Chebyshev 正交多项式逼近与降维思想相结合，提出一种自适应的区间不确定性传播分析方法。

根据高维模型理论，响应功率谱与结构参数之间的非线性关系可以分解为有限个随维度增加的简单 Chebyshev 正交多项式求和的形式，即

$$\begin{aligned}\boldsymbol{S}_{\ddot{U}\ddot{U}}(\boldsymbol{b}_{\mathrm{s}},\boldsymbol{b}_{\mathrm{f}}^{\mathrm{m}},\omega)=&\boldsymbol{S}_{\ddot{U}\ddot{U},0}(\omega)+\sum_{j=1}^{l}\boldsymbol{S}_{\ddot{U}\ddot{U},j}(\zeta_{\mathrm{s},j},\omega)+\sum_{0\leqslant j_1<j_2\leqslant l}H_{j_1j_2}(\omega)\boldsymbol{S}_{\ddot{U}\ddot{U},j_1j_2}(\zeta_{\mathrm{s},j_1},\zeta_{\mathrm{s},j_2},\omega)\\&+\cdots+\sum_{0\leqslant j_1<\cdots<j_\Theta\leqslant l}H_{j_1\cdots j_\Theta}(\omega)\boldsymbol{S}_{\ddot{U}\ddot{U},j_1\cdots j_\Theta}(\zeta_{\mathrm{s},j_1},\cdots,\zeta_{\mathrm{s},j_\Theta},\omega)\\&+\cdots+H_{12\cdots l}(\omega)\boldsymbol{S}_{\ddot{U}\ddot{U},j_1\cdots j_l}(\zeta_{\mathrm{s},j_1},\zeta_{\mathrm{s},j_2},\cdots,\zeta_{\mathrm{s},j_l},\omega)\end{aligned} \tag{5.39}$$

式中，$\boldsymbol{S}_{\ddot{U}\ddot{U},0}(\omega)$ 为常数项；$\boldsymbol{S}_{\ddot{U}\ddot{U},j}(\zeta_{\mathrm{s},j},\omega)$ 表示不确定参数 $b_{\mathrm{s},j}$ 对响应功率谱的独立

贡献；$\boldsymbol{S}_{\ddot{U}\ddot{U},j_1\cdots j_\Theta}(\zeta_{s,j_1},\cdots,\zeta_{s,j_\Theta},\omega)$ 表示不确定参数 $\zeta_{s,j_1},\cdots,\zeta_{s,j_\Theta}$ 对响应功率谱的联合作用部分；$\boldsymbol{S}_{\ddot{U}\ddot{U},j_1\cdots j_l}(\zeta_{s,j_1},\zeta_{s,j_2},\cdots,\zeta_{s,j_l},\omega)$ 表示残余项；$H_{j_1j_2}(\omega)$、$H_{j_1\cdots j_\Theta}(\omega)$、$H_{12\cdots l}(\omega)$ 表示判断交叉项是否存在的指示函数，取值为 0 或 1。上式中的分量函数可以表示为

$$\begin{cases}\boldsymbol{S}_{\ddot{U}\ddot{U},0}(\omega)=\boldsymbol{S}_{\ddot{U}\ddot{U}}(\boldsymbol{b}_s^c,\boldsymbol{b}_f^m,\omega)\\ \boldsymbol{S}_{\ddot{U}\ddot{U},j}(\zeta_{s,j},\omega)=\boldsymbol{S}_{\ddot{U}\ddot{U}}([b_{s,1}^c,\cdots,b_{s,j}^I,\cdots,b_{s,l}^c],\boldsymbol{b}_f^m,\omega)-\boldsymbol{S}_{\ddot{U}\ddot{U},0}(\omega)\\ \boldsymbol{S}_{\ddot{U}\ddot{U},j_1j_2}(\zeta_{s,j_1},\zeta_{s,j_2},\omega)=\boldsymbol{S}_{\ddot{U}\ddot{U}}([b_{s,1}^I,\cdots,b_{s,j_1}^I,\cdots,b_{s,j_2}^I,\cdots,b_{s,l}^I],\boldsymbol{b}_f^m,\omega)\\ \qquad\qquad -\boldsymbol{S}_{\ddot{U}\ddot{U},k_1}(\zeta_{s,j_1},\omega)-\boldsymbol{S}_{\ddot{U}\ddot{U},k_2}(\zeta_{s,j_2},\omega)-\boldsymbol{S}_{\ddot{U}\ddot{U},0}(\omega)\\ \quad\vdots\\ \boldsymbol{S}_{\ddot{U}\ddot{U},j_1\cdots j_\Theta}(\zeta_{s,j_1},\cdots,\zeta_{s,j_\Theta},\omega)=\boldsymbol{S}_{\ddot{U}\ddot{U}}([b_{s,1}^I,\cdots,b_{s,j_1}^I,\cdots,b_{s,j_\Theta}^I,\cdots,b_{s,l}^I],\boldsymbol{b}_f^m,\omega)\\ \qquad\qquad -\sum_{\{i_1\cdots i_{\Theta-1}\}\in\{j_1,\cdots,j_\Theta\}}\boldsymbol{S}_{\ddot{U}\ddot{U},i_1\cdots i_{\Theta-1}}(\zeta_{s,i_1},\cdots,\zeta_{s,i_{\Theta-1}},\omega)\\ \qquad\qquad -\cdots-\sum_{i\in\{j_1,\cdots,j_\Theta\}}\boldsymbol{S}_{\ddot{U}\ddot{U},k}(\zeta_{s,i},\omega)-\boldsymbol{S}_{\ddot{U}\ddot{U},0}(\omega)\end{cases}\tag{5.40}$$

利用 Chebyshev 正交多项式对式(5.40)中包含不同变量的函数进行逼近，以 $\boldsymbol{S}_{\ddot{U}\ddot{U},j_1\cdots j_\Theta}(\zeta_{s,j_1},\cdots,\zeta_{s,j_\Theta},\omega)$ 为例，可得

$$\boldsymbol{S}_{\ddot{U}\ddot{U},j_1\cdots j_\Theta}(\zeta_{s,j_1},\cdots,\zeta_{s,j_\Theta},\omega)=\sum_{k_1=0}^{p_1}\cdots\sum_{k_\Theta=0}^{p_\Theta}\left(\frac{1}{2}\right)^{\mathbb{S}}a_{k_1\cdots k_\Theta}(\omega)C_{k_1\cdots k_\Theta}(\zeta_{s,k_1},\cdots,\zeta_{s,k_\Theta})\tag{5.41}$$

上式中参数的定义与求解可以参考 4.3.2 节。

对于式(5.39)中的非线性函数逼近，确定单变量/多变量多项式的阶数和交叉项的指示函数是响应功率谱降维分析的关键。其中，单变量多项式的阶数可以通过自适应增加的方式确定。当两个相邻阶数逼近函数的区间边界残差足够小时，认为单变量多项式的拟合精度已达到收敛，即

$$\left|\underline{\boldsymbol{S}}_{\ddot{U}\ddot{U},j}(\zeta_{s,j},\omega)\Big|_{p_j+1}-\underline{\boldsymbol{S}}_{\ddot{U}\ddot{U},j}(\zeta_{s,j},\omega)\Big|_{p_j}\right|\leqslant\varepsilon_1,\quad\left|\overline{\boldsymbol{S}}_{\ddot{U}\ddot{U},j}(\zeta_{s,j},\omega)\Big|_{p_j+1}-\overline{\boldsymbol{S}}_{\ddot{U}\ddot{U},j}(\zeta_{s,j},\omega)\Big|_{p_j}\right|\leqslant\varepsilon_1\tag{5.42}$$

式中，$\underline{\boldsymbol{S}}_{\ddot{U}\ddot{U},j}(\zeta_{s,j},\omega)\Big|_{p_j}$ 和 $\overline{\boldsymbol{S}}_{\ddot{U}\ddot{U},j}(\zeta_{s,j},\omega)\Big|_{p_j}$ 表示 p_j 阶 Chebyshev 正交多项式拟合函数的最小值和最大值；$\underline{\boldsymbol{S}}_{\ddot{U}\ddot{U},j}(\zeta_{s,j},\omega)\Big|_{p_j+1}$ 和 $\overline{\boldsymbol{S}}_{\ddot{U}\ddot{U},j}(\zeta_{s,j},\omega)\Big|_{p_j+1}$ 表示 p_j+1 阶多项式对应的结果；ε_1 表示收敛容差。若满足式(5.42)，则选择 p_j 为第 j 个不确定参数 $b_{s,j}$ 的单变量/多变量多项式阶数。确定了多项式阶数后则可得到对应于每个变量的高斯积分点，通过单变量和双变量多项式定义如下指标：

$$\begin{aligned}&\Delta \boldsymbol{S}_{\ddot{U}\ddot{U},j_1j_2}(\zeta_{\mathrm{s},j_1},\zeta_{\mathrm{s},j_2},\omega)\\&=\frac{\left|\boldsymbol{S}_{\ddot{U}\ddot{U},j_1j_2}(\zeta^*_{\mathrm{s},j_1,1},\zeta^*_{\mathrm{s},j_2,1},\omega)+\boldsymbol{S}_{\ddot{U}\ddot{U},0}(\omega)-\boldsymbol{S}_{\ddot{U}\ddot{U},j_1}(\zeta^*_{\mathrm{s},j_1,1},\omega)-\boldsymbol{S}_{\ddot{U}\ddot{U},j_2}(\zeta^*_{\mathrm{s},j_2,1},\omega)\right|}{\max\left\{\left|\boldsymbol{S}_{\ddot{U}\ddot{U},j_1j_2}(\zeta^*_{\mathrm{s},j_1,1},\zeta^*_{\mathrm{s},j_2,1},\omega)-\boldsymbol{S}_{\ddot{U}\ddot{U},0}(\omega)\right|,\left|\boldsymbol{S}_{\ddot{U}\ddot{U},j_1}(\zeta^*_{\mathrm{s},j_1,1},\omega)-\boldsymbol{S}_{\ddot{U}\ddot{U},j_2}(\zeta^*_{\mathrm{s},j_2,1},\omega)\right|\right\}}\end{aligned}\tag{5.43}$$

式中，$\zeta^*_{\mathrm{s},j_1,1}$ 和 $\zeta^*_{\mathrm{s},j_2,1}$ 表示第 j_1 个和第 j_2 个不确定变量对应的第一个高斯点。任意两变量之间交叉项的指示函数可以定义为

$$H_{j_1j_2}(\omega)=\begin{cases}1, & \Delta \boldsymbol{S}_{\ddot{U}\ddot{U},j_1j_2}(\zeta_{\mathrm{s},j_1},\zeta_{\mathrm{s},j_2},\omega)\geqslant\varepsilon_2\\0, & \text{其他}\end{cases}\tag{5.44}$$

式中，ε_2 表示收敛容差。当 $H_{j_1j_2}(\omega)=1$ 时，双变量之间的交叉项 $\boldsymbol{S}_{\ddot{U}\ddot{U},j_1j_2}(\zeta_{\mathrm{s},j_1},\zeta_{\mathrm{s},j_2},\omega)$ 存在。进而，二维以上变量的交叉项可以通过下式确定：

$$H_{j_1\cdots j_\Theta}(\omega)=\prod_{j_1\leqslant i_1<i_2\leqslant j_\Theta}H_{i_1i_2}(\omega)\tag{5.45}$$

对于指示函数的确定，仅需在确定多项式阶数的基础上额外增加样本点 $(\zeta_{\mathrm{s},j_1},\zeta_{\mathrm{s},j_2})$ 处响应功率谱计算即可。得到响应功率谱的显式表达式后，通过优化算法可以迅速得到参考载荷下对应于响应功率谱最小值和最大值的结构参数，即 $\boldsymbol{b}_\mathrm{s}^{\min}$ 和 $\boldsymbol{b}_\mathrm{s}^{\max}$。对于一般工程问题，采用二元交叉项即可保证响应功率谱的近似精度[164]。

接下来，介绍如何利用测量响应边界和上述公式求解 $\boldsymbol{b}_\mathrm{s}^{\min}$ 和 $\boldsymbol{b}_\mathrm{s}^{\max}$ 识别载荷功率谱密度的区间边界 $[\underline{\boldsymbol{S}}_{\boldsymbol{FF}}(\boldsymbol{b},\omega),\overline{\boldsymbol{S}}_{\boldsymbol{FF}}(\boldsymbol{b},\omega)]$。考虑到响应功率谱与载荷功率谱之间的线性关系，在不确定参数 $\boldsymbol{b}_\mathrm{s}^{\min}$ 和 $\boldsymbol{b}_\mathrm{s}^{\max}$ 处对参考载荷进行一阶泰勒级数展开，即

$$\begin{aligned}&\boldsymbol{S}_{\boldsymbol{FF}}(\boldsymbol{b}_\mathrm{s}^{\min},\boldsymbol{b}_\mathrm{f},\omega)-\boldsymbol{S}_{\boldsymbol{FF}}(\boldsymbol{b}_\mathrm{s}^{\min},\boldsymbol{b}_\mathrm{f}^{\mathrm{m}},\omega)=\sum_{i=1}^{N^2}\frac{\partial \boldsymbol{S}_{\boldsymbol{FF}}(\boldsymbol{b}_\mathrm{s}^{\min},\boldsymbol{b}_\mathrm{f},\omega)}{\partial \boldsymbol{S}_{\ddot{U}\ddot{U},i}(\boldsymbol{b}_\mathrm{s}^{\min},\boldsymbol{b}_\mathrm{f},\omega)}[\boldsymbol{S}_{\ddot{U}\ddot{U},i}(\boldsymbol{b}_\mathrm{s}^{\min},\boldsymbol{b}_\mathrm{f},\omega)-\boldsymbol{S}_{\ddot{U}\ddot{U},i}(\boldsymbol{b}_\mathrm{s}^{\min},\boldsymbol{b}_\mathrm{f}^{\mathrm{m}},\omega)]\\&\boldsymbol{S}_{\boldsymbol{FF}}(\boldsymbol{b}_\mathrm{s}^{\max},\boldsymbol{b}_\mathrm{f},\omega)-\boldsymbol{S}_{\boldsymbol{FF}}(\boldsymbol{b}_\mathrm{s}^{\max},\boldsymbol{b}_\mathrm{f}^{\mathrm{m}},\omega)=\sum_{i=1}^{N^2}\frac{\partial \boldsymbol{S}_{\boldsymbol{FF}}(\boldsymbol{b}_\mathrm{s}^{\max},\boldsymbol{b}_\mathrm{f},\omega)}{\partial \boldsymbol{S}_{\ddot{U}\ddot{U},i}(\boldsymbol{b}_\mathrm{s}^{\max},\boldsymbol{b}_\mathrm{f},\omega)}[\boldsymbol{S}_{\ddot{U}\ddot{U},i}(\boldsymbol{b}_\mathrm{s}^{\max},\boldsymbol{b}_\mathrm{f},\omega)-\boldsymbol{S}_{\ddot{U}\ddot{U},i}(\boldsymbol{b}_\mathrm{s}^{\max},\boldsymbol{b}_\mathrm{f}^{\mathrm{m}},\omega)]\end{aligned}\tag{5.46}$$

式中，$\boldsymbol{S}_{\ddot{U}\ddot{U},i}(\times)$ 表示响应功率谱密度矩阵的第 i 个元素。根据载荷不确定性引起的响应波动 $\boldsymbol{S}^{\mathrm{r}}_{\ddot{U}\ddot{U}}(\boldsymbol{b}_\mathrm{s}^{\min},\boldsymbol{b}_\mathrm{f},\omega)$ 和 $\boldsymbol{S}^{\mathrm{r}}_{\ddot{U}\ddot{U}}(\boldsymbol{b}_\mathrm{s}^{\max},\boldsymbol{b}_\mathrm{f},\omega)$，载荷功率谱密度的边界可以表示为

$$\begin{aligned}&\underline{\boldsymbol{S}}_{\boldsymbol{FF}}(\boldsymbol{b},\omega)=\min\{\boldsymbol{S}_{\boldsymbol{FF}}(\boldsymbol{b}_\mathrm{s}^{\min},\boldsymbol{b}_\mathrm{f},\omega)\}=\boldsymbol{S}_{\boldsymbol{FF}}(\boldsymbol{b}_\mathrm{s}^{\mathrm{c}},\boldsymbol{b}_\mathrm{f}^{\mathrm{m}},\omega)-\sum_{i=1}^{N^2}\left|\frac{\partial \boldsymbol{S}_{\boldsymbol{FF}}(\boldsymbol{b}_\mathrm{s}^{\min},\boldsymbol{b}_\mathrm{f},\omega)}{\partial \boldsymbol{S}_{\ddot{U}\ddot{U},i}(\boldsymbol{b}_\mathrm{s}^{\min},\boldsymbol{b}_\mathrm{f},\omega)}\right|\boldsymbol{S}^{\mathrm{r}}_{\ddot{U}\ddot{U},i}(\boldsymbol{b}_\mathrm{s}^{\min},\boldsymbol{b}_\mathrm{f},\omega)\\&\overline{\boldsymbol{S}}_{\boldsymbol{FF}}(\boldsymbol{b},\omega)=\max\{\boldsymbol{S}_{\boldsymbol{FF}}(\boldsymbol{b}_\mathrm{s}^{\max},\boldsymbol{b}_\mathrm{f},\omega)\}=\boldsymbol{S}_{\boldsymbol{FF}}(\boldsymbol{b}_\mathrm{s}^{\mathrm{c}},\boldsymbol{b}_\mathrm{f}^{\mathrm{m}},\omega)+\sum_{i=1}^{N^2}\left|\frac{\partial \boldsymbol{S}_{\boldsymbol{FF}}(\boldsymbol{b}_\mathrm{s}^{\max},\boldsymbol{b}_\mathrm{f},\omega)}{\partial \boldsymbol{S}_{\ddot{U}\ddot{U},i}(\boldsymbol{b}_\mathrm{s}^{\max},\boldsymbol{b}_\mathrm{f},\omega)}\right|\boldsymbol{S}^{\mathrm{r}}_{\ddot{U}\ddot{U},i}(\boldsymbol{b}_\mathrm{s}^{\max},\boldsymbol{b}_\mathrm{f},\omega)\end{aligned}\tag{5.47}$$

上述公式中的微分操作可以通过差分操作代替。

5.4　数值与试验算例

本章提出的多源不确定因素下随机动态载荷频域识别方法主要包括两大内容：基于逆虚拟激励法和正则化方法的载荷功率谱密度识别和面向载荷识别反问题的不确定性分析，简要流程如图 5.5 所示。本节将利用两个数值算例和一个试验算例对所提出方法进行校验。其中，舵面结构主要用于说明测量噪声、结构阻尼以及正则化方法对载荷频域识别结果的影响；机翼结构主要用于论述考虑系统、载荷及响应三重不确定性要素的随机动态载荷识别流程；悬臂梁试验件主要用于验证所提出方法在工程实际中的应用。

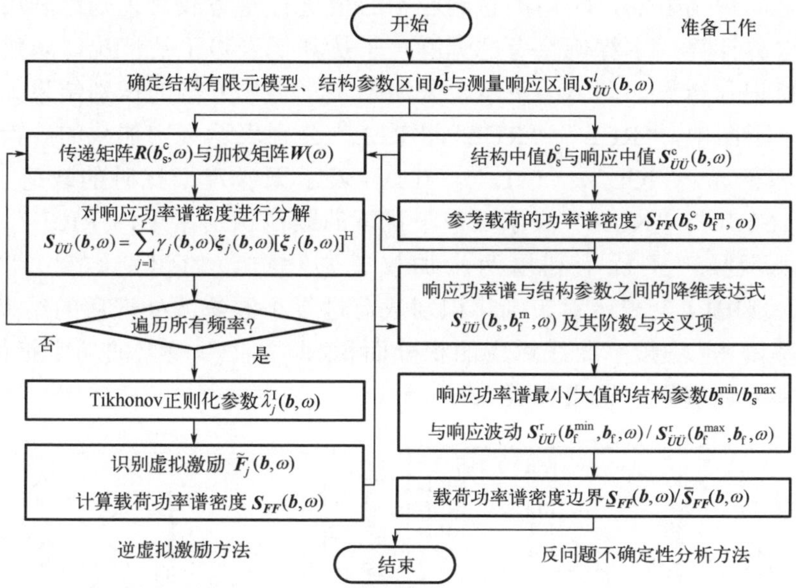

图 5.5　考虑多源不确定性因素的动态载荷频域识别流程图

5.4.1　舵面结构的动态载荷频域识别

本算例以 2.7.1 节的等效舵面结构为研究对象。加载位置和测点位置如图 5.6 所示，图中 F_1 和 F_2 为两个非相干激励。该算例仅考虑外部载荷的不确定性，主要探究测量噪声、结构阻尼和正则化方法对随机动态载荷频域识别结果的影响。舵面结构的前三阶固有频率为 19.273Hz、37.061Hz 和 83.842Hz，关注频段为 0～100Hz。用于随机动态载荷识别的响应功率谱密度区间通过高精度正向不确定传播分析方法得到，并在仿真响应中加入高斯白噪声来模拟实际测量响应。

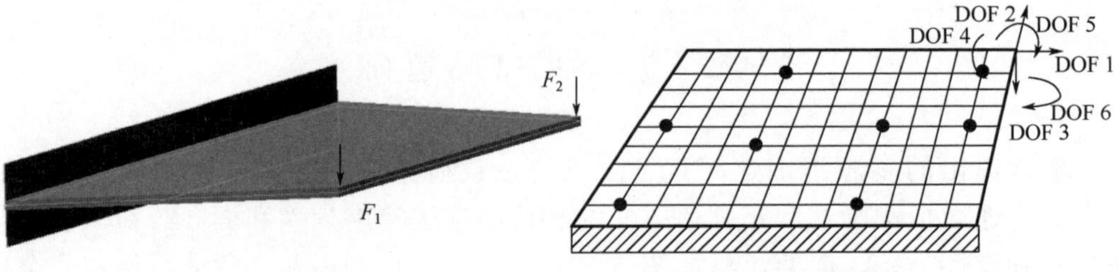

(a) 几何模型　　　　(b) 传感器布置方案

图 5.6　舵面结构示意图

首先，该结构考虑三种瑞利阻尼参数，分别是：阻尼 1（α=0.375，β=1.250×10^{-5}）、阻尼 2（α=1.125，β=3.750×10^{-5}）和阻尼 3（α=1.875，β=6.250×10^{-5}）。根据 5.3 节提出的载荷区间识别方法，利用测量响应中心值进行参考载荷识别，利用响应半径进行载荷边界计算。本算例将考虑无噪声干扰和低噪声干扰情况，未进行正则化操作的载荷识别结果如图 5.7 所示，采用两步正则化方法的识别结果如图 5.8 所示。在每个子图中，“RCL”、“RUL”、“RLL”分别表示真实加载的载荷功率谱中值、上界和下界，“ICL”、“IUL”、“ILL”表示无噪声干扰时的载荷识别结果，“NICL”、“NIUL”、“NILL”表示噪声干扰下的载荷识别结果，“RICL”、“RIUL”、“RILL”表示噪声干扰下利用两步加权正则化方法的识别结果，“FRICL”、“FRIUL”、“FRILL”表示对正则化识别载荷进行小波滤波处理后的结果。此外，用载荷功率谱密度-频率曲线对应的积分面积（即关注频段上的功率指标）评估载荷频域识别整体效果，结果如表 5.1 所示。

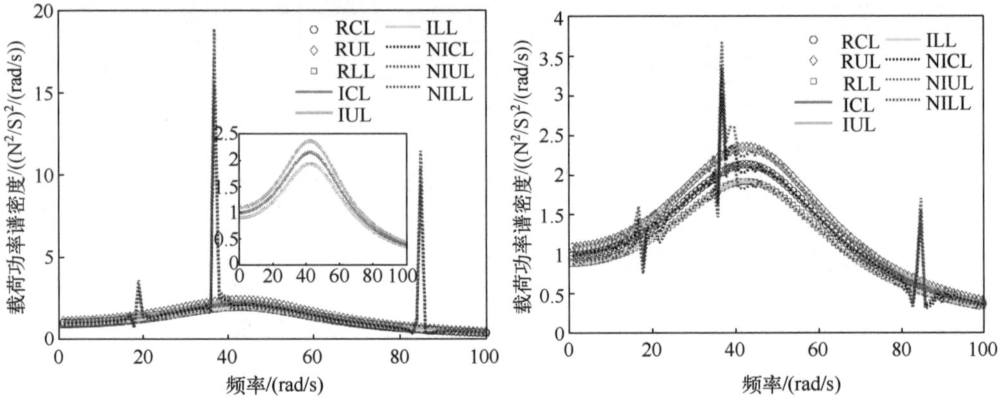

(a) F_1-阻尼1　　　　(b) F_1-阻尼2

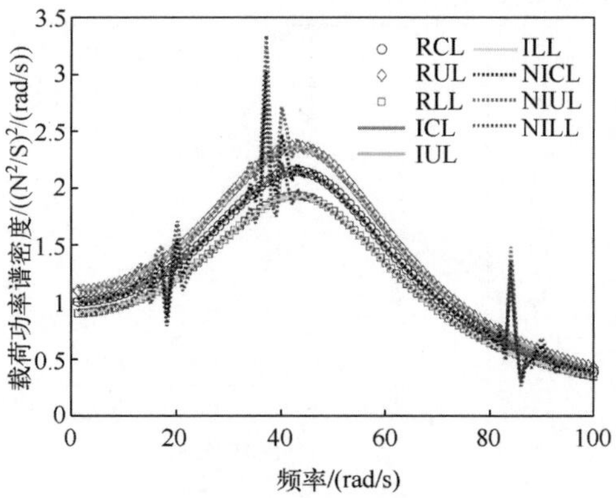

(c) F_1-阻尼3

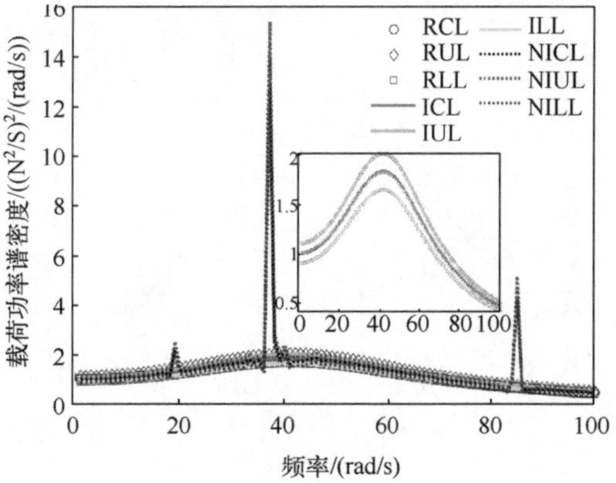

(d) F_2-阻尼1

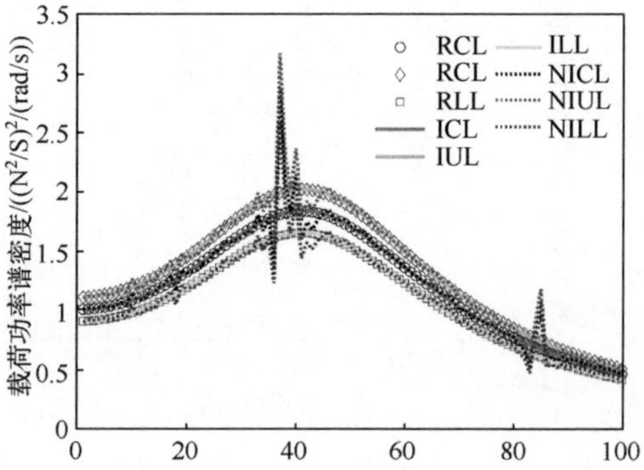

(e) F_2-阻尼2

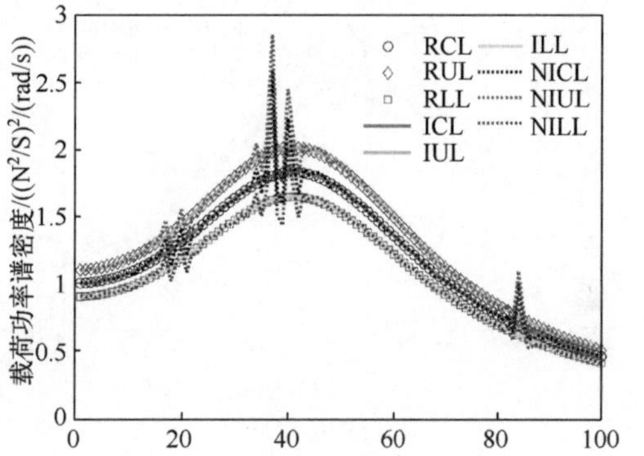

(f) F_2-阻尼3

图 5.7　舵面结构在无正则化操作时的随机动态载荷识别结果(见彩图)

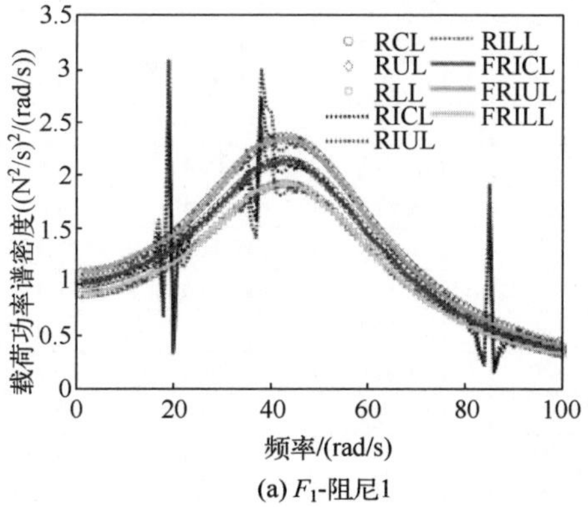

(a) F_1-阻尼1

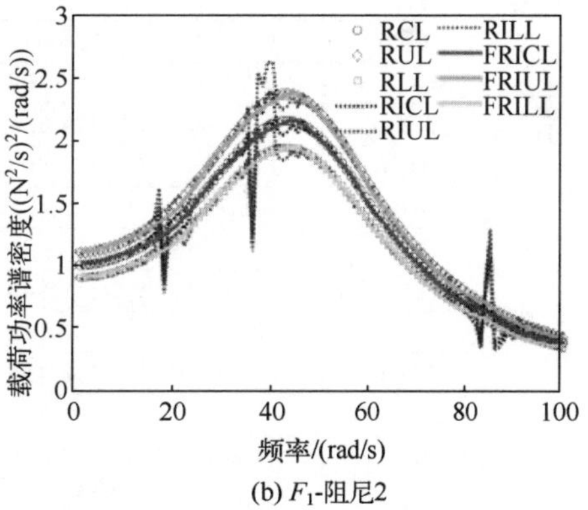

(b) F_1-阻尼2

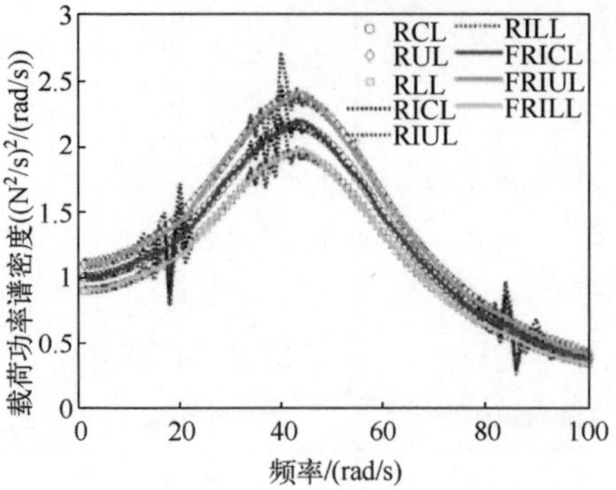

(c) F_1-阻尼3

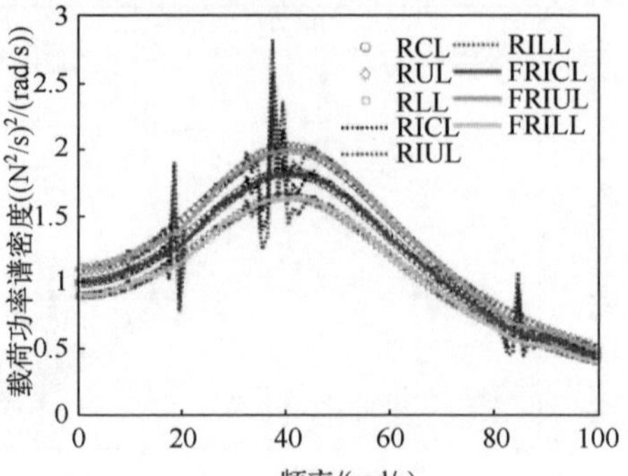

(d) F_2-阻尼1

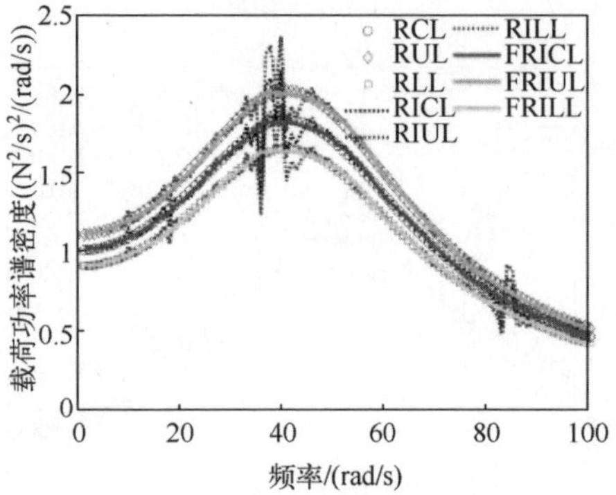

(e) F_2-阻尼2

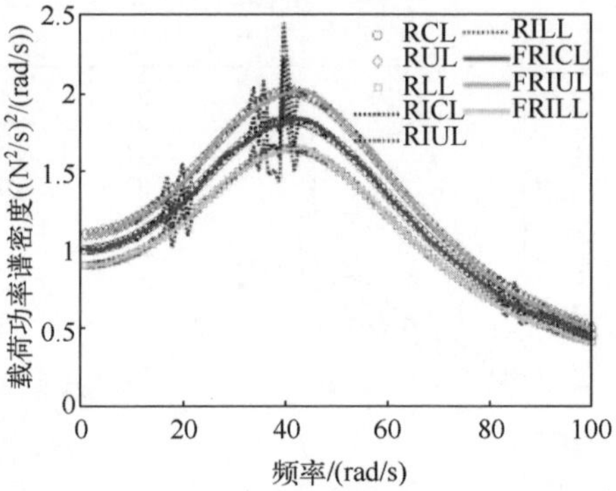

(f) F_2-阻尼3

图 5.8　舵面结构经两步加权正则化后的随机动态载荷识别结果(见彩图)

表 5.1　舵面结构在不同阻尼下的载荷功率谱密度积分结果　(单位：$(\mathrm{N}^2/\mathrm{s})^2$)

载荷功率谱密度积分结果		F_1			F_2		
		阻尼 1	阻尼 2	阻尼 3	阻尼 1	阻尼 2	阻尼 3
载荷中值	RCL	126.678	126.678	126.678	119.185	119.185	119.185
	ICL	126.309	126.309	126.308	119.373	119.373	119.373
	NICL	153.486	127.738	126.180	136.602	120.156	118.611
	RICL	126.416	125.867	126.335	118.743	119.054	118.915
	FRICL	126.383	125.815	126.327	118.713	119.014	118.889
载荷上界	RUL	139.346	139.346	139.346	131.103	131.103	131.103
	IUL	138.940	138.940	138.939	131.311	131.310	131.310
	NIUL	168.834	140.512	138.798	150.262	132.171	130.472
	RIUL	139.058	138.454	138.968	130.618	130.960	130.806
	FRIUL	139.021	138.397	138.959	130.585	130.916	130.777
载荷下界	RLL	114.010	114.010	114.010	107.266	107.266	107.266
	ILL	113.678	113.678	113.678	107.436	107.436	107.435
	NILL	138.137	114.964	113.562	122.942	108.140	106.750
	RILL	113.678	113.678	113.678	107.436	107.436	107.435
	FRILL	113.745	113.234	113.694	106.842	107.113	107.000

从图5.7和图5.8中可以看出，在无噪声干扰情况下，无论结构阻尼如何，识别的载荷功率谱密度曲线与真实加载情况基本重合。当考虑噪声时，识别误差在固有频率附近得到放大，特别是在第二阶固有频率附近。而且，结构阻尼系数越小，识别误差越大。为了解释该现象，计算原始传递函数(traditional transfer matrix，TTF)和加权传递函数(weighted transfer matrix，WTF)在整个频段上的条件数，结果如图5.9所示。可以看出，原始传递函数的条件数在第二阶固有频率附近最大，条件数变大加剧了传递函数求逆的病态性。而且，结构的阻尼系数越小，传递矩阵的条件数越大，三种阻尼系数下最大条件数分别为111.925、38.875和23.447。因此，在条件允许的情况下，可以通过人为增大结构阻尼的方式(如铺设阻尼材料)提高载荷频域识别精度。当引入两步正则化方法后，加权传递函数的条件数相较于原始传递函数大幅降低，固有频率附近的载荷识别误差也得到有效控制，特别是对于阻尼 1。需要指出，传递矩阵经过加权处理后，条件数在整个频带上的分布情况发生了巨大变化，最大条件数不再出现在二阶频率处。通过正则化处理后，载荷功率谱密度曲线在固有频率处仍然出现波动，为了得到更平滑的载荷功率谱曲线，采用小波滤波方法对识别结果进行光顺，光顺后的载荷曲线与真实加载曲线相吻合。通过表5.1也可以得到相同的结论，以载荷F_1的中心值为例，三种阻尼参数对应的功率结果如下，ICL：126.309$(N^2/s)^2$、126.309$(N^2/s)^2$、126.308$(N^2/s)^2$，RICL：126.416$(N^2/s)^2$、125.867$(N^2/s)^2$、126.335$(N^2/s)^2$，FRICL：126.383$(N^2/s)^2$、125.815$(N^2/s)^2$、126.327$(N^2/s)^2$，与真实载荷功率126.678$(N^2/s)^2$基本相同；而考虑噪声干扰时，NICL在阻尼1下的功率结果(153.486$(N^2/s)^2$)与真实值差别较大，在阻尼2和阻尼3下的功率结果(127.738$(N^2/s)^2$、126.180$(N^2/s)^2$)与真实值相差不大。

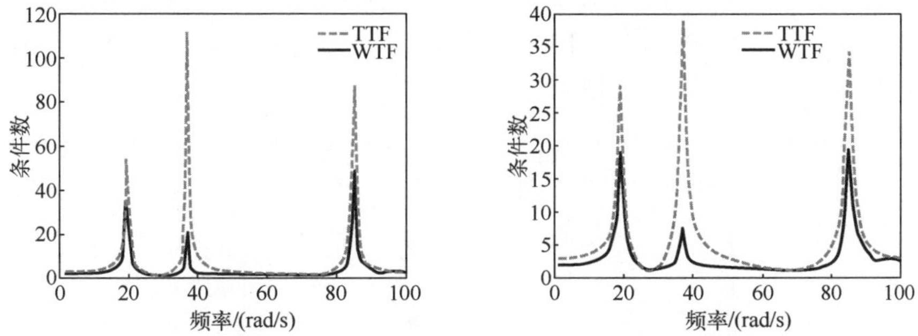

(a) 阻尼1　(b) 阻尼2

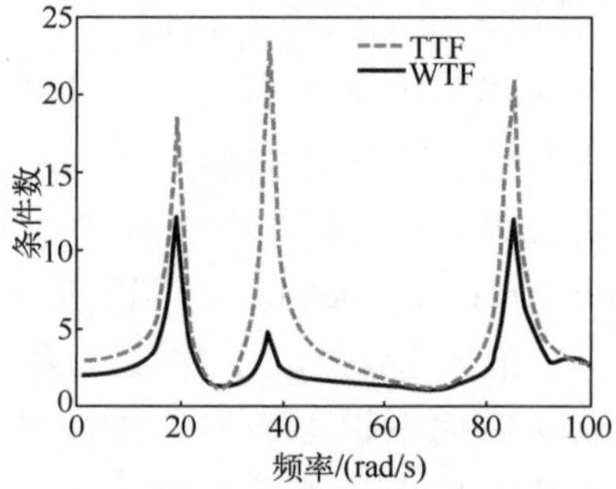

(c) 阻尼3

图 5.9　舵面结构在不同频率下的传递函数条件数结果

为了更明确地说明所提出的两步加权正则化方法的必要性，本算例还采用不同方法和含噪响应中心值进行了若干确定性随机动态载荷识别，包括无正则化操作的逆虚拟激励法、传统的 Tikhonov 正则化方法、仅对传递函数矩阵进行加权的正则化方法（第一步）、仅对 Tikhonov 参数进行加权的正则化方法（第二步）以及两步加权正则化方法。载荷 F_1 和 F_2 的频域识别结果分别如图 5.10、图 5.11 所示，相应的功率结果如表 5.2 所示。以 F_1 为例，在第二阶固有频率处，识别的载荷功率谱密度分别是 17.221 $(N^2/s)^2/(rad/s)$、17.211 $(N^2/s)^2/(rad/s)$、4.113 $(N^2/s)^2/(rad/s)$、15.437 $(N^2/s)^2/(rad/s)$ 和 2.753 $(N^2/s)^2/(rad/s)$，真实载荷功率谱密度为 2.088 $(N^2/s)^2/(rad/s)$。这表明，对于该算例，传统 Tikhonov 正则化方法的病态性抑制效果并不明显。采用第一步加权方法，可以显著降低第二、三阶固有频率处的载荷识别误差，但基频处的误差会被放大。该现象可以通过图 5.9 中加权传递函数的条件数解释。此外，第二步加权方法通过对整个频带上的条件数和每一阶虚拟响应进行适当的调整，也在一定程度上减小了载荷识别误差。尽管两步加权正则化方法在固有频率附近的识别误差仍然比较明显，但整个频带的积分结果与真实情况基本一致。综上所述，通过两步加权方法，能够有效保证随机动态载荷识别算法在整个频率范围内的稳定性。

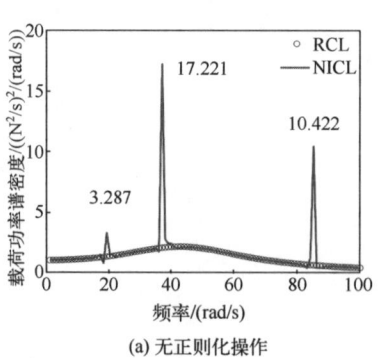

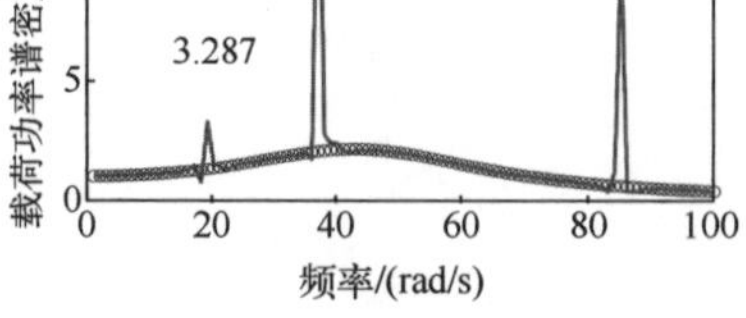

(a) 无正则化操作

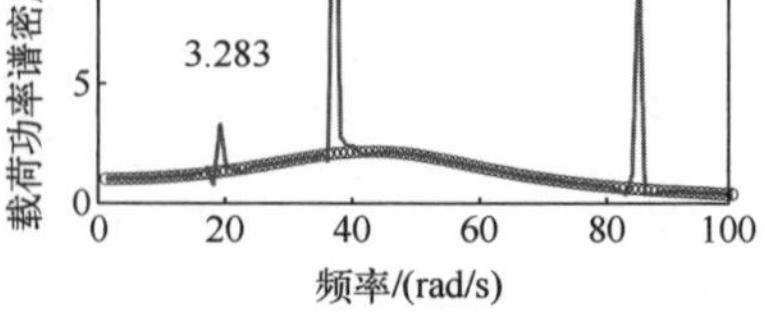

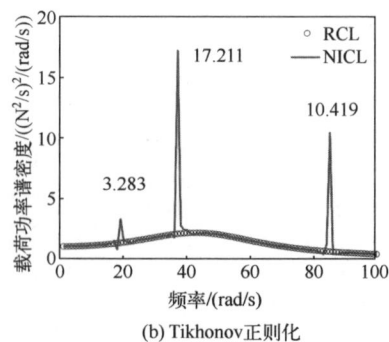

(b) Tikhonov正则化

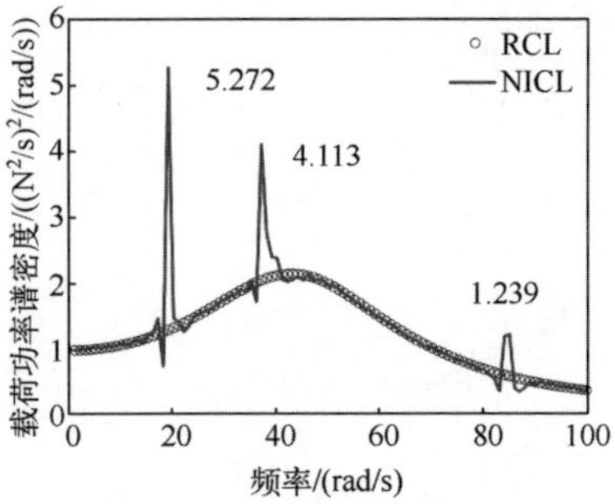

(c) 加权矩阵正则化

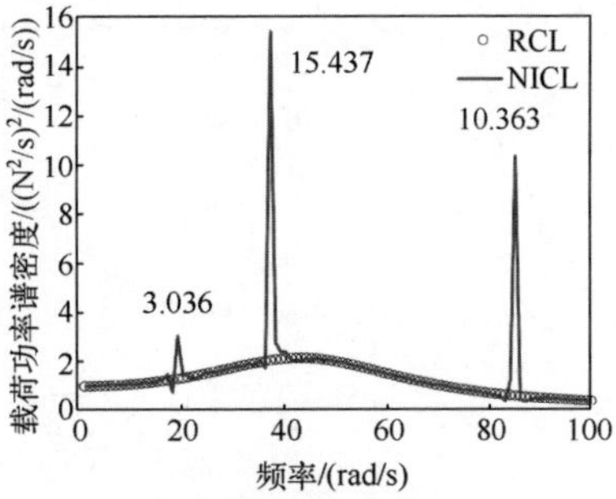

(d) 加权Tikhonov正则化

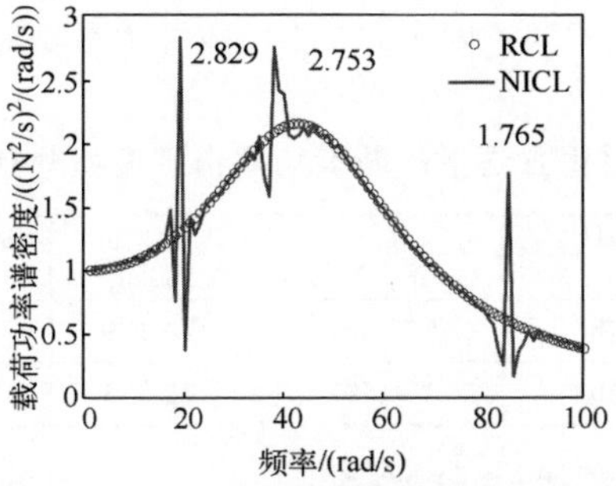

(e) 两步加权正则化

图 5.10　舵面结构在不同正则化方法下的随机动态载荷识别结果(F_1)

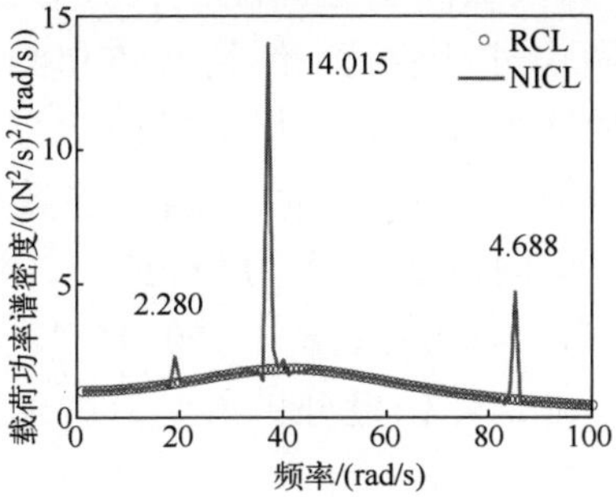

(a) 无正则化操作

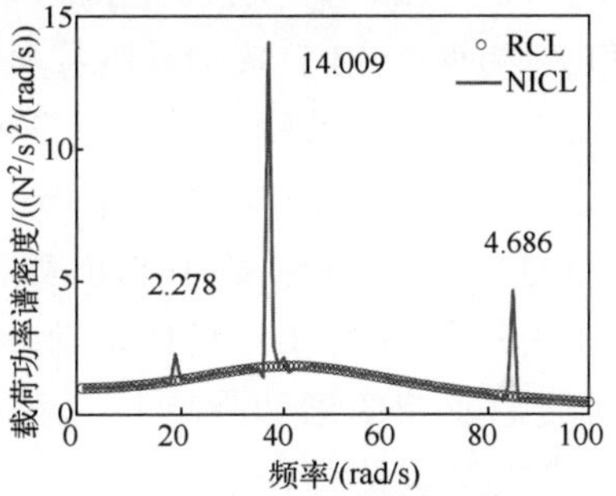

(b) Tikhonov正则化

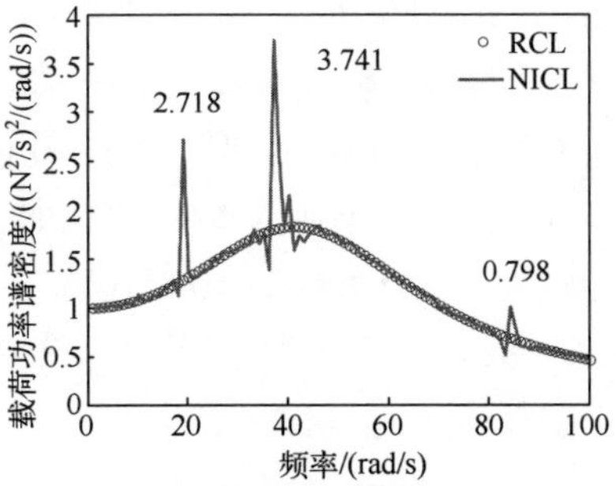

(c) 加权矩阵正则化

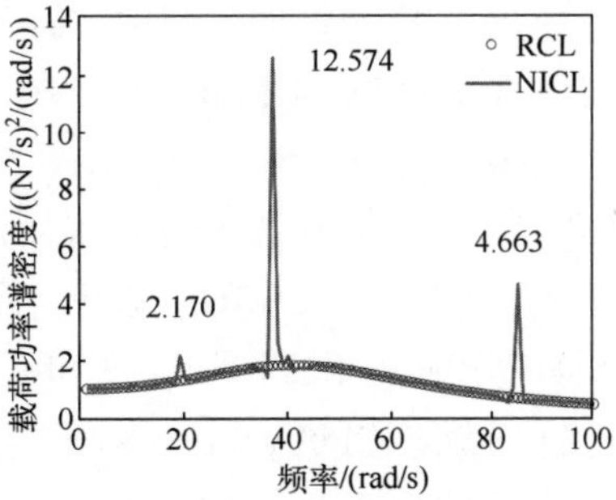

(d) 加权Tikhonov正则化

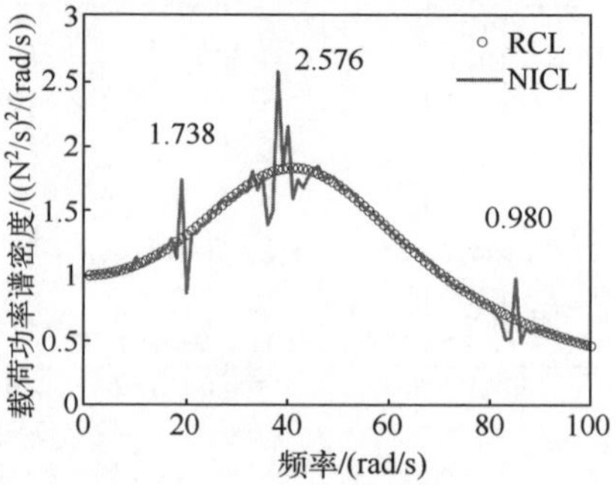

(e) 两步加权正则化

图 5.11　舵面结构在不同正则化方法下的随机动态载荷识别结果(F_2)

表 5.2　舵面结构在不同正则化方法下的载荷功率谱密度积分结果　(单位：$(N^2/s)^2$)

载荷	真实载荷	无正则化操作	Tikhonov 正则化	加权矩阵正则化	加权 Tikhonov 正则化	两步加权正则化
F_1	126.678	153.486	153.469	133.179	151.391	126.416
F_2	119.185	136.602	136.592	122.875	135.026	118.743

5.4.2　机翼结构的动态载荷频域识别

本算例以 3.4.2 节的机翼结构为研究对象。加载位置和测点位置如图 5.12 所示，F_1 和 F_2 为两个相干激励。该算例同时考虑外部载荷、结构本体和测量响应的不确定性，证明 5.3 节所提出的多源不确定性下载荷频域特征区间边界反求方法的合理性。机翼结构蒙皮和填充物的弹性模量被视为区间不确定参数，取值如 4.4.3 节所述。结构在参数中心值处的前三阶固有频率为 0.962Hz、3.070Hz 和 6.189Hz，关注频段为 0～10Hz，阻尼系数为 α=0.375、β=1.250×10^{-5}。用于载荷频域识别的响应功率谱边界同样通过正向不确定性传播分析得到，并通过添加高斯白噪声来模拟实测情况。

首先，利用响应中心值进行参考载荷识别，在此基础上确定 Chebyshev 正交多项式的逼近参数。针对三个不确定参数(E_{11}、E_{22} 和 E)，分别计算不同多项式阶数下的单变量函数的最值。以 5Hz 下测点 1 的自功率谱实部为例，多项式逼近的单变量函数 $\boldsymbol{S}_{\ddot{U}\ddot{U}}(E_{11},5)$、$\boldsymbol{S}_{\ddot{U}\ddot{U}}(E_{22},5)$、$\boldsymbol{S}_{\ddot{U}\ddot{U}}(E,5)$ 的值和相邻阶数的最值差值如表 5.3 和表 5.4 所示。作为对比，采用蒙特卡洛方法计算不确定参数波动时的响应功率谱最值，表 5.3 中用“MC”表示。设置收敛容差 ε_1 为 0.001×$10^{-13}$$(m/s^2)^2/(rad/s)$，根据表 5.4，分别采用 2 阶、2 阶和 3 阶 Chebyshev 多项式对 E_{11}、E_{22} 和 E 的单变量函数进行逼近。Chebyshev 多项式计算的最值结果与 MC 方法一致，证明了多项式阶数选择的合理性。接下来，计算式(5.43)的指标，判断交叉项是否存在。

经计算，$\Delta\boldsymbol{S}_{\ddot{U}\ddot{U}}(E,E_{11},\omega)=0.036\times10^{-13}\text{rad/s}$，$\Delta\boldsymbol{S}_{\ddot{U}\ddot{U}}(E,E_{22},\omega)=0.029\times10^{-13}\text{rad/s}$，$\Delta\boldsymbol{S}_{\ddot{U}\ddot{U}}(E_{11},E_{22},\omega)=0.095\times10^{-13}\text{rad/s}$，设置收敛容差 ε_2 为 0.05×10^{-13}rad/s，考虑变量 E_{11} 和 E_{22} 间的交叉项即可。最终降维 Chebyshev 正交多项式可以表示为 $\boldsymbol{S}_{\ddot{U}\ddot{U}}(\boldsymbol{b}_{\text{s}},\boldsymbol{b}_{\text{f}}^{\text{m}},\omega)=\boldsymbol{S}_{\ddot{U}\ddot{U},0}(\omega)+\boldsymbol{S}_{\ddot{U}\ddot{U}}(E_{11},\omega)+\boldsymbol{S}_{\ddot{U}\ddot{U}}(E_{22},\omega)+\boldsymbol{S}_{\ddot{U}\ddot{U}}(E,\omega)+\boldsymbol{S}_{\ddot{U}\ddot{U}}(E_{11},E_{22},\omega)$。

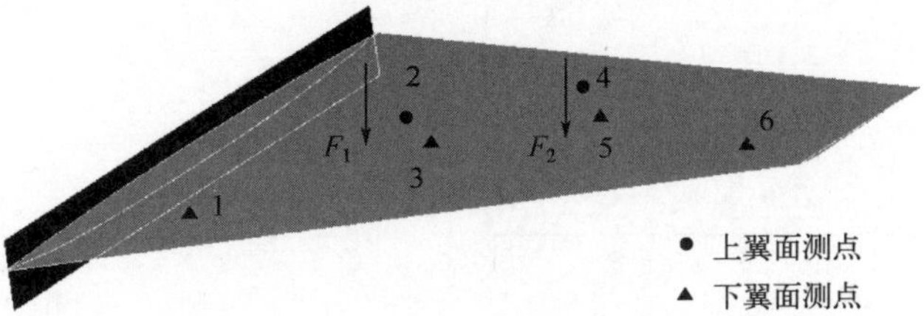

图 5.12　机翼结构示意图

表 5.3　单变量函数的多项式逼近结果　（单位：$10^{-13}(\text{m/s}^2)^2/(\text{rad/s})$）

单变量函数	最大值					最小值				
	1 阶	2 阶	3 阶	4 阶	MC	1 阶	2 阶	3 阶	4 阶	MC
$\boldsymbol{S}_{\ddot{U}\ddot{U}}(E_{11},5)$	3.249	3.259	3.259	—	3.259	2.664	2.671	2.671	—	2.671
$\boldsymbol{S}_{\ddot{U}\ddot{U}}(E_{22},5)$	3.000	3.014	3.015	—	3.015	2.924	2.934	2.935	—	2.936
$\boldsymbol{S}_{\ddot{U}\ddot{U}}(E,5)$	3.956	4.099	4.126	4.126	4.126	2.170	2.257	2.230	2.230	2.230

表 5.4　相邻阶数单变量函数的逼近差值结果　（单位：$10^{-13}(\text{m/s}^2)^2/(\text{rad/s})$）

单变量函数差值	最大值			最小值		
	1-2 阶	2-3 阶	3-4 阶	1-2 阶	2-3 阶	3-4 阶
$\left\lvert\boldsymbol{S}_{\ddot{U}\ddot{U}}(E_{11},5)\big\rvert_{O+1}-\boldsymbol{S}_{\ddot{U}\ddot{U}}(E_{11},5)\big\rvert_{O}\right\rvert$	9.869×10^{-3}	8.753×10^{-4}	—	8.077×10^{-3}	9.186×10^{-4}	—
$\left\lvert\boldsymbol{S}_{\ddot{U}\ddot{U}}(E_{11},5)\big\rvert_{O+1}-\boldsymbol{S}_{\ddot{U}\ddot{U}}(E_{11},5)\big\rvert_{O}\right\rvert$	1.478×10^{-2}	4.625×10^{-4}	—	1.053×10^{-2}	4.621×10^{-4}	—
$\left\lvert\boldsymbol{S}_{\ddot{U}\ddot{U}}(E,5)\big\rvert_{O+1}-\boldsymbol{S}_{\ddot{U}\ddot{U}}(E,5)\big\rvert_{O}\right\rvert$	1.429×10^{-1}	2.752×10^{-4}	5.887×10^{-5}	8.782×10^{-2}	2.758×10^{-2}	9.215×10^{-6}

接下来，计算参考载荷作用下响应功率谱密度的区间边界和对应的弹性模量取值，并利用一阶泰勒级数展开方法反求随机动态载荷的频域特征边界。识别的载荷自功率谱和互功率谱结果如图 5.13 所示，积分结果如表 5.5 所示。结果表明，无论是载荷中值还是载荷边界，识别结果基本与真实曲线相吻合，尽管存在噪声干扰，也不会出现区间扩张的趋势，这说明了本章所提出的随机动态载荷识别方法以及多源不确定性传播分析方法的可行性。除此之外，载荷互功率密度的识别效果要好于自功率谱。对于两个相关载荷的自功率谱密度，识别的互功率谱密度在整个频段上表现出了很好的简谐曲线性质，而识别的自功率谱密度在中间平滑阶段会出现波动现象。

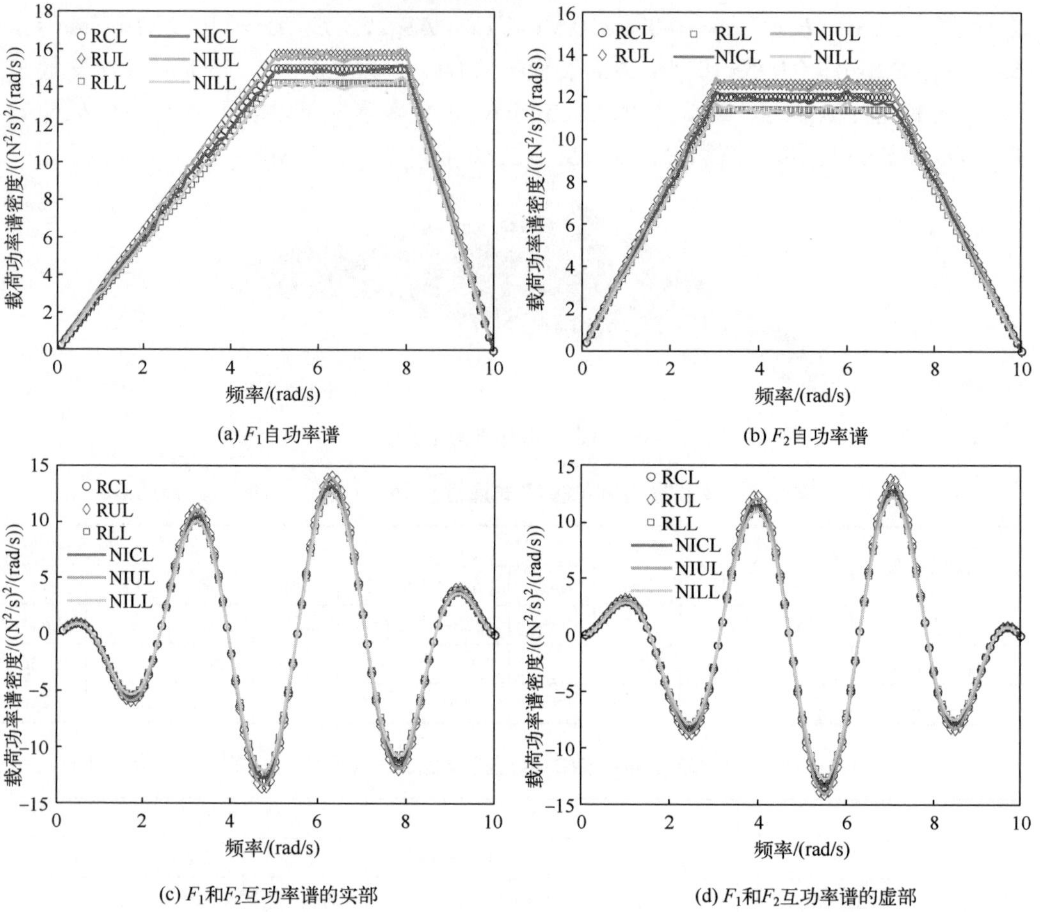

(a) F_1自功率谱

(b) F_2自功率谱

(c) F_1和F_2互功率谱的实部

(d) F_1和F_2互功率谱的虚部

图 5.13 机翼结构的随机动态载荷识别结果

表 5.5 机翼结构的载荷功率谱密度积分结果 （单位：$(\mathrm{N}^2/\mathrm{s})^2$）

载荷功率谱	RCL	NICL	RUL	NIUL	RLL	NILL
F_1 自功率谱	97.448	97.843	102.320	102.705	92.575	93.032
F_2 自功率谱	83.960	85.633	88.158	89.870	79.762	81.431
F_1 和 F_2 互功率谱的实部	57.035	57.130	59.887	60.010	54.184	54.294
F_1 和 F_2 互功率谱的虚部	56.931	56.696	59.777	59.530	54.084	53.861

5.4.3 悬臂梁试验件的动态载荷频域识别

本算例以铝制悬臂梁试验件为研究对象，进行随机动态载荷加载下的频域统计特性识别。悬臂梁的安装方式与 3.4.3 节一致，其总长度、固支端到顶端之间的长度、宽度以及厚度分别为 605mm、570mm、40mm 和 1.92mm。结构的前三阶固有频率为 40.694Hz、255.164Hz 和 626.534Hz。对悬臂梁结构进行模型修正，等效的材料属性如表 5.6 所示。在距离端部 20mm 处通过激振器施加随机动态载荷，在距离端部 40mm 的位置安装加速度传感器测量随机动态响应，时域采样频率为 1000Hz，关注时长为 16s。对采集的载荷信号和响应信号进行谱分析，得到加速度响应和加载激励的功率谱密度。具体而言，借助 MATLAB 信号处理工具箱中的 Welch 平均周期方法，通过对时域离散随机信号序列进行适当的重叠分割、开窗操作和快速傅里叶变换计算离散随机信号序列的功率谱密度。该算例关注的频率范围是 0～500Hz，频率分辨率为 5Hz。

表 5.6　经过模型修正的悬臂梁结构材料属性

材料属性	弹性模量 E/GPa	密度 ρ/(kg/m^3)	泊松比 ν	阻尼系数 α	阻尼系数 β
取值	69.522	2625.638	0.330	3.435	2.419×10^{-4}

由于本试验的悬臂梁结构为单输入单输出系统，传递矩阵的维度为1×1，条件数在整个关注频段上的取值均为 1，无法反映载荷识别过程在整个频段上的稳定性情况。然而，如图 5.14(a)所示，传递矩阵的 2-范数在前两阶频率处有较大的取值，因此，利用第一步加权正则化方法减小原始传递函数的 2-范数。通过式(5.25)可得，加权传递函数在整个频率上的 2-范数为 1，如图 5.14(b)所示。由于单点测量情况，加速度响应功率谱的秩为 1，即只能分解成一个虚拟响应。而且条件数和 2-范数在整个频段上的取值都为 1，ξ_1^{I} 和 ξ_2^{I} 的取值为 1，因此无法使用第二步加权正则化方法。随机动态载荷功率谱密度的识别结果及识别误差如图 5.15 所示。

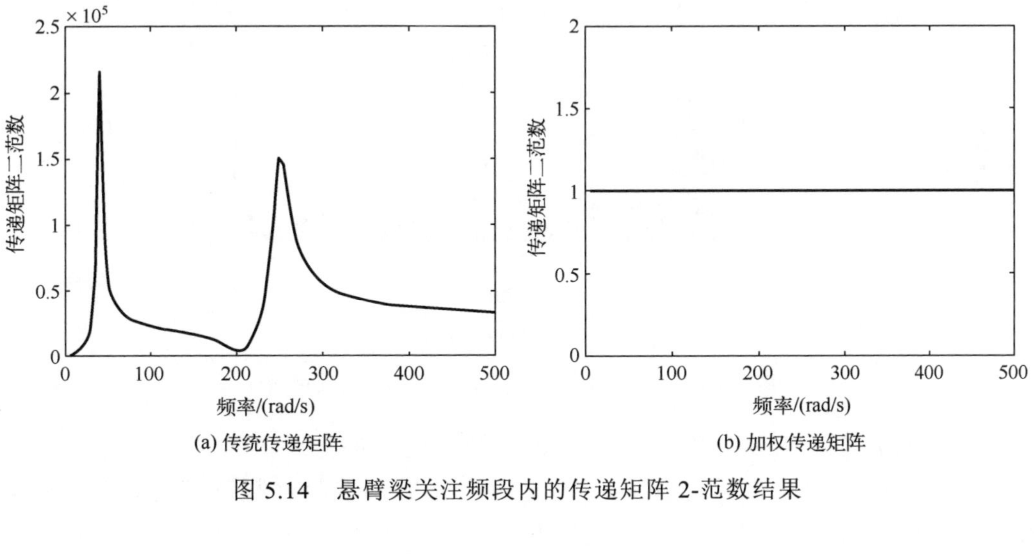

(a) 传统传递矩阵　　(b) 加权传递矩阵

图 5.14　悬臂梁关注频段内的传递矩阵 2-范数结果

可以看出，在低频范围内(100Hz 以内)，载荷识别误差较大，特别是在基频处，相对误差为 26.093%。这是因为低频范围内的条件数更大，低频响应受到噪声的影响也较大。在整个关注频带内，载荷功率谱密度的平均相对误差为 2.539%，真实加载载荷功率指标为 29.087 $(N^2/s)^2$，识别结果为 29.286 $(N^2/s)^2$。这表明，本章提出的方法可以准确识别出随机动态载荷的频域特征统计量。

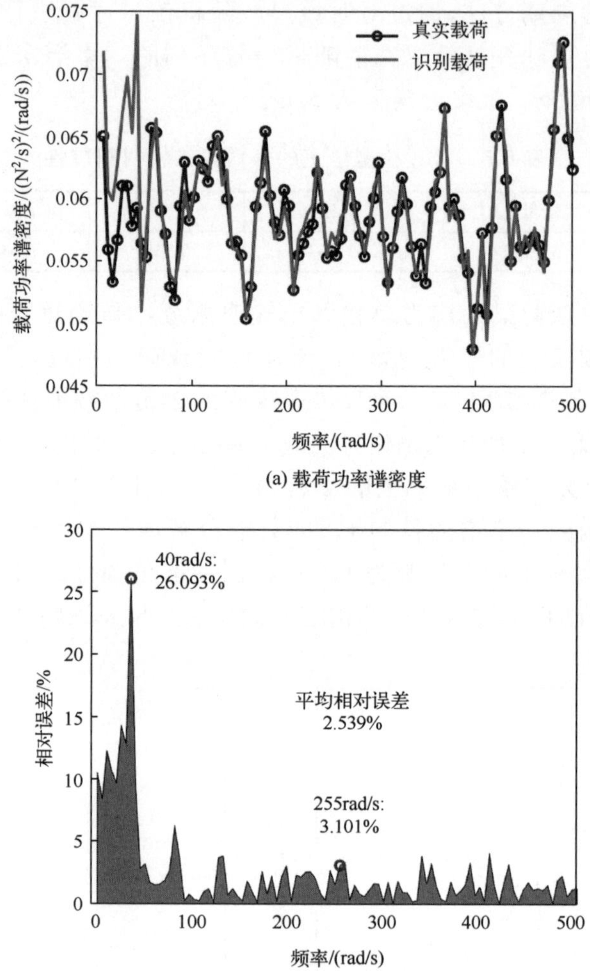

(a) 载荷功率谱密度

(b) 相对误差

图 5.15　悬臂梁结构的随机动态载荷识别结果

受到试验样本限制，整个动力学系统的区间不确定性无法测量，接下来将基于修正模型开展仿真环境下的不确定响应分析和不确定载荷识别。假设弹性模量、密度以及阻尼系数为不确定变量，参数具体取值如表 5.7 所示，并假设动态载荷具有 10%的分散性(上、下各 5%)。加速度功率谱密度的区间边界如图 5.16 所示。

表 5.7　悬臂梁结构的不确定性材料属性

材料属性	弹性模量 E/GPa	密度 ρ/(kg/m^3)	阻尼系数 α	阻尼系数 β
取值	[67.603, 70.081]	[2623.000, 2719.000]	[3.135, 3.465]	[2.280, 2.520] × 10^{-4}

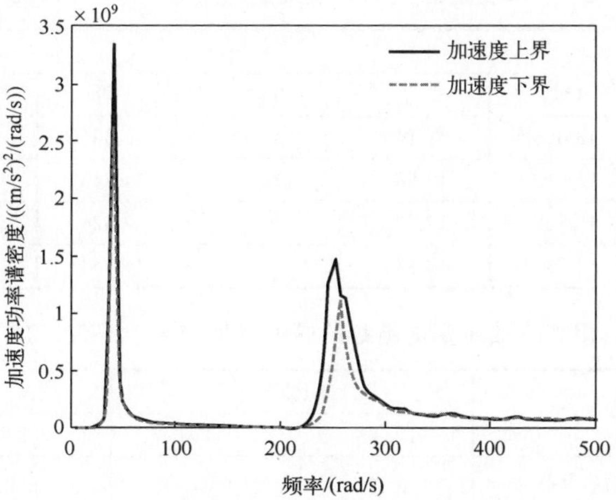

(a) 实部

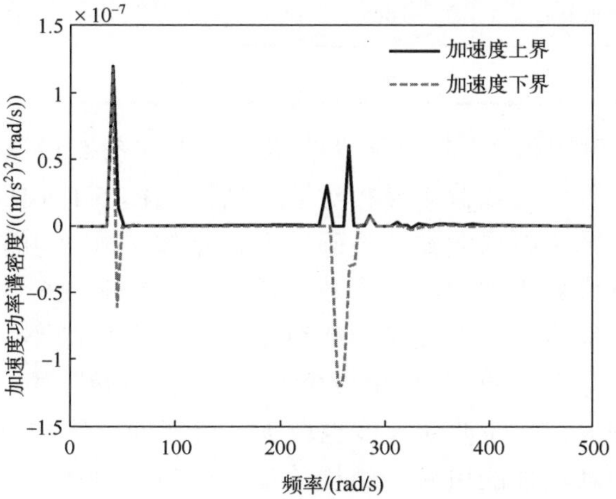

(b) 虚部

图 5.16　仿真悬臂梁结构的加速度功率谱区间边界

按照与上一节相同的步骤进行随机动态载荷功率谱密度的区间边界识别。对每个不确定参数进行多项式阶数自适应分析，结果如表 5.8 和表 5.9 所示。设置 ε_1

为 0.050(m/s^2)^2/(rad/s)），最终采用 2 阶、2 阶、1 阶，以及 1 阶 Chebyshev 多项式对 E、ρ、α 和 β 的单变量函数进行逼近；设置 ε_2 为 0.05，式(5.43)的计算结果为：0.751(E 和 ρ)、0.003(E 和 α)、0.019(E 和 β)、0.017(ρ 和 α)、0.049(ρ 和 β)以及 0.119(α 和 β)，因此考虑 E 和 ρ、α 和 β 之间的耦合效应，降维多项式可以写为 $\boldsymbol{S}_{\ddot{U}\ddot{U}}(\boldsymbol{b}_{\mathrm{s}},\boldsymbol{b}_{\mathrm{f}}^{\mathrm{m}},\omega)=\boldsymbol{S}_{\ddot{U}\ddot{U},0}(\omega)+\boldsymbol{S}_{\ddot{U}\ddot{U}}(E,\omega)+\boldsymbol{S}_{\ddot{U}\ddot{U}}(\rho,\omega)+\boldsymbol{S}_{\ddot{U}\ddot{U}}(\alpha,\omega)+\boldsymbol{S}_{\ddot{U}\ddot{U}}(E,\rho,\omega)+\boldsymbol{S}_{\ddot{U}\ddot{U}}(\alpha,\beta,\omega)$。

表 5.8　单变量函数的多项式逼近结果　(单位：10^{-13}(m/s^2)^2/(rad/s))

单变量函数	上界			下界		
	1 阶	2 阶	3 阶	1 阶	2 阶	3 阶
$\boldsymbol{S}_{\ddot{U}\ddot{U}}(E,250)$	13.468	13.145	13.157	11.306	10.977	11.001
$\boldsymbol{S}_{\ddot{U}\ddot{U}}(\rho,250)$	13.013	12.882	12.885	11.716	11.353	11.365
$\boldsymbol{S}_{\ddot{U}\ddot{U}}(\alpha,250)$	12.968	12.970	—	12.524	12.525	—
$\boldsymbol{S}_{\ddot{U}\ddot{U}}(\beta,250)$	13.797	13.830	—	11.754	11.785	—

表 5.9　相邻阶数单变量函数的逼近差值结果　(单位：10^{-13}(m/s^2)^2/(rad/s))

单变量函数差值	上界		下界	
	1-2 阶	2-3 阶	1-2 阶	2-3 阶
$\left\lvert \boldsymbol{S}_{\ddot{U}\ddot{U}}(E,250)\big\rvert_{O+1}-\boldsymbol{S}_{\ddot{U}\ddot{U}}(E,250)\big\rvert_{O}\right\rvert$	−0.323	0.012	−0.329	0.024
$\left\lvert \boldsymbol{S}_{\ddot{U}\ddot{U}}(\rho,250)\big\rvert_{O+1}-\boldsymbol{S}_{\ddot{U}\ddot{U}}(\rho,250)\big\rvert_{O}\right\rvert$	−0.131	0.003	−0.363	0.012
$\left\lvert \boldsymbol{S}_{\ddot{U}\ddot{U}}(\alpha,250)\big\rvert_{O+1}-\boldsymbol{S}_{\ddot{U}\ddot{U}}(\alpha,250)\big\rvert_{O}\right\rvert$	0.002	—	0.001	—
$\left\lvert \boldsymbol{S}_{\ddot{U}\ddot{U}}(\beta,250)\big\rvert_{O+1}-\boldsymbol{S}_{\ddot{U}\ddot{U}}(\beta,250)\big\rvert_{O}\right\rvert$	0.032	—	0.031	—

载荷功率谱密度中值、上界及下界的识别结果如图 5.17(a)～图 5.17(c)所示，中心载荷识别相对误差及载荷边界相对波动情况如图 5.17(d)和图 5.17(e)所示。可以看出，由于考虑了结构参数的不确定性，结构的固有频率发生了微小变化。这是由于用于载荷边界识别的结构参数 $\boldsymbol{b}_{\mathrm{s}}^{\max}$、$\boldsymbol{b}_{\mathrm{s}}^{\min}$ 与表 5.6 中的模型修正参数不同。此外，在仿真环境下，低频段的载荷识别误差有所减小，整个频段的平均相对误差和相对波动分别为 2.519%和 9.981%，但在前两阶固有频率附近，载荷功率谱的识别误差偏大，区间波动程度也较大。可能的原因如下：①从图 5.16 可以看出，由于参数不确定性的引入，结构的动力学特性发生了改变，加速度功率谱密度区间边界在整个频域上的分布规律并不完全相同，特别是在前两阶频率处，即响应和结构参数的非线性关系显著，这意味着响应区间的中值并不一定与真实载荷在参数中心值处引发的响应相对应；②响应测点的选择直接决定了传递函数的构成和性质，本试验仅采用一个测点的加速度响应功率谱，可能不能完全反映结构的频响特性，特别是在基频处，因此，可以增加测点数量并进行布局优化以

提高载荷识别精度；③本算例采用前 50 阶模态进行载荷频域识别，动力学求解过程存在模态截断误差，但减缩模态阶数与计算精度之间并没有确切的准则，需要根据经验和计算条件进行合理选择；④正如前面所述，本算例仅使用了第一步加权正则化方法，载荷识别反问题的病态性没有得到完全控制。

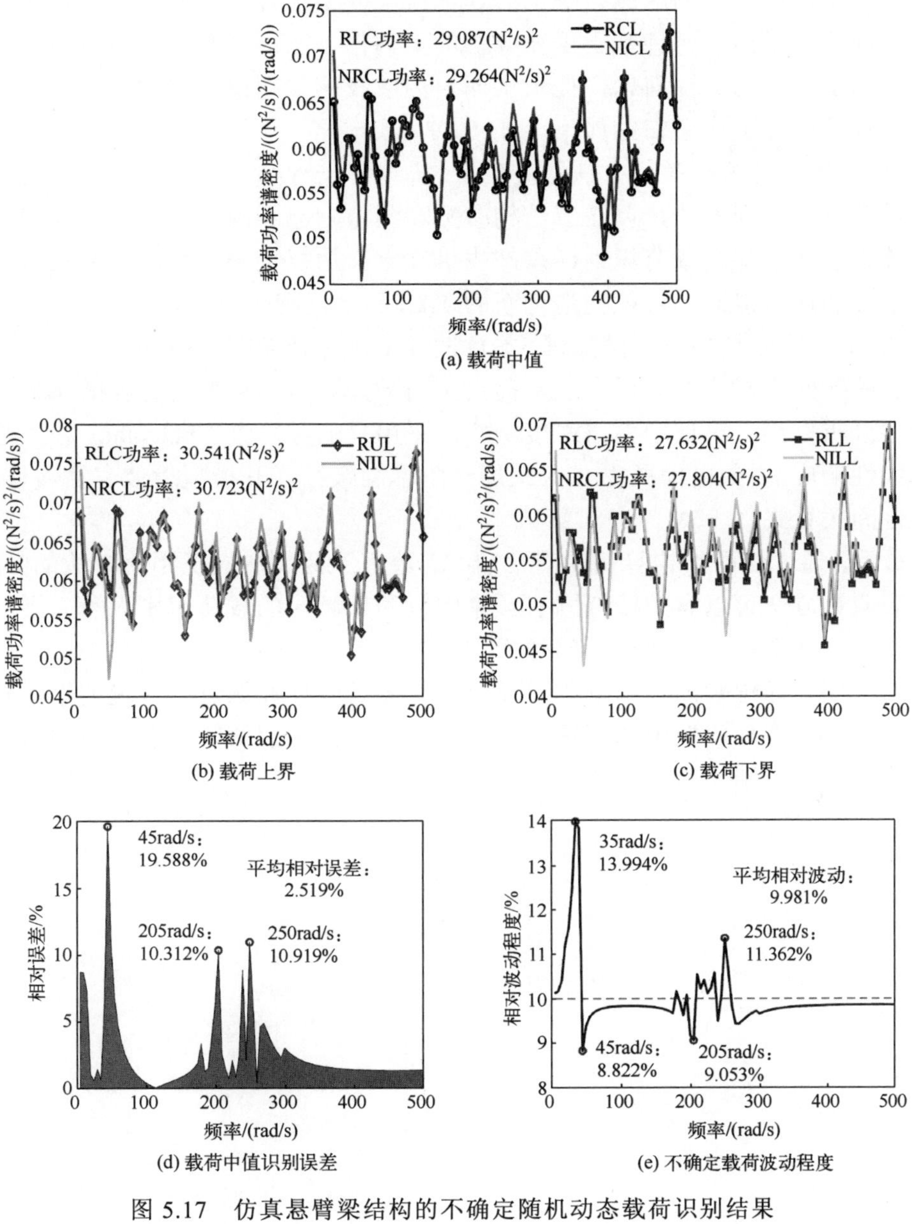

图 5.17　仿真悬臂梁结构的不确定随机动态载荷识别结果

5.5 本章小结

本章针对工程中常见的平稳随机动态载荷，提出了一种同时考虑外部载荷分散、结构本体波动和响应测量噪声的功率谱密度识别方法。针对传递函数求逆的病态性问题，提出了两种基于误差分析的正则化方法；同时，针对载荷识别过程中出现的多源不确定性问题，提出了面向频域载荷识别反问题的不确定性分析方法。本章的研究工作可归纳如下。

(1)在传统逆虚拟激励方法的基础上，提出了一种基于两步加权正则化的随机动态载荷频域识别方法，以缓解结构参数和测量响应不确定性引起的反问题病态性。该方法通过结合载荷识别误差产生机理定义加权正则化矩阵，并结合传递函数条件数和逆虚拟激励特征构造全新的 Tikhonov 正则化参数。

(2)基于响应叠加与分解原理，本章发展了一种针对多源不确定性下载荷识别反问题的区间不确定性分析方法，提出了两种兼顾计算精度与计算效率的不确定性传播分析方法。对于功率谱密度响应，采用自适应降维 Chebyshev 模型近似表征非线性响应-参数区间关系式，采用一阶泰勒级数展开模型近似表征线性响应-载荷区间关系式。

最后，通过舵面结构算例的对比研究，验证了两步加权正则化方法的必要性，结果表明该方法可以有效降低固有频率附近和低频区的载荷识别误差。通过机翼结构算例，详细论述了载荷区间边界识别方法的可行性，并阐明了多源不确定性下载荷区间边界识别的详细过程。通过悬臂梁试验件算例进一步说明了所提出方法在处理工程实际问题中的适用性；然而，该算例在前两阶固有频率附近，载荷功率谱密度的识别误差仍然较大。

第 6 章　面向结构动态载荷识别的多目标传感器布局优化

为了提高上述机理驱动不确定性动态载荷识别方法的准确性和稳健性，提出了非载荷依赖型和载荷依赖型多目标传感器布局优化方法，以获取合理有效的传感器测点响应。前者面向加载位置未知情况，针对模态响应求解过程，定义了与求解有效性、稳定性、正交性和稳健性有关的联合适应度函数，并将其作为优化目标进行 Pareto 多目标传感器布局优化。后者面向加载位置已知情况，考虑更复杂的力热环境和静-动混合加载问题，通过综合模态选择、候选集确定和多目标优化等环节，实现了以若干阶模态载荷识别精度为目标的异构响应传感器布局优化。

6.1　引　言

结构动态载荷识别依赖于实测响应数据，而传感器网络的布置直接影响响应信号的获取合理性，并进而影响载荷识别的精度，尤其是基于模态坐标变换的机理驱动载荷识别方法。在实际工程应用中，由于操作成本和技术条件的限制，通常只能在结构的有限位置布置传感器，这导致测量数据的不完备[165]。因此，如何利用传感器布局优化理论，将有限数量的传感器布置在结构的最佳位置，以采集最能反映结构动力学特性的响应信号，成为结构动态载荷识别面临的首要问题。

目前，基于结构振动理论、信号采集与分析技术，已经发展了若干传感器布局优化方法。大多数方法以模态可观测性为出发点，利用模态线性无关性准则来寻找最优测点组合，以获取尽可能多的模态参数信息，如 Fisher 信息矩阵方法和模态保证方法[166, 167]。然而，这些方法并非专门针对载荷识别问题提出，因此无法直接应用于载荷识别任务。针对动态载荷识别问题的传感器布局优化思路主要有两种。第一种方法旨在通过减小载荷识别传递函数矩阵的条件数，从而降低求逆操作的病态性[113]。这种方法通过前向贪心和后向贪心策略逐步增加或剔除测点，以满足预设的传感器数量要求。尽管这种方法在特定条件下能提高优化效率，但通常只能获得次优解。第二种方法直接以减小载荷识别误差为目标[136]，但仅适用于特定的载荷工况。由于动态载荷的时空分布直接影响误差函数的特征，因此在某一工况下优化得到的传感器布局方案可能不适用于其他加载工况，这使得这种方法缺乏普适性，并且主要适用于已有载荷先验信息的情况。

对前面章节的载荷识别问题进行总结，可以将其归纳为两类：加载点已知的载荷依赖型问题和加载点未知的载荷非依赖型问题。本章将多源不确定性因素纳入现有传感器优化准则，研究非载荷依赖型和载荷依赖型的多目标、多工况和多类型传感器布局优化方法。布局优化过程主要包括三个步骤：①生成可以安装传感器的测点候选集；②定义传感器布置方案的性能评价准则；③通过优化算法从候选点集中选择满足约束条件的最佳传感器组合。需要指出的是，本章在传感器类型、数量和方向已给定的前提下进行布局优化，仅关注传感器位置的优化。

6.2　综合多性能指标的非载荷依赖型传感器布局优化

对于前面章节所提出的基于模态坐标变换的动态载荷识别方法，外部载荷识别的关键是模态载荷的反求，而模态载荷的推导与模态响应的求解有关，进而与模态的选取和测量响应的选取有关。对于工程振动问题，低阶模态对响应的贡献比重比较大。本节将利用低阶模态进行模态响应求解，并基于减缩模态矩阵进行传感器布局优化，使得在不进行正则化操作的情况下，通过不完备测点反求的模态响应尽可能接近正向计算或者利用完备模型求解的模态响应。需要说明的是，这种传感器布局优化方案不涉及外部载荷的空间分布形式和时间变化形式，是一种非载荷依赖型的方法。

6.2.1　优化方案的评价准则定义

结构健康监测领域已经发展了若干传感器布局优化方法。显然，对于同一个结构，利用不同的优化准则将会产生不同的布局方案。在进行模态响应求解时，需要考虑以下几个问题：①布置方案应尽可能减小模态响应求解误差，即有效性；②布置方案应尽可能减小随机因素导致的误差，即稳定性；③布置方案应尽可能提升减缩模态之间的独立性，即正交性；④布置方案应尽可能降低由参数不确定性引起的载荷波动，即稳健性。下面将考虑多源不确定性因素，定义上述四种性能的评价准则。

1. Fisher 信息阵 2-范数

动力学响应从物理空间向模态空间转化时，为了实现模态响应的无偏估计，模态变换过程的误差应尽可能小。若测量信号为加速度响应，模态加速度响应估计误差的协方差矩阵可以表示为

$$
\begin{aligned}
\boldsymbol{J}_{\mathrm{a}}(\boldsymbol{b},\boldsymbol{S}) &= E\{[\ddot{\boldsymbol{q}}(\boldsymbol{b},\boldsymbol{S},t)-\ddot{\boldsymbol{q}}_{\mathrm{best}}(\boldsymbol{b},t)][\ddot{\boldsymbol{q}}(\boldsymbol{b},\boldsymbol{S},t)-\ddot{\boldsymbol{q}}_{\mathrm{best}}(\boldsymbol{b},t)]^{\mathrm{T}}\} \\
&= \left[\boldsymbol{\Phi}^{\mathrm{T}}(\boldsymbol{b},\boldsymbol{S})\frac{1}{\sigma^2}\boldsymbol{\Phi}(\boldsymbol{b},\boldsymbol{S})\right]^{-1} = \frac{1}{\sigma^2}[\boldsymbol{Q}_{\mathrm{a}}(\boldsymbol{b},\boldsymbol{S})]^{-1}
\end{aligned} \tag{6.1}
$$

若测量信号为应变响应，模态位移响应估计误差的协方差矩阵可以表示为

$$\begin{aligned}\boldsymbol{J}_{\mathrm{d}}(\boldsymbol{b},\boldsymbol{S})&=\mathrm{E}\{[\boldsymbol{q}(\boldsymbol{b},\boldsymbol{S},t)-\boldsymbol{q}_{\mathrm{best}}(\boldsymbol{b},t)][\boldsymbol{q}(\boldsymbol{b},\boldsymbol{S},t)-\boldsymbol{q}_{\mathrm{best}}(\boldsymbol{b},t)]^{\mathrm{T}}\}\\&=\left[\boldsymbol{\varPsi}^{\mathrm{T}}(\boldsymbol{b},\boldsymbol{S})\frac{1}{\sigma^{2}}\boldsymbol{\varPsi}(\boldsymbol{b},\boldsymbol{S})\right]^{-1}=\frac{1}{\sigma^{2}}[\boldsymbol{Q}_{\mathrm{d}}(\boldsymbol{b},\boldsymbol{S})]^{-1}\end{aligned}\tag{6.2}$$

式中，$\ddot{\boldsymbol{q}}(\boldsymbol{b},\boldsymbol{S},t)$ 和 $\boldsymbol{q}(\boldsymbol{b},\boldsymbol{S},t)$ 表示在传感器布置方案 $\boldsymbol{S}$ 下的反求模态响应；$\ddot{\boldsymbol{q}}_{\mathrm{best}}(\boldsymbol{b},t)$ 和 $\boldsymbol{q}_{\mathrm{best}}(\boldsymbol{b},t)$ 表示利用结构完备信息的反求模态响应；σ^2 表示高斯白噪声；$\boldsymbol{Q}_{\mathrm{a}}(\boldsymbol{b},\boldsymbol{S})$ 和 $\boldsymbol{Q}_{\mathrm{d}}(\boldsymbol{b},\boldsymbol{S})$ 表示对应于减缩位移模态矩阵和减缩应变模态矩阵的 Fisher 信息阵。

当 $\boldsymbol{Q}_{\mathrm{a}}(\boldsymbol{b},\boldsymbol{S})$ 和 $\boldsymbol{Q}_{\mathrm{d}}(\boldsymbol{b},\boldsymbol{S})$ 取最大值时，模态响应估计误差的协方差矩阵取最小值，可以实现模态响应的最优估计。下面，利用矩阵的 2-范数量化 Fisher 信息阵。基于数值分析理论，2-范数可以用最大特征值表征，即

$$Z_{\mathrm{norm}}(\boldsymbol{b},\boldsymbol{S})=\begin{cases}\left\|\boldsymbol{Q}_{\mathrm{a}}(\boldsymbol{b},\boldsymbol{S})\right\|_{2}=\left\|\boldsymbol{\varPhi}^{\mathrm{T}}(\boldsymbol{b},\boldsymbol{S})\boldsymbol{\varPhi}(\boldsymbol{b},\boldsymbol{S})\right\|_{2}=\lambda_{\max}[\boldsymbol{\varPhi}^{\mathrm{T}}(\boldsymbol{b},\boldsymbol{S})\boldsymbol{\varPhi}(\boldsymbol{b},\boldsymbol{S})], & \text{加速度}\\\left\|\boldsymbol{Q}_{\mathrm{d}}(\boldsymbol{b},\boldsymbol{S})\right\|_{2}=\left\|\boldsymbol{\varPsi}^{\mathrm{T}}(\boldsymbol{b},\boldsymbol{S})\boldsymbol{\varPsi}(\boldsymbol{b},\boldsymbol{S})\right\|_{2}=\lambda_{\max}[\boldsymbol{\varPsi}^{\mathrm{T}}(\boldsymbol{b},\boldsymbol{S})\boldsymbol{\varPsi}(\boldsymbol{b},\boldsymbol{S})], & \text{应变}\end{cases}\tag{6.3}$$

上式的区间边界可以表示为 $Z_{\mathrm{norm}}(\boldsymbol{b},\boldsymbol{S})=[\underline{\lambda}_{\max},\overline{\lambda}_{\max}]$。其值越大，意味着模态响应的估计误差越小。

2. 模态矩阵条件数

如 5.2 节所述，响应信号测量传输过程必然受到噪声干扰。如果传感器测点布置不合理，减缩模态矩阵的求逆运算会放大测量噪声的不利影响，进而影响模态载荷识别结果。基于数值算法的稳定性分析理论，用模态矩阵条件数来刻画减缩模态矩阵的病态程度，即

$$Z_{\mathrm{cond}}(\boldsymbol{b},\boldsymbol{S})=\begin{cases}\left\|\boldsymbol{\varPhi}(\boldsymbol{b},\boldsymbol{S})\right\|_{2}\left\|\boldsymbol{\varPhi}^{-1}(\boldsymbol{b},\boldsymbol{S})\right\|_{2}=\sqrt{\dfrac{\lambda_{\max}\left[\boldsymbol{\varPhi}^{\mathrm{T}}(\boldsymbol{b},\boldsymbol{S})\boldsymbol{\varPhi}(\boldsymbol{b},\boldsymbol{S})\right]}{\lambda_{\min}\left[\boldsymbol{\varPhi}^{\mathrm{T}}(\boldsymbol{b},\boldsymbol{S})\boldsymbol{\varPhi}(\boldsymbol{b},\boldsymbol{S})\right]}}, & \text{加速度}\\\left\|\boldsymbol{\varPsi}(\boldsymbol{b},\boldsymbol{S})\right\|_{2}\left\|\boldsymbol{\varPsi}^{-1}(\boldsymbol{b},\boldsymbol{S})\right\|_{2}=\sqrt{\dfrac{\lambda_{\max}\left[\boldsymbol{\varPsi}^{\mathrm{T}}(\boldsymbol{b},\boldsymbol{S})\boldsymbol{\varPsi}(\boldsymbol{b},\boldsymbol{S})\right]}{\lambda_{\min}\left[\boldsymbol{\varPsi}^{\mathrm{T}}(\boldsymbol{b},\boldsymbol{S})\boldsymbol{\varPsi}(\boldsymbol{b},\boldsymbol{S})\right]}}, & \text{应变}\end{cases}\tag{6.4}$$

上式的区间边界可以表示为 $Z_{\mathrm{cond}}(\boldsymbol{b},\boldsymbol{S})=\left[\sqrt{\underline{\lambda}_{\max}/\overline{\lambda}_{\min}},\sqrt{\overline{\lambda}_{\max}/\underline{\lambda}_{\min}}\right]$。其值越大，意味着模态矩阵求逆运算对测量噪声干扰越敏感。

3. 模态保证准则(modal assurance criterion，MAC)矩阵的最大非对角元素

理论上，反映结构振动形态的全局模态矩阵是各阶正交的。然而，在实际工程中，测点数量明显少于模拟有限元模型的自由度数量，因此无法获得完整的振

型向量。为了提高模态载荷的反求精度，可以通过传感器布局优化保证测点对应的模态向量之间具有良好的独立性和区分度。根据 Carne 提出的模态保证准则[115]，定义 MAC 矩阵为

$$Z_{\mathrm{MAC},ij}(\boldsymbol{b},\boldsymbol{S})=\begin{cases}\mathrm{MAC}_{ij}[\boldsymbol{\Phi}(\boldsymbol{b},\boldsymbol{S})]=\dfrac{[\boldsymbol{\Phi}_i^{\mathrm{T}}(\boldsymbol{b},\boldsymbol{S})\boldsymbol{\Phi}_j(\boldsymbol{b},\boldsymbol{S})]^2}{[\boldsymbol{\Phi}_i^{\mathrm{T}}(\boldsymbol{b},\boldsymbol{S})\boldsymbol{\Phi}_i(\boldsymbol{b},\boldsymbol{S})][\boldsymbol{\Phi}_j^{\mathrm{T}}(\boldsymbol{b},\boldsymbol{S})\boldsymbol{\Phi}_j(\boldsymbol{b},\boldsymbol{S})]}, & \text{加速度}\\ \mathrm{MAC}_{ij}[\boldsymbol{\Psi}(\boldsymbol{b},\boldsymbol{S})]=\dfrac{[\boldsymbol{\Psi}_i^{\mathrm{T}}(\boldsymbol{b},\boldsymbol{S})\boldsymbol{\Psi}_j(\boldsymbol{b},\boldsymbol{S})]^2}{[\boldsymbol{\Psi}_i^{\mathrm{T}}(\boldsymbol{b},\boldsymbol{S})\boldsymbol{\Psi}_i(\boldsymbol{b},\boldsymbol{S})][\boldsymbol{\Psi}_j^{\mathrm{T}}(\boldsymbol{b},\boldsymbol{S})\boldsymbol{\Psi}_j(\boldsymbol{b},\boldsymbol{S})]}, & \text{应变}\end{cases}\tag{6.5}$$

式中，$Z_{\mathrm{MAC},ij}(\boldsymbol{b},\boldsymbol{S})$ 表示 MAC 矩阵的第 i 行、第 j 列元素，$\boldsymbol{\Phi}_i(\boldsymbol{b},\boldsymbol{S})/\boldsymbol{\Psi}_i(\boldsymbol{b},\boldsymbol{S})$ 和 $\boldsymbol{\Phi}_j(\boldsymbol{b},\boldsymbol{S})/\boldsymbol{\Psi}_j(\boldsymbol{b},\boldsymbol{S})$ 表示第 i 阶和第 j 阶模态。MAC 矩阵的非对角元素反映了不同模态向量之间的夹角，即两者的相关性。此处，使用 MAC 矩阵中的最大非对角元素描述模态矩阵的正交性。当最大非对角元素取得最小值时，各阶减缩模态向量中，相关性最大的两阶模态之间的夹角达到了最大化。这表明此时各阶模态之间的独立性最大。

4. 稳健性指标

上述有关模态矩阵的三个性能指标均具有一定的分散性。为了描述各性能指标抵抗多源不确定性的能力，定义下述稳健性指标：

$$R_{\mathrm{in}}(\boldsymbol{b},\boldsymbol{S})=\frac{\overline{Z}_{\mathrm{in}}(\boldsymbol{b},\boldsymbol{S})-\underline{Z}_{\mathrm{in}}(\boldsymbol{b},\boldsymbol{S})}{Z_{\mathrm{in}}^{\mathrm{c}}(\boldsymbol{b},\boldsymbol{S})},\quad \mathrm{in}=\mathrm{norm},\mathrm{cond},\mathrm{MAC}\tag{6.6}$$

其值越小，意味着性能指标受不确定性的影响越小。为平衡性能指标的中心值和波动程度，定义如下适应度函数：

$$\begin{aligned}\Gamma_{\mathrm{in}}^{*}(\boldsymbol{b},\boldsymbol{S})&=\Gamma_{\mathrm{in}}^{\mathrm{c}}(\boldsymbol{b},\boldsymbol{S})+\Gamma_{\mathrm{in}}^{\mathrm{r}}(\boldsymbol{b},\boldsymbol{S})\\&=\begin{cases}\kappa_1\dfrac{Z_{\mathrm{in,max}}^{\mathrm{c}}(\boldsymbol{b},\boldsymbol{S})-Z_{\mathrm{in}}^{\mathrm{c}}(\boldsymbol{b},\boldsymbol{S})}{Z_{\mathrm{in,max}}^{\mathrm{c}}(\boldsymbol{S},\boldsymbol{b})}+\kappa_2\dfrac{R_{\mathrm{in}}(\boldsymbol{b},\boldsymbol{S})-R_{\mathrm{in,min}}(\boldsymbol{b},\boldsymbol{S})}{R_{\mathrm{in}}(\boldsymbol{b},\boldsymbol{S})}, & \mathrm{in}=\mathrm{norm}\\ \kappa_1\dfrac{Z_{\mathrm{in}}^{\mathrm{c}}(\boldsymbol{b},\boldsymbol{S})-Z_{\mathrm{in,min}}^{\mathrm{c}}(\boldsymbol{b},\boldsymbol{S})}{Z_{\mathrm{in}}^{\mathrm{c}}(\boldsymbol{b},\boldsymbol{S})}+\kappa_2\dfrac{R_{\mathrm{in}}(\boldsymbol{b},\boldsymbol{S})-R_{\mathrm{in,min}}(\boldsymbol{b},\boldsymbol{S})}{R_{\mathrm{in}}(\boldsymbol{b},\boldsymbol{S})}, & \mathrm{in}=\mathrm{cond},\mathrm{MAC}\end{cases}\end{aligned}\tag{6.7}$$

其中，第一个子函数 $\Gamma_{\mathrm{in}}^{\mathrm{c}}(\boldsymbol{b},\boldsymbol{S})$ 表征不同传感器配置下性能指标的整体性能；第二个子函数 $\Gamma_{\mathrm{in}}^{\mathrm{r}}(\boldsymbol{b},\boldsymbol{S})$ 表征不同传感器配置下性能指标的稳健性程度；κ_1、κ_2 表示加权因子。$Z_{\mathrm{in,max}}^{\mathrm{c}}(\boldsymbol{S},\boldsymbol{b})$ 表示参数中心值处 Fisher 信息阵 2-范数的最大值，$Z_{\mathrm{in,min}}^{\mathrm{c}}(\boldsymbol{b},\boldsymbol{S})$ 表示参数中心值处模态矩阵条件数或 MAC 矩阵最大非对角元素的最小值，

$R_{\text{in,min}}(\boldsymbol{b},\boldsymbol{S})$ 表示各性能指标在区间不确定性下的最小稳健性指标。它们均需要通过特定的单目标传感器布局优化方法得到。最小化式(6.7)，可以得到考虑多源不确定性因素下的最佳传感器配置。其中，当 $\kappa_1 \gg \kappa_2$ 时，得到的是参数中值处的最佳传感器结果；当 $\kappa_1 \ll \kappa_2$ 时，得到的是指标区间波动最小的最佳传感器结果。

6.2.2　基于模态响应的多目标优化求解

6.2.1 节定义了反映模态响应求解有效性、稳定性和正交性的三个性能指标的不确定形式。每个适应度函数都可以用于相应性能下的单目标传感器布局优化。然而，如果仅考虑某一种评价准则，那么得到的传感器布局方案将更倾向于某一种单一属性。若能将上述三个性能指标的不确定形式进行有效联合，取长补短，则可以实现更综合的传感器配置能力。以往的传感器布局优化方法为兼顾多种性能指标，一般采用线性加权组合的方式将多目标优化问题转换为单目标优化问题[168]，即

$$\begin{aligned}&\text{find}\ \ \{\boldsymbol{S}_1,\boldsymbol{S}_2,\cdots,\boldsymbol{S}_\Lambda\}\\&\min\ \ \Gamma^*(\boldsymbol{b},\boldsymbol{S})=\alpha_{\text{norm}}\Gamma^*_{\text{norm}}(\boldsymbol{b},\boldsymbol{S})+\alpha_{\text{cond}}\Gamma^*_{\text{cond}}(\boldsymbol{b},\boldsymbol{S})+\alpha_{\text{MAC}}\Gamma^*_{\text{MAC}}(\boldsymbol{b},\boldsymbol{S})\\&\text{s.t.}\ \ \{\boldsymbol{S}_1,\boldsymbol{S}_2,\cdots,\boldsymbol{S}_N\}\subset\{\mathbf{CS}_1,\mathbf{CS}_2,\cdots,\mathbf{CS}_{CN}\}\end{aligned}\tag{6.8}$$

式中，$\{\boldsymbol{S}_1,\boldsymbol{S}_2,\cdots,\boldsymbol{S}_\Lambda\}$ 表示 Λ 个最佳传感器组合；$\Gamma^*(\boldsymbol{b},\boldsymbol{S})$ 表示加权目标函数；α_{norm}、α_{cond} 和 α_{MAC} 表示权重因子；$\{\mathbf{CS}_1,\mathbf{CS}_2,\cdots,\mathbf{CS}_{CN}\}$ 表示加速度计或应变片的候选集。需要指出的是，式(6.8)中的权重因子大多是主观设定的，且每次优化只能得到一个结果，大大减小了解的多样性。此外，式(6.8)中的三个子目标对优化变量的灵敏度并不完全一致。从 Fisher 信息阵 2-范数和模态矩阵条件数的定义可以看出，$\Gamma^*_{\text{norm}}(\boldsymbol{b},\boldsymbol{S})$ 和 $\Gamma^*_{\text{cond}}(\boldsymbol{b},\boldsymbol{S})$ 存在一定程度上的相关性，但受到最小特征值的影响，两者不一定同时达到峰值，即两者并非完全线性关系；根据 MAC 矩阵的定义，与 $\Gamma^*_{\text{norm}}(\boldsymbol{b},\boldsymbol{S})$、$\Gamma^*_{\text{cond}}(\boldsymbol{b},\boldsymbol{S})$ 没有明显的关系。考虑到 $\Gamma^*_{\text{norm}}(\boldsymbol{b},\boldsymbol{S})$ 和 $\Gamma^*_{\text{cond}}(\boldsymbol{b},\boldsymbol{S})$ 可能存在的冲突关系，采用鸟群觅食行为启发的多目标粒子群算法(multi-objective particle swarm optimization，MOPSO)进行传感器布局优化。正如文献[169]所述，MOPSO 是粒子群算法(particle swarm optimization，PSO)的多目标优化形式。它结合了帕累托(Pareto)包络和网格制作技术，利用外部种群存档存储当前所有的非支配解，并将外部存档中的个体看作精英个体，通过精英个体控制种群进化方向，引导种群逼近真实 Pareto 前沿。算法运行结束后，将外部存档中的粒子作为获得的 Pareto 最优解近似。然后，利用不相关的指标 $\Gamma^*_{\text{MAC}}(\boldsymbol{b},\boldsymbol{S})$ 从 Pareto 前沿中确定最佳传感器组合。上述过程可以表示为

$$
\begin{aligned}
&\text{第一步：Pareto前沿}\\
&\text{find}\quad \{\boldsymbol{S}_1,\boldsymbol{S}_2,\cdots,\boldsymbol{S}_\Lambda\}_k,\ k=1,2,\cdots,\zeta\\
&\min\quad \left[\Gamma^*_{\text{norm}}(\boldsymbol{b},\boldsymbol{S})\ \Gamma^*_{\text{cond}}(\boldsymbol{b},\boldsymbol{S})\right]\\
&\text{s.t.}\quad \left\{\boldsymbol{S}_1,\boldsymbol{S}_2,\cdots,\boldsymbol{S}_N\right\}_k\subset\left\{\mathbf{CS}_1,\mathbf{CS}_2,\cdots,\mathbf{CS}_{CN}\right\}\\
&\qquad\ \forall\left\|\boldsymbol{S}_i,\boldsymbol{S}_j\right\|\geqslant D_{\text{tol}},i\neq j,i,j=1,2,\cdots,N\\
&\qquad\qquad\qquad\Downarrow\\
&\text{第二步：最佳传感器组合}\\
&\text{find}\quad \{\boldsymbol{S}_1,\boldsymbol{S}_2,\cdots,\boldsymbol{S}_\Lambda\}^*\\
&\min\quad \Gamma^*_{\text{MAC}}(\boldsymbol{b},\boldsymbol{S})\\
&\text{s.t.}\quad \{\boldsymbol{S}_1,\boldsymbol{S}_2,\cdots,\boldsymbol{S}_N\}^*\subset\{\boldsymbol{S}_1,\boldsymbol{S}_2,\cdots,\boldsymbol{S}_N\}_k\\
&\qquad\ k=1,2,\cdots,\zeta,\ \ N\geqslant M\geqslant G
\end{aligned}
\tag{6.9}
$$

式中，$\{\boldsymbol{S}_1,\boldsymbol{S}_2,\cdots,\boldsymbol{S}_\Lambda\}_k$ 表示外部种群存档的第 k 个非支配解；ζ 表示非支配解的总数量；$\forall\left\|\boldsymbol{S}_i,\boldsymbol{S}_j\right\|\geqslant D_{\text{tol}}$ 表示传感器之间的距离约束，可以有效防止传感器分布密集导致的模态信息冗余和配置资源浪费；$\{\boldsymbol{S}_1,\boldsymbol{S}_2,\cdots,\boldsymbol{S}_N\}^*$ 表示最佳传感器组合。上述多目标传感器布局优化的过程示意如图 6.1 所示。

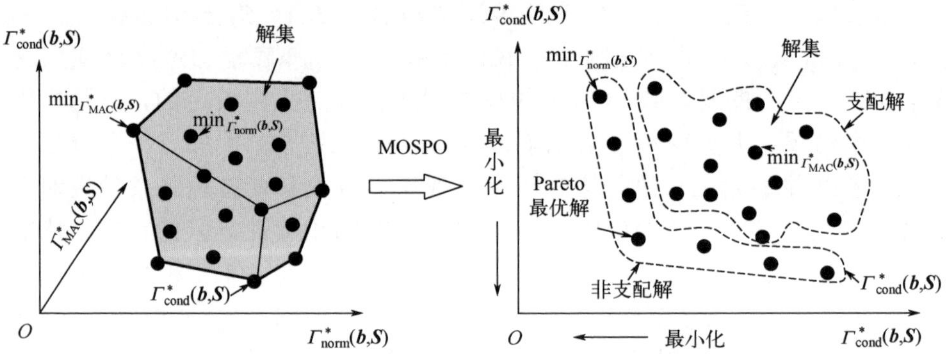

图 6.1　多目标传感器布局优化示意图

尽管传感器布局优化过程中采用了多目标优化算法，但式(6.7)所示的目标函数 $\Gamma^*_{\text{norm}}(\boldsymbol{b},\boldsymbol{S})$、$\Gamma^*_{\text{cond}}(\boldsymbol{b},\boldsymbol{S})$ 和 $\Gamma^*_{\text{MAC}}(\boldsymbol{b},\boldsymbol{S})$ 中仍然存在两类加权因子。为了克服上面提到的线性加权方式的缺点，实现中心值结果和稳健性指标的合理分配，本节提出一种加权因子自适应更新策略，具体过程如下：

$$\kappa_1^{(1)}=\kappa_2^{(1)}=0.5 \tag{6.10}$$

且

$$\kappa_1^{(t)} = \begin{cases} \dfrac{\kappa_1^{(t-1)}}{2} + \dfrac{Z_{\text{in, max}}^{\text{c}}(\boldsymbol{b}, \boldsymbol{S}) - Z_{\text{in, max}}^{\text{c}, (t)}(\boldsymbol{b}, \boldsymbol{S})}{2Z_{\text{in, max}}^{\text{c}}(\boldsymbol{b}, \boldsymbol{S})}, & \text{in} = \text{norm} \\ \dfrac{\kappa_1^{(t-1)}}{2} + \dfrac{Z_{\text{in, min}}^{\text{c}, (t)}(\boldsymbol{b}, \boldsymbol{S}) - Z_{\text{in, min}}^{\text{c}}(\boldsymbol{b}, \boldsymbol{S})}{2Z_{\text{in,min}}^{\text{c}}(\boldsymbol{b}, \boldsymbol{S})}, & \text{in} = \text{cond, MAC} \end{cases}, \quad t \geqslant 2 \tag{6.11}$$

$$\kappa_2^{(t)} = \frac{\kappa_2^{(t-1)}}{2} + \frac{R_{\text{in, min}}^{(t)}(\boldsymbol{b}, \boldsymbol{S}) - R_{\text{in, min}}(\boldsymbol{b}, \boldsymbol{S})}{2R_{\text{in, min}}(\boldsymbol{b}, \boldsymbol{S})}, \quad \text{in} = \text{norm, cond, MAC}$$

式中，$\kappa_1^{(1)}$ 和 $\kappa_2^{(1)}$ 表示第一次迭代时的加权因子取值；$Z_{\text{in, max}}^{\text{c}, (t)}(\boldsymbol{b}, \boldsymbol{S})$、$Z_{\text{in, min}}^{\text{c}, (t)}(\boldsymbol{b}, \boldsymbol{S})$ 和 $R_{\text{in, min}}^{(t)}(\boldsymbol{b}, \boldsymbol{S})$ 表示在进行第 t 轮以式(6.7)综合指标为评价准则的传感器布局优化时，最佳传感器组合对应的性能指标取值。加权因子会结合上一步结果和单目标传感器布局优化结果进行迭代更新，收敛条件通过下式确定：

$$\left\| \kappa_1^{(t)} - \kappa_1^{(t-1)} \right\| \leqslant \varepsilon_1, \quad \left\| \kappa_2^{(t)} - \kappa_2^{(t-1)} \right\| \leqslant \varepsilon_2 \tag{6.12}$$

式中，ε_1、ε_2 表示收敛容差。一旦确定了最终的自适应权重因子，则可按照式(6.9)进行 Pareto 多目标传感器布局优化。需要指出的是，本节对参数中值结果和稳健性指标采用自适应加权方法确定加权因子，而不对三种稳健性指标进行的原因是：在给定的区间不确定性下，不同传感器配置下三种性能的稳健性指标变化不大，但其确定性名义结果则会出现较大变化。

6.3 考虑温度效应的载荷依赖型传感器布局优化

6.2 节提出的非载荷依赖型的传感器布局优化方法通常需要配置足够多的传感器，以确保模态响应求解的准确性。然而，当已知载荷的某些先验信息时，如加载位置已知的单点载荷识别，仅需精确地反求出一阶模态响应，即可实现时序历程的有效识别。在这种情况下，无须配置过多传感器，仍然可以确保载荷识别的高精度。此外，随着服役环境日益复杂，工程结构不仅仅受到外部机械载荷的作用，也会受到温度、热流等环境载荷的影响。这使得载荷识别问题变得更加错综复杂。本节将以航空航天领域的力热环境为背景，针对加载数量和位置已知的多性态动态载荷识别问题，即静-动混合加载工况，提出一种载荷依赖型的多源异构传感器布局优化方法。传感器既包括用于局部响应测量的应变传感器，也包括用于全局响应测量的加速度传感器。

6.3.1 多性态载荷识别及模态选择方法

环境温度对结构的影响主要体现在以下两个方面：其一，材料的物理性能参数随温度变化而发生改变；其二，温度场在结构内部产生热应力。对于处于稳态温度场的结构，环境温度可以视为与机械载荷同等地位的等效载荷。通过计算温度载荷引起的响应分量,则可剥离出测量响应中由外部机械载荷引起的响应分量。在不均匀温度分布下，材料参数必须用复杂的场函数来描述。为了方便计算，本节采用区间模型统一描述结构参数的波动范围，并利用前面章节所提出的不确定性分析方法来近似识别载荷区间。如图 6.2 所示，以静力加载为例，说明考虑温度效应的外部机械载荷识别过程。考虑温度载荷的有限元模型可以写为

$$\boldsymbol{K}_{\mathrm{T}}(\boldsymbol{b})\boldsymbol{U}(\boldsymbol{b})=\boldsymbol{f}(\boldsymbol{b})+\boldsymbol{f}_{\mathrm{T}} \tag{6.13}$$

式中，$\boldsymbol{K}_{\mathrm{T}}(\boldsymbol{b})$ 表示已知温度场下的结构刚度矩阵；$\boldsymbol{f}(\boldsymbol{b})$ 和 $\boldsymbol{f}_{\mathrm{T}}$ 分别表示由外部机械载荷和温度载荷引起的节点力向量。温度载荷向量通过模型的单元热载荷叠加而成，即 $\boldsymbol{f}_{\mathrm{T}}=\sum_{e=1}^{ne}\boldsymbol{f}_{\mathrm{T},e}=\sum_{e=1}^{ne}\int_{V^e}\boldsymbol{B}^{\mathrm{T}}\boldsymbol{D}\boldsymbol{\varepsilon}_0\mathrm{d}V$ 。其中，ne 结构单元的数量；$\boldsymbol{B}$ 表示几何矩阵；$\boldsymbol{D}$ 表示弹性矩阵；$\boldsymbol{\varepsilon}_0$ 表示由温度分布引起的初始应变，对于各向同性材料，可以表示为

$$\boldsymbol{\varepsilon}_0=\boldsymbol{A}(\boldsymbol{T}-\boldsymbol{T}_0)=\boldsymbol{A}(\boldsymbol{N}^e\boldsymbol{T}^e-\boldsymbol{T}_0),\quad \boldsymbol{A}=[\alpha\quad\alpha\quad\alpha\quad 0\quad 0\quad 0]^{\mathrm{T}} \tag{6.14}$$

式中，$\boldsymbol{A}$ 和 α 与热膨胀系数有关；$\boldsymbol{N}^e$ 表示单元温度插值函数；$\boldsymbol{T}^e$ 表示单元对应的节点温度向量；$\boldsymbol{T}_0$ 表示参考温度。对于静力加载工况，通常采用应变片监测结构变形，考虑温度效应的静力载荷识别可以通过下式实现：

$$\boldsymbol{F}(\boldsymbol{b})=\{[\boldsymbol{\Phi}_{\mathrm{T}}^{\mathrm{T}}(\boldsymbol{b})\boldsymbol{L}]^{\mathrm{T}}[\boldsymbol{\Phi}_{\mathrm{T}}^{\mathrm{T}}(\boldsymbol{b})\boldsymbol{L}]\}^{-1}[\boldsymbol{\Phi}_{\mathrm{T}}^{\mathrm{T}}(\boldsymbol{b})\boldsymbol{L}]^{\mathrm{T}}\boldsymbol{P}(\boldsymbol{b}) \tag{6.15}$$

以及

$$\boldsymbol{P}(\boldsymbol{b})=\hat{\boldsymbol{K}}_{\mathrm{T}}(\boldsymbol{b})[\boldsymbol{\Psi}_{\mathrm{T}}^{\mathrm{T}}(\boldsymbol{b},\boldsymbol{S})\boldsymbol{\Psi}_{\mathrm{T}}(\boldsymbol{b},\boldsymbol{S})]^{-1}\boldsymbol{\Psi}_{\mathrm{T}}^{\mathrm{T}}(\boldsymbol{b},\boldsymbol{S})[\boldsymbol{\varepsilon}(\boldsymbol{S})-\boldsymbol{\varepsilon}_0(\boldsymbol{S})] \tag{6.16}$$

式中，$\boldsymbol{P}(\boldsymbol{b})$ 表示机械载荷对应的模态载荷；$\hat{\boldsymbol{K}}_{\mathrm{T}}(\boldsymbol{b})$ 、$\boldsymbol{\Phi}_{\mathrm{T}}(\boldsymbol{b})$ 和 $\boldsymbol{\Psi}_{\mathrm{T}}(\boldsymbol{b},\boldsymbol{S})$ 表示温度场下的结构模态刚度矩阵、位移模态矩阵和测点对应的应变模态矩阵，均可以通过有限元分析软件提取；$\boldsymbol{\varepsilon}(\boldsymbol{S})$ 和 $\boldsymbol{\varepsilon}_0(\boldsymbol{S})$ 表示测量的总机械应变和计算的热应变。与静力加载类似，考虑温度效应的动态载荷识别也需要首先剔除热响应，然后使用各种载荷识别算法来识别外部机械载荷，这里不再详述具体步骤。

在基于模态坐标变换的机理驱动型载荷识别方法中，将物理坐标下的运动近似看作有限阶次主模态的运动叠加。通常情况下，随着频率的增加，模态的贡献比重会减小。然而，在载荷识别领域，目前尚无统一的模态截断方式。即使在经过了 6.2 节中提出的非载荷依赖型传感器布局优化，通常也只有低阶模态响应能够获得较好的精度。因此，需要预先确定载荷识别的模态阶数。如果载荷加载位置已知，可以通过选择对载荷变量贡献比重较大的低阶模态进行模态减缩，并基于减缩模态矩阵进行传感器布局优化。根据模态载荷和物理载荷之间的变换方式，定义载荷模态矩阵如下：

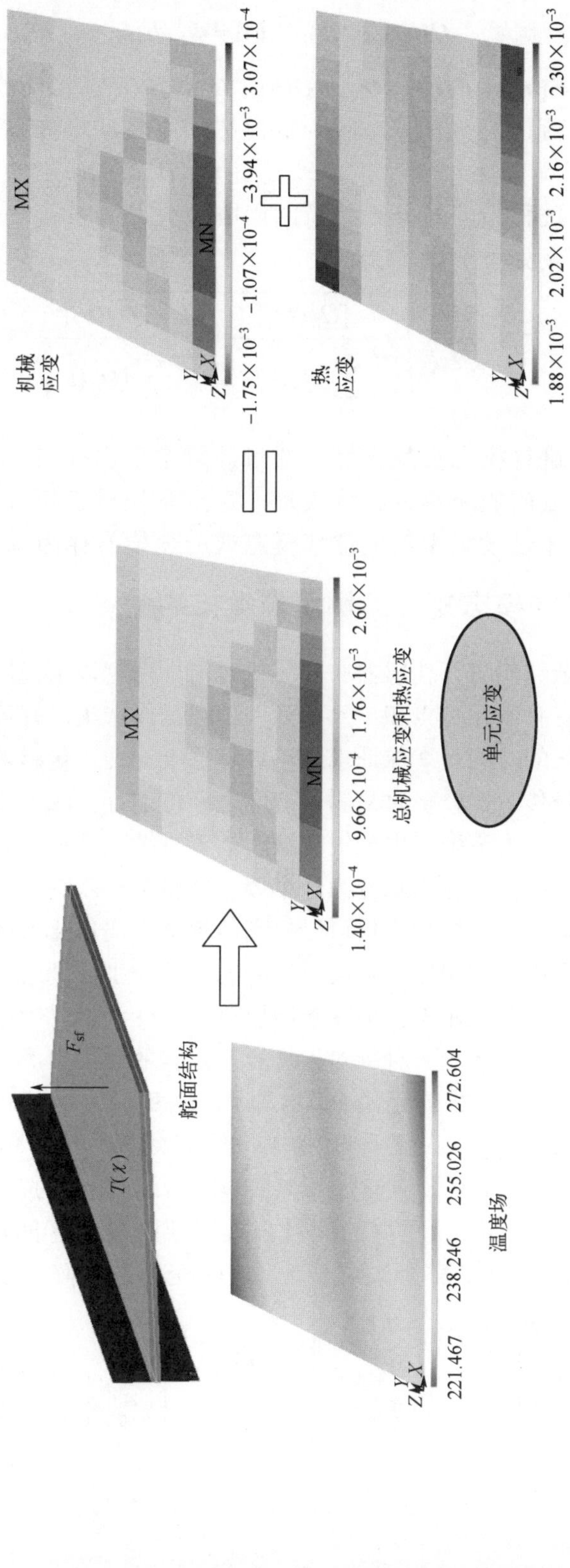

图 6.2　考虑温度效应的舵面结构变形示意图(见彩图)

$$\boldsymbol{O}(\boldsymbol{b}) \in [\underline{\boldsymbol{O}}(\boldsymbol{b}), \bar{\boldsymbol{O}}(\boldsymbol{b})] = \boldsymbol{\Phi}_{\mathrm{T}}^{\mathrm{T}}(\boldsymbol{b})\boldsymbol{L} \tag{6.17}$$

进而，$\boldsymbol{P}(\boldsymbol{b}) = \boldsymbol{O}(\boldsymbol{b})\boldsymbol{F}(\boldsymbol{b})$ 且 $\boldsymbol{F}(\boldsymbol{b}) = [\boldsymbol{O}^{\mathrm{T}}(\boldsymbol{b})\boldsymbol{O}(\boldsymbol{b})]^{-1}\boldsymbol{O}^{\mathrm{T}}(\boldsymbol{b})\boldsymbol{P}(\boldsymbol{b})$。$\boldsymbol{O}(\boldsymbol{b})$ 矩阵的每一列都对应一个外部加载载荷，每一行都对应一阶模态。而且，矩阵元素越大，通过模态变换得到的模态载荷越大，对应的广义逆矩阵 $[\boldsymbol{O}^{\mathrm{T}}(\boldsymbol{b})\boldsymbol{O}(\boldsymbol{b})]^{-1}\boldsymbol{O}^{\mathrm{T}}(\boldsymbol{b})$ 中的元素也越大，因此，在求逆过程中，对外部载荷的影响越大。为量化每一阶模态对载荷识别精度的影响，定义如下贡献率指标：

$$\sigma_i = \frac{1}{\sqrt{2}G}\sqrt{\sum_{j=1}^{G}\frac{[\underline{O}_{ij}(\boldsymbol{b})]^2}{\sum_{i=1}^{M}[\underline{O}_{ij}(\boldsymbol{b})]^2} + \sum_{j=1}^{G}\frac{[\bar{O}_{ij}(\boldsymbol{b})]^2}{\sum_{i=1}^{M}[\bar{O}_{ij}(\boldsymbol{b})]^2}} \tag{6.18}$$

对考虑的所有模态进行模态贡献计算，并对计算结果进行归一化操作。接下来，按照贡献率从高到低的顺序排列各阶模态，直到累积贡献超过设定阈值为止。最终，选择累积贡献超过设定阈值的位移模态或应变模态作为主模态。

6.3.2　大规模异构模态矩阵的协同聚类策略

在对大规模复杂结构进行传感器布局优化时需要考虑以下问题：①点和单元的数量庞大，如果将所有有限元节点和单元都列入传感器候选集，并逐一进行评价指标比较，将会耗费相当长的时间；②保证求逆运算解的唯一性，传感器数量应大于选取的模态数量，然而，当传感器较多时，测量响应之间可能存在相关性，容易造成信息冗余和测点浪费。因此，本节拟采用聚类算法，基于减缩位移矩阵和减缩应变模态对测点分类。将振动特性相似的测点划分为一个簇，并将每个簇中最具代表性的节点或单元纳入传感器候选集。这一操作不仅可以提高传感器布局优化效率，还可以保证测点之间的独立性。下文中，利用应变响应进行静态载荷识别，利用应变和加速度融合响应进行动态载荷识别，作为示例，应变响应以单元应变为例。为了同时兼顾多个加载工况的传感器布置方式，提出一种针对异构模态矩阵的协同聚类方法。

假设可以安装应变片的单元集合为 $\{E_1, E_2, \cdots, E_{CNS}\}$，可以安装加速度计的节点集合为 $\{N_1, N_2, \cdots, N_{CNA}\}$。在聚类过程中，矩阵欧拉距离对不同测点对应的模态相似性进行度量。考虑温度效应时，反映结构动力学特性的模态矩阵需要通过区间矩阵表征。因此，矩阵欧拉距离的度量公式需要改进为区间形式。以 0°/45°/90° 三轴应变花为例，第 i 个和第 j 个候选单元的应变模态矩阵可以表示为

$$\boldsymbol{\Psi}_i^{\mathrm{I}}(\boldsymbol{b}) = \begin{bmatrix} \Psi_{0°,i,1}^{\mathrm{I}} & \cdots & \Psi_{0°,i,M}^{\mathrm{I}} \\ \Psi_{45°,i,1}^{\mathrm{I}} & \cdots & \Psi_{45°,i,M}^{\mathrm{I}} \\ \Psi_{90°,i,1}^{\mathrm{I}} & \cdots & \Psi_{90°,i,M}^{\mathrm{I}} \end{bmatrix}, \quad \boldsymbol{\Psi}_j^{\mathrm{I}}(\boldsymbol{b}) = \begin{bmatrix} \Psi_{0°,j,1}^{\mathrm{I}} & \cdots & \Psi_{0°,j,M}^{\mathrm{I}} \\ \Psi_{45°,j,1}^{\mathrm{I}} & \cdots & \Psi_{45°,j,M}^{\mathrm{I}} \\ \Psi_{90°,j,1}^{\mathrm{I}} & \cdots & \Psi_{90°,j,M}^{\mathrm{I}} \end{bmatrix} \tag{6.19}$$

如图 6.3 所示，两个矩阵中的区间元素共有 4 种干涉状态，即：相离状态、相接状态、重叠状态和包含状态。可以看出前三种情况存在公共区域，最后一种情况不存在公共区域。区间元素间的最小、最大距离可以总结为

$$\mathrm{dis}_{\min}(\varPsi^{\mathrm{I}}_{0°,i,1},\varPsi^{\mathrm{I}}_{0°,j,1})=\begin{cases}\left|\varPsi^{\mathrm{c}}_{0°,i,1}-\varPsi^{\mathrm{c}}_{0°,j,1}\right|-\varPsi^{\mathrm{r}}_{0°,i,1}-\varPsi^{\mathrm{r}}_{0°,j,1}, & \text{干涉 (a, b, c)}\\ 0, & \text{干涉 (d)}\end{cases}\tag{6.20}$$

$$\mathrm{dis}_{\max}(\varPsi^{\mathrm{I}}_{0°,i,1},\varPsi^{\mathrm{I}}_{0°,j,1})=\left|\varPsi^{\mathrm{c}}_{0°,i,1}-\varPsi^{\mathrm{c}}_{0°,j,1}\right|+\varPsi^{\mathrm{r}}_{0°,i,1}+\varPsi^{\mathrm{r}}_{0°,j,1}\tag{6.21}$$

进而，矩阵 $\boldsymbol{\varPsi}^{\mathrm{I}}_i(\boldsymbol{b})$ 和 $\boldsymbol{\varPsi}^{\mathrm{I}}_j(\boldsymbol{b})$ 之间的区间距离可以定义为

$$\begin{aligned}\mathrm{dis}[\boldsymbol{\varPsi}^{\mathrm{I}}_i(\boldsymbol{b}),\boldsymbol{\varPsi}^{\mathrm{I}}_j(\boldsymbol{b})]&=[\mathrm{dis}_{\min}[\boldsymbol{\varPsi}^{\mathrm{I}}_i(\boldsymbol{b}),\boldsymbol{\varPsi}^{\mathrm{I}}_j(\boldsymbol{b})],\mathrm{dis}_{\max}[\boldsymbol{\varPsi}^{\mathrm{I}}_i(\boldsymbol{b}),\boldsymbol{\varPsi}^{\mathrm{I}}_j(\boldsymbol{b})]]\\&=\left[\sqrt{\sum_{\otimes=0°,45°,90°}\sum_{k=1}^{M}\mathrm{dis}^2_{\min}(\varPsi^{\mathrm{I}}_{\otimes,i,k},\varPsi^{\mathrm{I}}_{\otimes,j,k})},\sqrt{\sum_{\otimes=0°,45°,90°}\sum_{k=1}^{M}\mathrm{dis}^2_{\max}(\varPsi^{\mathrm{I}}_{\otimes,i,k},\varPsi^{\mathrm{I}}_{\otimes,j,k})}\right]\end{aligned}\tag{6.22}$$

上式计算的欧拉距离仍然是一个区间变量，保留了数据的不确定性。为了有效结合距离度量与聚类算法，引入相关系数 $\lambda\{\lambda\in R\,|\,0\leqslant\lambda\leqslant 1\}$，将距离上、下界统一表征，即

$$\mathrm{dis}[\boldsymbol{\varPsi}^{\mathrm{I}}_i(\boldsymbol{b}),\boldsymbol{\varPsi}^{\mathrm{I}}_j(\boldsymbol{b})]=\lambda\,\mathrm{dis}_{\min}[\boldsymbol{\varPsi}^{\mathrm{I}}_i(\boldsymbol{b}),\boldsymbol{\varPsi}^{\mathrm{I}}_j(\boldsymbol{b})]+(1-\lambda)\mathrm{dis}_{\max}[\boldsymbol{\varPsi}^{\mathrm{I}}_i(\boldsymbol{b}),\boldsymbol{\varPsi}^{\mathrm{I}}_j(\boldsymbol{b})]\tag{6.23}$$

上式中，$\lambda=0$ 对应两个矩阵的最大距离，$\lambda=1$ 对应于两个矩阵的最小距离。而且，计算结果满足距离的定义要素，即非负性和对称性。

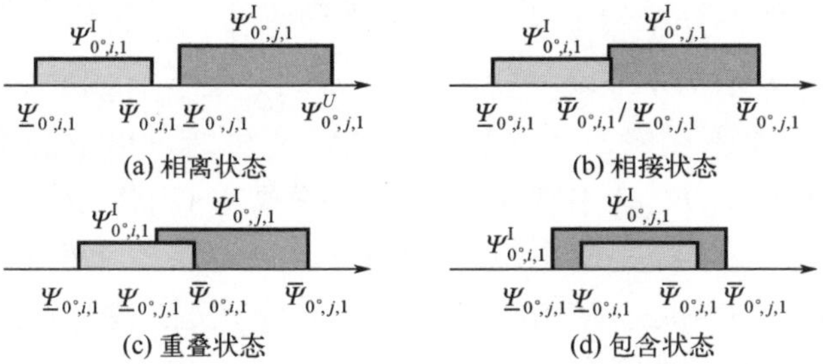

图 6.3　区间变量的干涉状态示意图

考虑到应变响应同时用于静态载荷识别和动态载荷识别，首先对减缩应变模态矩阵进行聚类操作，生成应变片候选集 $\{CE_1,CE_2,\cdots,CE_{CNS*}\}$；然后对减缩位移模态矩阵进行聚类操作，生成加速度计候选集 $\{CN_1,CN_2,\cdots,CN_{CNA*}\}$。减缩模态矩阵聚类的目标是使同一簇内各测点的模态距离之和最小，不同簇间各测点的模态距离之和最大，数学表达式可以表示为

$$
\begin{aligned}
&\text{find}\ \{CE_1, CE_2, \cdots, CE_{CNS*}\},\ \{CN_1, CN_2, \cdots, CN_{CNA*}\}\\
&\min\ J_1 = \sum_{i=1}^{CNS}\sum_{j=1}^{CNS*}\left\|\boldsymbol{\Psi}_{\mathrm{s}}^{\mathrm{I}}(\boldsymbol{b}, E_i) - \boldsymbol{\Psi}_{\mathrm{s}}^{\mathrm{I}}(\boldsymbol{b}, CE_j)\right\|^2 zs_{\mathrm{s},ij}\\
&\qquad J_2 = \sum_{i=1}^{CNS}\sum_{j=1}^{CNS*}\left\|\boldsymbol{\Psi}_{\mathrm{d}}^{\mathrm{I}}(\boldsymbol{b}, E_i) - \boldsymbol{\Psi}_{\mathrm{d}}^{\mathrm{I}}(\boldsymbol{b}, CE_j)\right\|^2 zs_{\mathrm{d},ij}\\
&\qquad J_3 = \sum_{i=1}^{CNS}\sum_{j=1}^{CNA*}\left\|\boldsymbol{\Phi}^{\mathrm{I}}(\boldsymbol{b}, N_i) - \boldsymbol{\Phi}^{\mathrm{I}}(\boldsymbol{b}, CN_j)\right\|^2 za_{ij}\\
&\text{s.t.}\quad CE_i \subset \{E_1, E_2, \cdots, E_{CNS}\},\ i = 1, 2, \cdots, CNS*\\
&\qquad CN_j \subset \{N_1, N_2, \cdots, N_{CNA}\},\ j = 1, 2, \cdots, CNA*\\
&\qquad \forall\left\|CE_i, CN_j, \boldsymbol{S}_{\mathrm{T}}\right\| \geqslant D_{\mathrm{tol}}
\end{aligned}
\tag{6.24}
$$

式中，$\boldsymbol{\Psi}_{\mathrm{s}}^{\mathrm{I}}(\boldsymbol{b}, E_i)$、$\boldsymbol{\Psi}_{\mathrm{d}}^{\mathrm{I}}(\boldsymbol{b}, E_i)$ 表示单元 E_i 处用于静态载荷识别和动态载荷识别的截断应变模态矩阵；$\boldsymbol{\Phi}^{\mathrm{I}}(\boldsymbol{b}, N_i)$ 表示节点 N_i 处用于动态载荷识别的截断位移模态矩阵；J_1 表示静力工况的聚类目标；J_2 和 J_3 表示动力工况的聚类目标；$\forall\left\|CE_i, CN_j, \boldsymbol{S}_{\mathrm{T}}\right\| \geqslant D_{\mathrm{tol}}$ 表示传感器之间的距离约束，其中，温度传感器 $\boldsymbol{S}_{\mathrm{T}}$ 用于获取结构温度场；$zs_{\mathrm{s},ij}$、$zs_{\mathrm{d},ij}$ 和 za_{ij} 为双变量函数，满足：

$$
\sum_{j=1}^{CNS} zs_{\mathrm{s},ij} = \sum_{j=1}^{CNS} zs_{\mathrm{d},ij} = \sum_{j=1}^{CNA} za_{ij} = 1 \tag{6.25}
$$

以及

$$
zs_{\mathrm{s},ij} = \begin{cases} 1, & E_i \Rightarrow CE_j \\ 0, & E_i \not\Rightarrow CE_j \end{cases},\quad zs_{\mathrm{d},ij} = \begin{cases} 1, & E_i \Rightarrow CE_j \\ 0, & E_i \not\Rightarrow CE_j \end{cases},\quad za_{ij} = \begin{cases} 1, & N_i \Rightarrow CN_j \\ 0, & N_i \not\Rightarrow CN_j \end{cases} \tag{6.26}
$$

式中，CE_j、CN_j 表示第 j 个聚类中心；$zs_{\mathrm{s},ij} = 1$、$zs_{\mathrm{d},ij} = 1$ 和 $za_{ij} = 1$ 表示第 i 个测点 E_i 或 N_i 属于第 j 个聚类簇。上述协同聚类过程可通过以下几个步骤实现：

①从集合 $\{E_1, E_2, \cdots, E_{CNS}\}$ 中随机选取初始聚类中心 $\{CE_1, CE_2, \cdots, CE_{CNS*}\}$；

②计算第 i 个测点处应变模态矩阵 $\boldsymbol{\Psi}_{\mathrm{s}}^{\mathrm{I}}(\boldsymbol{b}, E_i) / \boldsymbol{\Psi}_{\mathrm{d}}^{\mathrm{I}}(\boldsymbol{b}, E_i)$ 与第 j 个聚类中心 CE_j 之间的区间距离，即 $\mathrm{dis}[\boldsymbol{\Psi}_{\mathrm{s}}^{\mathrm{I}}(\boldsymbol{b}, E_i), \boldsymbol{\Psi}_{\mathrm{s}}^{\mathrm{I}}(\boldsymbol{b}, CE_j)]$ 以及 $\mathrm{dis}[\boldsymbol{\Psi}_{\mathrm{d}}^{\mathrm{I}}(\boldsymbol{b}, E_i), \boldsymbol{\Psi}_{\mathrm{d}}^{\mathrm{I}}(\boldsymbol{b}, CE_j)]$，将 $\boldsymbol{\Psi}_{\mathrm{s}}^{\mathrm{I}}(\boldsymbol{b}, E_i) / \boldsymbol{\Psi}_{\mathrm{d}}^{\mathrm{I}}(\boldsymbol{b}, E_i)$ 归类于距离最近的静力/动力聚类中心 $CE_{\Theta,\mathrm{s}} / CE_{\Theta,\mathrm{d}}$，并定义：

$$
\begin{cases} E_i \Rightarrow CE_{\Theta,\mathrm{s}}\ \text{且}\ zs_{\mathrm{s},ij} = 1,\ \text{若}\ j = \Theta \\ E_i \not\Rightarrow CE_{\Theta,\mathrm{s}}\ \text{且}\ zs_{\mathrm{s},ij} = 0,\ \text{若}\ j \neq \Theta \end{cases},\quad \begin{cases} E_i \Rightarrow CE_{\Theta,\mathrm{d}}\ \text{且}\ zs_{\mathrm{d},ij} = 1,\ \text{若}\ j = \Theta \\ E_i \not\Rightarrow CE_{\Theta,\mathrm{d}}\ \text{且}\ zs_{\mathrm{d},ij} = 0,\ \text{若}\ j \neq \Theta \end{cases} \tag{6.27}
$$

③对于静力和动力聚类结果，寻找满足距离约束且都隶属于相同聚类中心的候选测点，记作 $\{E_k | E_k \Rightarrow CE_{j,\mathrm{s}}\}$ 以及 $\{E_k | E_k \Rightarrow CE_{j,\mathrm{d}}\}$。计算这些候选测点应变模态矩阵与簇内其他候选测点应变模态矩阵之间的区间距离之和，即

$$D_{\mathrm{s},k}^{CE_j}=\sum_{E_i\Rightarrow CE_j}\mathrm{dis}[\boldsymbol{\varPsi}_{\mathrm{s}}^{\mathrm{I}}(\boldsymbol{b},E_i),\boldsymbol{\varPsi}_{\mathrm{s}}^{\mathrm{I}}(\boldsymbol{b},CE_j)],\quad D_{\mathrm{d},k}^{CE_j}=\sum_{E_i\Rightarrow CE_j}\mathrm{dis}[\boldsymbol{\varPsi}_{\mathrm{d}}^{\mathrm{I}}(\boldsymbol{b},E_i),\boldsymbol{\varPsi}_{\mathrm{d}}^{\mathrm{I}}(\boldsymbol{b},CE_j)] \tag{6.28}$$

将 $\dfrac{D_{\mathrm{s},k}^{CE_j}}{\max(D_{\mathrm{s}}^{CE_j})}+\dfrac{D_{\mathrm{d},k}^{CE_j}}{\max(D_{\mathrm{d}}^{CE_j})}$ 最小值对应的测点视为新的聚类中心；

④如果满足 $\forall i,j$， $zs_{\mathrm{s},ij}^{(o)}=zs_{\mathrm{s},ij}^{(o-1)}$ 且 $zs_{\mathrm{d},ij}^{(o)}=zs_{\mathrm{d},ij}^{(o-1)}$，则输出应变模态矩阵的聚类结果 $\{CE_1,CE_2,\cdots,CE_{CNS*}\}$，$o$ 表示聚类过程的迭代次数；否则，不断重复步骤②和③，直至满足上述收敛条件；

⑤从集合 $\{N_1,N_2,\cdots,N_{CNA}\}$ 中随机选取初始聚类中心 $\{CN_1,CN_2,\cdots,CN_{CNA*}\}$；

⑥计算第 i 个测点处位移模态矩阵 $\boldsymbol{\varPhi}^{\mathrm{I}}(\boldsymbol{b},N_i)$ 与第 j 个聚类中心 CN_j 之间的区间距离，即 $\mathrm{dis}[\boldsymbol{\varPhi}^{\mathrm{I}}(\boldsymbol{b},N_i),\boldsymbol{\varPhi}^{\mathrm{I}}(\boldsymbol{b},CN_j)]$，将 $\boldsymbol{\varPhi}^{\mathrm{I}}(\boldsymbol{b},N_i)$ 归类于距离最近的聚类中心 $CN_{\varTheta}$，并定义：

$$\begin{cases}N_i\Rightarrow CN_{\varTheta}\ \text{且}\ za_{ij}=1\text{，若}\ j=\varTheta\\ N_i\not\Rightarrow CN_{\varTheta}\ \text{且}\ za_{ij}=0\text{，若}\ j\neq\varTheta\end{cases} \tag{6.29}$$

⑦对于聚类中心 CN_j，寻找簇内满足距离约束的测点 $\{N_k|N_k\Rightarrow CN_j\}$，并计算其位移模态矩阵与簇内其他候选测点位移模态矩阵之间的区间距离之和，即

$$D_k^{CN_j}=\sum_{N_i\Rightarrow CN_j}\mathrm{dis}[\boldsymbol{\varPhi}^{\mathrm{I}}(\boldsymbol{b},N_i),\boldsymbol{\varPhi}^{\mathrm{I}}(\boldsymbol{b},CN_j)] \tag{6.30}$$

将 $D_k^{CN_j}$ 最小值对应的测点视为新的聚类中心；

⑧如果满足 $\forall i,j$， $za_{ij}^{(o)}=za_{ij}^{(o-1)}$，则输出位移模态矩阵的聚类结果 $\{CN_1,CN_2,\cdots,CN_{CNA*}\}$；否则，不断重复步骤⑥和⑦，直至满足上述收敛条件。

为了更明确地说明静力和动力加载工况下应变模态矩阵的协同聚类过程，图 6.4 给出了步骤①到步骤④的聚类示意图。

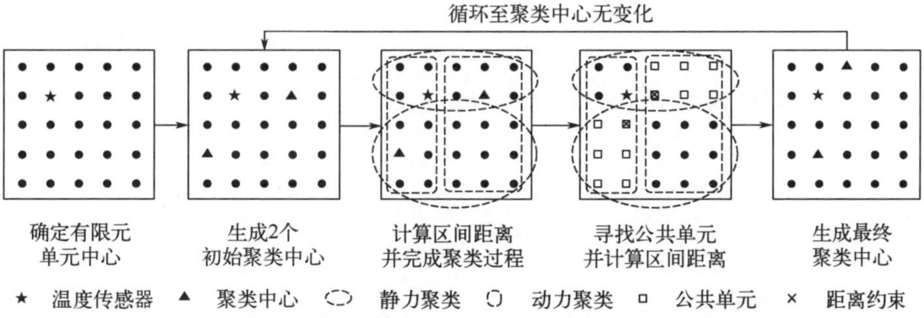

图 6.4　静力和动力加载工况的协同聚类示意图

6.3.3 基于模态载荷的多目标优化求解

接下来的任务是建立面向多性态载荷识别的传感器布局评价准则，并从聚类候选集中选取最佳传感器组合。本节直接以典型载荷工况下的模态载荷识别准确度为优化准则，同时考虑模态响应求解误差和载荷识别算法误差，使得通过最佳传感器组合识别的反向模态载荷与计算的正向模态载荷相匹配。显然，对于高精度动力学反求方法，也可以将模态响应的反求精度作为优化准则。在这里，将 3.3.2 节式(3.57)定义的正向、反向模态载荷的不相等可能度指标 $\boldsymbol{E}$ 作为静力工况传感器布局优化的目标函数，将式(3.58)～式(3.62)定义的时变区间误差指标 $\boldsymbol{E}(t_{\text{in}},t_{\text{en}})$ 作为动力工况传感器布局优化的目标函数。对于静力加载工况，机械载荷求逆矩阵定义为

$$\boldsymbol{\varXi}_{\text{s}}=\{[\boldsymbol{\Phi}^{\text{T}}(\boldsymbol{b})\boldsymbol{L}]^{\text{T}}[\boldsymbol{\Phi}^{\text{T}}(\boldsymbol{b})\boldsymbol{L}]\}^{-1}[\boldsymbol{\Phi}^{\text{T}}(\boldsymbol{b})\boldsymbol{L}]^{\text{T}}=\begin{bmatrix}\varXi_{\text{s},11} & \varXi_{\text{s},12} & \cdots & \varXi_{\text{s},1M}\\ \varXi_{\text{s},21} & \varXi_{\text{s},22} & \cdots & \varXi_{\text{s},2M}\\ \vdots & \vdots & \ddots & \vdots\\ \varXi_{\text{s},G1} & \varXi_{\text{s},G2} & \cdots & \varXi_{\text{s},GM}\end{bmatrix} \tag{6.31}$$

对于不同的外部载荷分量，每阶模态载荷的贡献是不同的。为了平衡各阶模态载荷的贡献比重，定义如下传感器布局优化目标函数和模态载荷加权系数：

$$J_{\text{s}}=\sqrt{\sum_{k=1}^{M}\boldsymbol{\varXi}_{\text{s},k}^{*}\boldsymbol{E}_{k}}\,,\quad \boldsymbol{\varXi}_{\text{s}}^{*}=\frac{1}{G}\left[\sum_{i=1}^{G}\frac{\varXi_{\text{s},i1}}{\sum_{j=1}^{M}\varXi_{\text{s},ij}}\quad \sum_{i=1}^{G}\frac{\varXi_{\text{s},i2}}{\sum_{j=1}^{M}\varXi_{\text{s},ij}}\quad\cdots\quad \sum_{i=1}^{G}\frac{\varXi_{\text{s},iM}}{\sum_{j=1}^{M}\varXi_{\text{s},ij}}\right] \tag{6.32}$$

式中，$\boldsymbol{E}_k$ 表示第 k 阶模态载荷对应的不相等可能度指标。对于动力加载工况，同样可以进行类似的操作，即

$$\boldsymbol{\varXi}_{\text{d}}=\{[\boldsymbol{\Phi}^{\text{T}}(\boldsymbol{b})\boldsymbol{L}]^{\text{T}}[\boldsymbol{\Phi}^{\text{T}}(\boldsymbol{b})\boldsymbol{L}]\}^{-1}[\boldsymbol{\Phi}^{\text{T}}(\boldsymbol{b})\boldsymbol{L}]^{\text{T}}=\begin{bmatrix}\varXi_{\text{d},11} & \varXi_{\text{d},12} & \cdots & \varXi_{\text{d},1M}\\ \varXi_{\text{d},21} & \varXi_{\text{d},22} & \cdots & \varXi_{\text{d},2M}\\ \vdots & \vdots & \ddots & \vdots\\ \varXi_{\text{d},G1} & \varXi_{\text{d},G2} & \cdots & \varXi_{\text{d},GM}\end{bmatrix} \tag{6.33}$$

以及

$$J_{\text{d}}=\sqrt{\sum_{k=1}^{M}\boldsymbol{\varXi}_{\text{d},k}^{*}\boldsymbol{E}_{k}(t_{\text{in}},t_{\text{en}})}\,,\quad \boldsymbol{\varXi}_{\text{d}}^{*}=\frac{1}{G}\left[\sum_{i=1}^{G}\frac{\varXi_{\text{d},i1}}{\sum_{j=1}^{M}\varXi_{\text{d},ij}}\quad \sum_{i=1}^{G}\frac{\varXi_{\text{d},i2}}{\sum_{j=1}^{M}\varXi_{\text{d},ij}}\quad\cdots\quad \sum_{i=1}^{G}\frac{\varXi_{\text{d},iM}}{\sum_{j=1}^{M}\varXi_{\text{d},ij}}\right] \tag{6.34}$$

需要指出的是，式(6.31)～式(6.34)中的载荷数量 G、加载位置矩阵 $\boldsymbol{L}$ 以及模态阶数 M 均未进行静力、动力区分，可按具体情况计算。显然，指标 J_{s} 和 J_{d} 越小，模态载荷识别准确度越高。因此，面向多性态载荷识别的异构响应传感器布局优化可以通过下式实现：

$$
\begin{aligned}
&\text{find} \quad \{\boldsymbol{S}_{\mathrm{s},1},\boldsymbol{S}_{\mathrm{s},2},\cdots,\boldsymbol{S}_{\mathrm{s},\Lambda_{\mathrm{s}}}\}\ ,\ \{\boldsymbol{S}_{\mathrm{a},1},\boldsymbol{S}_{\mathrm{a},2},\cdots,\boldsymbol{S}_{\mathrm{a},\Lambda_{\mathrm{a}}}\} \\
&\min \quad J_{\mathrm{s}}\ ,\ J_{\mathrm{d}} \\
&\text{s.t.} \quad \{\boldsymbol{S}_{\mathrm{s},1},\boldsymbol{S}_{\mathrm{s},2},\cdots,\boldsymbol{S}_{\mathrm{s},\Lambda_{\mathrm{s}}}\} \subset \{CE_1,CE_2,\cdots,CE_{CNS^*}\} \\
&\qquad\ \{\boldsymbol{S}_{\mathrm{a},1},\boldsymbol{S}_{\mathrm{a},2},\cdots,\boldsymbol{S}_{\mathrm{a},\Lambda_{\mathrm{a}}}\} \subset \{CN_1,CN_2,\cdots,CN_{CNA^*}\}
\end{aligned}
\tag{6.35}
$$

式中，$\{\boldsymbol{S}_{\mathrm{s},1},\boldsymbol{S}_{\mathrm{s},2},\cdots,\boldsymbol{S}_{\mathrm{s},\Lambda_{\mathrm{s}}}\}$ 表示用于静态载荷识别和动态载荷识别的最佳应变传感器组合的并集；$\{\boldsymbol{S}_{\mathrm{a},1},\boldsymbol{S}_{\mathrm{a},2},\cdots,\boldsymbol{S}_{\mathrm{a},\Lambda_{\mathrm{a}}}\}$ 表示用于动态载荷识别的最佳加速度传感器组合。

6.4 数 值 算 例

本章所提出的两种传感器布局优化方法的流程图如图 6.5 所示。接下来，将使用加筋板结构和机翼结构两个数值算例对所提出的方法进行校验，重点突出相比其他传感器优化方法，本章所提出的多目标传感器布局优化方法的优越性。

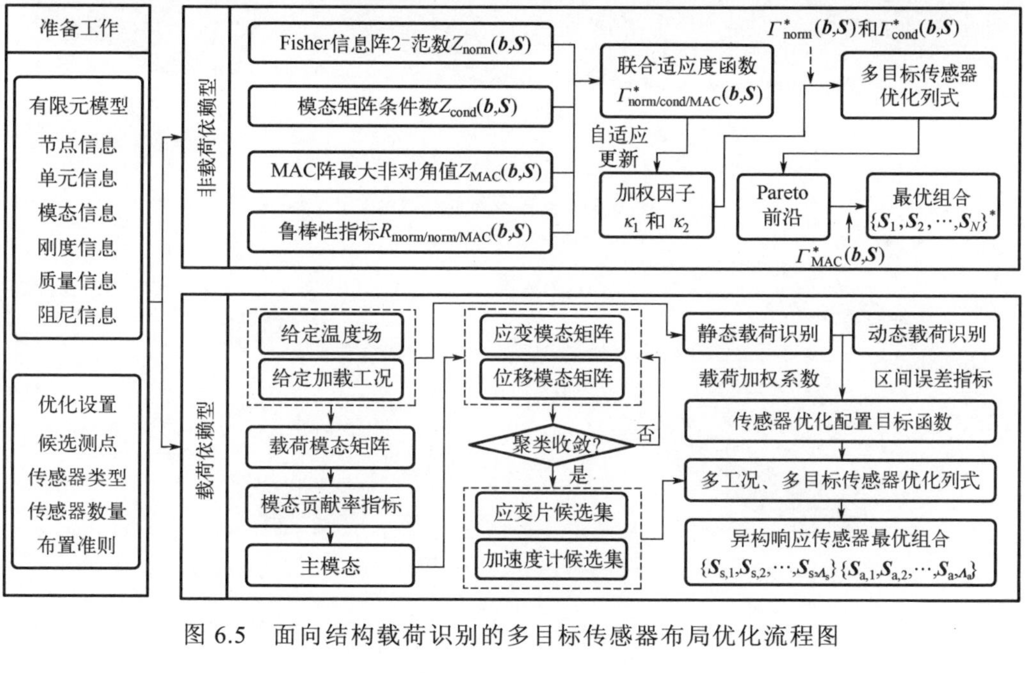

图 6.5　面向结构载荷识别的多目标传感器布局优化流程图

6.4.1　加筋板结构的载荷依赖型传感器布局优化

本节以图 6.6 所示加筋板结构为研究对象，利用应变响应进行静态压缩载荷和动态面外法向载荷识别，并进行应变片布局优化，动态载荷识别选择 Duhamel 方法。为模拟真实边界条件，在加筋板上、下两端的夹具上建立刚性多点约束。面板的尺寸为 300×300mm，面板和筋条的厚度为 3mm，通过有限元离散生成 3283 个节点和 3660 个单元。该算例考虑图 6.7 所示的四种温度分布，温度范围为[100, 200] ℃和[150, 250] ℃，对应的弹性模量分别为[104, 110] GPa 和[101, 107] GPa，泊松比为 0.3，密度为 4450kg/m^3，热膨胀系数分别为 9.1×10^{-6}/℃和 9.2×10^{-6}/℃，传感器之间的距离约束为 30mm。

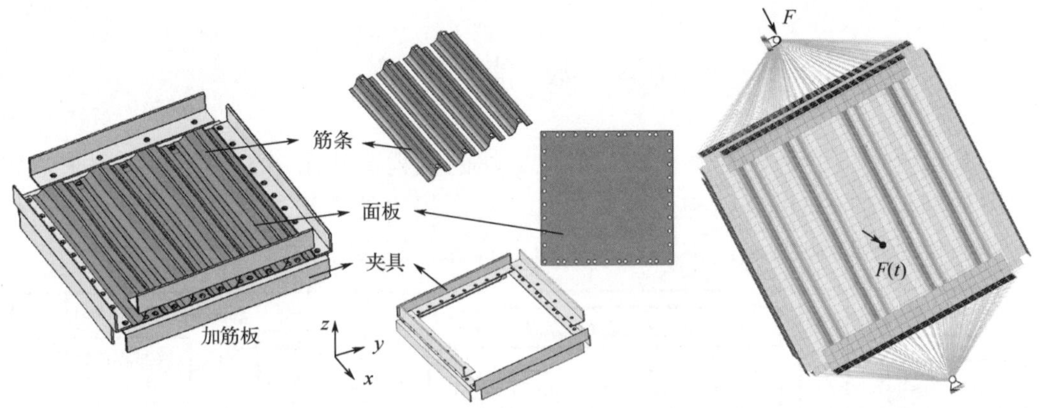

(a) 几何模型　　(b) 有限元模型

图 6.6　加筋板结构示意图

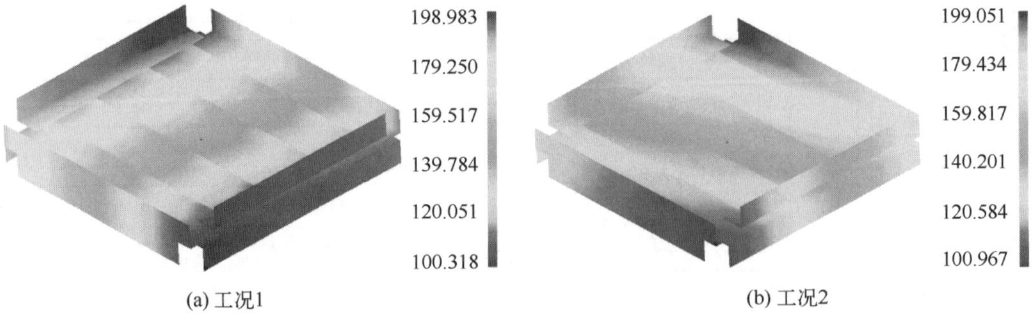

(a) 工况1　　(b) 工况2

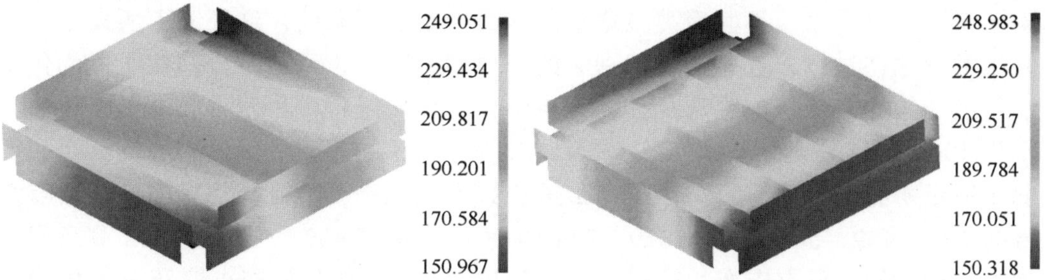

(c) 工况3　　(d) 工况4

图 6.7　加筋板结构在不同工况下的温度场分布(单位：℃)(见彩图)

首先，进行用于静态、动态载荷识别的模态选择。考虑到各种误差因素，设定模态累积贡献率阈值为 90%[134]。本算例中，通过分析前 6 阶载荷模态矩阵的贡献率确定载荷识别模态阶数，结果如表 6.1 所示。可以看出，对于数值较大的第 2、3、4、6 阶模态，温度变化对其影响很小。对于静力工况，第 2 阶模态的贡献比例就达到了 90%，因此选取第 2 阶模态进行静态载荷识别；对于动力工况，第 2、3 阶模态的贡献率为 41.9%和 55.5%，累计贡献率大于 90%，因此选取第 2、3 阶模态进行动态载荷识别。

表 6.1　加筋板结构在静-动混合加载下的模态阶数选择结果

模态阶数	静力工况				动力工况			
	$\underline{Q}$	$\bar{Q}$	σ_i	$\tilde{\sigma}_i$	$\underline{Q}$	$\bar{Q}$	σ_i	$\tilde{\sigma}_i$
第 1 阶	-1.931×10^{-12}	4.115×10^{-11}	3.625×10^{-11}	3.277×10^{-11}	-1.046×10^{-12}	1.923×10^{-11}	1.245×10^{-11}	8.663×10^{-12}
第 2 阶	−0.801	−0.801	0.997	0.901	0.658	0.658	0.602	0.419
第 3 阶	−0.061	−0.061	0.076	0.069	0.873	0.873	0.798	0.555
第 4 阶	−0.017	−0.017	0.021	0.019	−0.010	−0.010	0.009	0.006
第 5 阶	1.465×10^{-12}	6.863×10^{-12}	6.175×10^{-12}	5.582×10^{-12}	6.733×10^{-12}	3.683×10^{-12}	4.962×10^{-12}	3.452×10^{-12}
第 6 阶	−0.010	−0.010	0.012	0.011	0.031	0.031	0.028	0.020

接下来，在已知温度场和模态阶数选择结果的基础上，进行多性态载荷加载下的应变片布局优化，采用 3 个应变片进行静态载荷识别、8 个应变片进行动态载荷识别。为了验证静-动混合工况下传感器协同优化的优越性，作为对照，本算例还进行了单独面向静态载荷识别和单独面向动态载荷识别的应变片布局优化。假设没有被夹具覆盖的面板和筋条顶端可以贴附应变片，通过聚类算法生成 60 个应变片候选集。首先随机生成 60 个聚类中心，并以此为初始中心对静力应变模态矩阵、动力应变模态矩阵进行单独聚类分析和协同聚类分析，3 种聚类结果见

附录 B。可以看出，不同聚类策略下的聚类中心是不同的，这说明了所提出的协同聚类方法在进行多性态载荷识别时的必要性。随后，通过多目标粒子群优化算法从三个应变片候选集中选择最佳测点组合。优化过程中，假设静态压缩载荷大小为 100N，动态载荷为峰值为 300N、周期为 0.2s 的正弦曲线，温度场分布如工况 1 所示。优化得到的应变片布置如图 6.8 所示，静-动力协同优化的最佳测点编号为 270、469、565、729、899、954 和 2012，其中 469、565 和 2012 测点用于静态载荷识别，所有应变片进行动态载荷识别；静力优化的测点编号为 269、377 和 765；动力优化的测点编号为 389、466、623、683、1289、2012 和 2017。目标函数迭代历程如图 6.9 所示，可以看出，协同优化需要更长的时间来寻找对静-动工况载荷识别都有效的最优解，需要迭代 1329 步达到收敛，而静态优化只需 47 步，动态优化需要 407 步。

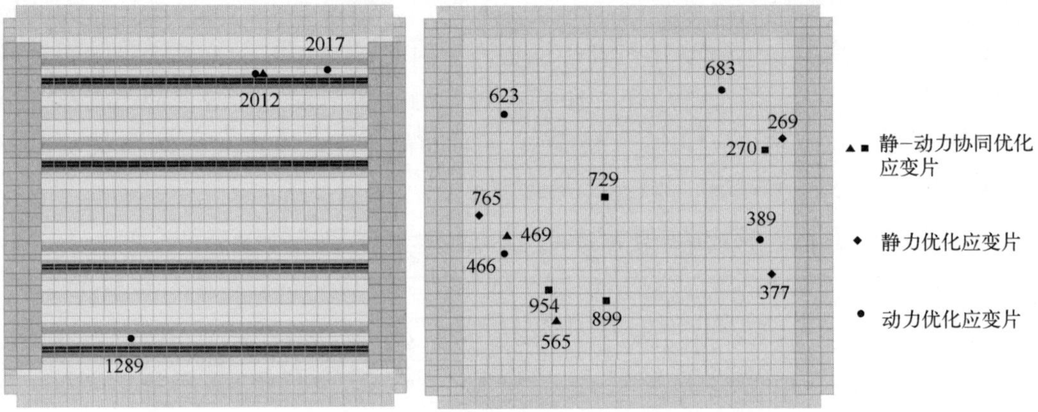

图 6.8　加筋板结构的传感器布局优化结果

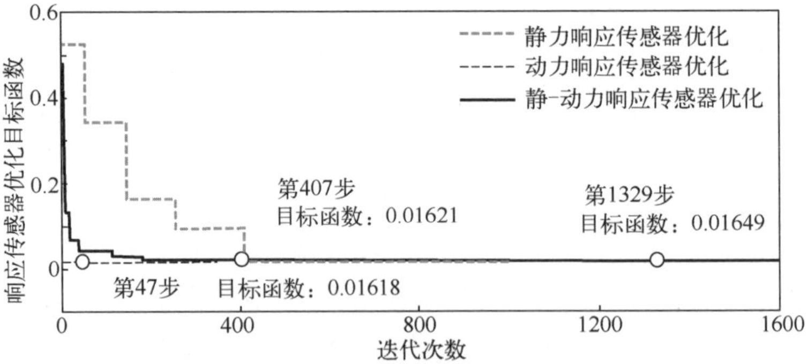

图 6.9　加筋板结构传感器布局优化过程中的目标函数迭代曲线

然后，利用最佳传感器组合对优化过程的加载载荷进行识别，静态载荷识别结果如表 6.2 所示，动态载荷识别结果如图 6.10 所示。可以看出，不论是针对静力、动力模态矩阵进行单独优化，或者是协同优化，反向识别和正向计算的模态载荷中心值都能完美匹配。例如，静态载荷识别的模态载荷相对误差为 0.001%(静力优化)和 0.052%(静-动力协同优化)；对于动态工况，反向识别模态载荷与正向计算模态载荷的线性相关性均为 1。而且，利用反向识别模态载荷反求的外部载荷也与真实加载情况匹配。通过不同传感器优化方法得到的模态载荷的一致性进一步说明了针对静-动力传感器进行协同优化是可行的，它能够用较少的传感器实现与单独优化相同的效果，也说明了协同聚类过程生成候选集并没有减小设计空间。

表 6.2 加筋板结构在最佳传感器组合下的静态载荷识别结果 (单位：N)

载荷结果		模态载荷				外部载荷			
		$\underline{\boldsymbol{P}}_2$	$\overline{\boldsymbol{P}}_2$	$\boldsymbol{P}_2^c$	$\boldsymbol{P}_2^r$	$\underline{F}$	$\overline{F}$	F^c	F^r
真实载荷		1602.400	1602.400	1602.400	0	−2000.000	2000.000	−2000.000	0
识别载荷	静力优化	1557.466	1647.319	1602.393	44.927	−2056.152	−1943.999	−2000.076	56.077
	静-动力优化	1556.665	1646.473	1601.569	44.904	−2055.095	−1942.999	−1999.047	56.048

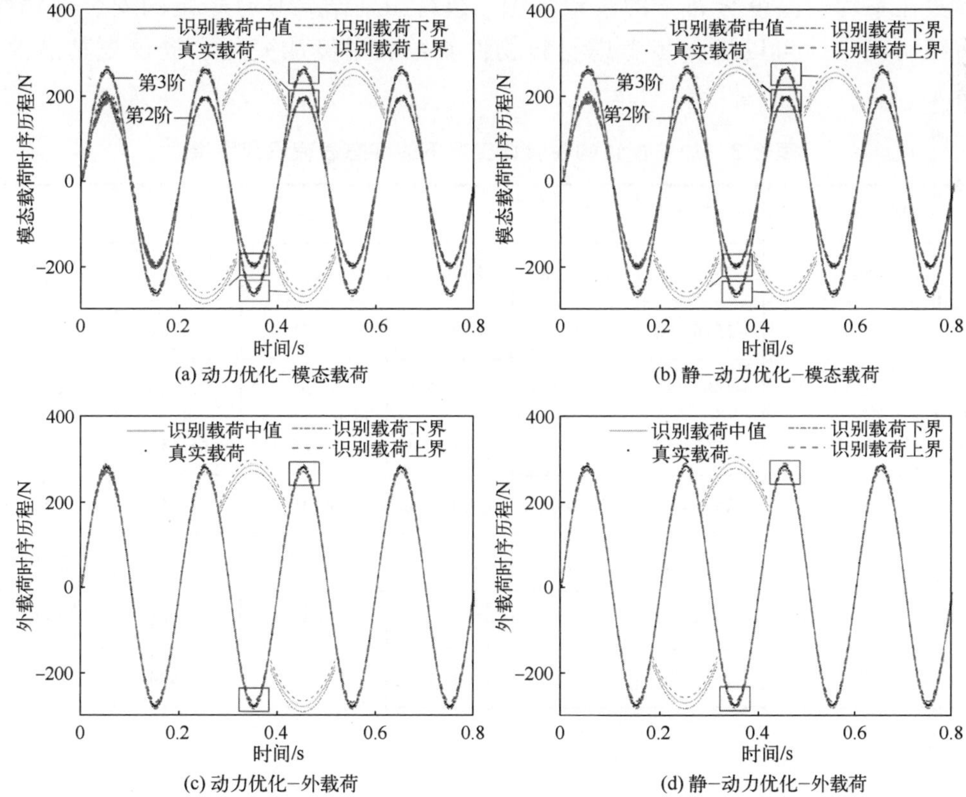

图 6.10 加筋板结构在最佳传感器组合下的动态载荷识别结果

最后，利用静-动力协同优化得到的传感器进行不同温度场分布下的静态载荷识别和动态载荷识别验证，噪声水平为0.1%的高斯白噪声。对于静态载荷验证，在静力加载点上施加2500N的载荷，分别进行无噪声干扰和有噪声干扰下的载荷识别，结果如表6.3所示。可以看出，识别的载荷区间均将真实载荷包络在内；无噪声时，载荷识别相对误差小于1%；有噪声时，载荷识别误差小于3%。无论是否考虑噪声干扰，识别载荷边界的相对波动程度均在2.8%左右。对于动态载荷识别验证，在动力加载点施加一个冲击载荷，识别载荷结果如表6.4所示。可以看出，不考虑测量噪声时，主要冲击阶段的识别载荷强度与真实载荷相差甚小；考虑噪声时，反向识别的冲击载荷在时间上仍然具有很好的跟随性，但此时相关性会减小且识别误差会增大。类似于静力情况，识别载荷的波动程度并没有受到噪声的影响。对于四种不同温度场分布，都能得到理想的静-动力载荷识别结果。需要指出的是，该算例仅提供了几种不同的温度场示意，也可将本章提出的考虑温度效应的载荷依赖型传感器布局优化方法应用于更严峻的载荷工况，如航天器结构面临的高达上千摄氏度的气动环境。此外，本书采用区间模型统一描述结构参数在不均匀温度分布下的波动范围，载荷识别结果具有一定的安全保守性。在后续研究中，可以进一步考虑材料物性参数随温度的变化，提供更精准的识别结果。

表6.3　加筋板结构在验证工况下的静态载荷识别结果

验证工况		$\underline{F}$ /N	$\overline{F}$ /N	F^{c} /N	相对误差/%	F^{r} /N	波动程度/%
工况1	无噪声干扰	−2568.622	−2424.587	−2496.604	0.136	72.017	2.881
	有噪声干扰	−2576.278	−2435.753	−2506.016	0.241	70.262	2.810
工况2	无噪声干扰	−2589.387	−2448.148	−2518.767	0.751	70.620	2.825
	有噪声干扰	−2517.258	−2379.953	−2448.605	2.056	68.652	2.746
工况3	无噪声干扰	−2568.622	−2424.587	−2496.604	0.136	72.017	2.881
	有噪声干扰	−2581.267	−2436.523	−2508.895	0.356	72.372	2.895
工况4	无噪声干扰	−2588.732	−2443.569	−2516.151	0.646	72.581	2.903
	有噪声干扰	−2515.726	−2374.657	−2445.192	2.192	70.534	2.821

表 6.4　机翼结构在验证工况下的动态载荷识别结果

<table>
<tr><th>验证工况</th><th>无噪声干扰</th><th>有噪声干扰</th></tr>
<tr><td>工况 1</td><td>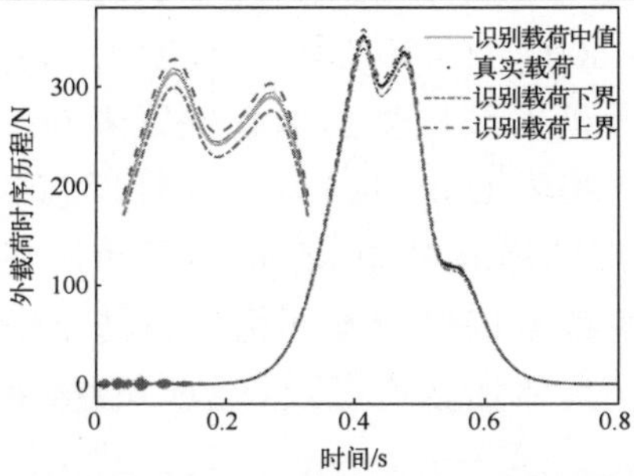
</td><td>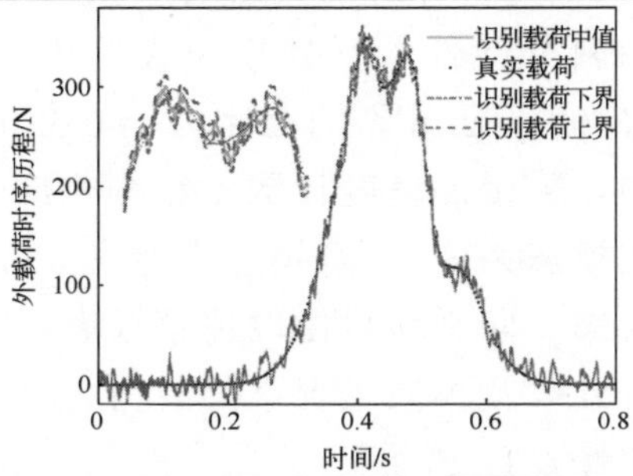
</td></tr>
<tr><td>工况 2</td><td>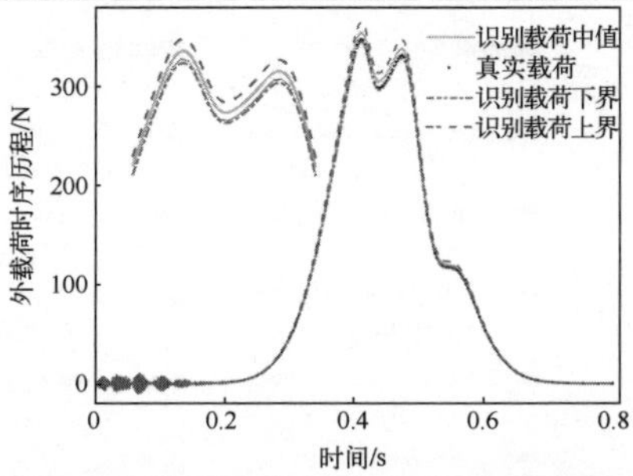
</td><td>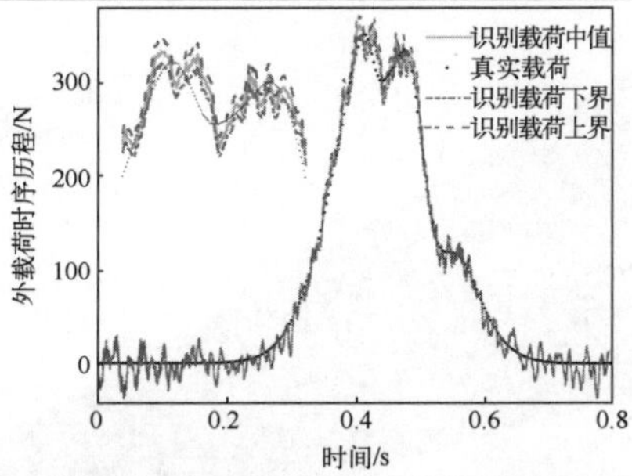
</td></tr>
<tr><td>工况 3</td><td>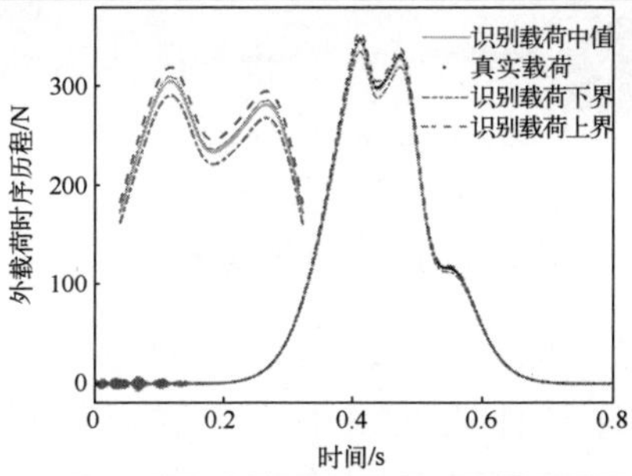
</td><td>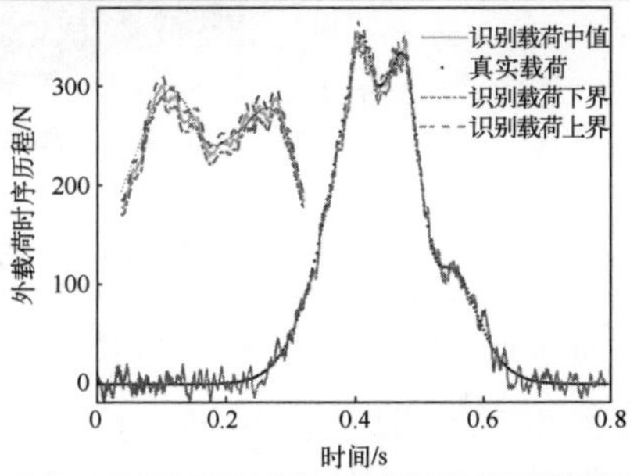
</td></tr>
<tr><td>工况 4</td><td>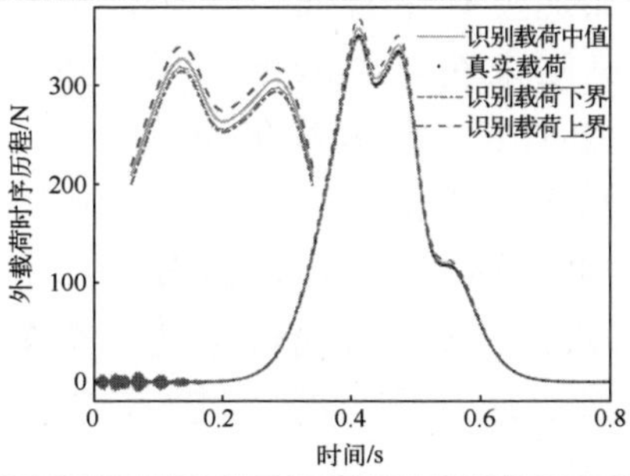
</td><td>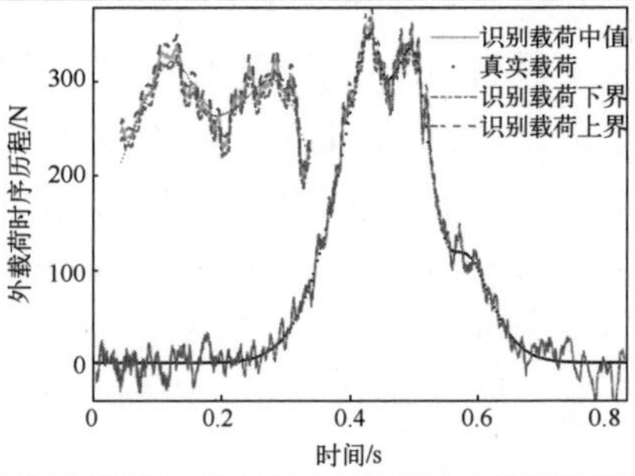
</td></tr>
</table>

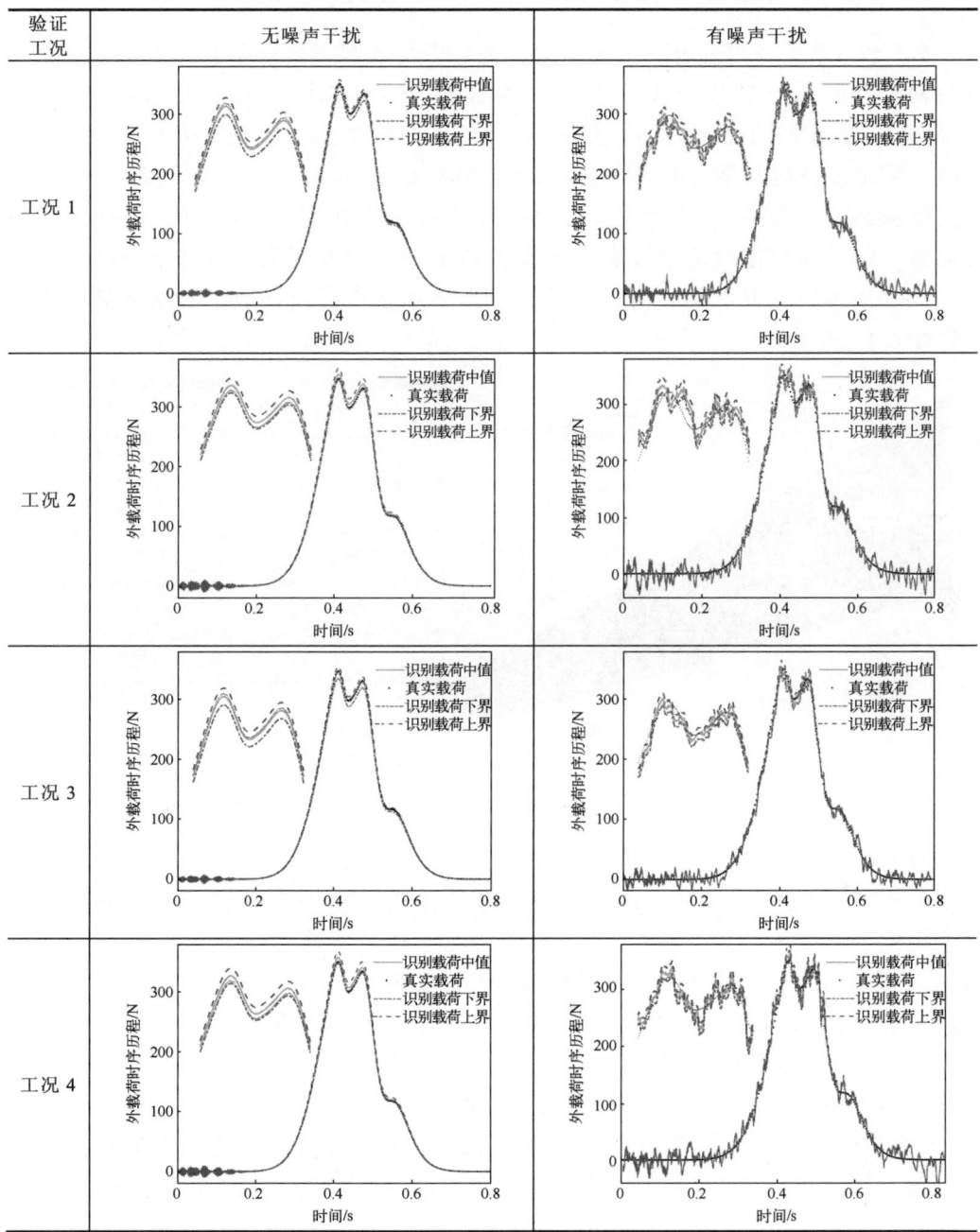

6.4.2　机翼结构的非载荷依赖型传感器布局优化

本节以 2.7.3 节的机翼结构为研究对象，进行非载荷依赖型传感布局优化。考虑材料分散性，弹性模量设置为 E=[68.600, 71.400]GPa，密度为 ρ=[2783.200, 2896.800] kg/m^3，泊松比为 ν=0.330。假设机翼结构受到加载位置未知的 z 向载荷作用，采用加速度计测量结构响应信号，利用 Duhamel 方法进行模态载荷识别，关注模态为前 15 阶模态中包含 z 方向变形的所有模态。在传感器布局优化过程中仅考虑 z 向平动自由度位移模态。本算例将重点讨论不同优化方法下的传感器布置方式以及不同工况下的载荷识别效果，具体加载情况及参数中心值处的结构模态如图 6.11 所示。

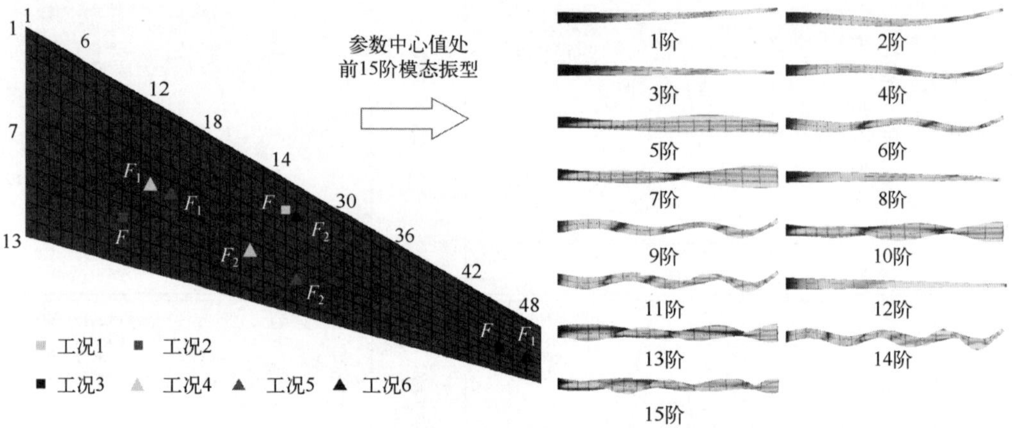

图 6.11　机翼结构的加载工况及模态示意图(见彩图)

当进行多目标传感器布局优化时，需要仔细考虑传感器的布置数量。为了实现外部载荷的有效识别，必须确保加速度计的数量不少于载荷识别的模态阶数。因此，首先对 13、14、15 和 16 个加速度计进行布局优化，传感器的距离约束设置为 30mm。利用多目标粒子群算法来获取 Pareto 前沿、Pareto 最优解以及最佳传感器组合。相关结果如图 6.12 所示。研究结果表明，在上述传感器数量下，上翼面的测点数量多于下翼面和梁肋上的测点。然而，在不同优化方案下，传感器的位置存在显著差异。例如，14 个传感器的布局并不仅仅是在 13 个传感器的基础上简单增加一个传感器。传感器布局优化是一个多峰离散优化问题，每次优化的初始种群和进化机制都带有一定的随机性，因此最终的优化结果并不唯一。

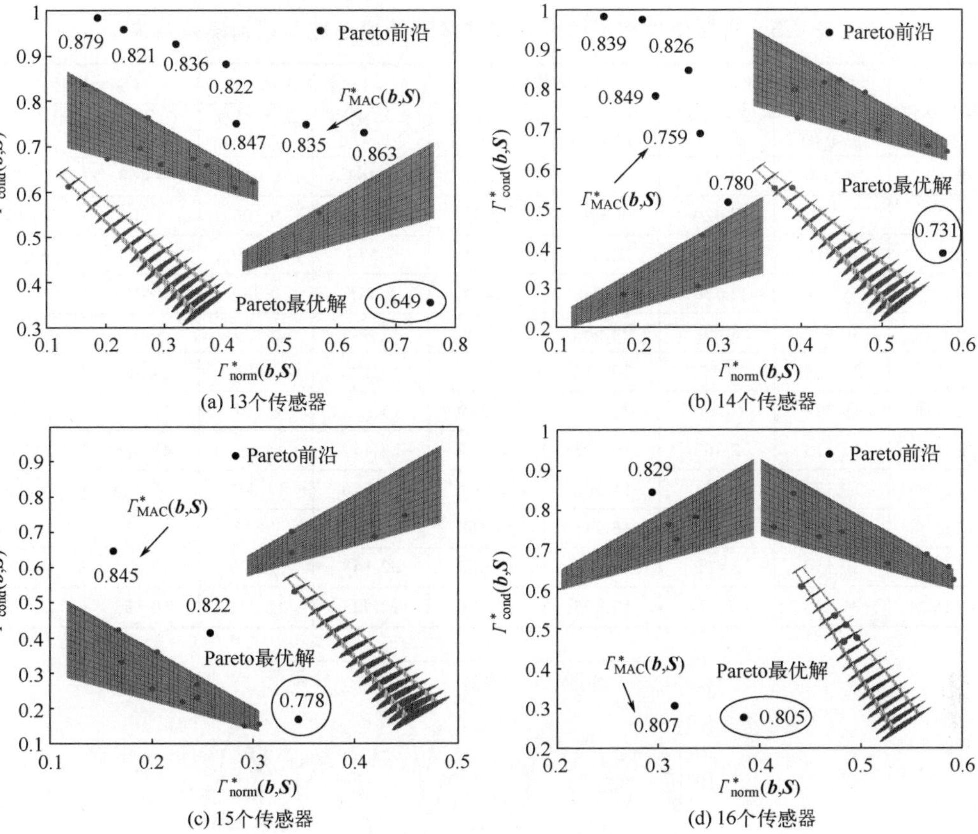

图 6.12　机翼结构在不同传感器数量下的最佳传感器测点组合

在第 3 章提出的动态载荷加载位置和时序历程识别方法中，需要预先确定待优化的模态载荷阶数。因此，一些参数中值处的初始对比工作需要提前引入。假设在工况 1 的加载位置施加一个正弦载荷，通过模态坐标计算正向模态载荷，通过模拟的加速度响应识别反向模态载荷。对不同传感器数量下的模态载荷识别结果进行性能评估，包括平均绝对误差和最大相对误差，结果如表 6.5 所示。可以看出，由于不同数量下的传感器均为经过优化的最佳传感器配置，前四阶(第 1、2、4、5 阶)正向和反向模态载荷几乎吻合，模态载荷的反求精度基本都在 5%以下。而且，由于高阶模态对相应的贡献比重较小，因此高阶模态载荷误差较大；而且，随着阶数的升高，模态载荷识别误差也变大。因此，建议选择第 1、2、4、5 阶模态载荷进行外部载荷加载位置与时序历程的识别。此外，值得注意的是，模态载荷的识别精度并不随传感器数量的增加而提高。使用数量最少、成本最低的 13 个传感器方案，模态载荷结果如图 6.13 所示，图中线条曲线表示正向模态载荷，圆圈曲线表示反向模态载荷。对于前四阶载荷，正、反向的模态载荷吻合良好。

表 6.5　机翼结构在不同传感器数量下的模态载荷识别误差结果

模态载荷	13 个传感器		14 个传感器		15 个传感器		16 个传感器	
	平均绝对误差/N	最大相对误差/%	平均绝对误差/N	最大相对误差/%	平均绝对误差/N	最大相对误差/%	平均绝对误差/N	最大相对误差/%
第 1 阶	4.466	0.048	4.464	0.011	4.463	0.015	4.463	0.075
第 2 阶	5.761	0.420	5.690	0.031	5.738	0.300	5.705	0.202
第 4 阶	1.503	0.524	2.389	3.681	1.574	1.149	3.394	6.020
第 5 阶	9.158	0.630	9.750	1.477	9.338	0.980	10.254	1.849
第 6 阶	30.429	8.592	28.663	2.890	31.865	5.837	36.076	15.526
第 7 阶	20.104	12.156	20.554	12.740	16.178	2.604	24.267	14.806
第 9 阶	19.778	14.443	27.624	22.299	15.511	8.171	28.227	21.948
第 10 阶	12.513	2.362	19.273	10.785	23.442	14.753	42.626	30.810
第 11 阶	19.127	8.271	14.448	3.320	22.756	11.243	30.328	16.813
第 13 阶	52.161	39.867	46.933	35.768	12.064	7.533	22.233	16.343
第 14 阶	30.550	2.406	33.093	10.668	62.143	36.133	39.278	12.485
第 15 阶	71.815	97.577	12.395	11.956	12.923	12.915	10.153	7.472

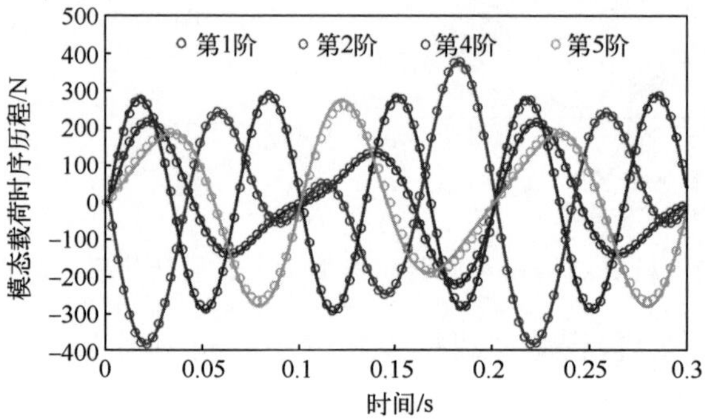

(a) 第1、2、4、5阶

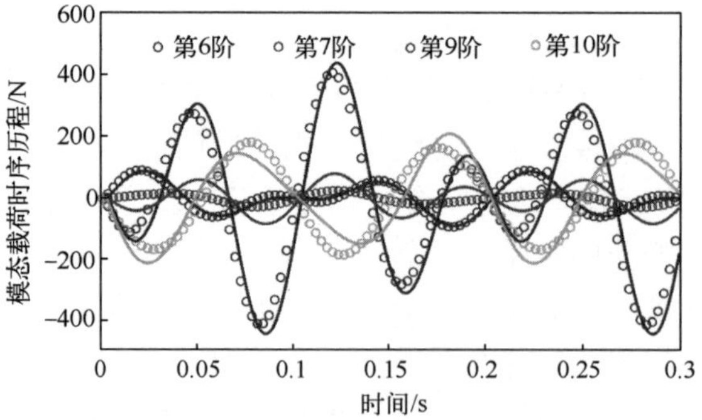

(b) 第6、7、9、10阶

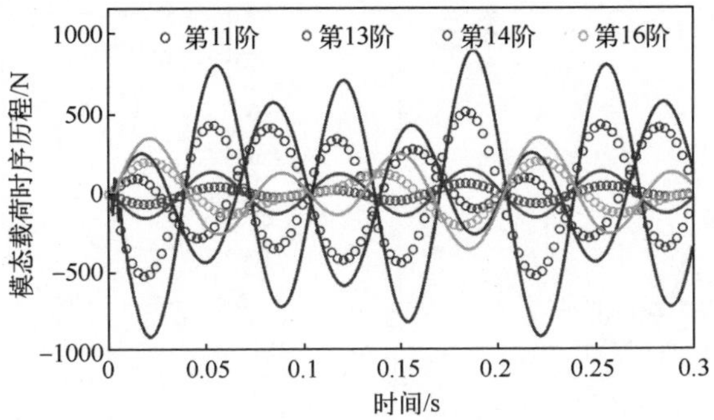

(c) 第11、13、14、15阶

图 6.13　机翼结构在 13 个传感器下的模态载荷识别结果(见彩图)

接下来，利用第 3 章的集中动态载荷识别方法以及图 6.12 中所示的 13 个加速度计，进行不同的加载工况下的载荷识别。需要指出的是，为了更方便地建立结构振型函数与空间坐标之间的代理模型，本算例使用机翼展向和弦向的网格坐标来描述物理坐标，具体编号方式见图 6.11。在工况 1~3 的单点载荷识别中，由于外部载荷与各阶模态载荷在时域上具有相同的变化形式，因此载荷特征识别不需要任何先验信息。而对于工况 4~6 的双点载荷识别，假设结构受到简谐载荷的作用，但载荷的周期、频率和相位是未知的。识别得到的载荷等效坐标详见表 6.6，载荷时序历程如图 6.14 所示。结果表明，除了工况 3 和工况 5 的 F_1，识别的加载位置几乎与真实位置重合；对于载荷时序历程，单点载荷的识别结果几乎与其真实曲线重合，双点载荷的识别结果与其真实值存在微小偏差，特别是工况 4 的 F_1 和工况 5 的 F_2。为了更充分地考虑结构不确定性因素，得到更稳健的识别结果，在识别的加载位置基础上进行动态载荷时序历程识别，识别的载荷区间边界如图 6.15 所示。可以看出，识别的载荷区间边界可以将真实载荷包络。

表 6.6　机翼结构在不同工况下的载荷坐标识别结果

验证工况	F_1				F_2			
	真实情况		识别结果		真实情况		识别结果	
工况 1	4	25	5.006	24.826	—	—	—	—
工况 2	10	9	9.999	9.138	—	—	—	—
工况 3	9	45	8.067	45.001	—	—	—	—
工况 4	7	12	6.911	12.240	9	22	8.999	22.034
工况 5	7	14	6.890	15.000	10	26	9.991	25.879
工况 6	9	47	8.985	47.044	4	26	3.999	26.210

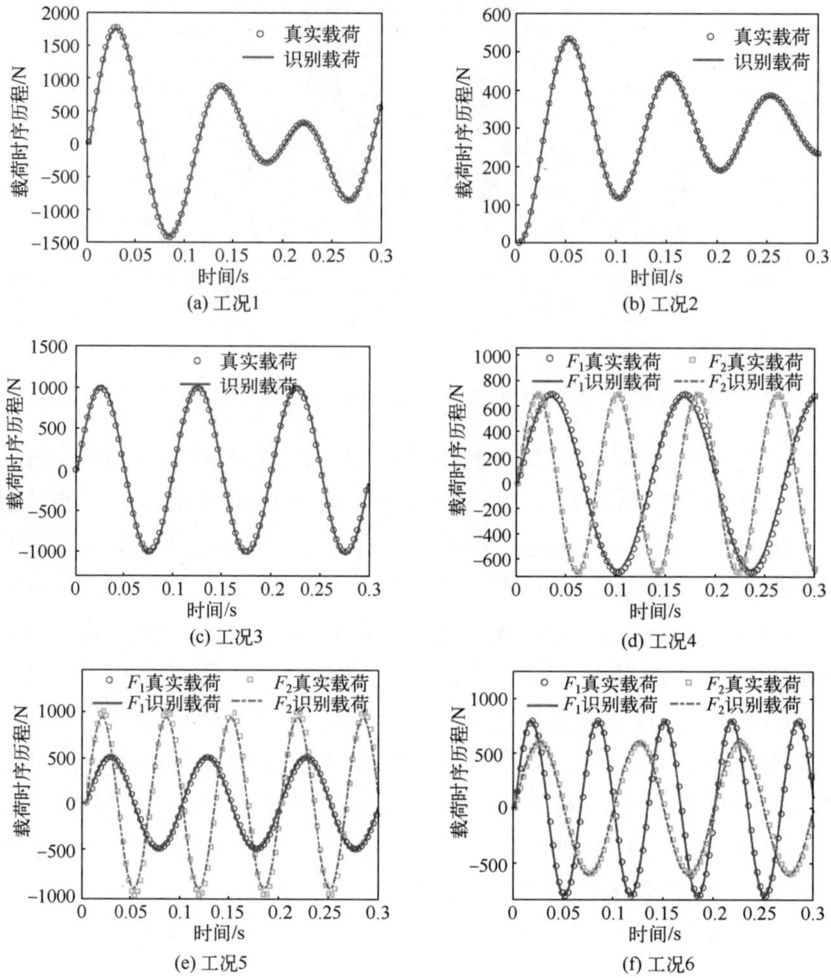

图 6.14　机翼结构在不同工况下的确定性载荷识别结果

最后，为了说明多目标传感器布局优化的必要性，该算例还针对三个性能指标的适应度函数 $\Gamma^*_{\mathrm{norm}}(\boldsymbol{b},\boldsymbol{S})$、$\Gamma^*_{\mathrm{cond}}(\boldsymbol{b},\boldsymbol{S})$ 和 $\Gamma^*_{\mathrm{MAC}}(\boldsymbol{b},\boldsymbol{S})$ 分别进行了单目标传感器布局优化，传感器数量设置为 13 个，得到的最佳传感器组合分布情况如图 6.16 所示。利用不同优化方案下的传感器对工况 4 进行模态载荷识别，识别结果如图 6.17 所示，误差统计结果如表 6.7 所示。可以看出，对于前两阶模态载荷，四种传感器布局方案都可以得到较好的识别结果，最大载荷处的相对误差都在 1%以下；对于第 4 阶和第 5 阶模态载荷，平均相对误差和最大绝对误差均变大。从载荷曲线与误差统计结果可以看出，四种传感器布局方法下的载荷识别精度排序为：Pareto 多目标优化、最小化 $\Gamma^*_{\mathrm{cond}}(\boldsymbol{b},\boldsymbol{S})$、最小化 $\Gamma^*_{\mathrm{MAC}}(\boldsymbol{b},\boldsymbol{S})$、最小化 $\Gamma^*_{\mathrm{norm}}(\boldsymbol{b},\boldsymbol{S})$，且前两种方案相差不大。正如第 2 章和众多文献所研究的，通过减小传递函数的条件数可以有效提高载荷识别精度。然而，本书提出的多目标传感器布局优化方法在保证小条件数的基础上，还能满足模态矩阵的其他性能指标，从而进一步提升每一阶载荷的反求精度。

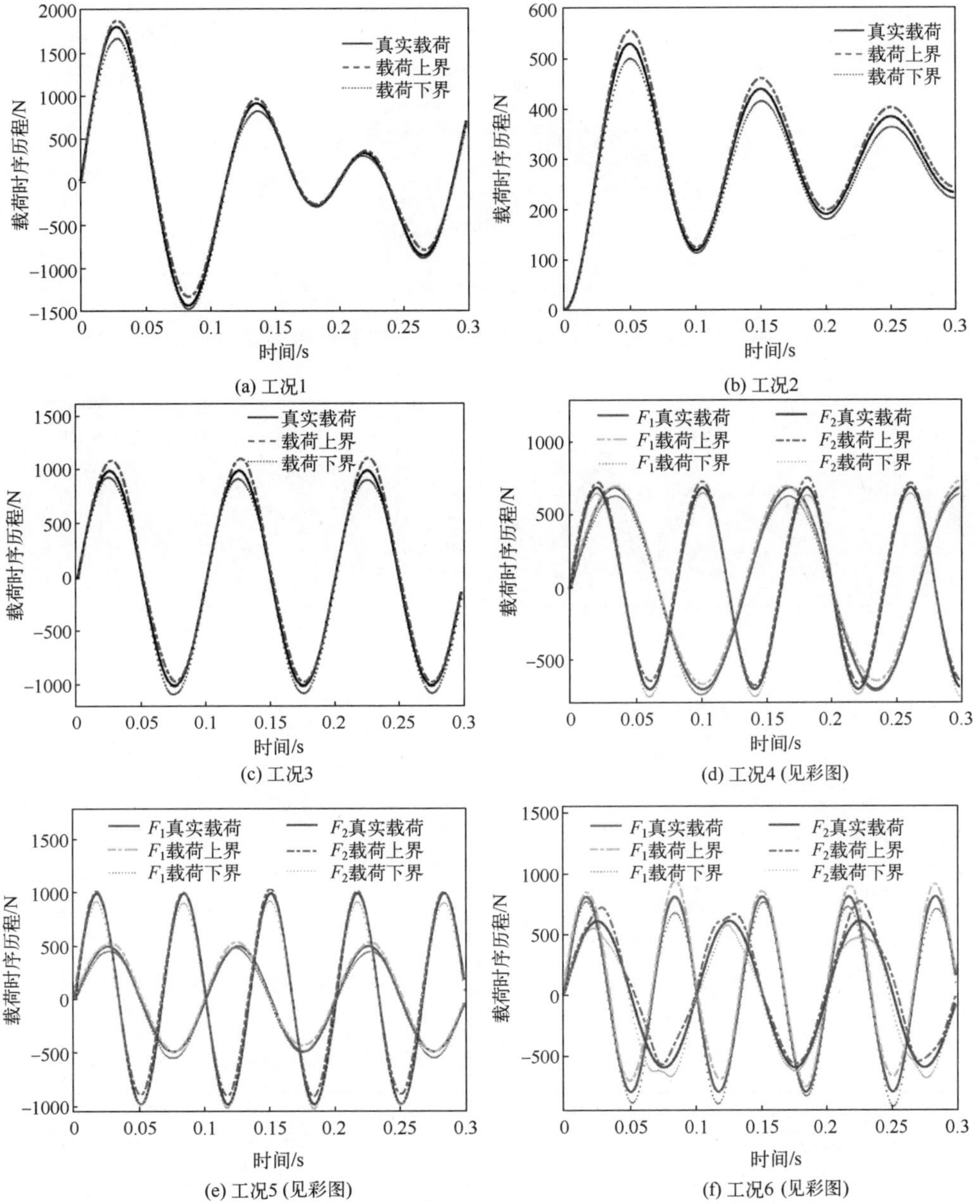

图 6.15　机翼结构在不同工况下的不确定性载荷识别结果

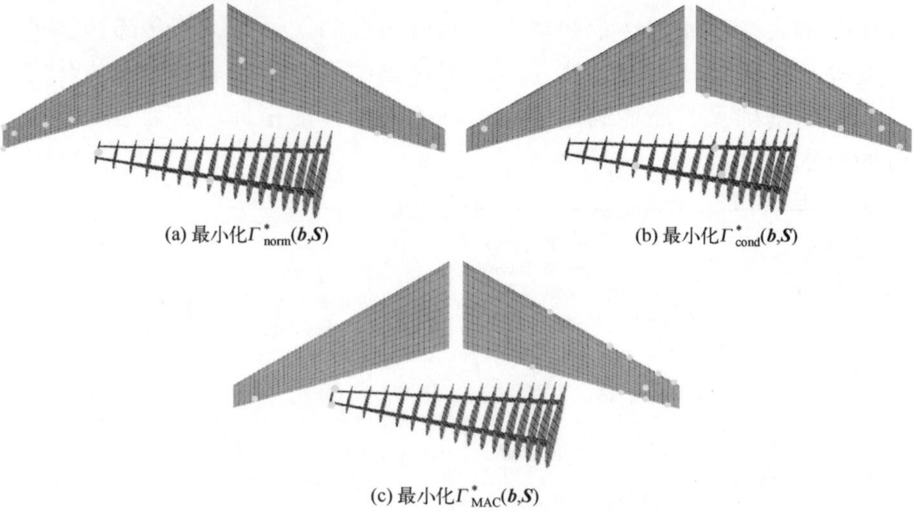

(a) 最小化$\Gamma^*_{\mathrm{norm}}(\boldsymbol{b},\boldsymbol{S})$　(b) 最小化$\Gamma^*_{\mathrm{cond}}(\boldsymbol{b},\boldsymbol{S})$

(c) 最小化$\Gamma^*_{\mathrm{MAC}}(\boldsymbol{b},\boldsymbol{S})$

图 6.16　机翼结构在单目标优化策略下的最佳传感器测点组合

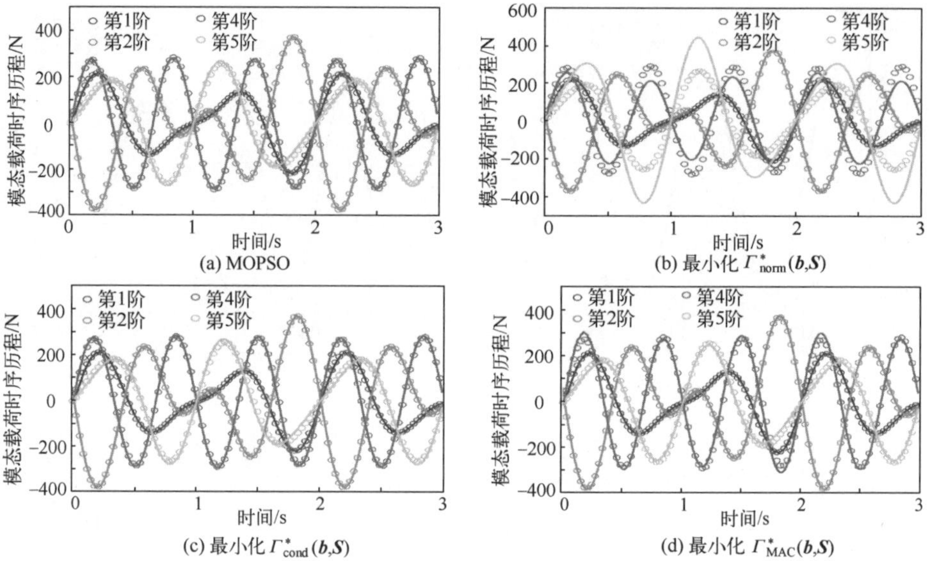

(a) MOPSO　(b) 最小化$\Gamma^*_{\mathrm{norm}}(\boldsymbol{b},\boldsymbol{S})$

(c) 最小化$\Gamma^*_{\mathrm{cond}}(\boldsymbol{b},\boldsymbol{S})$　(d) 最小化$\Gamma^*_{\mathrm{MAC}}(\boldsymbol{b},\boldsymbol{S})$

图 6.17　机翼结构在不同优化策略下的模态载荷识别结果(见彩图)

表 6.7　机翼结构在不同优化策略下的模态载荷识别误差结果

模态载荷	MOPSO		最小化 $\Gamma^*_{\mathrm{norm}}(\boldsymbol{b},\boldsymbol{S})$		最小化 $\Gamma^*_{\mathrm{cond}}(\boldsymbol{b},\boldsymbol{S})$		最小化 $\Gamma^*_{\mathrm{MAC}}(\boldsymbol{b},\boldsymbol{S})$	
	平均绝对误差/N	最大相对误差/%	平均绝对误差/N	最大相对误差/%	平均绝对误差/N	最大相对误差/%	平均绝对误差/N	最大相对误差/%
第 1 阶	3.516	6.516	3.566	6.506	3.543	6.602	3.518	6.510
第 2 阶	5.489	5.256	9.792	8.036	5.442	5.247	5.722	5.899

续表

模态载荷	MOPSO		最小化 $\Gamma^*_{\mathrm{norm}}(\boldsymbol{b},\boldsymbol{S})$		最小化 $\Gamma^*_{\mathrm{cond}}(\boldsymbol{b},\boldsymbol{S})$		最小化 $\Gamma^*_{\mathrm{MAC}}(\boldsymbol{b},\boldsymbol{S})$	
	平均绝对误差/N	最大相对误差/%	平均绝对误差/N	最大相对误差/%	平均绝对误差/N	最大相对误差/%	平均绝对误差/N	最大相对误差/%
第 4 阶	7.564	8.160	36.745	41.823	7.925	8.293	14.063	24.342
第 5 阶	7.685	12.349	89.474	81.342	9.767	14.238	8.646	12.852

6.5 本章小结

本章面向结构动态载荷识别问题，考虑了工程中的多源不确定性因素，提出了两种多目标传感器布局优化方法，旨在通过提高模态响应或模态载荷的反求精度，进一步提高外部载荷的识别精度。本章研究工作可总结如下。

(1) 对于加载位置未知的非载荷依赖型传感器布局优化，针对模态响应求解，使用 Fisher 信息矩阵 2-范数、模态矩阵条件数、MAC 矩阵最大非对角元素及稳健性指标来表征传感器布置方案的求解有效性、稳定性、正交性及抗不确定性能力。基于这些指标，定义了三个联合适应度函数，并通过自适应更新策略确定适应度函数的加权因子，采用多目标粒子群算法和 Pareto 最优解选择最佳传感器组合。该方法通过提升模态响应反求精度，间接提高了外部载荷的识别精度。

(2) 对于加载位置已知的载荷依赖型传感器布局优化，旨在通过少量传感器实现复杂力热环境下的多态载荷识别。首先，推导了考虑温度效应的载荷识别公式，并结合模态贡献率确定载荷识别模态阶数。然后，通过大规模异构模态矩阵的协同聚类算法确定传感器候选集，最后以模态载荷识别准确度为目标，建立静-动载荷混合加载下的多目标优化模型，实现了异构传感器布局优化。该方法通过提升模态载荷反求精度，直接提高了外部载荷的识别精度。

最后，通过加筋板和机翼结构的算例验证了本章提出的传感器布局优化方法的有效性。在非载荷依赖型传感器布局优化中，尽管需要配置较多数量的传感器，但利用最佳传感器进行模态响应求解时，低阶模态能够实现高精度反求，从而有效支持载荷加载位置与时序历程的识别。相比于以模态矩阵条件数等为目标的单目标优化方法，这种布局优化方法能够进一步提升载荷识别的精度。对于载荷依赖型传感器布局优化，该方法直接以模态载荷区间误差函数为优化目标，通过配置较少数量的传感器即可实现高精度的载荷识别。在处理多性态载荷识别问题时，本章提出的异构模态矩阵协同聚类方法，能够在不减少设计空间的情况下降低信息冗余度，从而减轻优化问题的计算负担。

第 7 章　融合机器学习算法的不确定性结构动态载荷识别

为了简化机理驱动的动态载荷识别流程，通过引入机器学习算法，提出了纯数据驱动和物理信息驱动神经网络下的不确定性结构动态载荷识别方法。在大训练样本情况下，提出了完全替代策略。利用纯数据驱动神经网络直接建立不确定参数样本点处的测量响应-载荷参数代理模型，快速实现了集中/分布动态载荷的时域识别。在小训练样本情况下，提出了部分替代策略。首先，利用物理信息驱动神经网络模型完成区间模态分解环节；其次，借助前面章节的载荷时域识别公式实现模态载荷和外部载荷参数的反求；最终，形成了机理-数据混合驱动下的不确定性结构动态载荷识别策略。

7.1　引　　言

前述章节中提出的多特征动态载荷识别方法均为机理驱动型方法。这些方法依赖于结构的物理模型，通过有限元建模、传感器布置、时域和频域载荷识别等一系列流程，完成动力学方程的逆向推演。显然，这类方法需要准确掌握结构的物理特性。为了保证机理驱动载荷识别方法的精度，第 2 章通过引入正则化算子来增强模态矩阵求逆的稳定性，第 6 章则通过优化传感器布局来提高载荷识别的准确性和稳健性。然而，在实际应用中，动态载荷识别通常用于为后续的结构安全性评估、动力学设计、健康状态监测等研究提供输入条件。因此，在某些情况下，需要简化识别过程，忽略一些细节，从而发展更具普适性的动态载荷识别方法。

随着数据驱动方法的不断发展，机器学习算法(如人工神经网络和支持向量机等)凭借其强大的非线性建模能力和高容错性，为结构动态载荷识别提供了新的思路。这些方法不需要完全已知原始模型的物理参数，而是将结构动力学系统视为“黑箱”，通过大量样本数据构建适当的神经网络拓扑结构，从而学习复杂结构的动力学行为，并建立系统输入与输出之间的代理模型[162]。基于机器学习的动态载荷识别方法可以有效规避机理驱动方法中的复杂反卷积推导、矩阵求逆病态、初值依赖等问题，具有更强的抗干扰能力。然而，这些代理模型的可靠性高度依赖于训练样本的数量和质量。纯数据驱动的载荷识别方法在大量训练样本的驱动下，通过反复传播、重复迭代和不断降低损失函数值，学习测量响应与动态载荷参数之间的内在关系。然而，由于完全忽略了结构固有的物理规律，构建的代理模型可能缺乏物理可解释性[170]。特别是在训练样本数据稀疏且含有噪声的情况下，模型容易产生过拟合，泛化能力较差，甚至可能违背物理原理，从而影响模型的预测精度。

基于上述讨论，本章将机器学习算法应用于不确定性结构的动态载荷时域识别问题。首先，提出了一种在大规模训练样本下的纯数据驱动载荷识别方法，该方法利用人工神经网络替代所有机理驱动的载荷识别环节，从而实现集中和分布动态载荷的时域识别。其次，在训练样本有限的情况下，提出了一种结合机理和数据驱动的载荷识别方法。该方法使用物理信息神经网络替代区间模态分解环节，并将物理约束方程融入机器学习算法中，以提高模型的预测性能。最后，通过数值算例和实验验证了本章所提出方法的有效性和适用性。

7.2　纯数据驱动神经网络下的不确定性结构动态载荷识别

根据结构动力学系统的时域演化公式，可以在任意结构不确定参数处找到一个数学表达式 Γ 来描述结构响应与外部载荷之间的复杂函数关系。其中，结构响应 $\boldsymbol{Y}(\boldsymbol{b},t)$ 包括各种传感器测量的位移 $\boldsymbol{U}(\boldsymbol{b},t)$ 、加速度 $\ddot{\boldsymbol{U}}(\boldsymbol{b},t)$ 、应变 $\boldsymbol{\varepsilon}(\boldsymbol{b},t)$ 等响应。对于外部载荷，集中动态载荷用载荷本身的时序历程 $\boldsymbol{F}(\boldsymbol{b},t)$ 表示，分布动态载荷用降维基函数系数的时序历程 $\boldsymbol{A}(\boldsymbol{b},t)$ 表示。这里统一用符号 $\boldsymbol{H}(\boldsymbol{b},t)$ 表示外部载荷，结构的输入-输出关系可以写为

$$\boldsymbol{Y}(\boldsymbol{b},t)=\Gamma[\boldsymbol{H}(\boldsymbol{b},t)] \tag{7.1}$$

在载荷识别问题中，存在与 Γ 相对应的反函数。通过这一反函数，可以利用已知的测量响应 $\boldsymbol{Y}(\boldsymbol{b},t)$ 来求解未知的外部载荷 $\boldsymbol{H}(\boldsymbol{b},t)$ ，即

$$\boldsymbol{H}(\boldsymbol{b},t)=\Gamma^{-1}[\boldsymbol{Y}(\boldsymbol{b},t)] \tag{7.2}$$

对于复杂的动力学系统，建立函数关系可能会相当烦琐。在这种情况下，可以引入数据驱动的机器学习算法取代动力学逆向演化的过程。常用的机器学习算法包括 BP 神经网络、RBF 神经网络以及支持向量机。数据驱动载荷识别通常分为两个阶段：基于大量样本的训练阶段和基于实测响应的预测阶段。在训练阶段，这些算法基于监督学习与非监督学习策略，利用大量的输入数据（即结构的测量响应）和输出数据（即关注的载荷参数）来训练机器学习模型。通过挖掘数据内在规律，这些模型可以建立式(7.2)中的反函数 Γ^{-1} 。在预测阶段，将测量响应序列输入到经过训练的模型中，从而获得对应的集中动态载荷时序历程和分布动态载荷基函数系数历程。下面，以 RBF 神经网络为例，简要介绍如何将机器学习算法应用于动态载荷识别问题。

由于神经网络的训练是基于大量样本进行的，因此需要事先生成一个训练样本集合。理论上，训练样本的数量越多，训练样本空间的覆盖范围越广，神经网

络就能够学到更多知识，从而提高载荷识别的精度。在动态载荷作用下，结构响应呈现出随时间变化的时程曲线。每个动态载荷作用下都会生成多个不同时刻的训练样本。因此，使用不同时域变化的动态载荷及其对应的测量响应来构建训练样本，即输入样本为 $\boldsymbol{Y}(\boldsymbol{b})=[\boldsymbol{Y}^1(\boldsymbol{b},t_1),\cdots,\boldsymbol{Y}^1(\boldsymbol{b},t_{TN}),\cdots,\boldsymbol{Y}^{\Lambda}(\boldsymbol{b},t_1),\cdots,\boldsymbol{Y}^{\Lambda}(\boldsymbol{b},t_{TN})]$，以及输出样本为 $\boldsymbol{H}=[\boldsymbol{H}^1(t_1),\cdots,\boldsymbol{H}^1(t_{TN}),\cdots,\boldsymbol{H}^{\Lambda}(t_1),\cdots,\boldsymbol{H}^{\Lambda}(t_{TN})]$，其中，$\Lambda$ 表示选取的动态载荷数量，TN 表示时间离散数量，$\boldsymbol{H}^1(t_1)=[H_1^1(t_1),H_2^1(t_1),\cdots,H_G^1(t_1)]^{\mathrm{T}}$ 表示第一个载荷工况下第一个离散时刻的载荷参数向量，$\boldsymbol{Y}^1(\boldsymbol{b},t_1)=[Y_1^1(\boldsymbol{b},t_1),Y_2^1(\boldsymbol{b},t_1),\cdots,Y_N^1(\boldsymbol{b},t_1)]^{\mathrm{T}}$ 表示对应于不确定参数 $\boldsymbol{b}$ 及载荷工况载荷 $\boldsymbol{H}^1(t_1)$ 的测量响应向量，其他载荷和响应具有类似的含义。需要指出的是，在各不确定参数处，可以采用相同的载荷历程。

一般而言，不同类型响应在数值上可能存在数量级上的差异，即使是相同类型的响应，不同测点也可能呈现出显著的数值差异。同样，对于载荷参数，不同加载载荷或者不同基函数系数之间也可能存在较大差异。为了减小训练集数据差异对神经网络求解速度和精度的不利影响，需要对原始数据进行预处理。本章采用归一化处理，将输入响应和输出载荷归一到标准化区间 $[-1,1]$ 上，即

$$\tilde{Y}_i^j(\boldsymbol{b},t_k)=2\frac{Y_i^j(\boldsymbol{b},t_k)-\min[\boldsymbol{Y}_i(\boldsymbol{b})]}{\max[\boldsymbol{Y}_i(\boldsymbol{b})]-\min[\boldsymbol{Y}_i(\boldsymbol{b})]}-1 \tag{7.3}$$

$$\tilde{H}_i^j(t_k)=2\frac{H_i^j(t_k)-\min(\boldsymbol{H}_i)}{\max(\boldsymbol{H}_i)-\min(\boldsymbol{H}_i)}-1 \tag{7.4}$$

式中，$\tilde{Y}_i^j(\boldsymbol{b},t_k)$ 和 $\tilde{H}_i^j(\boldsymbol{b},t_k)$ 表示归一化后的输入样本和输出样本，$\max[\boldsymbol{Y}_i(\boldsymbol{b})]$ 和 $\min[\boldsymbol{Y}_i(\boldsymbol{b})]$ 表示第 i 个测点对应的训练样本的最大值和最小值，$\max(\boldsymbol{H}_i)$ 和 $\min(\boldsymbol{H}_i)$ 表示第 i 个集中动态载荷或第 i 个分布载荷基函数系数对应的训练样本最大值和最小值。

RBF 神经网络采用径向基基底函数作为激活函数，具有模拟能力强、分类能力强和学习速度快等优势。广义 RBF 神经网络包括三层前向神经网络，其拓扑结构如图 7.1 所示。第一层为输入层，由归一化的测量响应组成，节点数量与测点数量 N 相等。第二层为隐含层，具有非线性性质，通过径向基基底函数 Φ_0、Φ_1、…、Φ_I 将测量响应从输入层转换到隐含层空间，使原来的线性不可分问题变得线性可分。隐含层节点的数量 I 取决于结构系统的复杂度，第 i 个隐含层节点表示为 $\Phi[\tilde{\boldsymbol{Y}}^j(\boldsymbol{b},t_k),\boldsymbol{C}_i]$，其中，$\boldsymbol{C}_i=[C_{i1},C_{i2},\cdots,C_{iN}]^{\mathrm{T}}$ 为径向基基底函数的中心。通常，RBF 神经网络使用高斯函数作为隐含层函数，表示为

$$\Phi[\tilde{\boldsymbol{Y}}^j(\boldsymbol{b},t_k),\boldsymbol{C}_i]=\exp\left[-\frac{1}{2\sigma^2}\|\tilde{\boldsymbol{Y}}^j(\boldsymbol{b},t_k)-\boldsymbol{C}_i\|^2\right] \tag{7.5}$$

式中，$\|\times\|$ 表示欧式范数；σ 是高斯函数的方差。隐含层函数 Φ_1、…、Φ_I 的取值在 $(0,1]$ 区间内，而 Φ_0 的取值恒为 1。第三层为输出层，包含 G 个线性单元。每个

线性单元与所有隐含层节点相连。网络的最终输出是各隐含节点输出的线性组合。第 i 个隐含层节点到第 g 个输出节点的权值为 w_{ig}。

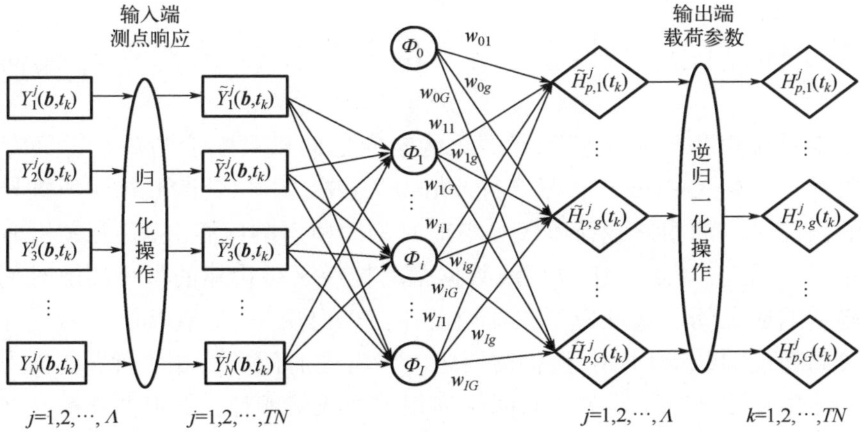

图 7.1　RBF 神经网络示意图

从上述对 RBF 神经网络的描述可以看出，建立神经网络需要训练三个参数，分别是隐含层基函数的中心 $\boldsymbol{C}_i$、隐含层基函数的方差 σ 以及隐含层与输出层之间的权重 w_{ig}。根据隐含层中心的不同选取方法，RBF 神经网络有多种学习方法，包括随机选取中心法、自组织选取中心法、有导师选取中心法和正交最小二乘法等。其中，自组织选取中心法是较常用的方法，它由两个阶段组成：一是自组织学习阶段，此阶段为无导师学习过程，通过聚类算法求解隐含层基函数的中心 $\boldsymbol{C}_i$ 与方差 σ；二是有导师学习阶段，通过最小化载荷参数样本与神经网络输出的误差计算隐含层与输出层之间的权值 w_{ig}。具体的学习方法可以参考文献[171]。上述三类参数确定之后，可以得到不确定参数 $\boldsymbol{b}$ 处的 RBF 神经网络模型。将归一化的结构测量响应序列 $\tilde{\boldsymbol{Y}}_{\mathrm{m}}(t)$ 输入至经过训练的 RBF 神经网络，则可以预测得到归一化后的载荷参数，即

$$\tilde{H}_{\mathrm{p},g}(\boldsymbol{b},t) \approx w_{0g}(\boldsymbol{b})+\sum_{i=1}^{I} w_{ig}(\boldsymbol{b})\Phi[\tilde{\boldsymbol{Y}}_{\mathrm{m}}(t),\boldsymbol{C}_i(\boldsymbol{b})]=\sum_{i=0}^{I} w_{ig}(\boldsymbol{b})\Phi[\tilde{\boldsymbol{Y}}_{\mathrm{m}}(t),\boldsymbol{C}_i(\boldsymbol{b})] \tag{7.6}$$

然后，对预测的载荷参数 $\tilde{\boldsymbol{H}}_{\mathrm{p}}(\boldsymbol{b},t)$ 进行反归一化处理，即可集中动态的载荷时序历程或者分布动态载荷的降维基函数系数时序历程，具体操作为

$$\boldsymbol{H}_{\mathrm{p},i}(\boldsymbol{b},t)=\frac{[\tilde{\boldsymbol{H}}_{\mathrm{p},i}(\boldsymbol{b},t)+1]\times[\max(\boldsymbol{H}_i)-\min(\boldsymbol{H}_i)]}{2}+\min(\boldsymbol{H}_i) \tag{7.7}$$

显然，上述神经网络所反映的响应-载荷关系与结构参数的取值密切相关。为了识别载荷参数的区间边界，采用前面章节所提出的不确定性分析方法，在各不确定

参数样本点处，分别建立神经网络模型并获取预测的载荷参数值，然后根据区间上下界计算准则可以得到动态载荷的区间边界$[\underline{\boldsymbol{H}}_{\mathrm{p}}(\boldsymbol{b},t),\bar{\boldsymbol{H}}_{\mathrm{p}}(\boldsymbol{b},t)]$。

7.3　物理信息驱动神经网络下的不确定性结构动态载荷识别

动力学系统中的一个重要特点是结构响应之间以及响应与载荷之间存在时间序列相关性。正如 Duhamel 方法、Newmark 方法、卡尔曼滤波算法所推导的，需要识别的当前时刻的模态载荷不仅与当前时刻的模态响应有关，还与前一时刻的模态响应相关。因此，7.2 节中通过纯数据驱动神经网络构建的每个离散时刻上外部载荷与测量响应之间的代理模型在理论上存在一定误差。尽管基于大量训练样本可以实现较高精度的载荷识别，但仍需要进一步考虑时间序列相关性。在动力学正问题领域，研究人员已经开始关注时间序列相关性或依赖性，采用循环神经网络进行动态响应预测。然而，传统的循环神经网络可能会由于梯度消失等问题而无法学习长时间序列。另一方面，机理驱动动态载荷识别方法主要包括：①模态响应求解、②模态载荷推导、③外部载荷反求 3 个步骤。对于步骤②，第 2 章算例已经表明无论是利用传统的动力学求解方法还是新兴的卡尔曼滤波算法，模态空间内的动力学逆向推演都可以达到较高的精度。对于步骤③，若已知载荷加载位置，也可以实现外部载荷的高精度重构。因此，本节将综合考虑机理驱动和数据驱动方法的优点和缺点，利用机器学习算法实现步骤①，即将结构动态响应从物理空间转换到模态空间。而步骤②和③仍然通过机理驱动方法来实现，从而形成一种机理-数据混合驱动的动态载荷识别框架。值得注意的是，步骤①的操作不仅可以避免传感器布局优化或正则化修正等流程，还不需要考虑相邻时刻的响应相关性。此外，纯数据驱动的载荷识别方法从数据中挖掘输入和输出之间的隐含关系。然而，当训练数据量有限时，使用梯度下降法计算网络参数很可能陷入局部最优解。为了减小对训练数据集的需求，本节将区间结构模态变换的物理约束作为附加项添加到机器学习的损失函数中，从而赋予机器学习模型输入和输出之间的先验知识。

7.3.1　物理信息神经网络原理描述

本节将基于 BP 神经网络，简要介绍物理信息神经网络的基本原理。与 7.2 节描述的 RBF 神经网络类似，BP 神经网络(如图 7.2 所示)一般由一个输入层、一个输出层和 n 个隐含层构成，层与层之间的连接可以表示为

$$\boldsymbol{y}_i=\Theta(\boldsymbol{w}_i\boldsymbol{y}_{i-1}+\boldsymbol{\theta}_i),\quad 1\leqslant i\leqslant n \tag{7.8}$$

$$\boldsymbol{z}_{\mathrm{p}}=\boldsymbol{w}_{n+1}\boldsymbol{y}_n+\boldsymbol{\theta}_{n+1} \tag{7.9}$$

式中，$\boldsymbol{y}_i$ 表示第 i 个隐含层的输出向量；$\boldsymbol{z}_\mathrm{p}$ 表示整个神经网络的输出；$\Theta(\times)$ 表示激活函数；$\boldsymbol{w}_i$ 和 $\boldsymbol{\theta}_i$ 表示第 i 层的权重和偏差，需要在训练过程中更新。对于具有可微激活函数的多层感知机，在进行反向传播时，可以利用自动微分操作和链式求导法则计算每一步中间结果的微分，并将它们连乘，得到网络输出结果对输入变量的导数。通过使用梯度下降方法来更新神经网络的权重和偏差，可以逐渐减小下述损失函数的值：

$$L(\boldsymbol{w},\boldsymbol{\theta}) = \| \boldsymbol{z}_\mathrm{p}(\boldsymbol{x}^*) - \boldsymbol{z}(\boldsymbol{x}^*) \| \tag{7.10}$$

式中，$\boldsymbol{x}^*$ 表示训练样本点；$\boldsymbol{z}_\mathrm{p}(\boldsymbol{x}^*)$ 和 $\boldsymbol{z}(\boldsymbol{x}^*)$ 表示对应的神经网络预测值和真实值。

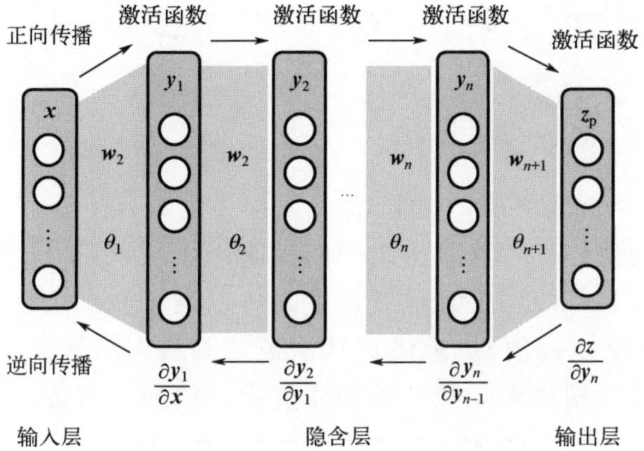

图 7.2　BP 神经网络示意图

与传统 BP 神经网络不同，物理信息神经网络是一种综合了模型特征和数据特征的机器学习方法。该方法将网络输出与物理方程作为约束集成到神经网络中，如图 7.3 所示。损失函数由两部分组成：一部分是数据损失 $L_\mathrm{a}(\boldsymbol{w},\boldsymbol{\theta})$，即真实训练标签与预测结果之间的残差；另一部分是物理损失 $L_\mathrm{b}(\boldsymbol{w},\boldsymbol{\theta})$，包括控制方程、初始条件、边界条件不满足带来的残差。为了平衡神经网络预测与物理约束之间的差异，采用均方差形式定义如下损失函数：

$$L_\mathrm{a}(\boldsymbol{w},\boldsymbol{\theta}) = \frac{1}{N_\mathrm{t}} \sum_{i=1}^{N_\mathrm{t}} \| \boldsymbol{z}_\mathrm{p}(\boldsymbol{x}_i^*) - \boldsymbol{z}(\boldsymbol{x}_i^*) \|^2 \tag{7.11}$$

$$\begin{aligned} L_\mathrm{b}(\boldsymbol{w},\boldsymbol{\theta}) = & \frac{1}{N_\mathrm{c}} \sum_{i=1}^{N_\mathrm{c}} \| f[\boldsymbol{z}_\mathrm{p}(\boldsymbol{x}_i^\mathrm{c})] - \Delta \|^2 + \frac{1}{N_\mathrm{ic}} \sum_{i=1}^{N_\mathrm{ic}} \| \boldsymbol{z}_\mathrm{p}(\boldsymbol{x}_i^\mathrm{ic}) - \boldsymbol{z}(\boldsymbol{x}_i^\mathrm{ic}) \|^2 + \\ & \frac{1}{N_\mathrm{bc}} \sum_{i=1}^{N_\mathrm{bc}} \| \boldsymbol{z}_\mathrm{p}(\boldsymbol{x}_i^\mathrm{bc}) - \boldsymbol{z}(\boldsymbol{x}_i^\mathrm{bc}) \|^2 \end{aligned} \tag{7.12}$$

式中，N_t 表示训练样本的数据点数；N_c 表示控制方程中随机采样的配点数；N_{ic} 和 N_{bc} 表示边界条件采样数和初始条件采样数；$\boldsymbol{x}_i^c$、$\boldsymbol{x}_i^{ic}$ 和 $\boldsymbol{x}_i^{bc}$ 分别表示控制方程、边界条件和初始条件的采样点；$f(\times)$ 和 Δ 分别表示控制方程的预测值和约束值。损失函数中，训练样本均方差、边界条件均方差和初始条件均方差均是通过训练点标签得到的残差项，具有相同的物理含义和相似的数量级。而控制方程残差项则根据常微分方程或偏微分方程计算得出，无论是物理含义还是数量级均与前面三项存在较大的差别，因此需要引入权重系数来平衡各残差项。进而，物理信息神经网络的损失函数可以定义为

$$
\begin{aligned}
L(\boldsymbol{w},\boldsymbol{\theta}) = {} & \lambda_1 \frac{1}{N_t}\sum_{i=1}^{N_t}\| \boldsymbol{z}_p(\boldsymbol{x}_i^*) - \boldsymbol{z}(\boldsymbol{x}_i^*) \|^2 + \lambda_2 \frac{1}{N_c}\sum_{i=1}^{N_c}\| f[\boldsymbol{z}_p(\boldsymbol{x}_i^c)] - \Delta \|^2 + \\
& \lambda_1 \frac{1}{N_{ic}}\sum_{i=1}^{N_{ic}}\| \boldsymbol{z}_p(\boldsymbol{x}_i^{ic}) - \boldsymbol{z}(\boldsymbol{x}_i^{ic}) \|^2 + \lambda_1 \frac{1}{N_{bc}}\sum_{i=1}^{N_{bc}}\| \boldsymbol{z}_p(\boldsymbol{x}_i^{bc}) - \boldsymbol{z}(\boldsymbol{x}_i^{bc}) \|^2
\end{aligned}
\tag{7.13}
$$

式中，λ_1 和 λ_2 表示权重系数。通过最小化损失函数，不仅可以尽可能减小物理信息神经网络预测值与样本真实值之间的差距，还可以尽可能确保预测值满足物理约束。在物理信息神经网络训练过程中，可以设定两个条件来判断训练是否完成：损失函数小于给定阈值 $\varepsilon_{\lim}$ 或者迭代次数达到最大次数 $It_{\lim}$。与传统神经网络相比，物理信息神经网络无须额外增加需要学习的网络参数。

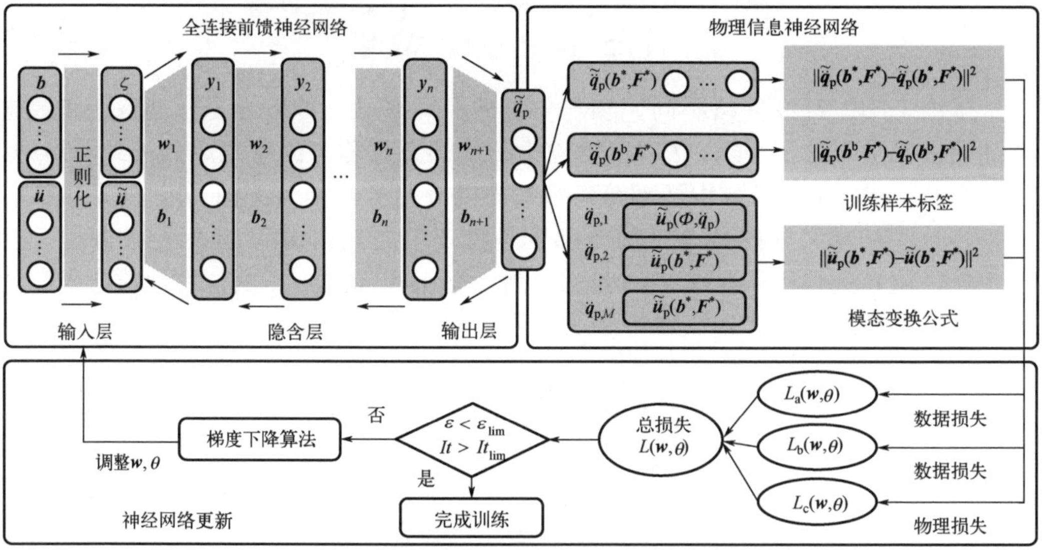

图 7.3　物理信息神经网络示意图

7.3.2　基于物理信息神经网络的区间结构模态变换

本节将借助物理信息神经网络，建立不受时间效应影响的测量响应-模态响应代理模型。基于纯数据驱动的不确定性结构动态载荷识别方法需要在每个不确定参数样本点处建立不同的神经网络模型，但在不确定参数维度很大或样本点很多的情况下，区间边界的计算量将变得相当大。然而，物理信息神经网络引入了物理方程，使其能够在已知有限样本和部分模型参数的情况下进行系统建模。因此，可以整合结构的参数变化，创建一个面向不确定性结构的神经网络代理模型。

本节将结构不确定参数和测量响应视为输入变量，对应的模态响应视为输出变量，建立物理信息神经网络代理模型。上述样本数据通过计算不同载荷大小下的测量响应和模态响应得到。下面以加速度响应为例，详细介绍基于物理信息神经网络的区间结构模态变化过程。由于该过程不考虑时间效应，故初始条件可以不予考虑。首先，定义 N_{f} 个载荷样本，在不确定域 $\boldsymbol{b}\in\boldsymbol{b}^{\mathrm{I}}=[b_1^{\mathrm{I}},b_2^{\mathrm{I}},\cdots,b_l^{\mathrm{I}}]$ 内随机选取 N_{i} 个内部参数样本点，在区间边界 $[\underline{b}_1/\overline{b}_1,\underline{b}_2/\overline{b}_2,\cdots,\underline{b}_l/\overline{b}_l]$ 的每个顶点组合上随机选取 N_{b} 个边界参数样本点，从而生成 $N_{\mathrm{f}}(N_{\mathrm{i}}+2^l N_{\mathrm{b}})$ 组测量响应 $\{\ddot{\boldsymbol{U}}\}$ -模态响应 $\{\ddot{\boldsymbol{q}}\}$ 训练数据。与纯数据驱动神经网络一样，进行网络训练前需要对测量响应和模态响应进行归一化处理。

进而，内部样本点数据损失函数可以表示为

$$L_{\mathrm{a}}(\boldsymbol{w},\boldsymbol{\theta})=\frac{1}{MN_{\mathrm{f}}N_{\mathrm{i}}}\sum_{i=1}^{N_{\mathrm{f}}N_{\mathrm{i}}}\sum_{r}^{M}\|\tilde{\ddot{\boldsymbol{q}}}_{\mathrm{p},r}(\tilde{\ddot{\boldsymbol{U}}}_i^*)-\tilde{\ddot{\boldsymbol{q}}}_r(\tilde{\ddot{\boldsymbol{U}}}_i^*)\|^2 \tag{7.14}$$

边界样本点损失函数可以表示为

$$L_{\mathrm{b}}(\boldsymbol{w},\boldsymbol{\theta})=\frac{1}{2^n MN_{\mathrm{f}}N_{\mathrm{b}}}\sum_{i=1}^{2^n N_{\mathrm{f}}N_{\mathrm{b}}}\sum_{r=1}^{M}\|\tilde{\ddot{\boldsymbol{q}}}_{\mathrm{p},r}(\tilde{\ddot{\boldsymbol{U}}}_i^{\mathrm{b}})-\tilde{\ddot{\boldsymbol{q}}}_r(\tilde{\ddot{\boldsymbol{U}}}_i^{\mathrm{b}})\|^2 \tag{7.15}$$

物理方程损失函数可以表示为

$$L_{\mathrm{c}}(\boldsymbol{w},\boldsymbol{\theta})=\frac{1}{NN_{\mathrm{f}}(N_{\mathrm{i}}+2^l N_{\mathrm{b}})}\sum_{i=1}^{N_{\mathrm{f}}(N_{\mathrm{i}}+2^l N_{\mathrm{b}})}\sum_{k=1}^{N}\|[\boldsymbol{\Phi}(\boldsymbol{b}_i)\ddot{\boldsymbol{q}}_{\mathrm{p}}(\ddot{\boldsymbol{U}}_i)]_k-\ddot{\boldsymbol{U}}_{i,k}\|^2 \tag{7.16}$$

式中，$\ddot{\boldsymbol{U}}_i$ 表示样本测量响应取值；$\tilde{\ddot{\boldsymbol{U}}}_i^*$、$\tilde{\ddot{\boldsymbol{U}}}_i^{\mathrm{b}}$ 分别表示结构参数内部样本点和边界样本点对应的归一化测量响应；$\ddot{\boldsymbol{q}}(\times)$ 表示样本模态响应取值；$\tilde{\ddot{\boldsymbol{q}}}_{\mathrm{p}}(\times)$、$\tilde{\ddot{\boldsymbol{q}}}(\times)$ 分别表示神经网络预测和真实值的归一化模态响应；M、N 分别表示减缩模态阶数和测点数量；$\boldsymbol{\Phi}(\boldsymbol{b}_i)$ 表示样本对应参数处的减缩模态矩阵，通常由若干贡献较大的低阶模态构成。由于模态减缩误差的存在，式(7.16)在训练过程中会趋近于零但不等于零。

损失函数 $L_{\mathrm{a}}(\boldsymbol{w},\boldsymbol{\theta})$ 和 $L_{\mathrm{b}}(\boldsymbol{w},\boldsymbol{\theta})$ 是由归一化模态响应的平均值计算而来，而 $L_{\mathrm{c}}(\boldsymbol{w},\boldsymbol{\theta})$ 是由原始数据和模态叠加公式计算而来。显然，三者存在数量级上的差异。

由于在进行神经网络训练前已对测量响应进行了归一化操作，因此可将通过预测模态响应叠加得到的测量响应进行相应的归一化处理，具体为

$$\tilde{\ddot{\boldsymbol{U}}}_{\mathrm{p},i,k}=2\frac{[\boldsymbol{\Phi}(\boldsymbol{b}_i)\ddot{\boldsymbol{q}}_{\mathrm{p}}(\ddot{\boldsymbol{U}}_i)]_k-\min(\ddot{\boldsymbol{U}}_{:,k})}{\max(\ddot{\boldsymbol{U}}_{:,k})-\min(\ddot{\boldsymbol{U}}_{:,k})}-1 \tag{7.17}$$

式中，$\min(\ddot{\boldsymbol{U}}_{:,k})$ 和 $\max(\ddot{\boldsymbol{U}}_{:,k})$ 表示所有训练样本中第 k 个测量响应的最小值和最大值。进而，式(7.16)可以改写为

$$L_{\mathrm{c}}(\boldsymbol{w},\boldsymbol{\theta})=\frac{1}{NN_{\mathrm{f}}(N_{\mathrm{i}}+2^l N_{\mathrm{b}})}\sum_{i=1}^{N_{\mathrm{f}}(N_{\mathrm{i}}+2^l N_{\mathrm{b}})}\sum_{k=1}^{N}\|\tilde{\ddot{\boldsymbol{U}}}_{\mathrm{p},i,k}-\tilde{\ddot{\boldsymbol{U}}}_{i,k}\|^2 \tag{7.18}$$

最终，总损失函数可以表示为

$$L(\boldsymbol{w},\boldsymbol{b})=L_{\mathrm{a}}(\boldsymbol{w},\boldsymbol{b})+L_{\mathrm{b}}(\boldsymbol{w},\boldsymbol{b})+L_{\mathrm{c}}(\boldsymbol{w},\boldsymbol{b}) \tag{7.19}$$

7.4　数值与试验算例

本章所提出的融合机器学习算法的不确定结构动态载荷识别方法的完整流程如图 7.4 所示。下面将利用两个数值算例和一个试验算例进行校验。具体而言，舵面和悬臂梁结构的数值算例分别用于说明纯数据驱动和物理信息驱动神经网络模型应用于动态载荷识别问题的基本流程及有效性，并探讨训练样本数据对机器

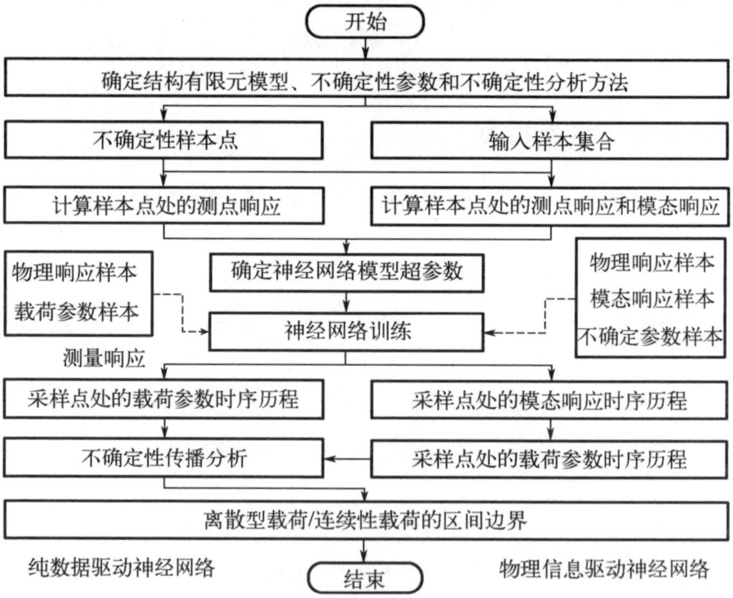

图 7.4　融合机器学习算法的不确定性结构动态载荷识别流程图

学习算法预测效果的影响；巡飞弹试验算例用于验证数据驱动载荷识别模型在工程实际中的应用，并探讨测量噪声的影响。

7.4.1 纯数据驱动神经网络下的舵面结构分布动态载荷识别

本节以 4.4.2 节所述的舵面结构为研究对象，验证纯数据驱动神经网络模型在分布动态载荷识别问题上的可行性。不确定参数的取值为舵面结构在 0 隶属度水平下的区间属性。对测点处的垂向位移响应进行归一化处理，作为输入向量，并对分布动态载荷对应的基函数系数进行归一化处理，将其作为输出向量，从而建立 RBF 神经网络模型。为了提高神经网络的泛化能力，训练样本由四种不同的分布动态载荷工况组成，用于共同训练 RBF 神经网络模型。此外，第 4 章中提出的分布动态载荷识别方法已经通过时间离散和空间降维，将载荷的时空特征进行解耦，并利用求解的基函数系数的时序历程表征载荷识别结果。本算例将采用 10 阶基函数来逼近载荷的空间分布，并假设测量响应受到 10%水平的高斯白噪声干扰。为了更详细地分析载荷在空间分布和时序历程上的识别效果，本算例选取三组由不同分布形式的载荷组成训练样本(每组训练样本由四个分布动态载荷组成)，分别建立神经网络模型，并利用所构建的三个神经网络模型分别对表 7.1 所列的三个工况进行分布动态载荷识别。其中，第一组训练样本具有相同的空间分布、不同的时序历程，四个载荷工况的时序历程曲线如图 7.5 所示，空间分布形式与工况 1 一致；第二组训练样本具有不同的空间分布、相同的时序历程，四个载荷工况的空间分布形式如图 7.6(a)所示，时序历程与工况 2 一致；第三组训练样本具有不同的空间分布、不同的时序历程，四个载荷工况的时序历程和空间分布如图 7.5 和图 7.6(b)所示。

表 7.1　舵面结构的分布动态载荷表达式

载荷工况	时空分布	分布动态载荷表示式
工况 1	时序历程	$F=40000\mathrm{e}^{-25t-1}t^2\sin(100\pi t)$
	空间分布	$F=200\sin(x^2+y^2)/(x+y+10)$
工况 2	时序历程	$F=20\sin(120\pi t)$
	空间分布	$F=10(3x^2-y^2)\cos(0.1\pi(x^3+y))$
工况 3	时序历程	$F=10\mathrm{e}^{-10t}\sin(100\pi t)$
	空间分布	$F=15+5x+9y-6x^2+3y^2-25xy+3x^3-2y^3+7x^2y+2xy^2$

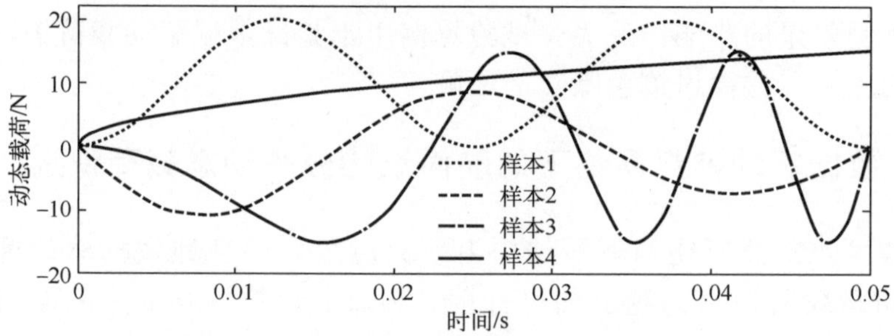

图 7.5　第一组训练样本的载荷历程曲线

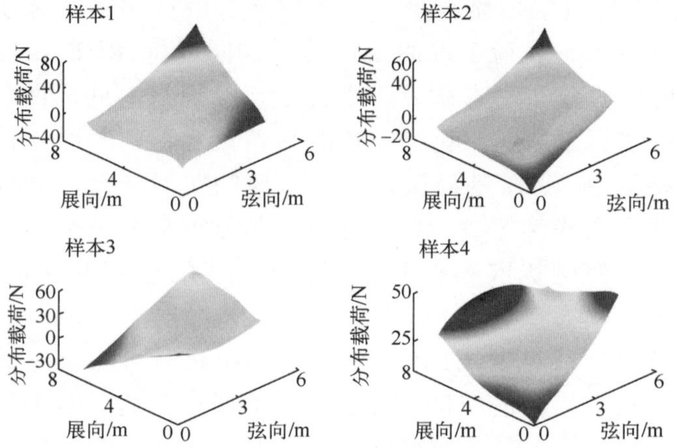

(a) 第二组训练样本的载荷分布形式

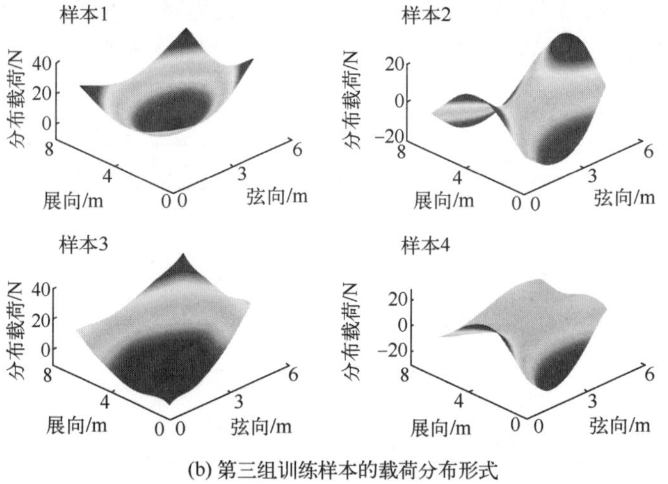

(b) 第三组训练样本的载荷分布形式

图 7.6　第二、三组训练样本的载荷分布形式

利用经过训练的神经网络进行载荷识别，舵面结构整个时空分布上最大载荷时刻对应的整个空间域、最大载荷节点对应的整个时间域的结果如图 7.7～图 7.9 所示，数值统计结果如表 7.2 所示。可以得出，尽管位移响应信号受到较高水平的高斯白噪声干扰，通过 RBF 神经网络识别的载荷仍能保持较好的时空变化趋势和数值结果。根据精度排序，载荷识别的优劣如下：不同时序历程识别、不同空间分布识别、不同时空分布识别。对于识别载荷中心值，整个时空分布上最大载荷的相对误差分别为 0.849%、4.357%和 10.240%。这表明分布动态载荷对空间分布变化比时序历程变化更为敏感。若想进一步提高分布动态载荷识别精度，可以考虑改进基函数的表征方式或者优选基函数的截断阶数。

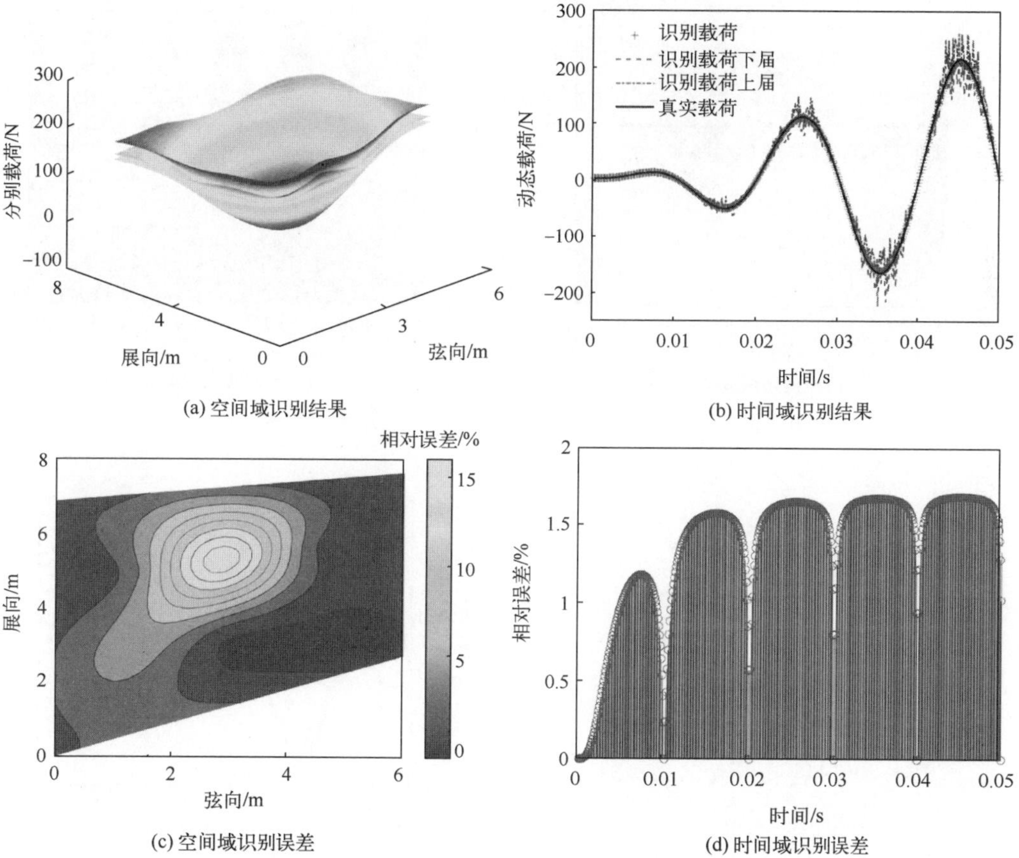

图 7.7　舵面结构在第一组训练样本下的载荷识别结果

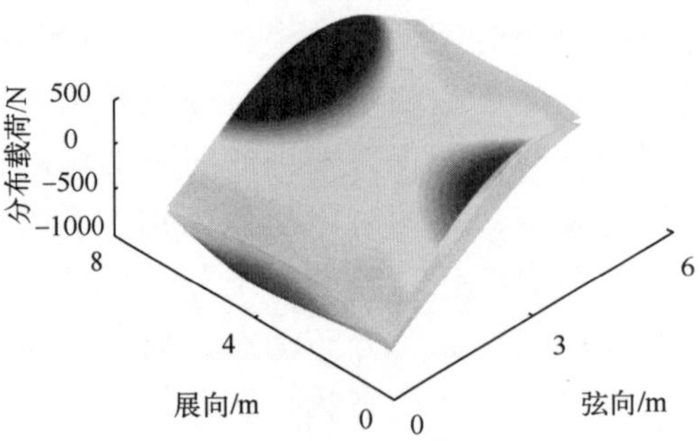

(a) 空间域识别结果

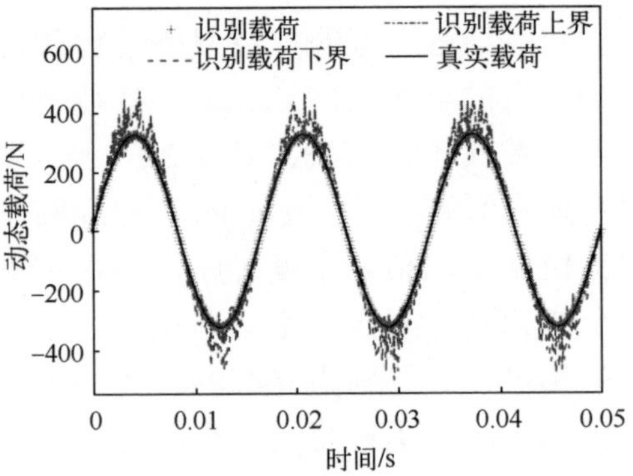

(b) 时间域识别结果

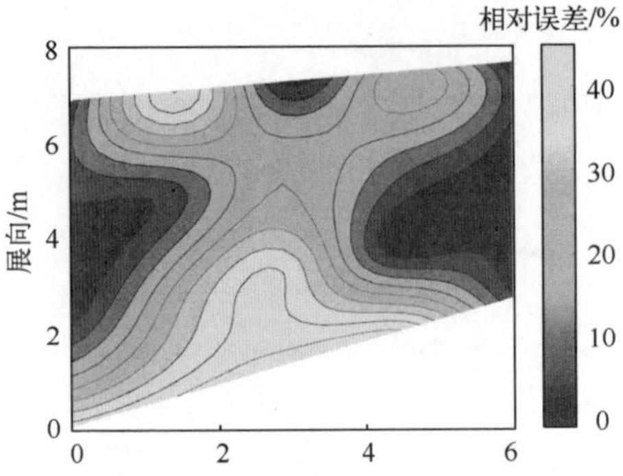

(c) 空间域识别误差

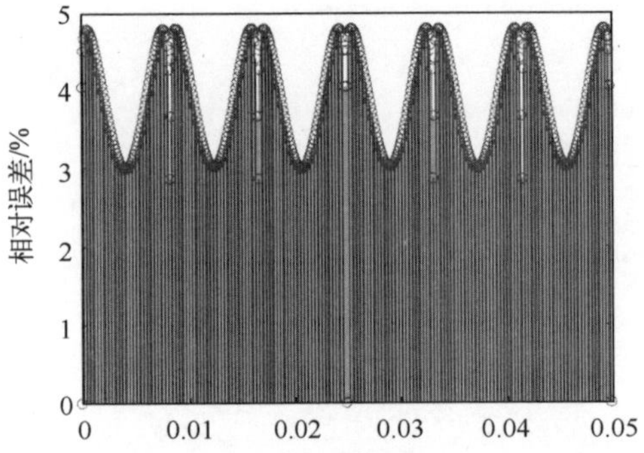

(d) 时间域识别误差

图 7.8　舵面结构在第二组训练样本下的载荷识别结果

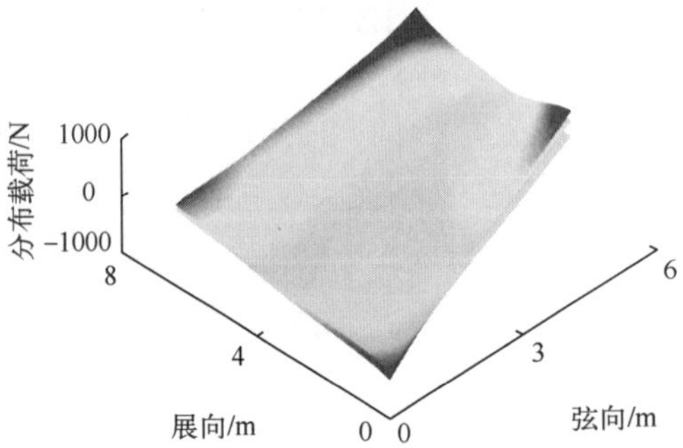

(a) 空间域识别结果

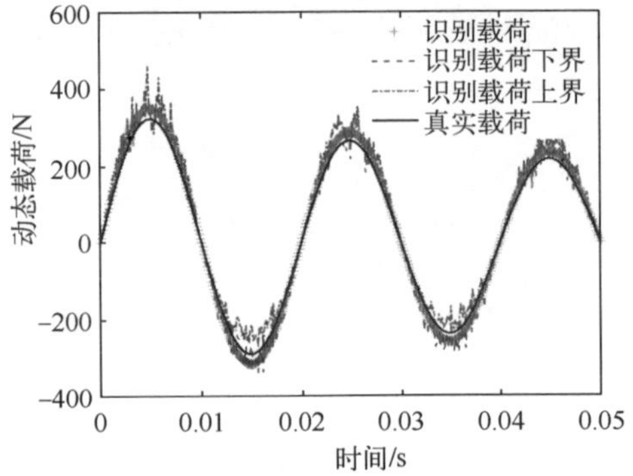

(b) 时间域识别结果

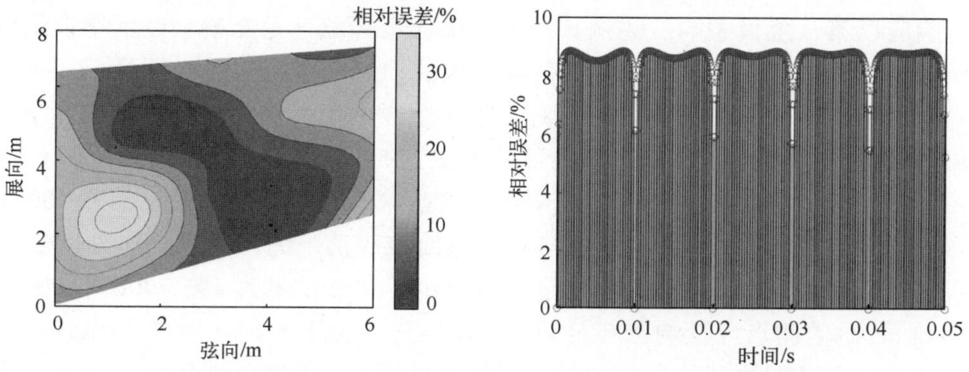

(c) 空间域识别误差　　(d) 时间域识别误差

图 7.9　舵面结构在第三组训练样本下的载荷识别结果

表 7.2　舵面结构时空分布最大载荷对应的载荷识别结果

载荷工况	真实载荷/N	识别载荷中值/N	相对误差/%	识别载荷上界/N	识别载荷下界/N	相对波动程度/%
工况 1	220.334	222.205	0.849	254.989	207.493	21.556
工况 2	−610.502	−637.102	4.357	−570.143	−692.212	19.995
工况 3	390.203	350.246	10.240	400.786	314.933	22.002

7.4.2　物理信息驱动神经网络下的悬臂梁结构集中动态载荷识别

如图 7.10 所示，本节以悬臂梁结构为研究对象，在靠近结构端部处施加载荷，利用应变响应进行集中动态载荷识别。悬臂梁的长度为 430mm，宽度为 40mm，厚度为 4mm，通过有限元离散为 688 个单元，共有 783 个节点。该算例考虑材料参数的不确定性，弹性模量设置为 E=[195.700, 216.300]GPa，密度为 ρ=[7410, 8190]kg/m^3，泊松比为 ν=0.3。重点讨论通过减缩模态矩阵求逆的纯机理驱动方法、通过 BP 神经网络的纯数据驱动方法以及通过物理信息神经网络的机理-数据混合驱动方法的模态响应求解结果。待识别载荷的数学表达式为 $F=500\sin(10\pi t)+400\sin(12\pi t)$。

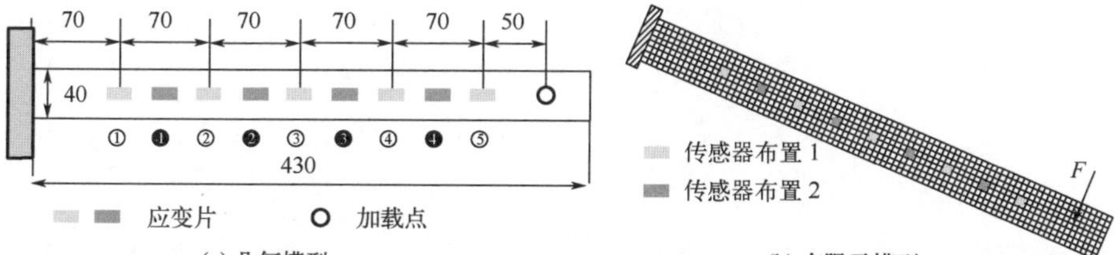

(a) 几何模型　　(b) 有限元模型

图 7.10　悬臂梁结构示意图

首先，利用纯数据驱动的 BP 神经网络和混合驱动的物理信息神经网络映射测量应变与模态位移响应之间的关系，其中，测点采用第一种传感器布置方式，模态响应以第一阶模态响应为例。由于训练样本稀疏性是影响神经网络训练精度的一个重要因素，因此该算例生成两种规模的训练样本，如图 7.11 所示，并探究样本数量对模型预测能力的影响。对于第一个样本集，在不确定参数边界组合上随机选取 20 个样本点，不确定域内部随机配置 50 个样本点；对于第二个样本集，在不确定参数边界组合上随机选取 40 个样本点，不确定域内部随机配置 100 个样本点。在每个不确定参数组合处，可以通过给定载荷下的动力学正向分析生成 50 对模态响应-测量响应训练样本。图 7.12 展示了弹性模量为 195.700GPa，密度为 7410kg/m^3 时的测点应变响应与第一阶模态响应。接下来，利用 3 层全连接网络建立纯数据驱动和物理信息驱动神经网络代理模型，每层分别包含 5、10、2 个神经元。为了评估神经网络模型的预测能力，在两个不确定参数处（E=197.760GPa、ρ=7410.000kg/m^3 和 E=214.260GPa、ρ=7500.000kg/m^3）生成待识别载荷下的模态响应和测量响应，将测量响应输入至经过训练的代理模型，神经网络预测结果如图 7.13 所示。图中，“BPANN”和“PINN”分别表示 BP 神经网络和物理信息神经网络，“Sample 1”和“Sample 2”表示样本集 1 和样本集 2。从曲线图中可以看出，经过训练，两种神经网络模型都能够获得不错的预测结果，其反求的模态响应与真实曲线一致。对第二个波峰处的模态响应进行详细分析，可以观察到在样本数充足的情况下，两个神经网络模型都保持了较高的预测精度，相对误差均在 0.6%以下。然而，随着样本数据的减少，BP 神经网络模型的精度开始降低，两个不确定参数处的相对误差为 1.812%和 1.584%，而物理信息神经网络模型的精度几乎没有变化，相对误差仍然保持在 0.6%以下。因此，相较于纯数据驱动的代理模型，混合驱动的代理模型在数据稀疏情况下应用时具有更好的性能，不存在大训练样本依赖性。

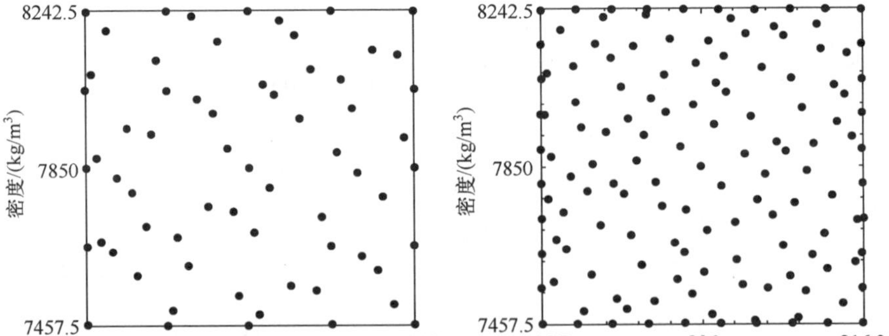

(a) 样本集 1　　(b) 样本集 2

图 7.11　悬臂梁结构的不确定参数样本示意图

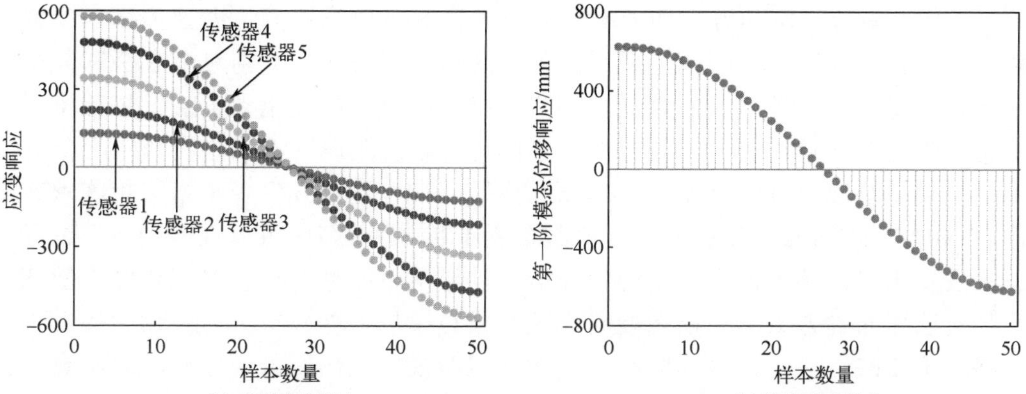

(a) 物理响应样本　　(b) 模态响应样本

图 7.12　悬臂梁结构在某一不确定参数处的应变响应和第一阶模态位移响应结果

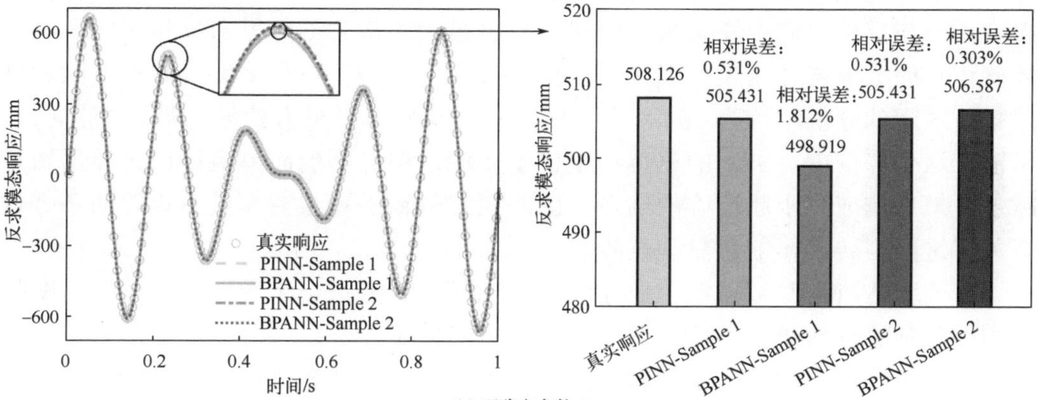

(a) 不确定参数 1

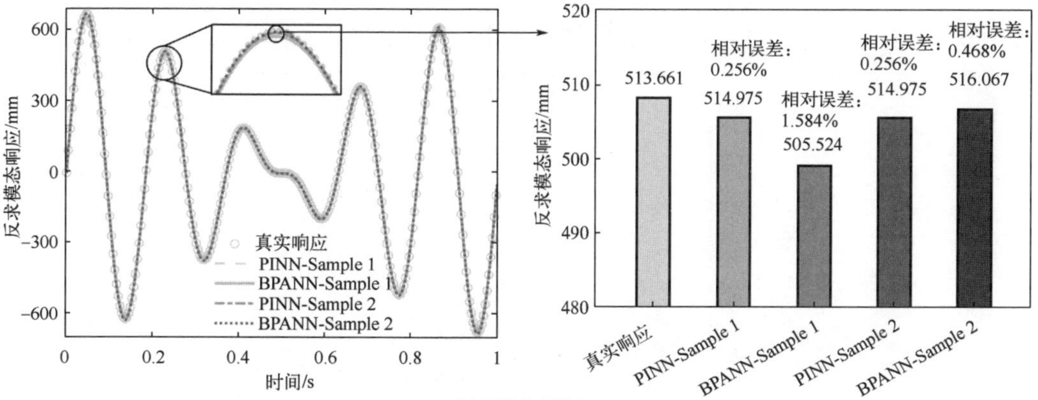

(b) 不确定参数 2

图 7.13　悬臂梁结构利用数据驱动和模型-数据驱动方法的模态响应反求结果

随后，对机理驱动方法和混合驱动方法进行对比分析，考虑到传感器布置对载荷识别精度的影响。因此，采用两种传感器配置方式，分别包含 5 个和 4 个传感器，以验证这两种方法的普适性。值得指出的是，机理驱动方法仅进行了减缩模态矩阵的广义求逆操作，没有涉及正则化等辅助手段。不确定参数中心值处的确定性模态响应求解结果如图 7.14(a)所示，图中，“MaIn”表示模态矩阵求逆操作，“SP1”和“SP2”分别表示传感器布置 1 和 2。从图中可以观察到，在进行模态响应反求时，基于混合驱动的物理信息神经网络模型对传感器配置并不敏感。两种传感器布置方案下的模态响应反求结果与模拟值差异不大，且 SP1 的反求结构略优于 SP2。然而，机理驱动方法涉及减缩模态矩阵的求逆过程，对测点布置较为敏感。在两种传感器布置下，反求的模态位移与真实曲线相差较大，尤其是在 SP2 方案下。接下来，基于前面所述的载荷识别方法和不确定性分析方法进行悬臂梁结构的载荷边界识别，识别结果如图 7.14(b)所示。可以看出，识别得到的载荷规律与反求得到的模态响应规律一致。最大加载时刻的模态位移响应和物理载荷识别的数值统计结果如表 7.3 所示，其中，采用机理-数据混合驱动方法识别的载荷区间的分散度约为 19%，且 SP1 方案的识别结果更为稳健。需要注意的是，尽管在这个算例中，SP1 的整体结果优于 SP2，但并不能简单地得出传感器数量越多，模态响应反求越准确的结论。因为模态载荷求逆与减缩模态矩阵的条件数有关，进而与传感器的数量和位置有关。

综上所述，机理-数据混合驱动的模态响应求解方法由于增加了有关模态变换方程的附加物理约束，不仅降低了对训练数量的依赖性以及测点分布的依赖性，而且提高了反问题的数值求解精度。与纯物理驱动方法相比，该方法无须引入传感器布局优化步骤，也不需要引入正则化因子来修正反求结果。与纯数据驱动方法相比，该方法可以显著降低建模数据需求，提高建模速度和反求效率。

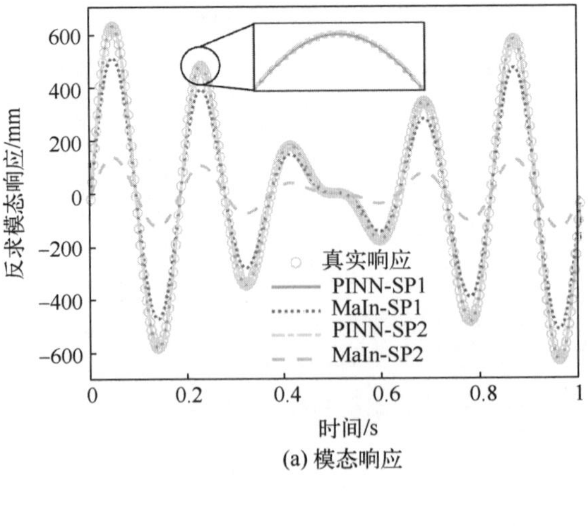

(a) 模态响应

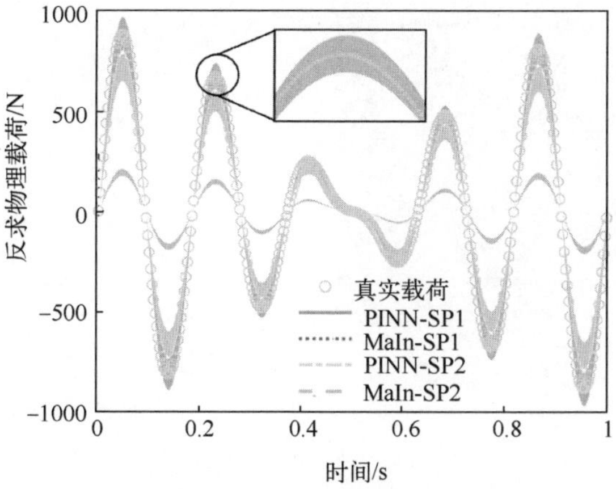

(b) 物理载荷

图 7.14　悬臂梁结构利用机理驱动和模型−数据驱动方法的模态响应和物理载荷反求结果

表 7.3　悬臂梁结构在最大加载时刻的模态位移响应和物理载荷识别结果

载荷结果		模态响应		物理载荷				
		取值/mm	相对误差/%	中心值/N	相对误差/%	下界/N	上界/N	相对波动程度/%
真实值		631.174	—	890.732	—	—	—	—
SP1	PINN	630.446	0.115	890.572	0.018	809.502	977.4727	18.858
	MaIn	511.324	18.988	721.596	18.988	655.955	791.469	15.214
SP2	PINN	628.650	0.400	893.353	0.294	810.705	983.160	19.361
	MaIn	137.129	78.274	193.520	78.274	175.916	212.259	4.080

7.4.3　纯数据驱动神经网络下的巡飞弹结构集中动态载荷识别

本节以某巡飞弹模型为研究对象，利用基于纯数据驱动的神经网络方法对数值模拟和风洞试验条件下的气动载荷进行识别。巡飞弹的实体模型和几何模型如图 7.15 所示。机翼整体包覆纤维织物，整体纤维织物厚度为 0.2mm，均匀等厚；机翼内部由聚甲基丙烯酰亚胺泡沫填充，为各向同性材料。风洞试验中，采用均匀布置的 14 个应变片测量单侧大翼和小翼结构在 y 方向上的变形。应变片位置如图 7.16 所示。此外，还通过测力试验获取整个巡飞弹结构的法向力、轴向力、横向力、俯仰力矩、偏航力矩和滚转力矩系数。不同风速、不同攻角下的测力试验结果如表 7.4 所示。从表中可以看出，法向力系数、轴向力系数以及俯仰力矩系数的数值较大。因此，后续载荷识别过程将重点考虑三种载荷：轴向力 $F_{轴向}$、法向力 $F_{法向}$ 和俯仰力矩 $M_{俯仰}$。

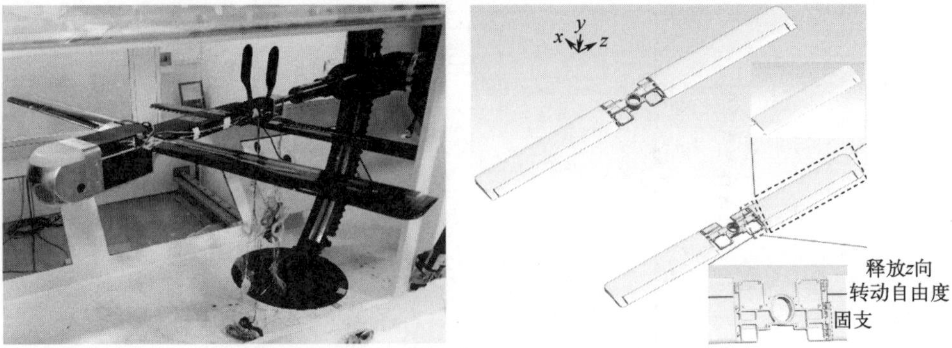

(a) 实体模型　　(b) 几何模型

图 7.15　巡飞弹模型示意图

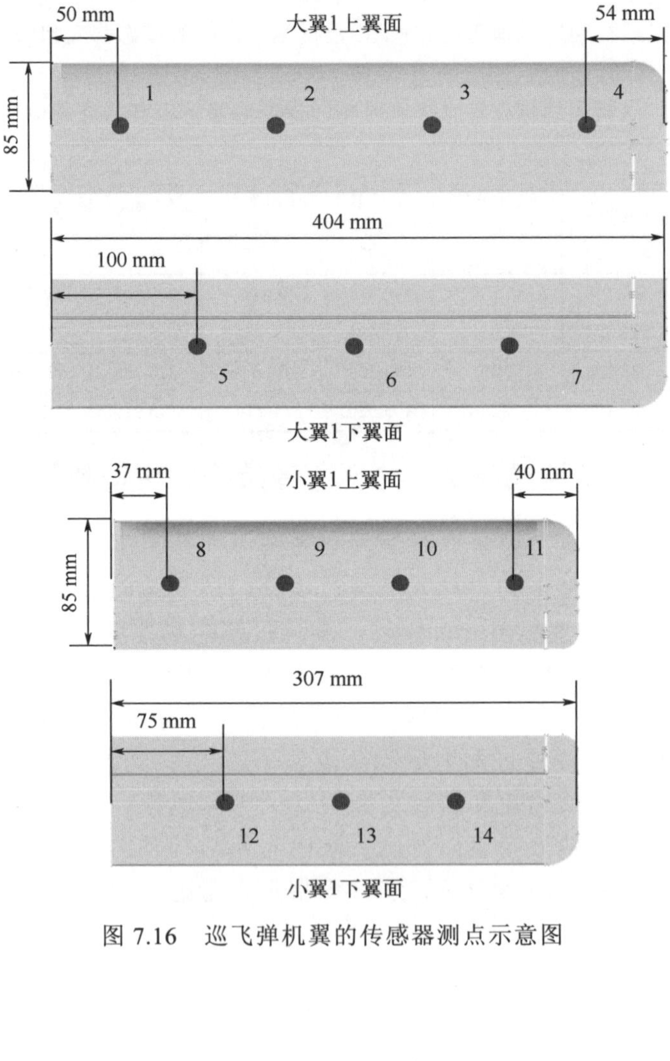

图 7.16　巡飞弹机翼的传感器测点示意图

表 7.4　巡飞弹结构的风洞测力试验结果

风速	攻角	法向力系数	轴向力系数	横向力系数	俯仰力矩系数	偏航力矩系数	滚转力矩系数
30m/s	−4°	−0.083	0.057	−0.006	−0.116	0.000	0.001
	−2°	0.076	0.051	−0.008	−0.143	−0.001	0.002
	0°	0.225	0.046	−0.005	−0.182	−0.001	0.002
	6°	0.677	0.013	0.003	−0.328	−0.002	0.003
	9°	0.884	-0.025	0.003	−0.426	−0.002	0.002
	12°	1.024	−0.062	0.003	−0.605	−0.003	0.002
40m/s	−4°	−0.084	0.053	−0.007	−0.094	0.000	0.003
	−2°	0.070	0.047	−0.008	−0.134	0.001	0.003
	0°	0.215	0.044	−0.004	−0.171	−0.001	0.004
	6°	0.369	0.037	0.000	−0.217	0.001	0.005
	9°	0.523	0.027	0.003	−0.259	−0.002	0.006

对于巡飞弹的数值模拟模型，首先对机翼模型进行有限元网格划分。图 7.17 展示了单翼结构的有限元模型，其中包含了 12765 个实体单元和 3225 个表面壳单元。此外，使用刚度无限大的梁单元模拟机身，机身与四个机翼的连接部位通过多点约束刚性连接，组装示意图如图 7.18(a)所示。在飞行器载荷分析中，空气动力学中心是一个重要的参考点。考虑整机所受的合力及合力矩，在整个飞机的空气动力学中心处建立一个集中质量点，然后，以多点约束的形式向翼面的所有节点施加轴向力、法向力和俯仰力矩，以模拟等效的气动载荷。加载示意图如图 7.18(b)所示。

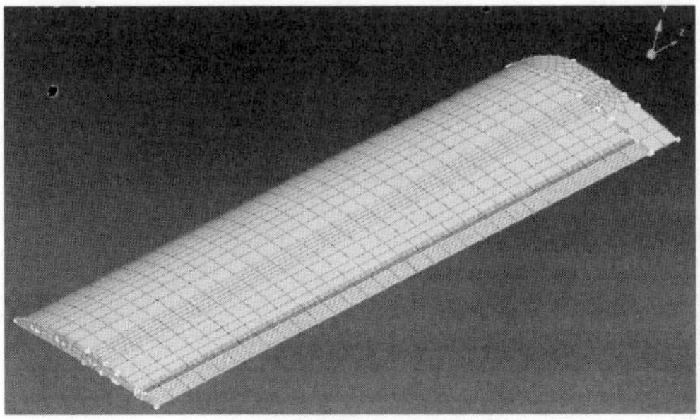

(a) 整体有限元模型

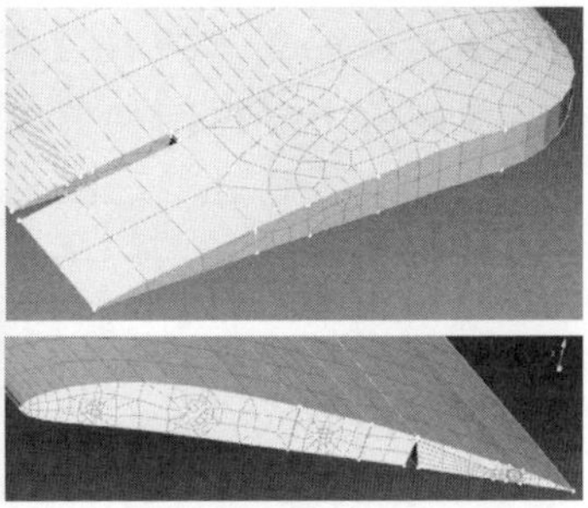

(b) 模型局部放大图

图 7.17　巡飞弹单翼结构的有限元模型划分结果

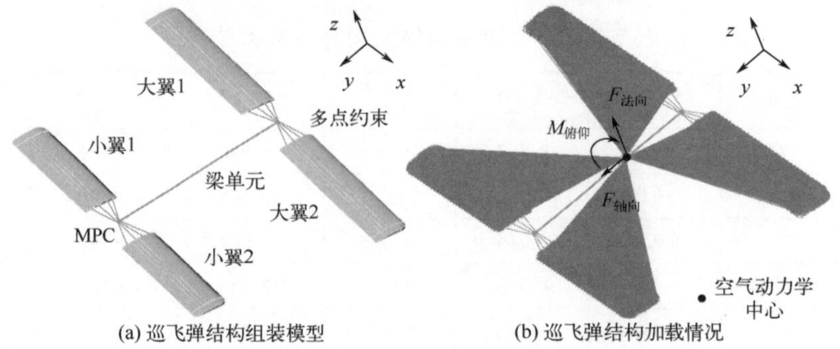

图 7.18　巡飞弹机翼气动载荷加载示意图

在研究机翼这种宏观曲面结构时，往往更关心其力学参数。本算例将编织复合材料等效为正交各向异性材料，等效过程参考文献[161]。考虑到平纹编织纤维材料的制备不稳定性，以及结构边界条件的复杂性，将翼面等效材料的弹性参数与密度、填充泡沫的弹性参数与密度，以及单翼边界支撑刚度作为待修正参数，以 30m/s 风速下巡飞弹结构数值模型和物理模型的测点应变残差为目标函数进行模型修正。在模拟过程中，法向力、轴向力和俯仰力矩的具体数值通过下式计算：

$$F_{法向}=\left(\frac{1}{2}\rho V^2\right)S_{\mathrm{w}}C_{\mathrm{L}},\quad F_{轴向}=\left(\frac{1}{2}\rho V^2\right)S_{\mathrm{w}}C_{\mathrm{D}},\quad F_{俯仰}=\left(\frac{1}{2}\rho V^2\right)S_{\mathrm{w}}c_{\mathrm{A}}C_{\mathrm{m}} \tag{7.20}$$

式中，ρ 表示空气密度；V 表示风速；S_{w} 表示机翼参考面积；c_{A} 表示机翼的平均几何弦长；C_{L}、C_{D} 和 C_{m} 分别表示法向力系数、轴向力系数和俯仰力矩系数。

建立好巡飞弹结构的数值模型后，则可以进行动态载荷识别。为了比较不同样本输入和不同代理模型的载荷识别效果，该算例针对修正后的巡飞弹模型进行初步探究。预先设定图 7.19 所示的轴向力、法向力和俯仰力矩的时序历程曲线，计算等效气动载荷下测点的加速度响应及应变响应。需要注意的是，由于瞬态动

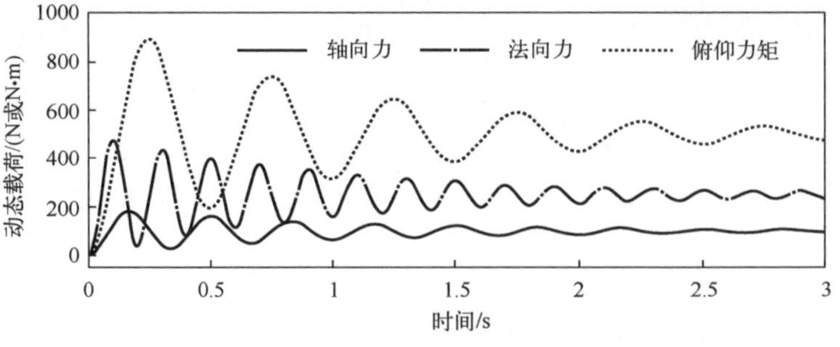

图 7.19　巡飞弹的预设气动载荷示意图

力学计算的初始阶段存在不稳定现象，选择 1~2.8s 内的载荷和响应数据作为训练样本，而 2.8~3s 内的载荷和响应数据作为预测样本。利用这些训练样本，可以建立纯数据驱动的神经网络模型，并进行气动载荷识别。

首先，以最常用的 RBF 神经网络为例，探究不同样本输入对三个气动载荷分量识别精度的影响，分别将 14 个测点对应的 x 方向和 y 方向的应变响应，以及在 y、z 平动自由度方向和 x 转动自由度方向上的加速度响应作为输入变量，将三个载荷分量作为输出变量，建立 RBF 神经网络模型。本算例中，假设用于载荷识别的响应信号受到 1%水平的高斯白噪声干扰。除了将模拟计算的测量响应信号直接作为输入样本之外，还将同等水平的高斯白噪声添加至响应训练样本中，以提高网络的容错率和泛化能力。利用不同输入样本识别的气动载荷结果如图 7.20 和表 7.5 所示。表中，“MSE”和“LCC”分别表示均方差和线性相关系数。总体来看，法向力的识别效果最好，识别曲线几乎与真实加载情况重合；其次是轴向力，在样本输入含噪的情况下，识别曲线与真实加载情况几乎一致；最后是俯仰力矩，四种训练网络下都对噪声比较敏感。尽管响应信号受到了噪声干扰，通过 RBF 神经网络识别的载荷仍能保持真实载荷的规律，数值上也能保证一定的精度，不会出现发散、漂移或偏移现象。需要指出的是，当在输入样本中引入噪声干扰后，RBF 神经网络抑制噪声的能力显著提升，同时三个载荷分量的识别精度也得到显著提升。对于轴向力和法向力，无论是利用应变测量还是加速度测量，通过含噪输入样本模型识别的载荷与真实载荷的线性相关性几乎接近 1。这表明在训练样本中引入噪声因素非常有必要，这可以使得训练网络对噪声或错误数据具有一定的容错度，从而提高模型的稳健性。此外，对于法向力识别，以应变响应为输入的识别精度高于以加速度响应为输入的识别精度；而对于轴向力和俯仰力矩识别，以加速度响应为输入的识别精度高于以应变响应为输入的识别精度。

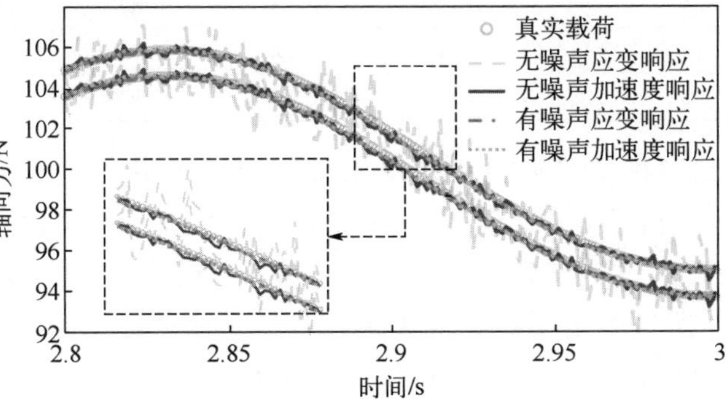

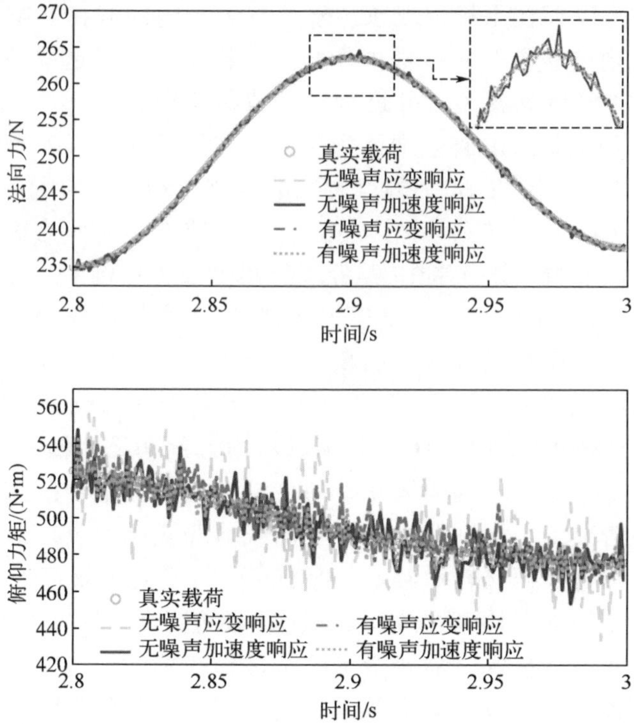

图 7.20　巡飞弹结构在不同训练样本输入变量下的气动载荷识别结果(见彩图)

表 7.5　巡飞弹结构在不同训练样本输入变量下的气动载荷识别结果

训练样本	轴向力		法向力		俯仰力矩	
	MSE(10^{-7})	LCC	MSE(10^{-7})	LCC	MSE(10^{-7})	LCC
无噪声应变响应	775.408	0.9763	5.334	0.9998	12943.856	0.6943
无噪声加速度响应	35.090	0.9990	19.531	0.9994	3148.503	0.8808
有噪声应变响应	12.486	0.9999	1.352	1.0000	2990.371	0.8900
有噪声加速度响应	12.346	0.9998	6.251	0.9998	1438.099	0.9414

接下来，探究三种常见机器学习算法(BP 神经网络、RBF 神经网络和支持向量机)的等效气动载荷识别效果，并研究它们的抗噪能力。假设用于载荷识别的响应信号分别受到 1%、5%和 10%水平高斯白噪声的干扰。基于前面的讨论，利用含 1%水平噪声干扰的加速度响应作为输入样本，分别建立 BP 神经网络、RBF 神经网络和支持向量机模型，气动载荷识别结果如表 7.6 和表 7.7 所示。可以看出，BP 神经网络和 RBF 神经网络能够建立测量响应与三个气动载荷分量之间的关系。随着噪声水平的增加，识别载荷的波动程度也增大，识别载荷与真实载荷之间的

均方差和相关系数变化较为明显。而支持向量机模型仅能建立起测量响应与轴向力和法向力之间的关系，无法映射测量响应与俯仰力矩之间的关系。然而，支持向量机模型在抗噪能力方面表现较强。对于不同水平的噪声干扰，识别的载荷曲线几乎没有波动。对于轴向力和法向力，识别载荷与真实载荷之间的线性相关系数均接近 1 且均方差较小。需要指出，支持向量机模型可以实现轴向力和法向力的高精度识别，但其超参数的确定可能会耗费较长时间。总而言之，数据驱动的方法在测量信号受到噪声污染后仍能给出具有一定精度的识别结果。这种方法不存在误差累积和发散的迹象，尤其适用于非零初始条件下的载荷识别。此外，当传感器采集过程出现误采或者漏采时，该方法仍能给出具有一定参考意义的预测结果，这对于工程实际应用具有非常重要的意义。

表 7.6　巡飞弹结构在不同数据驱动算法的气动载荷识别结果(见彩图)

载荷	BP 神经网络	RBF 神经网络	SVM 支持向量机
轴向力	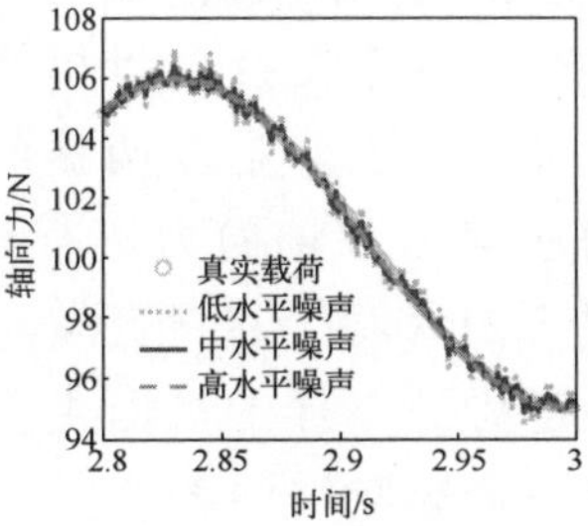	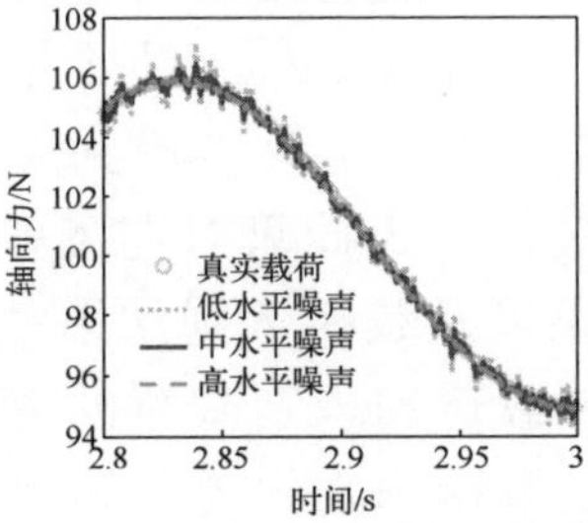	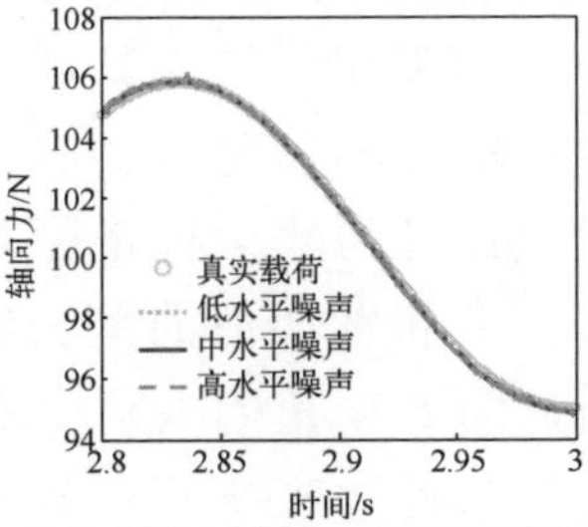
法向力	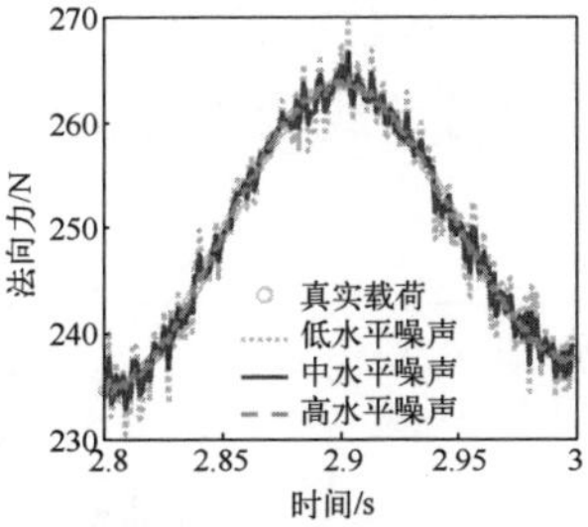	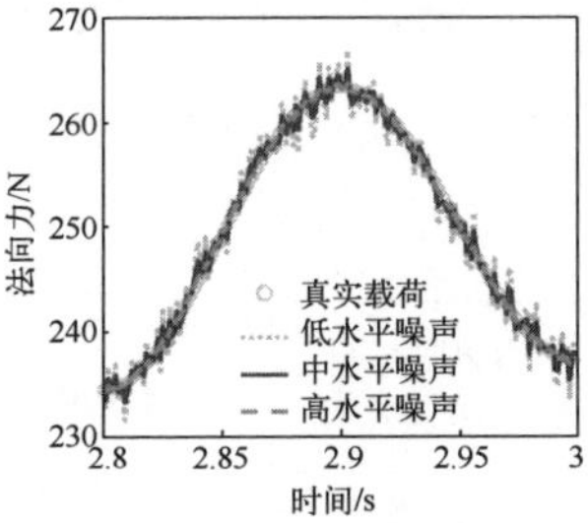	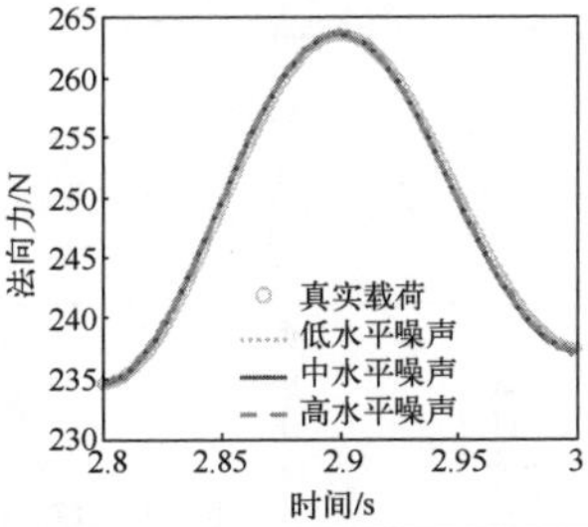
俯仰力矩	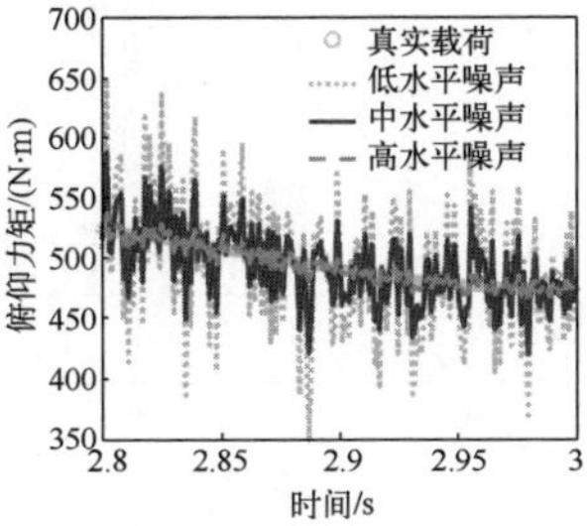	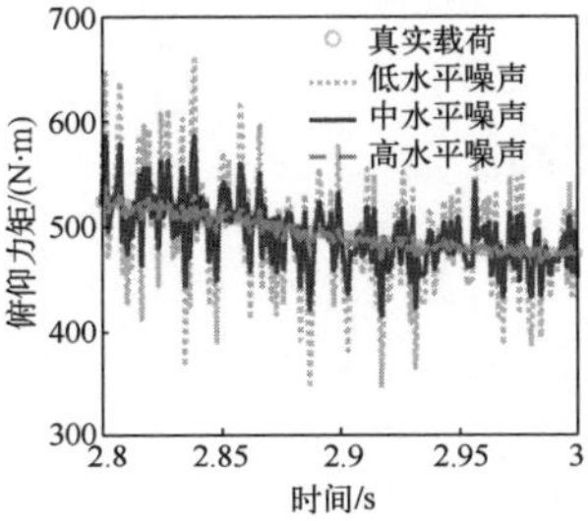	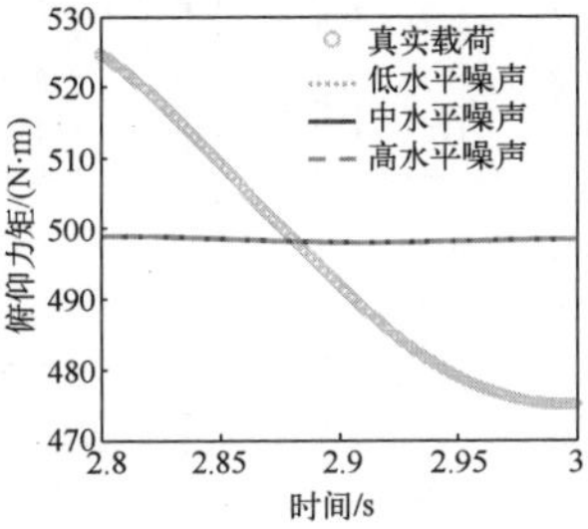

表 7.7　巡飞弹结构在不同数据驱动算法的气动载荷识别结果

机器学习模型及训练样本		轴向力		法向力		俯仰力矩	
		MSE(10^{-7})	LCC	MSE(10^{-7})	LCC	MSE(10^{-7})	LCC
BP神经网络	1%噪声	8.626	0.9998	11.930	0.9996	1170.721	0.9496
	5%噪声	48.205	0.9985	234.350	0.9924	26287.286	0.5761
	10%噪声	176.640	0.9945	929.466	0.9709	105657.336	0.3652
RBF神经网络	1%噪声	10.952	0.9998	6.251	0.9998	1366.109	0.9437
	5%噪声	52.168	0.9985	117.175	0.9962	29095.675	0.5586
	10%噪声	190.646	0.9941	463.819	0.9849	116184.500	0.3494
支持向量机	1%噪声	7.628	0.9999	15.036	0.9995	11014.115	0.7445
	5%噪声	8.762	0.9999	15.924	0.9995	11014.374	0.7445
	10%噪声	9.744	0.9998	19.578	0.9994	11014.581	0.7444

最后，利用通过巡飞弹结构数值模型构建的数据驱动模型进行风洞试验下的气动载荷识别，验证工况选择 40m/s 下的 5 个工况。鉴于支持向量机模型在映射能力和抗噪能力方面的优越性，且考虑到支持向量机模型难以捕捉测量响应与俯仰力矩之间的函数关系，因此只对巡飞弹的法向力和轴向力进行识别。法向力和轴向力的测力结果以及载荷识别结果如图 7.21 和表 7.8 所示。可以看出，随着攻角的变化，测量载荷和识别载荷的变化趋势是一样的，但由于载荷测量误差、应变测量误差、载荷识别误差等因素的综合影响，两者在数值上存在一定的差异。而且，对于法向力，正攻角下的识别精度高于负攻角情况，相对误差在 10%以下；对于轴向力，由于载荷本身数值较小，载荷相对误差较大，但绝对误差在 2N 以下。

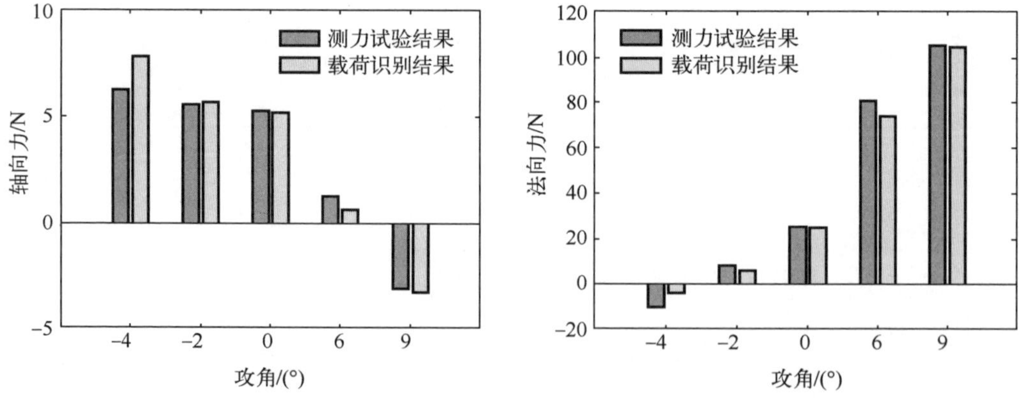

图 7.21　40m/s 下巡飞弹结构的测力试验结果及载荷识别结果

表 7.8　40m/s 下巡飞弹结构的测力试验结果及载荷识别结果

攻角	轴向力				法向力			
	测力结果/N	识别结果/N	绝对误差/N	相对误差/%	测力结果/N	识别结果/N	绝对误差/N	相对误差/%
−4°	6.287	7.876	1.589	25.272	−9.891	−3.861	6.030	60.964
−2°	5.574	5.694	0.120	2.150	8.235	5.926	2.309	28.037
0°	5.230	5.168	0.061	1.175	25.440	25.036	0.404	1.587
6°	1.218	0.615	0.602	49.462	80.705	73.911	6.794	8.418
9°	−3.088	−3.292	0.204	6.599	105.494	104.743	0.751	0.712

7.5　本 章 小 结

本章将机器学习算法应用于不确定性结构的动态载荷识别问题，提出了基于纯数据驱动和物理信息驱动的神经网络方法，用于集中/分布动态载荷的时域识别。这些方法通过神经网络代理模型，实现了测量响应与载荷参数、测量响应与模态响应之间的有效映射，从而避免了机理驱动载荷识别方法中的复杂计算步骤。具体工作总结如下。

(1) 针对不确定性结构的动态载荷识别问题，建立了在不确定参数采样点处的纯数据驱动载荷识别模型。该模型通过对测量响应进行归一化处理作为输入样本，对集中或分布动态载荷的降维基函数系数进行归一化处理作为输出样本，通过神经网络模型实现集中/分布动态载荷的时域识别。将归一化的实测响应输入神经网络模型，即可获得参数样本点处的载荷预测值。最终，通过反归一化和不确定性传播分析方法，可以确定动态载荷的区间边界。

(2) 考虑到纯数据驱动方法的物理可解释性不足及忽略动力学求解的时间相关性，建立了针对区间模态分解环节的物理信息驱动神经网络模型。该模型将测量响应和不确定参数作为输入样本，将模态响应作为输出样本，并将模态响应集合映射方程融入机器学习算法中。通过将实测响应和不确定参数样本点输入至神经网络模型，可以得到对应的模态响应预测值。最终，利用第 2～4 章提出的载荷时域识别方法和不确定性分析方法，实现动态载荷区间边界的确定。

最后，通过舵面结构算例验证了数据驱动载荷识别方法在分布载荷识别中的适用性；通过悬臂梁结构算例说明了物理信息驱动神经网络相较于纯数据驱动神经网络的优势，并验证了机理-数据混合驱动方法相较于纯机理驱动方法的优势；通过巡飞弹结构算例展示了数据驱动载荷识别方法在工程实际问题中的应用流程，比较了不同训练样本和不同机器学习算法下的识别精度和抗噪能力，并通过气动试验验证了其工程适用性。

第 8 章　结论与展望

8.1　结　　论

本书以航空航天先进飞行器结构的载荷精细化设计需求为出发点，以飞行器典型结构的动力学系统为研究对象，以结构多特征动态载荷高精度、高效率、强稳健识别为研究目标。书中考虑外部载荷环境、结构模型本体、测量响应信号中的多源不确定性因素，对动态载荷识别模型构建、反问题病态性抑制、非概率不确定性分析以及传感器布局优化等一系列问题进行了深入研究。最终，提出了贫信息下动态载荷在时域-空域-频域内的集合边界识别方法，构建了机理-数据驱动的多特征动态载荷区间识别架构。其中，涉及的关键问题有：如何突破时-空-频域限制实现动态载荷特征的适定识别、如何借助少量先验样本实现载荷集合边界的置信包络、如何构造综合评价准则实现传感器测点布局的稳健优化等。本书的主要内容和结论如下。

(1) 基于集合理论的不确定性动态载荷识别。

基于非概率集合理论和测量响应优化思想，概述了不确定性结构集中动态载荷识别的基本原理和分析流程，包括不确定参数的非概率集合量化与传播分析、飞行器结构的不确定性模型等效、随时间逐步求解的动态载荷时序历程识别、区间复合条件数驱动的传感器测点分配，以及弱先验信息下动态载荷加载数量、位置与时序历程识别。数值算例结果表明，所提出方法可以利用有限测量响应实现载荷数量的准确识别，识别的加载位置接近真实情况，识别的载荷时序历程可以包络真实载荷。

(2) 单态不确定性结构的集中动态载荷时域识别。

为提高载荷识别精度和效率，提出了一种基于模态载荷的结构集中动态载荷识别方法。首先，通过卡尔曼滤波器实现了动力学逆向推演，推导了异构响应信息下的模态载荷识别公式。然后，借助自适应克里金代理模型和区间时变误差指标，搭建了基于模态响应优化的加载位置与时序历程识别优化列式。最后，通过数值算例验证了卡尔曼滤波载荷时域识别方法对测量噪声和初始条件的低敏感性，通过试验算例进一步验证了所提出方法在工程实际问题中的适用性。

(3) 多态不确定性结构的分布动态载荷时域识别。

针对时空关联载荷的反求问题，提出了一种面向多态不确定性结构的分布动态载荷时域识别方法，该方法综合考虑了不确定参数的相关性和模糊性。在识别策略方面，采用径向基插值函数进行分布载荷空间降维，借助系统聚类思想确定径向基基底，通过反求离散时刻的基函数系数确定载荷的空间分布和时序历程。在不确定性分析方面，基于集合包络思想对凸集-模糊不确定性进行统一建模，利用 Chebyshev 多项式全域逼近实现了分布动态载荷的模糊区间边界识别。最后，通过数值算例验证了所提出的系统聚类-径向基降维策略的泛化能力，以及多态不确定性分析方法的精度和效率。

(4) 考虑多源不确定性因素的动态载荷频域识别。

综合考虑外部载荷、结构本体和响应测量中的多源不确定性因素，建立了一种平稳随机动态载荷频域识别模型。该模型结合逆虚拟激励法和载荷误差产生原因，发展了基于两步加权正则化的载荷功率谱密度识别方法。进而，基于响应叠加-分解原理，提出了一种多源不确定性下载荷频域特征的区间边界反求方法。数值和试验算例结果表明，所提出的两步正则化方法有效抑制了固有频率和低频区的反问题病态性，面向载荷识别反问题的不确定性分析方法有效避免了载荷区间扩张现象。

(5) 面向结构动态载荷识别的多目标传感器布局优化。

针对上述机理驱动的动态载荷识别方法，将多源不确定性影响纳入传感器布置准则，提出了两种多目标传感器布局优化方法，以提升不确定性结构动态载荷识别的准确性和稳健性。值得说明的是，非载荷依赖型布局优化方法以模态响应求解精度为目标，需要配置较多的传感器，但可应用于集中/分布、时域/频域等多种类型的动态载荷识别问题。载荷依赖型布局优化方法以模态载荷求解精度为目标，需要已知部分载荷先验信息，然而，通过配置较少数量的传感器，即可实现力热环境和静-动混合加载等复杂工况下的高精度/强稳健载荷识别。

(6) 融合机器学习算法的不确定性结构动态载荷识别。

为了简化机理驱动动态载荷识别方法的繁复分析环节，借助机器学习算法，提出了纯数据驱动和物理信息驱动神经网络下的不确定性结构动态载荷识别模型。基于完全替代、部分替代思想构建神经网络代理模型，实现了测量响应-载荷参数、测量响应-模态响应间的区间映射，避免了反问题求逆病态性和传感器依赖性等问题。通过数值算例验证了上述方法在集中/分布动态载荷识别问题上的可行性，并指出了机理-数据混合驱动的动态载荷识别方法相较于纯机理驱动和纯数据驱动方法的优越性；通过巡飞弹气动试验算例进一步验证了数据驱动方法在工程实际问题中的适用性。

8.2 展　　望

本书考虑飞行器典型结构可能面临的多源不确定性因素，进行了非完备信息下多特征动态载荷识别的非概率集合理论方法研究，并对涉及的非概率不确定性分析、反问题病态性抑制、传感器布局优化等问题进行了探讨，最终建立了机理-数据驱动的动态载荷时域-空域-频域集合边界识别模型。尽管本书详述了在不确定性动态载荷识别领域的一些新方法，但相关研究仍存在不足，许多方面有待进一步深入探讨与扩展。未来的研究方向包括但不限于以下几点。

(1) 当前，大部分动态载荷识别方法主要面向线性系统，而工程实际中的许多结构往往呈现出显著的非线性行为，使得传统的线性系统载荷识别方法不再适用。因此，发展适用于非线性不确定性结构的动态载荷识别方法十分必要。

(2) 动态载荷快速、准确识别的前提条件是高效、高精度的有限元模型，本书是在已知结构参数的基础上进行的。工程实际中，由于对结构本身特征认知不完备，用于载荷识别的有限元模型与真实模型可能存在很大偏差。为了进行动态载荷高置信识别，需要从结构的试验数据中提取能够反映结构真实状态的指标，通过系统/参数辨识或模型等效与修正等方式进行结构系统建模。

(3) 本书利用非概率集合理论处理动态载荷识别过程所涉及的多源不确定性因素，最终得到的是识别载荷的区间边界。未来，可以进一步在区间分析的基础上进行置信度分析，以确定识别载荷区间的可靠性，即在给定置信水平下，识别出载荷的置信区间，从而确保识别区间能够有效捕捉到不确定参数的总体水平。

(4) 当前的传感器布局优化方法在给定传感器数目的前提下进行，然而，如何确定最优传感器数目仍有待解决。此外，优化过程中将传感器距离限制作为约束条件，一定程度上限制了最优解的寻找，有必要建立一个能够反映传感器分布冗余性能的目标函数，并将其融入传感器布局优化策略中。

(5) 本书所提出的物理信息神经网络主要解决了小训练样本下的静态模态空间集合映射问题，外部载荷特征的时域识别仍然需要借助动力学系统逆向推演公式完成。因此，需要进一步研究如何在机器学习算法中考虑动力学问题的时间依赖性，发展一种能够直接实现动态载荷集合边界识别的机理-数据混合驱动方法。

(6) 在试验验证方面，本书通过悬臂梁试验件和巡飞弹模型验证了机理驱动和数据驱动的集中动态载荷识别方法的有效性。未来，可以设计专门的风洞试验，以验证分布动态载荷识别方法的可行性。

参考文献

[1] 杨雨南. 高速飞行器随机载荷识别与动响应分析[D]. 哈尔滨: 哈尔滨工业大学, 2018.

[2] 贾有. 分布动载荷识别及在抖振载荷预计中的应用[D]. 西安: 西北工业大学, 2018.

[3] 盖晓男. 高速飞行器动载荷识别研究[D]. 哈尔滨: 哈尔滨工业大学, 2013.

[4] 甄华萍, 蒋崇文. 高超声速技术验证飞行器 HTV-2 综述[J]. 飞航导弹, 2013, (6): 7-13.

[5] Sziroczak D, Smith H. A review of design issues specific to hypersonic flight vehicles[J]. Progress in Aerospace Sciences, 2016, 84: 1-28.

[6] 杨智春, 贾有. 动载荷的识别方法[J]. 力学进展, 2015, 45(1): 29-54.

[7] 阎超, 于剑, 徐晶磊, 等. CFD 模拟方法的发展成就与展望[J]. 力学进展, 2011, 41(5): 562-589.

[8] 尹云玉. 结构振动理论及火箭截面载荷识别[M]. 北京: 中国宇航出版社, 2011.

[9] 姜金辉. 分布随机动载荷识别理论与方法[D]. 南京: 南京航空航天大学, 2010.

[10] Deng Z, Bi S F, Atamturktur S. Stochastic model updating using distance discrimination analysis[J]. Chinese Journal of Aeronautics, 2014, 27(5): 1188-1198.

[11] Bartlett F D, Flannelly W G. Model verification of force determination for measuring vibratory loads[J]. Journal of the American Helicopter Society, 1979, 24(7): 10-18.

[12] Mendrok K, Dworakowski Z. A review of methods for excitation force reconstruction[J]. Diagnostyka, 2019, 20(3): 11-19.

[13] Sanchez J, Benaroya H. Review of force reconstruction techniques[J]. Journal of Sound and Vibration, 2014, 333(14): 2999-3018.

[14] Avitabile P, Piergentili I F, Lown K. Identifying dynamic loadings from measured responses[J]. Journal of Sound and Vibration, 1999, 33(8): 10-18.

[15] 智浩, 文祥荣, 缪龙秀, 等. 动态载荷的频域识别方法[J]. 北京交通大学学报, 2000, 24(4): 5-10.

[16] Hillary B, Ewins D J. The use of strain gauges in force determination and frequency response function measurements[C]//Proceedings of the 2nd International Modal Analysis Conference and Exhibit, 1984: 627-634.

[17] Starkey J M, Merrill G L. On the ill-condition nature of indirect force measurement techniques[J]. International Journal of Analysis and Experimental Modal Analysis, 1989, 4(3): 103-108.

[18] Doyle J F. Reconstructing dynamic events from time limited spatially distributed data[J].

International Journal for Numerical Methods in Engineering, 2002, 53: 2721-2734

[19] Ghaderi P, Dick A J, Foley J R, et al. Practical high-fidelity frequency-domain force and location identification[J]. Computers and Structures, 2015, 158: 30-41.

[20] 张景绘，李万新．直升机六力素识别[J]．航空学报, 1986, 1(2): 21-29.

[21] 周林，郑四发，王彬星，等．动态载荷识别位置优化的传递函数相干法[J]．振动工程学报, 2011, 24(1): 14-19.

[22] 张方，秦远田．工程结构动态载荷识别方法[M]．北京：国防工业出版社, 2011.

[23] Öry H, Glaser H, Holzdeppe D. Reconstruction of forcing functions based on measured structural responses[C]//International Symposium on Aeroelasticity and Structural Dynamics, 1985: 656-668.

[24] Inoue H, Ishida H, Shibuya T. Measurement of impact load by using an inverse analysis technique[J]. Solid Mechanics, Strength of Materials, 1991, 34(4): 453-458.

[25] Law S S, Chan T H T, Zeng Q H. Moving force identification: A time domain method[J]. Journal of Sound and Vibration, 1997, 201: 1-22.

[26] Law S S, Bu J Q, Zhu X Q. Time-varying wind load identification from structural responses[J]. Engineering Structures, 2005, 27: 1586-1598.

[27] Jayalakshmi V, Lakshmi K, Mohan R A R. Dynamic force reconstruction techniques from incomplete measurements[J]. Journal of Vibration and Control, 2018, 24(22): 5321-5344.

[28] 唐秀近．动态力识别的时域方法[J]．大连工学院学报, 1987, (4): 21-28.

[29] 邢誉峰，诸德超．用模态法识别结构弹性碰撞载荷的可行性[J]．力学学报，1995，27(5): 560-566.

[30] 蔡元奇．时域内动态载荷识别理论及实施技术研究[D]．武汉：武汉大学, 2004.

[31] 姜金辉，陈国平，张方．一维分布的随机动载荷激励下结构频域响应的快速算法[J]．振动与冲击, 2010, 29(8): 55-59.

[32] 史红霞．基于修正广义正交域的动载荷识别研究[D]．哈尔滨：哈尔滨工业大学, 2009.

[33] 徐菁，张方，姜金辉，等．基于拟静态初值的载荷识别数值修正算法[J]．振动与冲击, 2016, 35(2): 39-44.

[34] Tihonov A. N. On the solution of ill-posed problems and the method of regularization[C]// Doklady Akademii Nauk SSSR, 1963: 501-504.

[35] 叶新茂．多激励下结构振动激励载荷识别方法研究[D]．哈尔滨：哈尔滨工程大学, 2016.

[36] Hanson J R. A numerical method for solving fredholm integral equations of the first kind using singular values[J]. SIAM Journal on Numerical Analysis, 1971, 8(3): 616-622.

[37] Yu L, Chan T. Moving force identification based on the frequency-time domain method[J]. Journal of Sound and Vibration, 2003, 261(2): 329-349.

[38] Thite A N, Thompson D J. The quantification of structure-borne transmission paths by inverse methods. part 1: Improved singular value rejection methods[J]. Journal of Sound and Vibration, 2003, 264(2): 411-431.

[39] Choi H G, Thite A N, Thompson D J. Comparison of methods for parameter selection in tikhonov regularization with application to inverse force determination[J]. Journal of Sound and Vibration, 2007, 304(3-5): 894-917.

[40] 刘杰. 动态载荷识别的计算反求技术研究[D]. 长沙: 湖南大学, 2011.

[41] 高伟. 基于正则化的动态载荷识别方法及应用研究[D]. 哈尔滨: 哈尔滨工业大学, 2016.

[42] Huang C H. A non-linear inverse vibration problem of estimating the external forces for a system with displacement-dependent parameters[J]. Journal of Sound and Vibration, 2001, 248(5): 789-807.

[43] Gunawan F E. Levenberg-marquardt iterative regularization for the pulse-type impact-force reconstruction[J]. Journal of Sound and Vibration, 2012, 331(25): 5424-5434.

[44] Qiao B, Zhang X, Wang C, et al. Sparse regularization for force identification using dictionaries[J]. Journal of Sound and Vibration, 2016, 368: 71-86.

[45] 赖韬. 线弹性结构时域动态荷载识别方法研究[D]. 大连: 大连理工大学, 2017.

[46] Samagassi S. Bayesian sparse regularization for multiple force identification and location in time domain[J]. Inverse Problems in Science and Engineering, 2019, 27(9): 1221-1262.

[47] 陈建鼎. 动载荷识别的贝叶斯正则化方法及实验研究[D]. 南京: 南京航空航天大学, 2020.

[48] 何艺. 基于贝叶斯正则化的复合材料结构冲击载荷识别研究[D]. 南京: 南京航空航天大学, 2018.

[49] 李仲佑. 基于贝叶斯方法的动载荷识别方法研究[D]. 南京: 南京航空航天大学, 2019.

[50] Gillijns S, Moor B D. Unbiased minimum-variance input and state estimation for linear discrete-time systems[J]. Automatica, 2007, 43(1): 111-116.

[51] Gillijns S, Moor B D. Unbiased minimum-variance input and state estimation for linear discrete-time systems with direct feedthrough[J]. Automatica, 2007, 43(5): 934-937.

[52] Hsieh C S. Unbiased minimum-variance input and state estimation for systems with unknown inputs: A system reformation approach[J]. Automatica, 2017, 84: 236-240.

[53] Naets F, Cuadrado J, Desmet W. Stable force identification in structural dynamics using Kalman filtering and dummy-measurements[J]. Mechanical Systems and Signal Processing, 2015, 50: 235-248.

[54] Ma C K, Ho C C. An inverse method for the estimation of input forces acting on non-linear structural systems [J]. Journal of Sound and Vibration, 2004, 275(3-5): 953-971.

[55] Rigatos G G. A derivative-free kalman filtering approach to state estimation-based control of nonlinear systems [J]. IEEE Transactions on Industrial Electronics, 2012, 59(10): 3987-3997.

[56] Lee M H, Chen T C. Intelligent fuzzy weighted input estimation method for the forces generated by an operating rotating machine[J]. Measurement, 2011, 44(5): 917-926.

[57] 郑翥鹏, 邱昊, 夏丹丹, 等. 未知激励下的无迹卡尔曼滤波新方法[J]. 工程力学, 2019, 36(6): 32-38.

[58] 朱佳佳. 广义的未知激励下扩展卡尔曼滤波方法及其在子结构识别与振动控制的结合[D]. 厦门: 厦门大学, 2017.

[59] Lei Y, Xia D D, Erazo K, et al. A novel unscented Kalman filter for recursive state-input-system identification of nonlinear systems[J]. Mechanical Systems and Signal Processing, 2019, 127: 120-135.

[60] 黄坤. 基于高层建筑动力响应的动荷载反演研究[D]. 武汉: 武汉理工大学, 2019.

[61] Lourens E, Papadimitriou C, Gillijns S, et al. Joint input-response estimation for structural systems based on reduced-order models and vibration data from a limited number of sensors[J]. Mechanical Systems and Signal Processing, 2012, 29: 310-327.

[62] Babak K, Dyan M, Hongki J. Model-based heterogeneous data fusion for reliable force estimation in dynamic structures under uncertainties[J]. Sensors, 2017, 17(11): 2656.

[63] Zhang E L, Antoni J, Feissel P. Bayesian force reconstruction with an uncertain model[J]. Journal of Sound and Vibration, 2012, 331(4): 798-814.

[64] Yan G. A Bayesian approach for impact load identification of stiffened composite panel[J]. Inverse Problems in Science and Engineering, 2014, 22(6): 940-965.

[65] Cao X, Sugiyama Y, Mitsui Y. Application of artificial neural networks to load identification[J]. Computers and Structures, 1998, 69(1): 63-78.

[66] Trivailo P M, Carn C L. The inverse determination of aerodynamic loading from structural response data using neural networks[J]. Inverse Problems in Science and Engineering, 2006, 14(4): 379-395.

[67] Cooper S B, Dimaio D. Static load estimation using artificial neural network: Application on a wing rib[J]. Advances in Engineering Software, 2018, 125: 113-125.

[68] Zhou J M, Dong L L, Guan W, et al. Impact load identification of nonlinear structures using deep recurrent neural network[J]. Mechanical Systems and Signal Processing, 2019, 133: 106292.

[69] 胡兴柳, 梁大开, 陆观. 基于光纤智能夹层和模糊 RBF 神经网络的飞行器载荷识别[J]. 南京航空航天大学学报, 2009, 41(4): 491-495.

[70] 王珲玮, 徐彦, 张非非. 基于遗传算法优化 BP 神经网络的弹体结构载荷识别[J]. 工业控

制计算机, 2018, 31(6): 74-76.

[71] Coelho C K, Hiche C, Chattopadhyay A. An application of support vector regression for impact load estimation using fiber bragg grating sensors[J]. Structural Durability and Health Monitoring, 2011, 7(1/2): 65-81.

[72] 周成召. 基于支持向量机的动态载荷识别[D]. 太原: 太原理工大学, 2006.

[73] Yan G, Zhou L. Impact load identification of composite structure using genetic algorithms[J]. Journal of Sound and Vibration, 2009, 319(3/5): 869-884.

[74] Feng W, Li Q F, Lu Q H. Force localization and reconstruction based on a novel sparse kalman filter[J]. Mechanical Systems and Signal Processing, 2020, 144: 106890.

[75] Meo M, Zumpano G, Piggott M, et al. Impact identification on a sandwich plate from wave propagation responses[J]. Composite Structures, 2005, 71(3-4): 302-306.

[76] Hossain M S, Ong Z C, Ismail Z, et al. A comparative study of vibrational response based impact force localization and quantification using radial basis function network and multilayer perceptron[J]. Expert Systems with Applications, 2017, 85: 87-98.

[77] 赵林虎. 复合材料结构冲击位置识别与冲击力重建研究[D]. 南京: 南京航空航天大学, 2010.

[78] Wambacq J, Maes K, Rezayat A, et al. Localization of dynamic forces on structures with an interior point method using group sparsity[J]. Mechanical Systems and Signal Processing, 2019, 115: 593-606.

[79] Qiu B B, Zhang M, Xie Y G, et al. Localisation of unknown impact loads on a steel plate using a pattern recognition method combined with the similarity metric via structural stress responses in the time domain[J]. Mechanical Systems and Signal Processing, 2019, 128: 429-445.

[80] 周晚林. 压电智能结构冲击荷载及损伤识别方法的研究[D]. 南京: 南京航空航天大学, 2005.

[81] 陆深波. 复合材料夹层结构冲击位置识别与冲击力重建研究[D]. 南京: 南京航空航天大学, 2018.

[82] Feng W, Li Q F, Lu Q H, et al. Element-wise Bayesian regularization for fast and adaptive force reconstruction[J]. Journal of Sound and Vibration, 2021, 490: 115713.

[83] Granger S, Perotin L. An inverse method for the identification of a distributed random excitation acting on a vibrating structure part 1: Theory[J]. Mechanical Systems and Signal Processing, 1999, 13(1): 53-65.

[84] Coates C W, Thamburaj P. Inverse method using finite strain measurements to determine flight load distribution functions[J]. Journal of Aircraft, 2008, 45(2): 366-370.

[85] Li K, Liu J, Han X, et al. A novel approach for distributed dynamic load reconstruction by space-time domain decoupling[J]. Journal of Sound and Vibration, 2015, 348: 137-148.
[86] Nakamura T, Igawa H, Kanda A. Inverse identification of continuously distributed loads using strain data[J]. Aerospace Science and Technology, 2012, 23(1): 75-84.
[87] Dessi D. Load field reconstruction with a combined pod and integral spline approximation technique[J]. Mechanical Systems and Signal Processing, 2014, 46(2): 442-467.
[88] 张勇成. 二维分布动载荷时域识别技术[D]. 南京: 南京航空航天大学, 2007.
[89] Liu G R, Ma W B, Han X. Inversion of loading time history using displacement response of composite laminates: Three-dimensional cases[J]. Acta Mechanica, 2002, 157(1-4): 223-234.
[90] Jiang X Q, Hu H Y. Reconstruction of distributed dynamic loads on an Euler beam via mode-selection and consistent spatial expression[J]. Journal of Sound and Vibration, 2008, 316(1/5): 122-136.
[91] Hasanov A, Kawano A. Identification of unknown spatial load distributions in a vibrating Euler–Bernoulli beam from limited measured data[J]. Inverse Problems, 2016, 32(5): 055004.
[92] 李锟. 分布动态载荷识别的理论与方法研究[D]. 长沙: 湖南大学, 2018.
[93] Lin J H, Guo X L, Zhi H, et al. Computer simulation of structural random loading identification[J]. Computers and Structures, 2001, 79(4): 375-387.
[94] 贾有, 杨智春. 一种飞机垂尾抖振载荷识别的新方法[J]. 航空学报, 2013, 34(10): 2333-2340.
[95] He Z C, Zhang Z M, Li E. Multi-source random excitation identification for stochastic structures based on matrix perturbation and modified regularization method[J]. Mechanical Systems and Signal Processing, 2019, 119: 266-292.
[96] 陈东东. 随机载荷识别技术在机载产品振动环境预示中的应用研究[D]. 南京: 南京航空航天大学, 2016.
[97] 章红莉. 基于逆虚拟激励法的直升机振动载荷识别研究[D]. 南京: 南京航空航天大学, 2011.
[98] 廖俊, 蒋炳炎, 时伟. 一种提高平稳随机载荷识别精度的方法[J]. 振动与冲击, 2013, 32(16): 176-181.
[99] Leclere Q, Pezerat C, Laulagnet B, et al. Indirect measurement of main bearing loads in an operating diesel engine[J]. Journal of Sound and Vibration, 2005, 286(1/2): 341-361.
[100] Presezniak F, Zavala P A, Steenackers G, et al. Acoustic source identification using a generalized weighted inverse beamforming technique[J]. Mechanical Systems and Signal Processing, 2012, 32: 349-358.

[101]文婧. 基于谱分解的不确定性动态载荷识别[D]. 长沙: 湖南大学, 2019.

[102]Sun R J, Chen G P, He H, et al. The impact force identification of composite stiffened panels under material uncertainty[J]. Finite Elements in Analysis and Design, 2014, 81: 38-47.

[103]Wang L J, Liu J W, Xie Y X, et al. A new regularization method for the dynamic load identification of stochastic structures[J]. Computers and Mathematics with Applications, 2018, 76(4): 741-759.

[104]Schoefs F, Yáñez-Godoy H, Lanata F. Polynomial chaos representation for identification of mechanical characteristics of instrumented structures[J]. Computer-Aided Civil and Infrastructure Engineering, 2011, 26(3): 173-189.

[105]孙兴盛. 随机结构动态载荷识别技术研究[D]. 长沙: 湖南大学, 2015.

[106]Wu S Q, Sun Y W, Li Y B, et al. Stochastic dynamic load identification on an uncertain structure with correlated system parameters[J]. Journal of Vibration and Acoustics, 2019, 141(4): 041013.

[107]Liu J, Meng X H, Xu C, et al. Forward and inverse structural uncertainty propagations under stochastic variables with arbitrary probability distributions[J]. Computer Methods in Applied Mechanics and Engineering, 2018, 342: 287-320.

[108]Liu J, Han X, Jiang C, et al. Dynamic load identification for uncertain structures based on interval analysis and regularization method[J]. International Journal of Computational Methods, 2011, 8(4): 667-683.

[109]Ahmari S, Yang M. Impact location and load identification through inverse analysis with bounded uncertain measurements[J]. Smart Materials and Structures, 2013, 22(8): 085024.

[110]Xia B Z, Yu D J, Liu J. Interval and subinterval perturbation methods for a structural-acoustic system with interval parameters[J]. Journal of Fluids and Structures, 2013, 38: 146-163.

[111]Xu M H, Huang J H, Wang C, et al. Fuzzy identification of dynamic loads in presence of structural epistemic uncertainties[J]. Computer Methods in Applied Mechanics and Engineering, 2020, 360: 112718.

[112]徐典. 结构损伤识别方法与传感器优化布置研究[D]. 重庆: 重庆大学, 2011.

[113]王娟. 结构时域辨识方法及传感器优化布置问题研究[D]. 北京: 北京交通大学, 2013.

[114]Kammer D C. Sensor placement for on-orbit modal identification and correlation of large space structures[J]. Journal of Guidance, Control and Dynamics, 1991, 14: 251-259.

[115]Carne T G. A modal test design strategy for model correlation[C]//Proceedings of the 13th International Modal Analysis Conference, 1994: 927.

[116]Bayard D S, Hadaegh F Y, Meldrum D R. Optimal experiment design for identification of large space structures[J]. Automatica, 1988, 24(3): 357-364.

[117]Borguet S, Léonard O. The fisher information matrix as a relevant tool for sensor selection in engine health monitoring[J]. International Journal of Rotating Machinery, 2008, 20(7): 991-993.

[118]Liu W, Gao W C, Sun Y. Optimal sensor placement for spatial lattice structure based on genetic algorithms[J]. Journal of Sound and Vibration, 2008, 317(1/2): 175-189.

[119]Weickgenannt M, Neuhaeuser S, Henke B, et al. Optimal sensor placement for state estimation of a thin double-curved shell structure[J]. Mechatronics, 2013, 23(3): 346-354.

[120]Lian J J, He L J, Ma B. Optimal sensor placement for large structures using the nearest neighbour index and a hybrid swarm intelligence algorithm[J]. Smart Materials and Structures, 2013, 22(9): 692-700.

[121]何龙军，练继建，马斌. 基于距离系数-有效独立法的大型空间结构传感器优化配置[J]. 振动与冲击, 2013, 32(16): 13-18.

[122]张建伟，刘轩然，赵瑜. 基于有效独立-总位移法的水工结构振测传感器优化配置[J]. 振动与冲击, 2016, 35(8): 148-153.

[123]郑晨曦. 基于改进单亲遗传算法的桥梁监测传感器优化布置研究[D]. 杭州: 浙江大学, 2015.

[124]Lee J K, Park Y S. Response selection and dynamic damper application to improve the identification of multiple input forces of narrow frequency band[J]. Mechanical Systems and Signal Processing, 1994, 8(6): 649-664.

[125]Blau M. Force spectra identification by FRF matrix inversion: A sensor placement criterion[J]. Journal of the Acoustical Society of America, 1999, 105(2): 970.

[126]Gupta D K, Dhingra A K. Dynamic programming approach to load estimation using optimal sensor placement and model reduction[J]. International Journal of Computational Methods, 2017, 15(8): 1850071.

[127]Thite A N, Thompson D J. Selection of response measurement locations to improve inverse force determination[J]. Applied Acoustics, 2006, 67(8): 797-818.

[128]Zheng S F, Lin Z, Lian X M, et al. Technical note: Coherence analysis of the transfer function for dynamic force identification[J]. Mechanical Systems and Signal Processing, 2011, 25(6): 2229-2240.

[129]Wang J, Law S S, Yang Q S. Sensor placement methods for an improved force identification in state space[J]. Mechanical Systems and Signal Processing, 2013, 41(1-2): 254-267.

[130]张磊. 动态载荷识别响应点选取方法研究[D]. 哈尔滨: 哈尔滨工程大学, 2015.

[131]郭志松. 基于矩阵条件数的载荷识别方法研究[D]. 哈尔滨: 哈尔滨工程大学, 2015.

[132]穆昊. 板状结构静载监测及 FBG 传感网络优化布局研究[D]. 南京: 南京航空航天大学, 2013.

[133]杨帆，张方，浦玉学. 动态分布载荷识别中的传感器配置研究[J]. 振动工程学报，2017,

30(3): 403-412.

[134]Prawin J, Rao A R M. An online input force time history reconstruction algorithm using dynamic principal component analysis[J]. Mechanical Systems and Signal Processing, 2018, 99: 516-533.

[135]Zhang C D, Xu Y L. Optimal multi-type sensor placement for response and excitation reconstruction[J]. Journal of Sound and Vibration, 2016, 360: 112-128.

[136]Cumbo R, Mazzanti L, Tamarozzi T, et al. Advanced optimal sensor placement for kalman-based multiple-input estimation[J]. Mechanical Systems and Signal Processing, 2021, 160: 107830.

[137]蒋昊. 基于等效激励源模型及测点优化的载荷识别方法研究及应用[D]. 上海: 上海交通大学, 2018.

[138]Simoen E, De Roeck G, Lombaert G. Dealing with uncertainty in model updating for damage assessment: A review[J]. Mechanical Systems and Signal Processing, 2015, 56: 123-149.

[139]Astroza R, Alessandri A. Effects of model uncertainty in nonlinear structural finite element model updating by numerical simulation of building structures[J]. Structural Control and Health Monitoring, 2019, 26(3): e2297.

[140]Kitahara M, Bi S F, Broggi M, et al. Nonparametric Bayesian stochastic model updating with hybrid uncertainties[J]. Mechanical Systems and Signal Processing, 2022, 163: 108195.

[141]邱志平, 王晓军, 许孟晖. 工程结构不确定优化设计技术[M]. 北京: 科学出版社, 2013.

[142]Xu M H, Qiu Z P. A dimension-wise method for the static analysis of structures with interval parameters[J]. Science China-Physics Mechanics and Astronomy, 2014, 57(10): 1934-1945.

[143]张开华. 运载火箭时域分段拟合动态载荷识别研究[D]. 大连: 大连理工大学, 2022.

[144]Logan D. L. 有限元应用与工程实践系列:有限元方法基础教程(国际单位制版)[M]. 第五版. 北京: 电子工业出版社, 2014.

[145]虞晓芬, 傅玳. 多指标综合评价方法综述[J]. 统计与决策, 2004, (11): 119-121.

[146]Wang L, Liu D L, Yang Y W, et al. A novel method of non-probabilistic reliability-based topology optimization corresponding to continuum structures with unknown but bounded uncertainties[J]. Computer Methods in Applied Mechanics and Engineering, 2017, 326: 573-595.

[147]邓德宽. 复合材料蜂窝夹芯吸波结构的动力学模型研究[D]. 哈尔滨: 哈尔滨工业大学, 2020.

[148]Julier S, Uhlmann J, Durrant-Whyte H F. A new method for the nonlinear transformation of means and covariances in filters and estimators[J]. IEEE Transactions on Automatic Control, 2000, 45(3): 477-482.

[149]彭丁聪. 卡尔曼滤波的基本原理及应用[J]. 软件导刊, 2009, 8(11): 32-34.

[150]Lophaven S N, Nielsen H B, Søndergaard J. DACE: A MATLAB Kriging Toolbox[M]. Lyngby: The Technical University of Denmark, 2002.

[151]崔佳旭, 杨博. 贝叶斯优化方法和应用综述[J]. 软件学报, 2018, 29(10): 3068-3090.

[152]杨杰. 结构可靠度计算方法及灵敏度分析研究[D]. 大连: 大连理工大学, 2013.

[153]Petersen Ø W, Øiseth O, Lourens E. Wind load estimation and virtual sensing in long-span suspension bridges using physics-informed gaussian process latent force models[J]. Mechanical Systems and Signal Processing, 2022, 170: 108742.

[154]Ben-Haim Y, Elishakoff I. Convex Models of Uncertainty in Applied Mechanics[M]. Amsterdam：Elsevier, 2013.

[155]Zadeh L A. Fuzzy sets[J]. Information and Control, 1965, 8(3): 338-353.

[156]Sørlie T, Perou C M, Tibshirani R, et al. Gene expression patterns of breast carcinomas distinguish tumor subclasses with clinical implications[J]. Proceedings of the National Academy of Sciences, 2001, 98(19): 10869-10874.

[157]Astuti C C, Untari R S. Applied hierarchical cluster analysis with average linkage algoritm[J]. CAUCHY: Jurnal Matematika Murni dan Aplikasi, 2017, 5(1): 1-7.

[158]毕仁贵. 考虑相关性的不确定凸集模型与非概率可靠性分析方法[D]. 长沙: 湖南大学, 2017.

[159]Yang C C, Bose N K. Generating fuzzy membership function with self-organizing feature map[J]. Pattern Recognition Letters, 2006, 27(5): 356-365.

[160]Wu J L, Luo Z, Zhang N, et al. A new uncertain analysis method and its application in vehicle dynamics[J]. Mechanical Systems and Signal Processing, 50: 659-675.

[161]朱东辉. 编织复合材料细观不确定性建模及参数识别[D]. 南京: 南京林业大学, 2019.

[162]Liu R X, Dobriban E, Hou Z C, et al. Dynamic load identification for mechanical systems: A review[J]. Archives of Computational Methods in Engineering, 2022, 29(2): 831-863.

[163]Janssens M H A, Verheij J W. A pseudo-forces methodology to be used in characterization of structure-borne sound sources[J]. Applied Acoustics, 2000, 61(3): 285-308.

[164]Wei S, Chu F L, Ding H, et al. Dynamic analysis of uncertain spur gear systems[J]. Mechanical Systems and Signal Processing, 2021, 150: 107280.

[165]Gupta K. D. Inverse methods for load identification augmented by optimal sensor placement and model order reduction[D]. Madison: The University of Wisconsin-Milwaukee, 2013.

[166]Tan Y, Zhang L M. Computational methodologies for optimal sensor placement in structural health monitoring: A review[J]. Structural Health Monitoring-an International Journal, 2020, 19(4): 1287-1308.

[167]杨辰. 结构健康监测的传感器优化布置研究进展与展望[J]. 振动与冲击, 2020, 39(17): 82-93.

[168]Yang C, Xia Y Q. Optimal sensor placement based on dynamic condensation using

multi-objective optimization algorithm[J]. Structural and Multidisciplinary Optimization, 2022, 65(7): 210.

[169]Coello C A C, Pulido G T, Lechuga M S. Handling multiple objectives with particle swarm optimization[J]. IEEE Transactions on Evolutionary Computation, 2004, 8(3): 256-279.

[170]Raissi M, Perdikaris P, Karniadakis G E. Physics-informed neural networks: A deep learning framework for solving forward and inverse problems involving nonlinear partial differential equations[J]. Journal of Computational Physics, 2019, 378: 686-707.

[171]贾丽杰. 径向基神经网络结构设计及在线建模方法研究[D]. 北京: 北京工业大学, 2022.

附 录 A

表 1 平板结构工况 1 载荷定位的平均相关系数结果

R1		R2		R3		R4		A1	
P1_1	0.9765	P2_1	0.9696	P3_1	**0.9942**	P4_1	**0.9969**	A1_1	0.9911
P1_2	**0.9880**	P2_2	**0.9946**	P3_2	0.9933	P4_2	0.9905	A1_2	0.9880
P1_3	0.9529							A1_3	0.9944
P1_4	0.9098							A1_4	0.9989
P1_5	−0.9087							A1_5	0.9942
P1_6	−0.8460							A1_6	0.9992

表 2 平板结构工况 2 载荷定位的平均相关系数结果

R1							A2		A3	
	P1_1	P1_2	P1_3	P1_4	P1_5	P1_6	A2_1	0.9963	A3_1	0.9883
P1_1	−0.0028	0.2969	0.2662	0.5456	**0.9352**	**0.9381**	A2_2	0.9858	A3_2	0.9901
P1_2		0.1012	0.1904	0.6317	0.9033	0.9140	A2_3	0.9947	A3_3	0.9964
P1_3			0.2727	0.6875	0.6984	0.7069	A2_4	0.9932	A3_4	0.9983
P1_4				0.5800	0.5171	0.6306	A2_5	0.9950	A3_5	0.9997
P1_5					0.6223	0.6345	A2_6	0.9822	A3_6	0.9975
P1_6						0.6193				
辅助评估点										
	PA_1	PA_2	PA_3	PA_4	PA_5	PA_6				
P1_1	0.8028	0.7025	0.9605	0.9053	0.9371	0.8938				
R2				R3				R4		
	P2_3	P2_4			P3_3	P3_4			P4_3	P4_4
P2_5	**0.9788**	0.8584		P3_5	0.8988	0.9241		P4_5	**0.9932**	0.9869
P2_6	0.9550	0.7695		P3_6	0.9612	**0.9893**		P4_6	0.9879	0.9808

表 3 平板结构工况 3 载荷定位的平均相关系数结果

0-0.5s: F2, F5

R1								A4		A5	
	P1_1	P1_2	P1_3	P1_4	P1_5	P1_6		A4_1	0.9973	A5_1	0.9985
P1_1	0.9486	0.4117	0.4721	**0.9777**	0.9452	0.9220		A4_2	0.9932	A5_2	0.9947
P1_2		0.8933	0.5129	0.9386	0.9205	0.8446		A4_3	0.9917	A5_3	0.9970
P1_3			−0.7082	0.8648	0.8099	−0.6545					
P1_4				0.8540	0.3049	0.4773					
P1_5					0.7966	0.4878					
P1_6						−0.5191					

R2			R3			R4			R5		
	P2_3	P2_4		P3_3	P3_4		P4_3	P4_4		P5_1	P5_2
P2_9	**0.9864**	0.9787	P3_9	0.9837	**0.9964**	P4_9	0.9923	**0.9954**	P5_3	0.9972	**0.9973**
P2_10	0.9244	0.9592	P3_10	0.9764	0.9797	P4_10	0.9920	0.9932	P5_4	0.9949	0.9939

0.5-0.8s: F3

R1		R2		R3		R3		A2	
P1_1	−0.7390	P2_5	**0.9876**	P3_5	0.9757	P4_5	**0.9974**	A2_1	0.9914
P1_2	−0.8303	P2_6	0.9820	P3_6	**0.9955**	P4_6	0.9886	A2_2	0.9876
P1_3	−0.7187							A2_3	0.9974
P1_4	0.8995							A2_4	0.9989
P1_5	0.9799							A2_5	0.9990
P1_6	**0.9969**							A2_6	0.9977

0.8-1.5s: F4

R1		R2		R3		R4		A6	
P1_1	−0.9545	P2_7	**0.9956**	P3_7	0.9933	P4_7	**0.9977**	A2_1	0.9951
P1_2	−0.9722	P2_8	0.9922	P3_8	**0.9977**	P4_8	0.9963	A2_2	0.9956
P1_3	−0.9603							A2_3	0.9979
P1_4	0.9936							A2_4	0.9985
P1_5	**0.9995**							A2_5	0.9991
P1_6	0.9919							A2_6	0.9996

表 4　机翼结构载荷定位的平均相关系数结果

R1

	P1_1	P1_2	P1_3	P1_4	P1_5	P1_6	P1_7	P1_8	P1_9	P1_10
P1_1	0.3501	0.0187	−0.0722	0.3255	0.7774	0.3366	−0.1599	−0.0729	0.3236	0.7777
P1_2		0.4123	−0.0231	0.6270	0.8233	0.0137	0.2034	−0.0253	0.6248	0.8235
P1_3			0.5166	0.8207	**0.8309**	−0.0861	0.0869	0.4242	0.8204	0.8309
P1_4				0.7363	0.8238	0.3243	0.6643	0.8210	0.8041	0.8238
P1_5					0.5344	0.7791	0.8255	**0.8309**	0.8238	0.7641
P1_6						0.3543	−0.1921	−0.0869	0.3223	0.7794
P1_7							0.4126	0.0838	0.6625	0.8256
P1_8								0.5168	0.8206	0.8309
P1_9									0.7357	0.8237
P1_10										0.5336

辅助评估点

	PA_1	PA_2	PA_3	PA_4	PA_5	PA_6	PA_7	PA_8
P1_5	0.9975	0.9862	0.9897	0.9971	0.9974	0.9861	0.9897	0.9971

R2

	P2_1	P2_2
P2_3	**0.8312**	0.8308
P2_4	0.8311	0.8285

R3

	P3_1	P3_2
P3_3	0.8319	0.8230
P3_4	**0.8321**	0.8288

R4

	P4_1	P4_2
P4_3	0.8323	0.8328
P4_4	0.8320	**0.8330**

R5

	P5_1	P5_2
P5_3	0.8323	0.8331
P5_4	0.8320	**0.8331**

A1

A1_1	0.9996
A1_2	0.9995
A1_3	0.9997
A1_4	0.9994
A1_5	0.9991
A1_6	0.9993

A2

A2_1	0.8322
A2_2	0.8324
A2_3	0.8329
A2_4	0.8331
A2_5	0.8328
A2_6	0.8329

附 录 B

1. 针对静力模态矩阵的聚类结果：

128, 136, 140, 144, 147, 159, 160, 166, 196, 202, 214, 220, 226, 227, 234, 266, 269, 270, 290, 355, 376, 377, 379, 386, 453, 455, 468, 469, 470, 497, 510, 511, 512, 517, 537, 540, 565, 674, 705, 744, 757, 765, 853, 883, 898, 904, 947, 1038, 1040, 1044, 1053, 1289, 1296, 1299, 1304, 1599, 1998, 2016, 2235, 2254

2. 针对静力模态矩阵的聚类结果：

126, 145, 148, 204, 211, 217, 232, 239, 250, 251, 252, 265, 270, 378, 383, 386, 389, 412, 453, 454, 466, 469, 471, 489, 490, 495, 501, 507, 517, 530, 531, 537, 559, 565, 575, 578, 585, 623, 683, 718, 759, 890, 896, 940, 949, 956, 1029, 1041, 1045, 1052, 1058, 1289, 1295, 1301, 1601, 1618, 1622, 1995, 2012, 2017

3. 针对静力-动力模态矩阵的协同聚类结果：

126, 140, 146, 147, 192, 196, 202, 212, 223, 230, 234, 250, 251, 263, 270, 279, 378, 382, 454, 457, 468, 469, 489, 497, 499, 509, 542, 543, 548, 565, 578, 580, 585, 623, 717, 729, 737, 743, 833, 836, 878, 889, 899, 908, 946, 954, 957, 1013, 1042, 1044, 1053, 1288, 1295, 1299, 1601, 1619, 1621, 1995, 2012, 2016

彩　　图

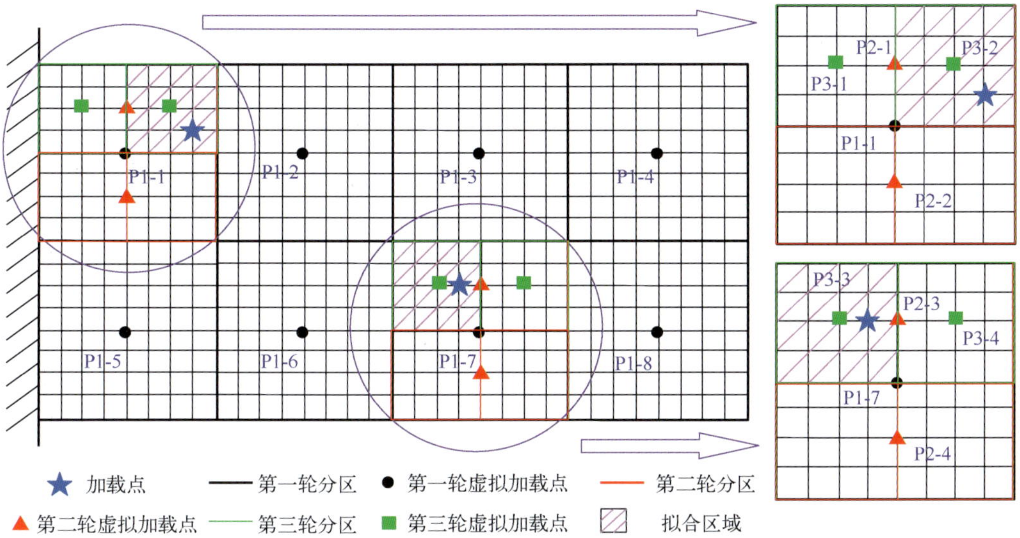

图 2.4　悬臂板结构的集中动态载荷位置识别示意图

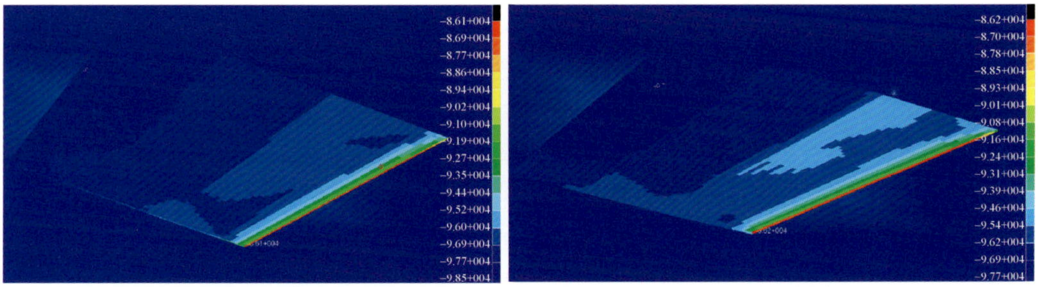

(a) 2°迎角　　　　(b) 5°迎角

图 2.9　单元压力分布云图

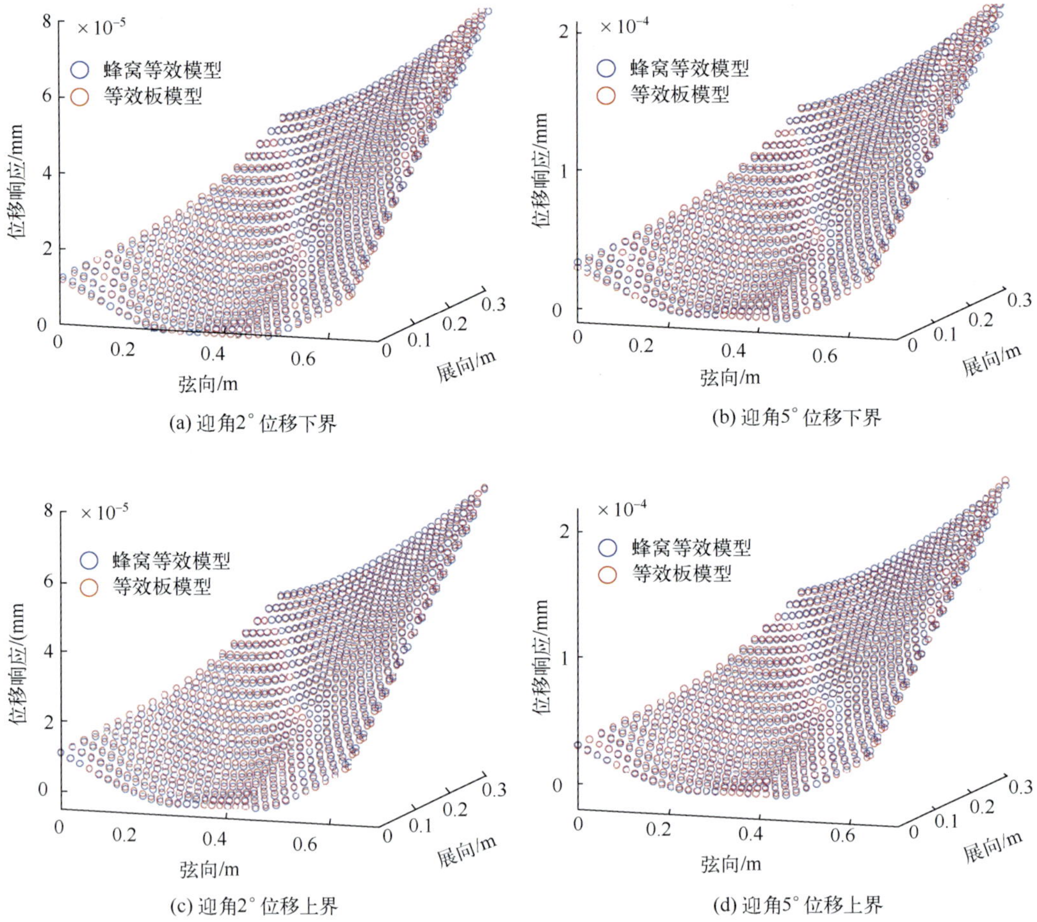

图 2.10　不同工况下蜂窝等效模型与等效板模型的位移对比

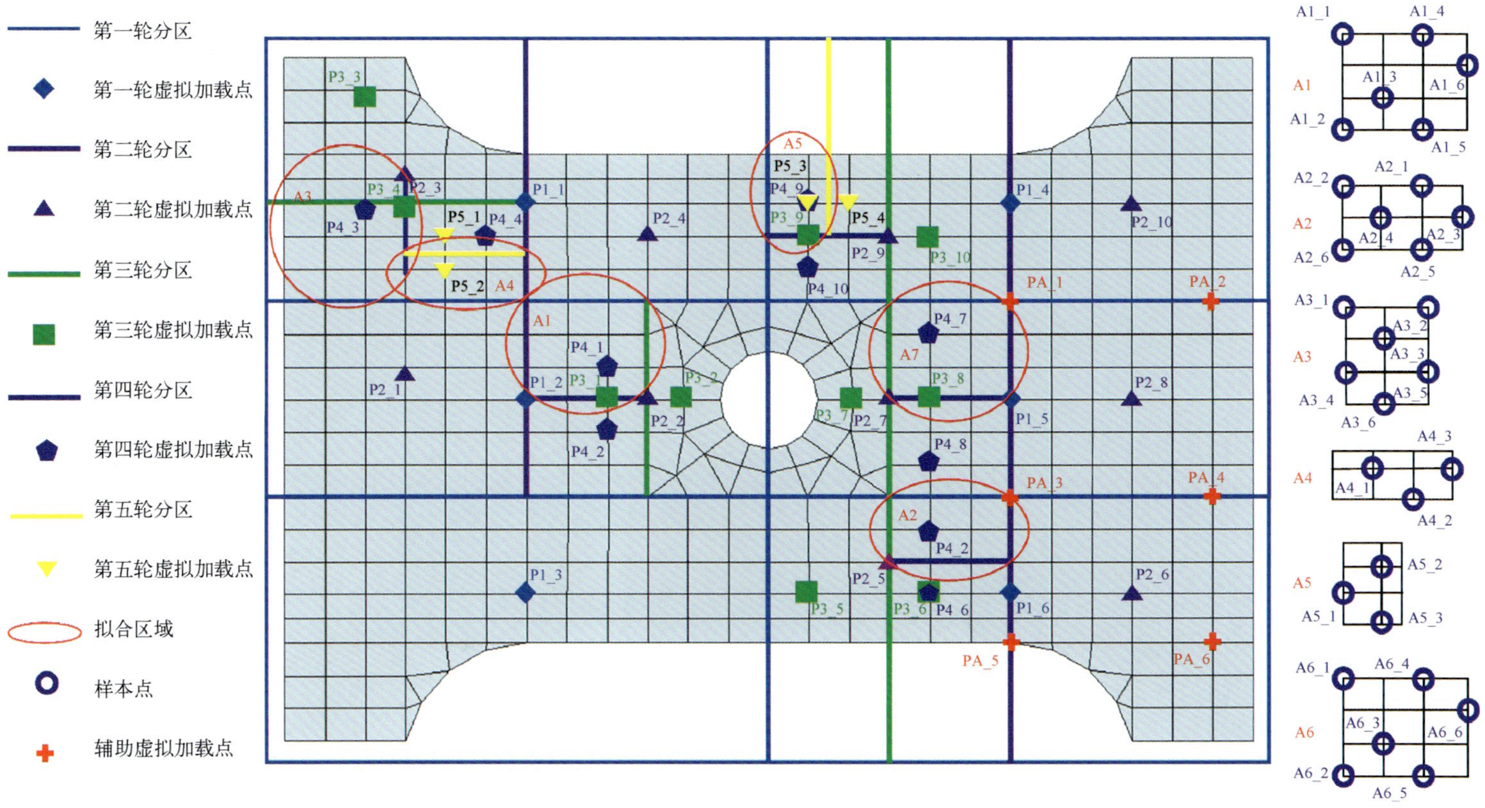

图 2.15 平板结构在三种工况下的载荷位置识别过程图

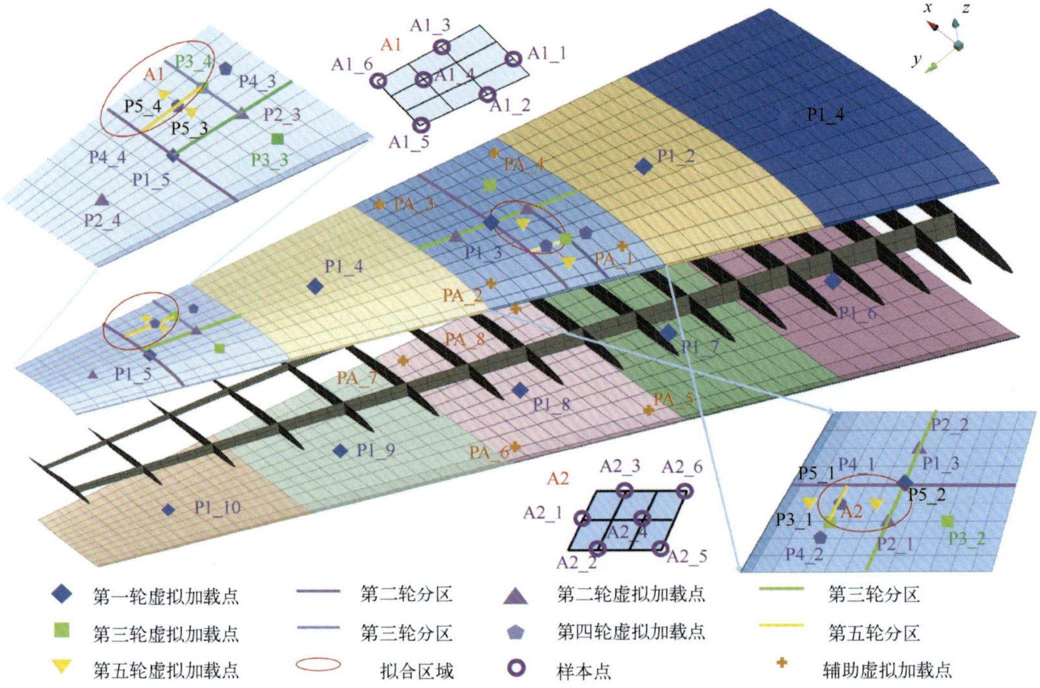

图 2.21　机翼结构的载荷位置识别过程图

表 3.1　第 1、3、5 阶振型函数的不同策略代理模型结果

模态阶数	初始拉丁超立方采样	序贯采样	相同数量拉丁超立方采样
第1阶	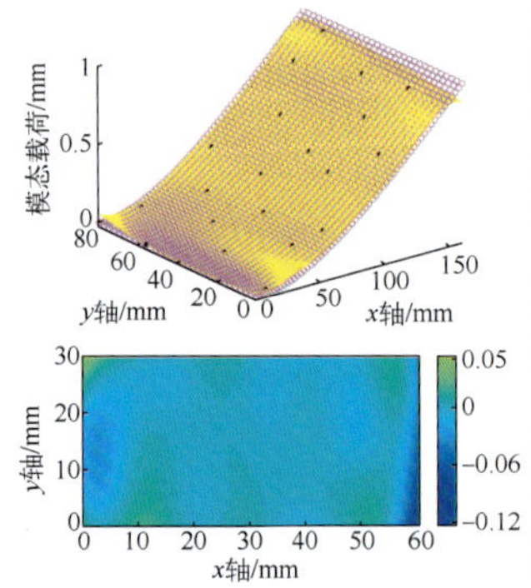	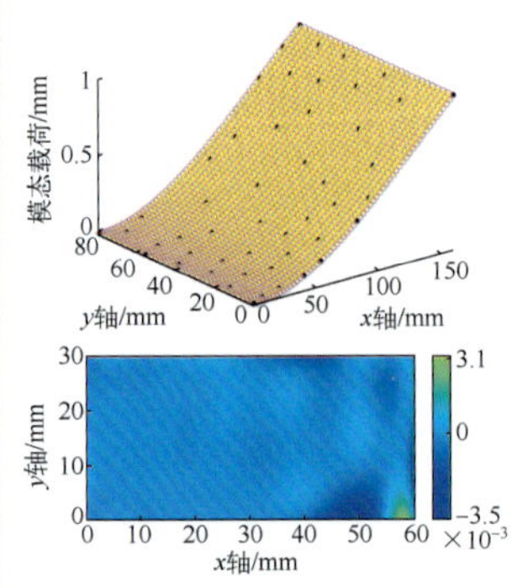	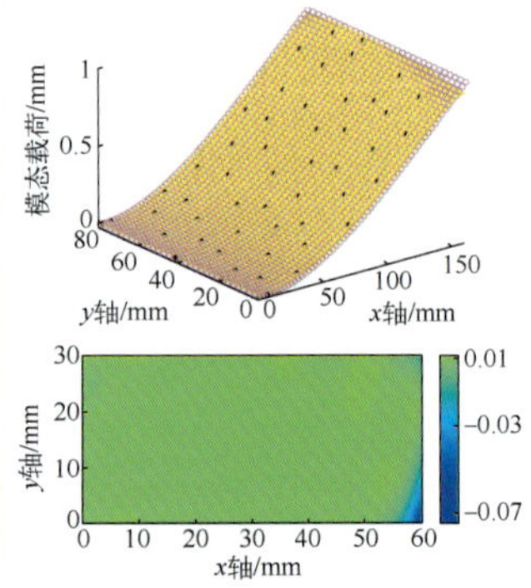

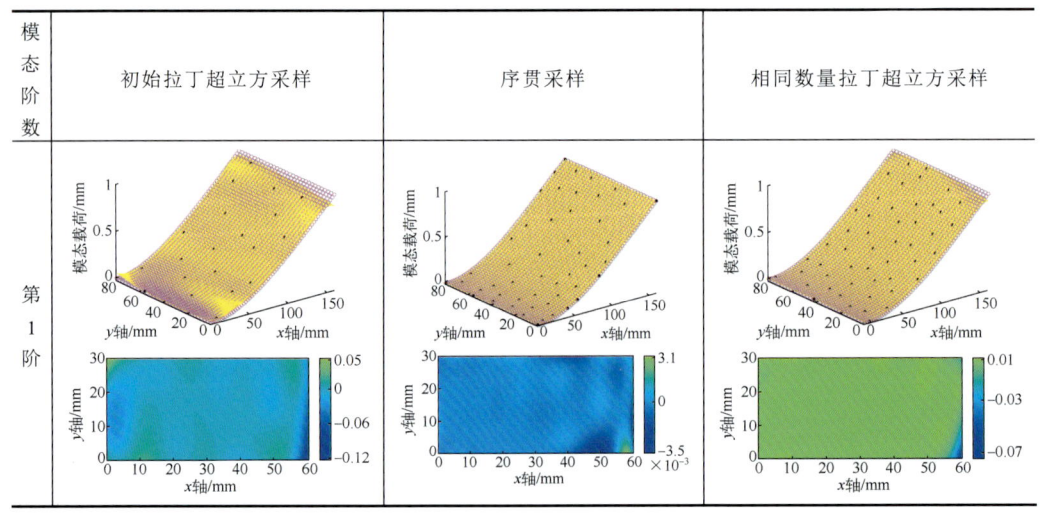

续表

模态阶数	初始拉丁超立方采样	序贯采样	相同数量拉丁超立方采样
第3阶	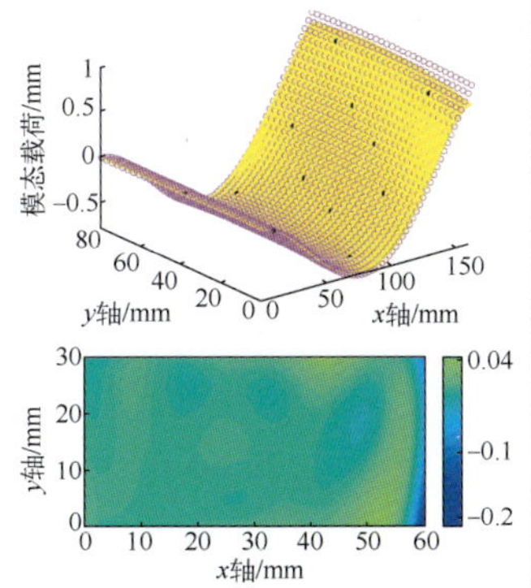	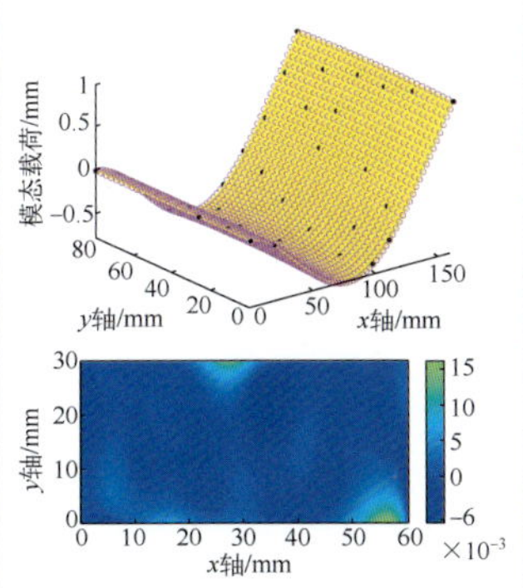	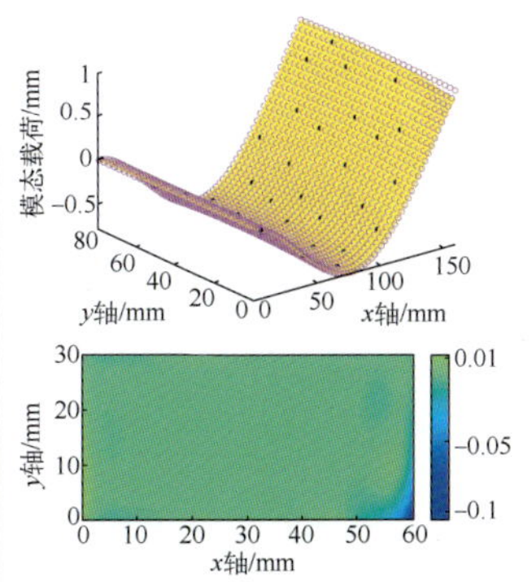
第5阶	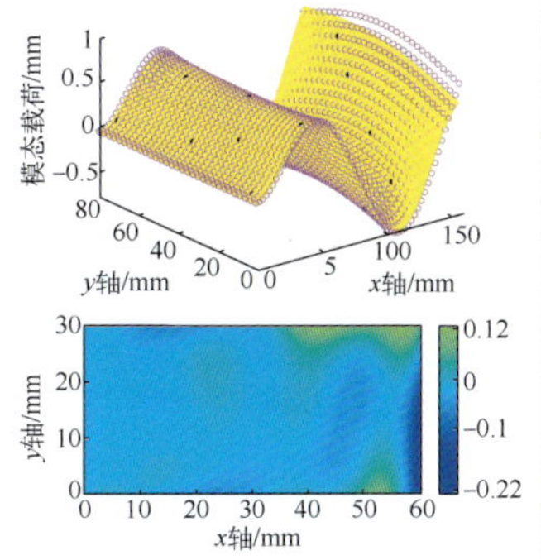	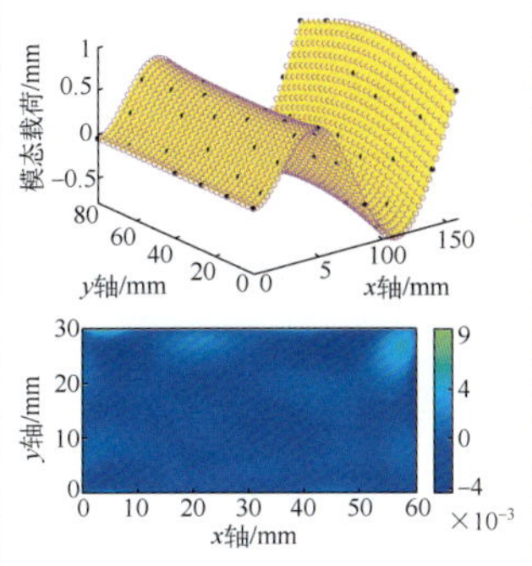	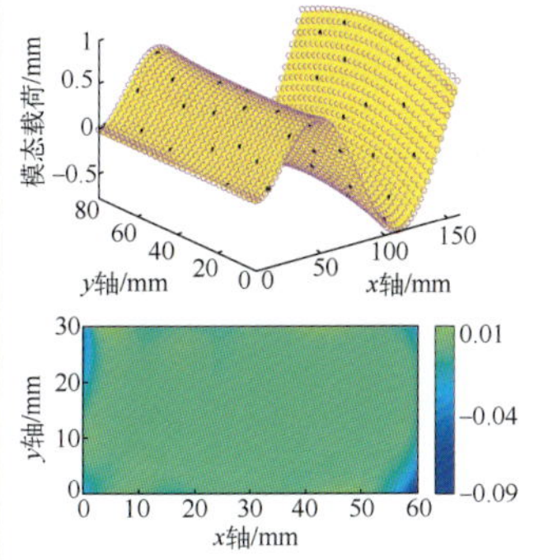

表 4.5　舵面结构的确定性分布动态载荷识别结果

工况	空间域	时间域
工况 1	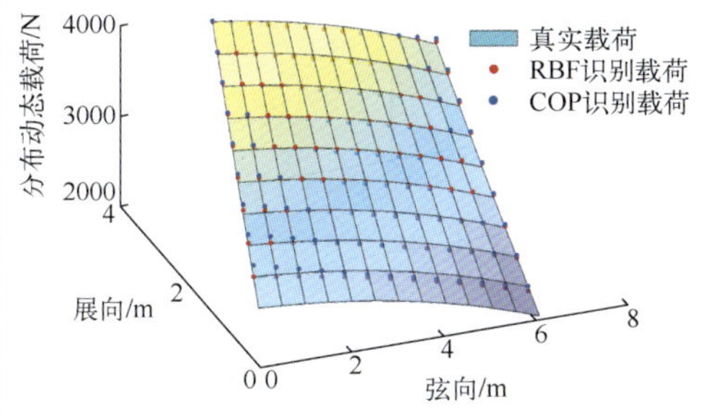	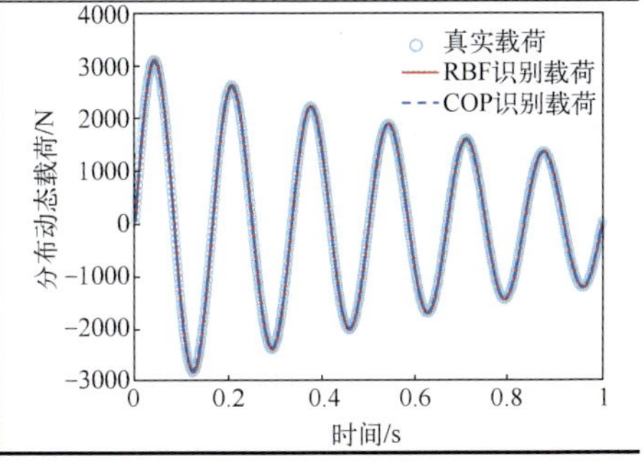

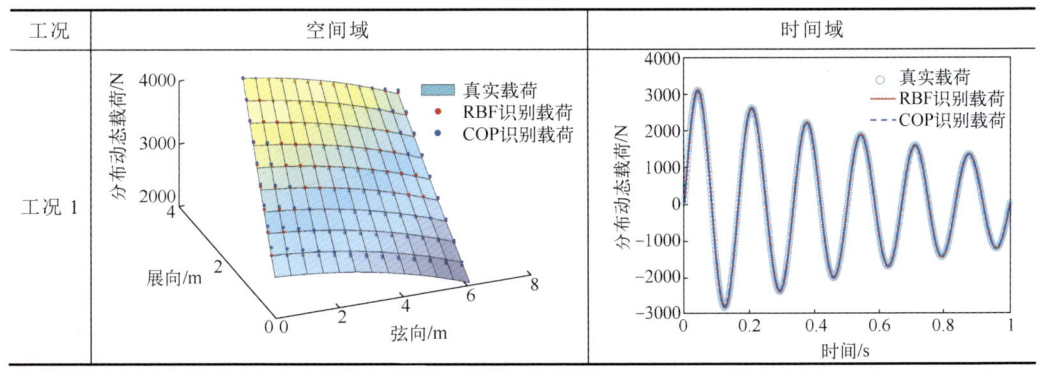

续表

工况	空间域	时间域
工况 2	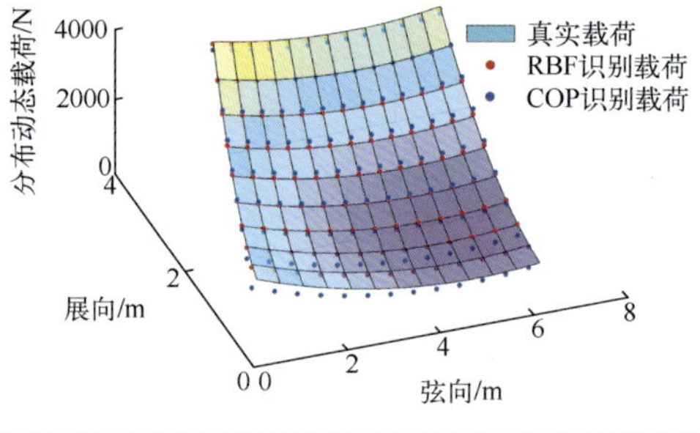	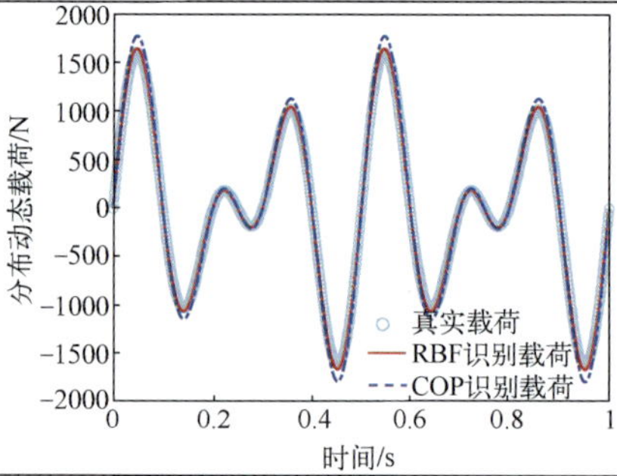
工况 3	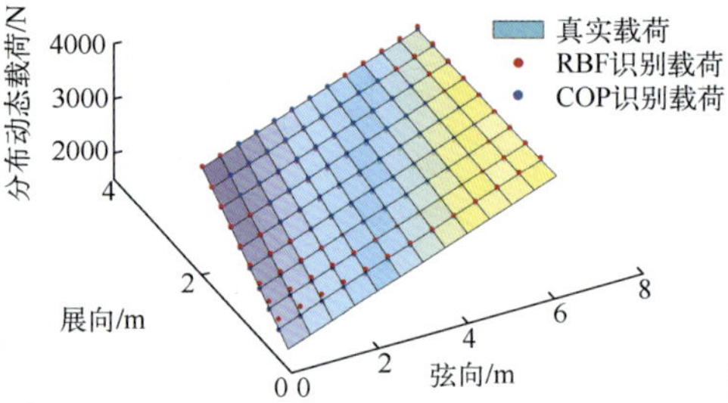	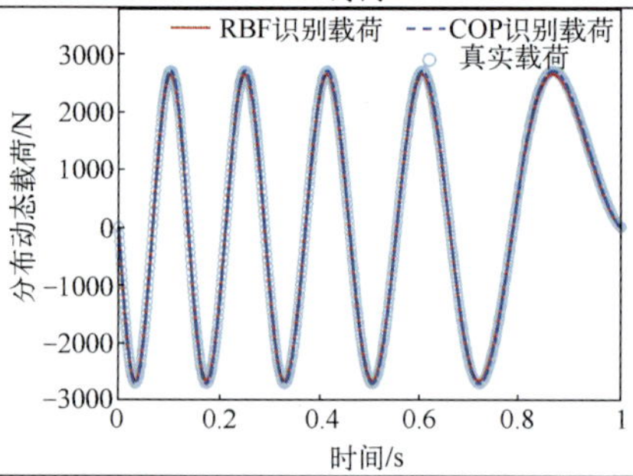
工况 4	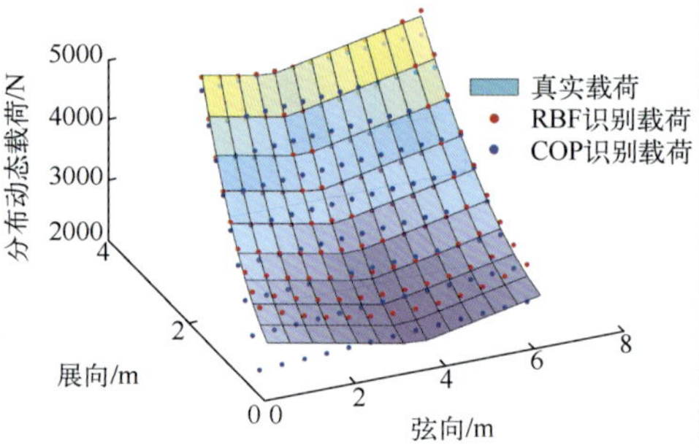	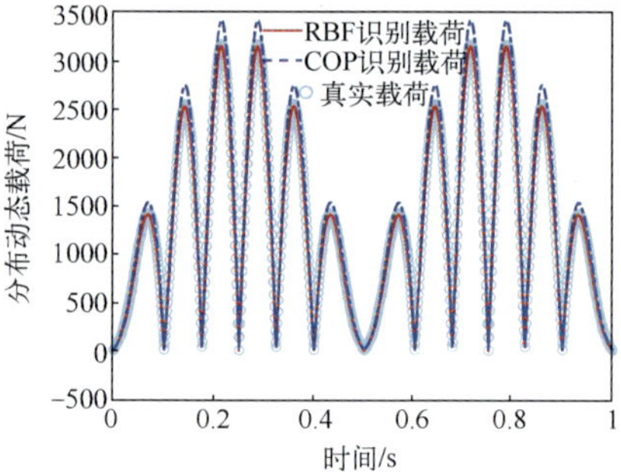

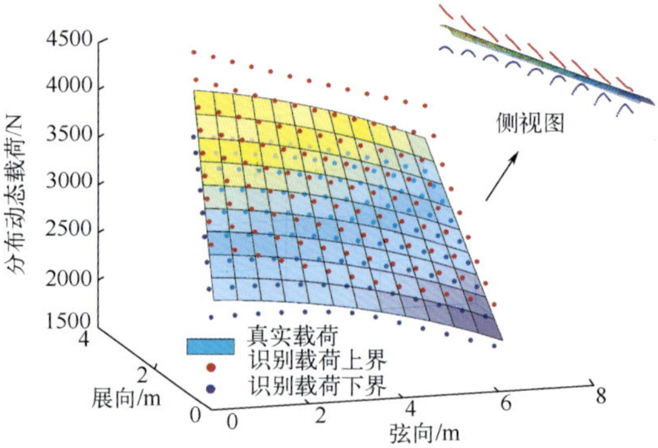

(a) 空间域识别结果

图 4.14　舵面结构在工况 1 下的不确定性分布动态载荷识别结果

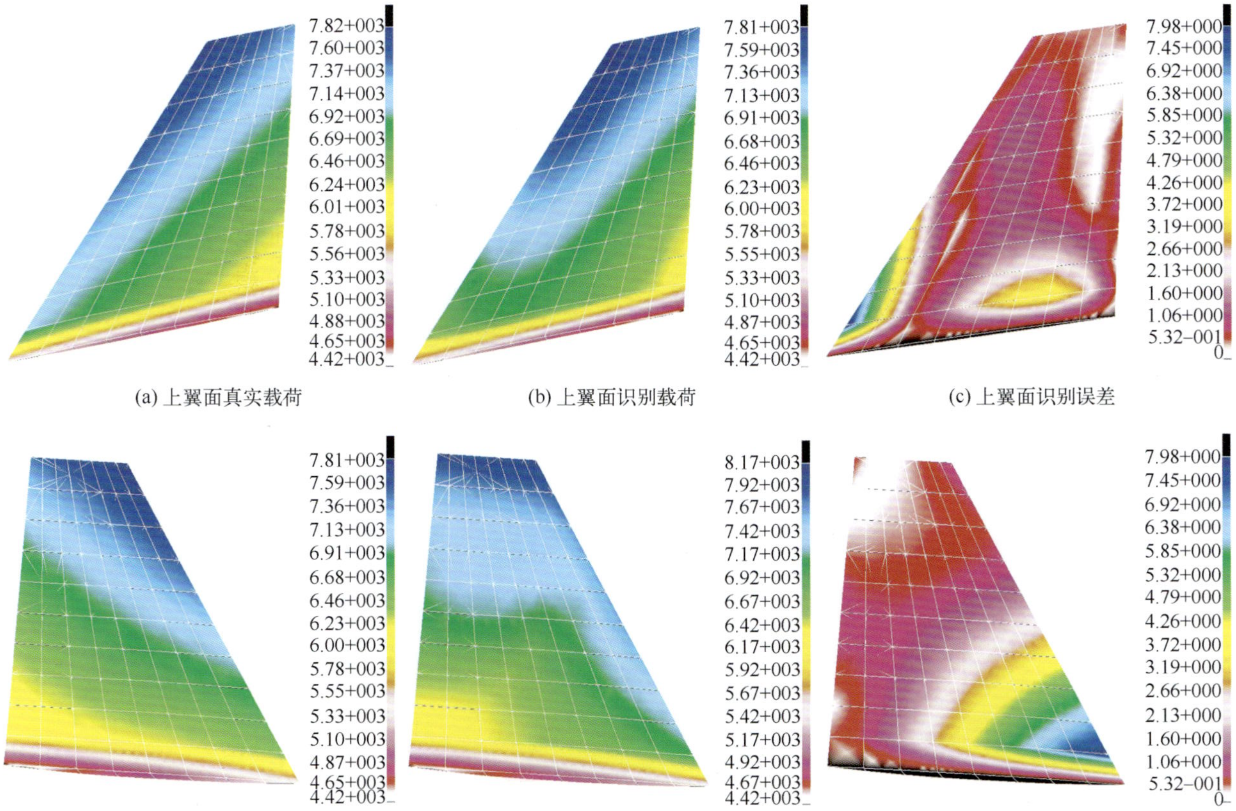

(a) 上翼面真实载荷 (b) 上翼面识别载荷 (c) 上翼面识别误差

(d) 下翼面真实载荷 (e) 下翼面识别载荷 (f) 下翼面识别误差

图 4.17 机翼结构在最大载荷时刻上的确定性分布动态载荷空间域识别结果

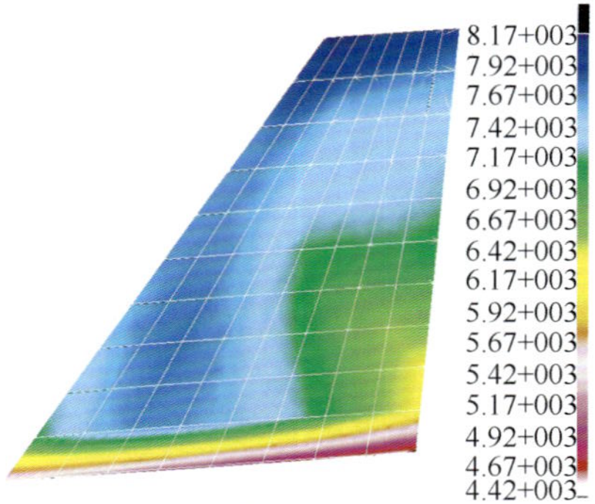

(a) 上翼面识别载荷上界

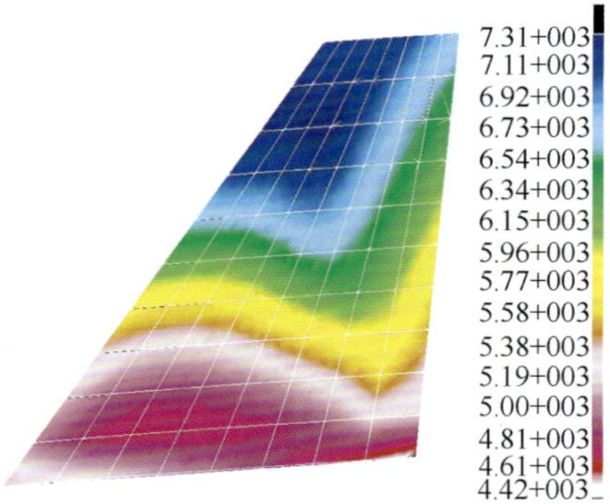

(b) 上翼面识别载荷下界

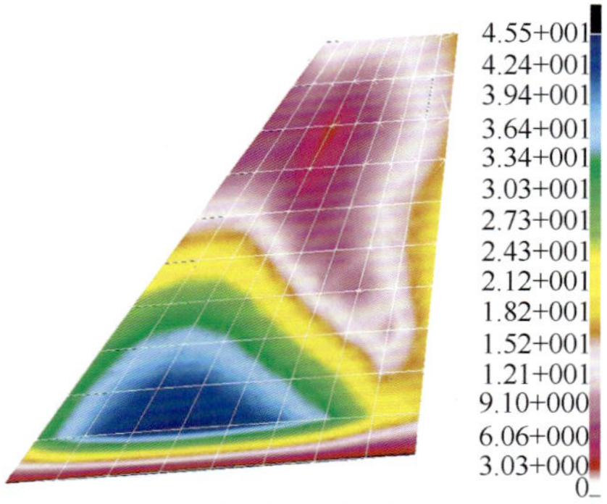

(c) 上翼面识别载荷波动程度

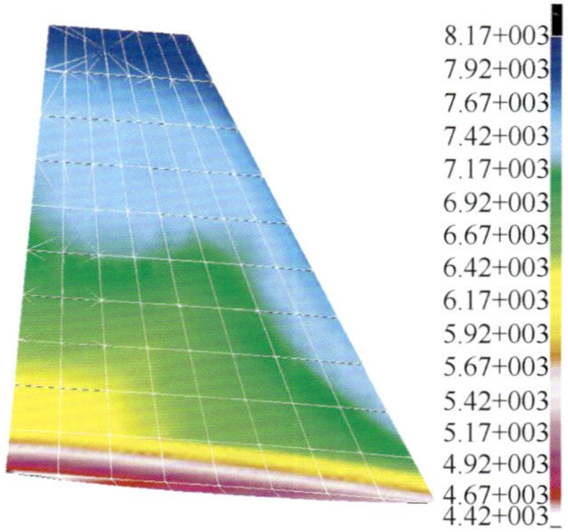

(d) 下翼面识别载荷上界

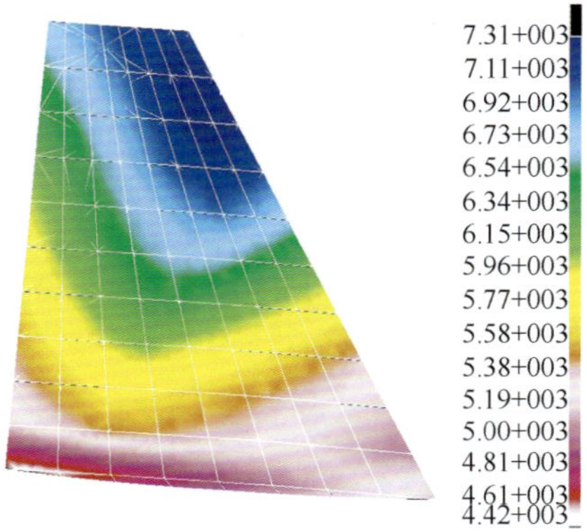

(e) 下翼面识别载荷下界

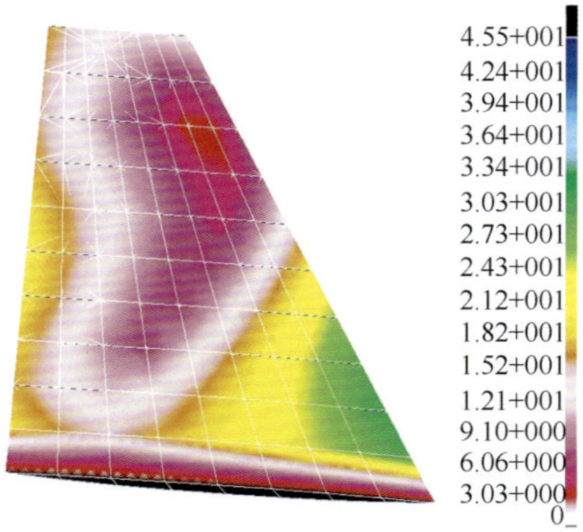

(f) 下翼面识别载荷波动程度

图 4.18　机翼结构在最大载荷时刻上的不确定性分布动态载荷空间域识别结果

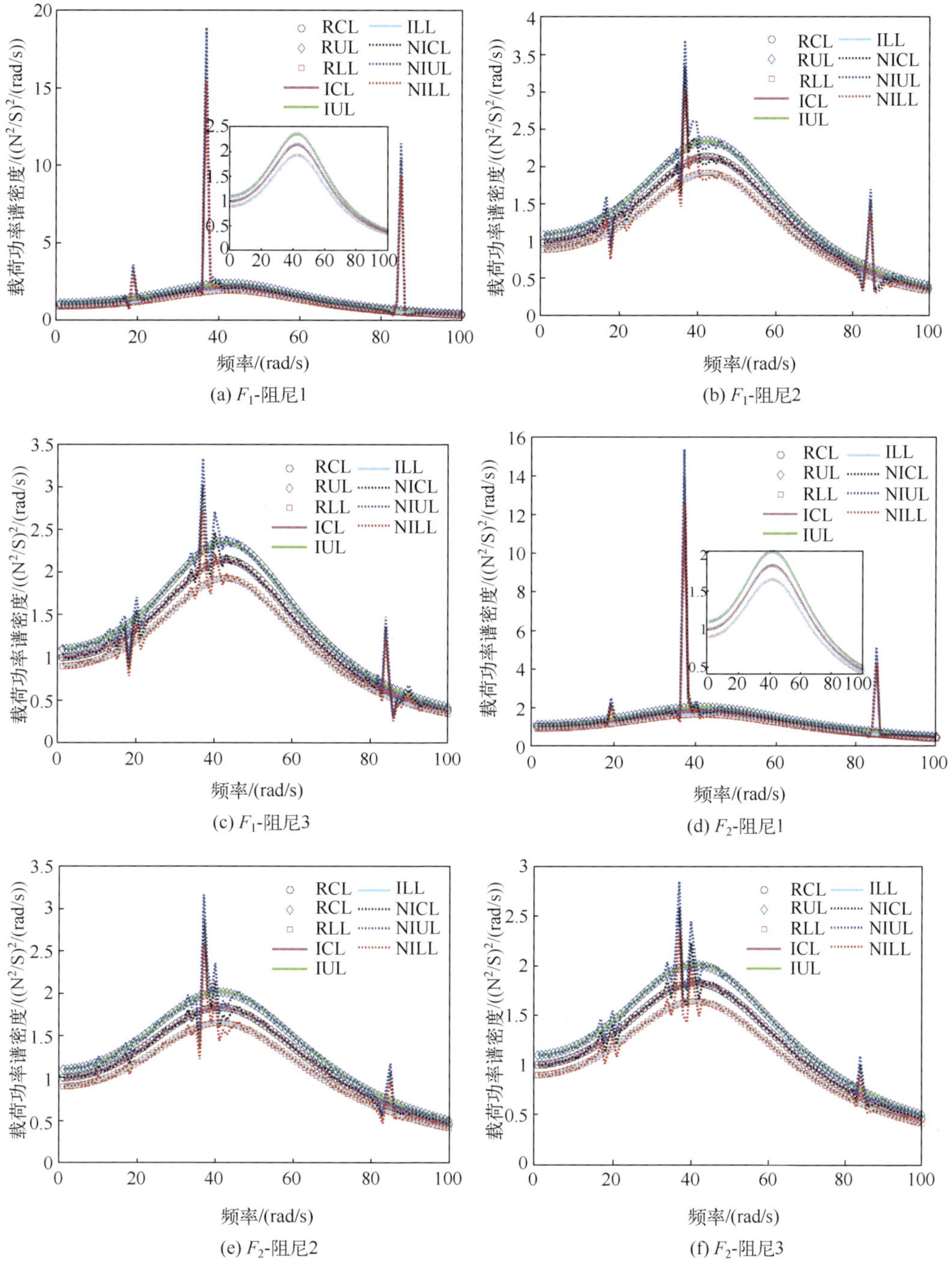

图 5.7　舵面结构在无正则化操作时的随机动态载荷识别结果

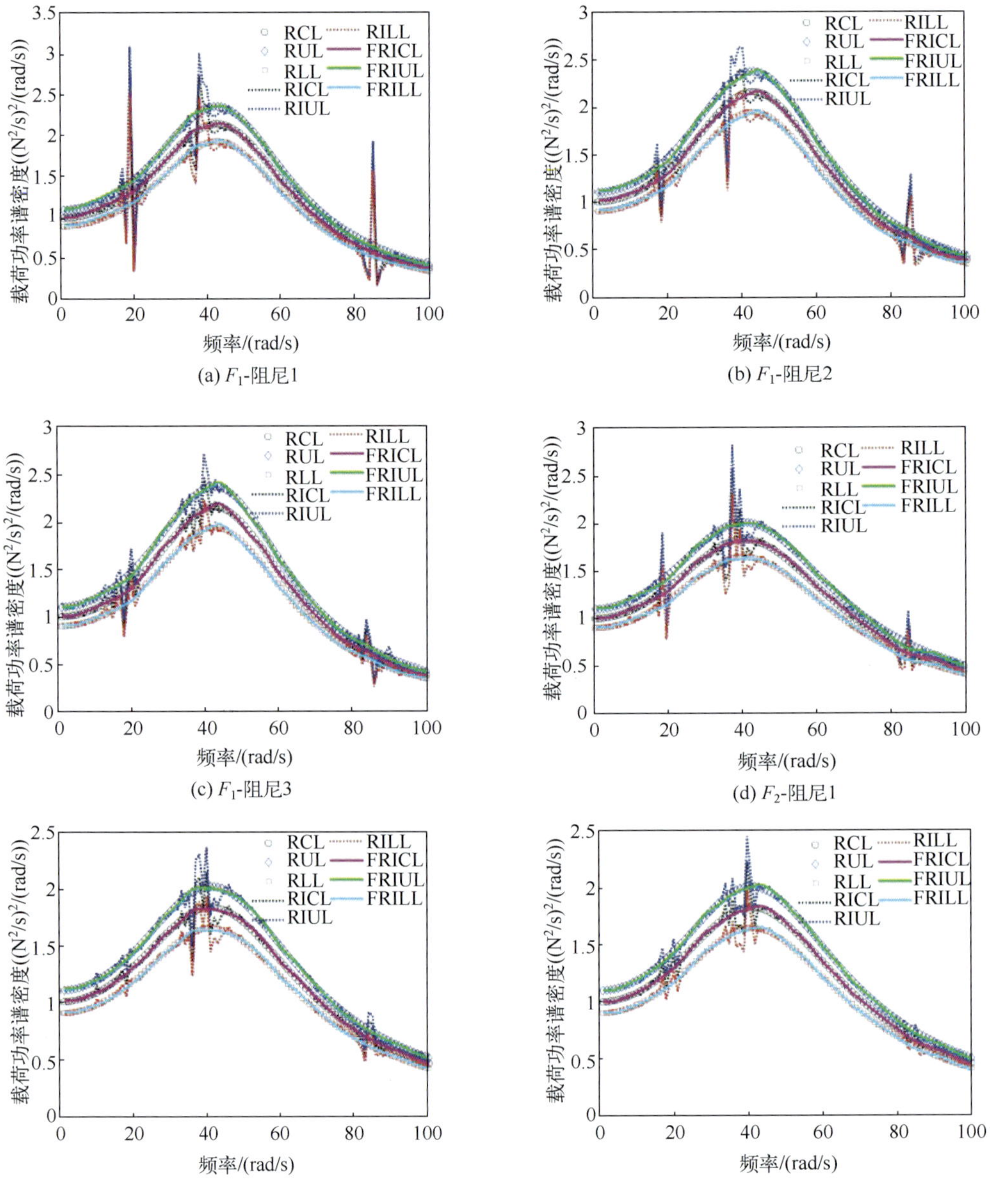

(a) F_1-阻尼1　(b) F_1-阻尼2

(c) F_1-阻尼3　(d) F_2-阻尼1

(e) F_2-阻尼2　(f) F_2-阻尼3

图 5.8　舵面结构经两步加权正则化后的随机动态载荷识别结果

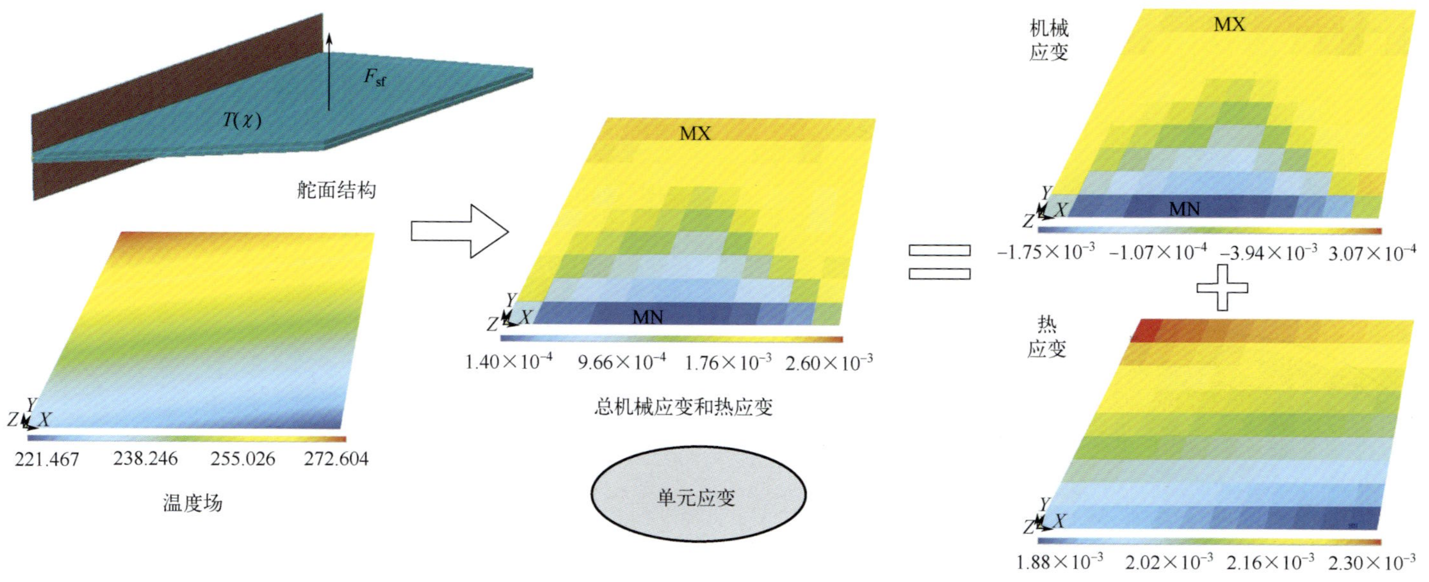

图 6.2 考虑温度效应的舵面结构变形示意图

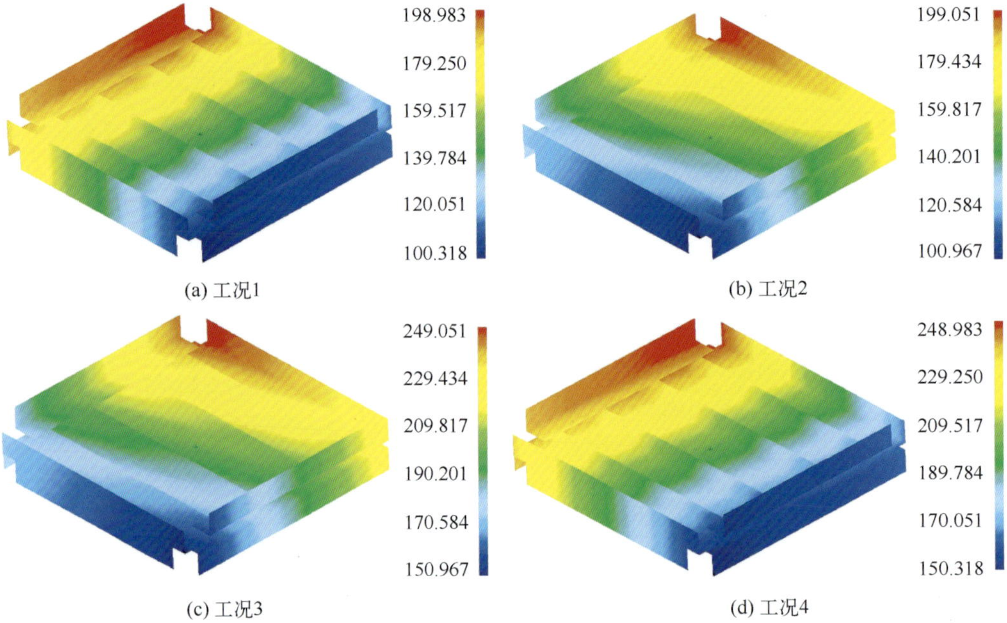

图 6.7　加筋板结构在不同工况下的温度场分布(单位：℃)

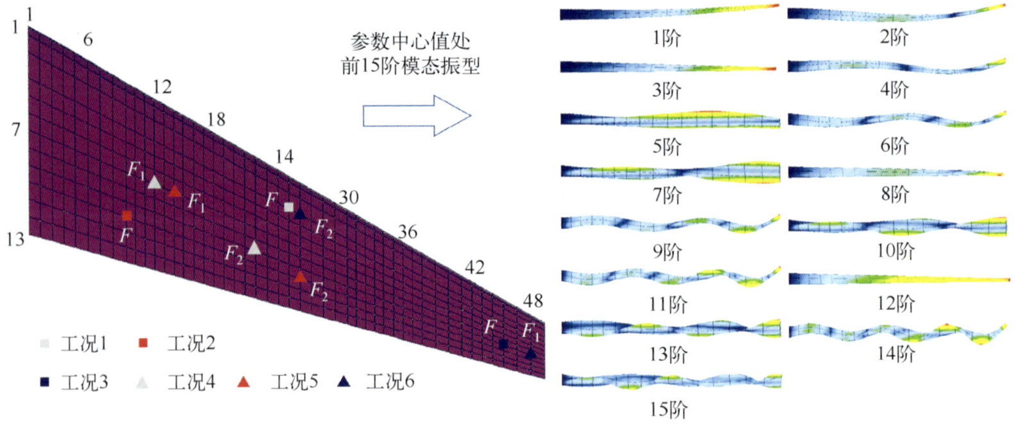

图 6.11　机翼结构的加载工况及模态示意图

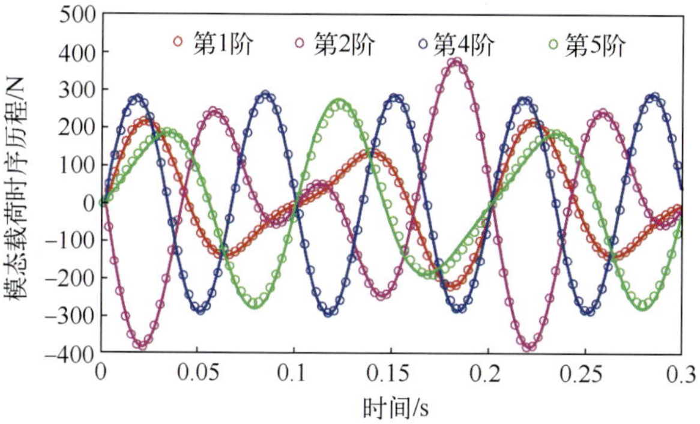

(a) 第1、2、4、5阶

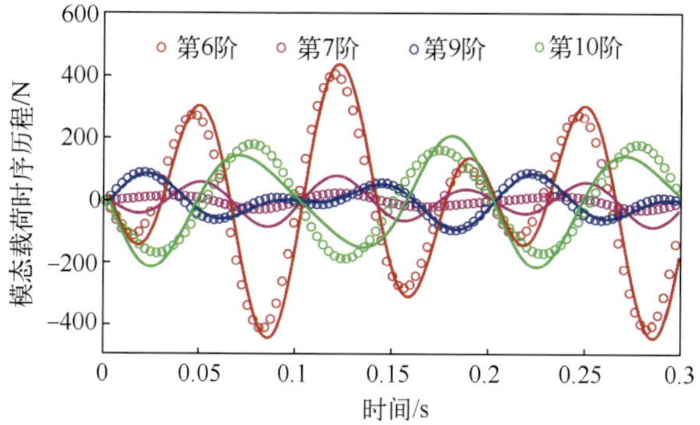

(b) 第6、7、9、10阶

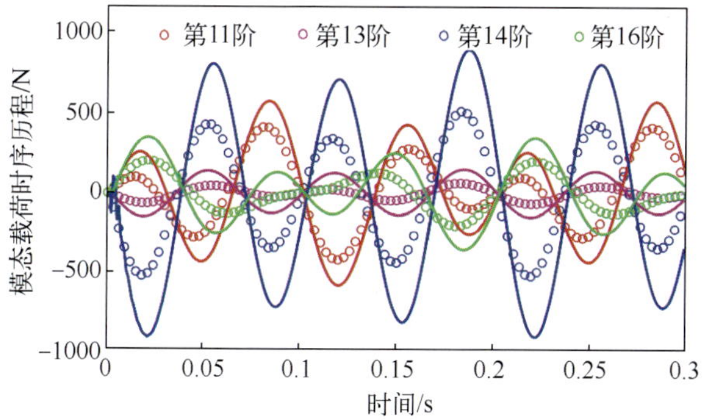

(c) 第11、13、14、15阶

图 6.13　机翼结构在 13 个传感器下的模态载荷识别结果

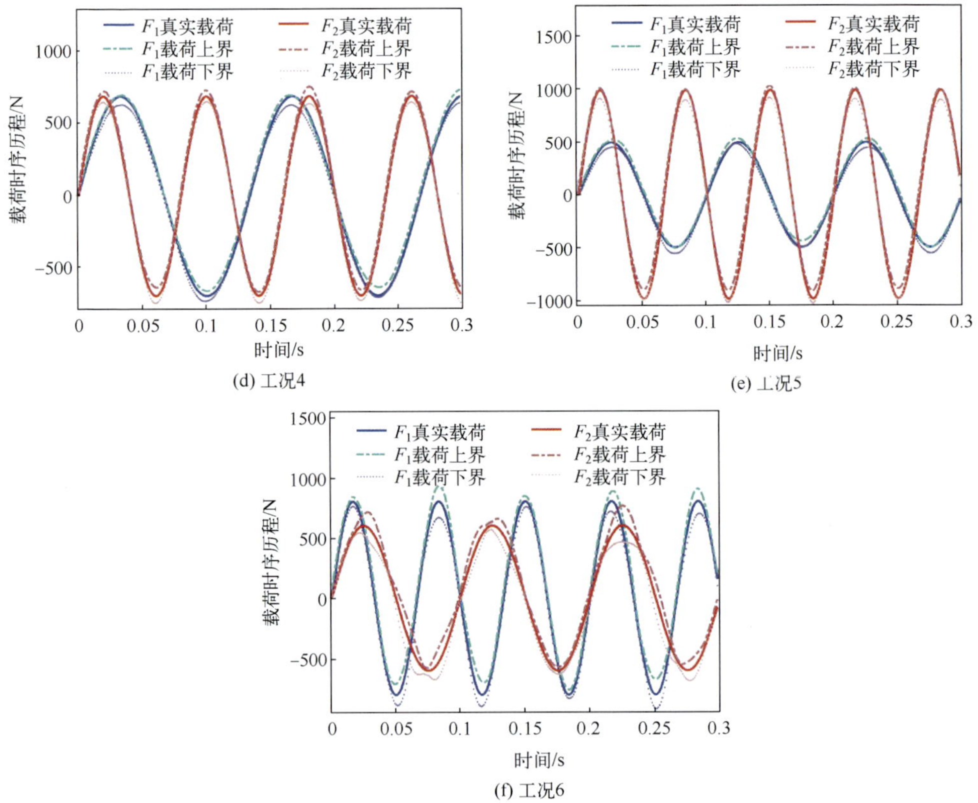

(d) 工况4

(e) 工况5

(f) 工况6

图 6.15 机翼结构在不同工况下的不确定性载荷识别结果

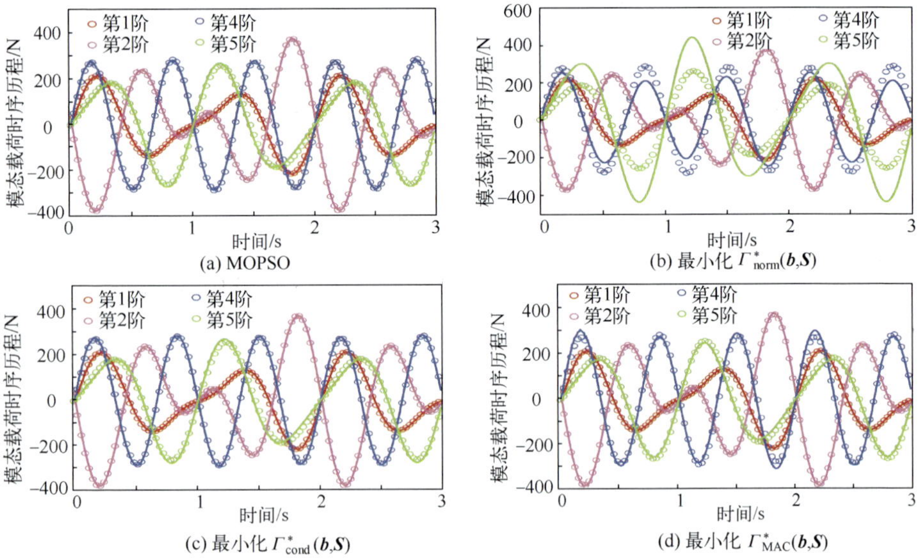

(a) MOPSO

(b) 最小化 $\Gamma^*_{\mathrm{norm}}(\boldsymbol{b},\boldsymbol{S})$

(c) 最小化 $\Gamma^*_{\mathrm{cond}}(\boldsymbol{b},\boldsymbol{S})$

(d) 最小化 $\Gamma^*_{\mathrm{MAC}}(\boldsymbol{b},\boldsymbol{S})$

图 6.17 机翼结构在不同优化策略下的模态载荷识别结果

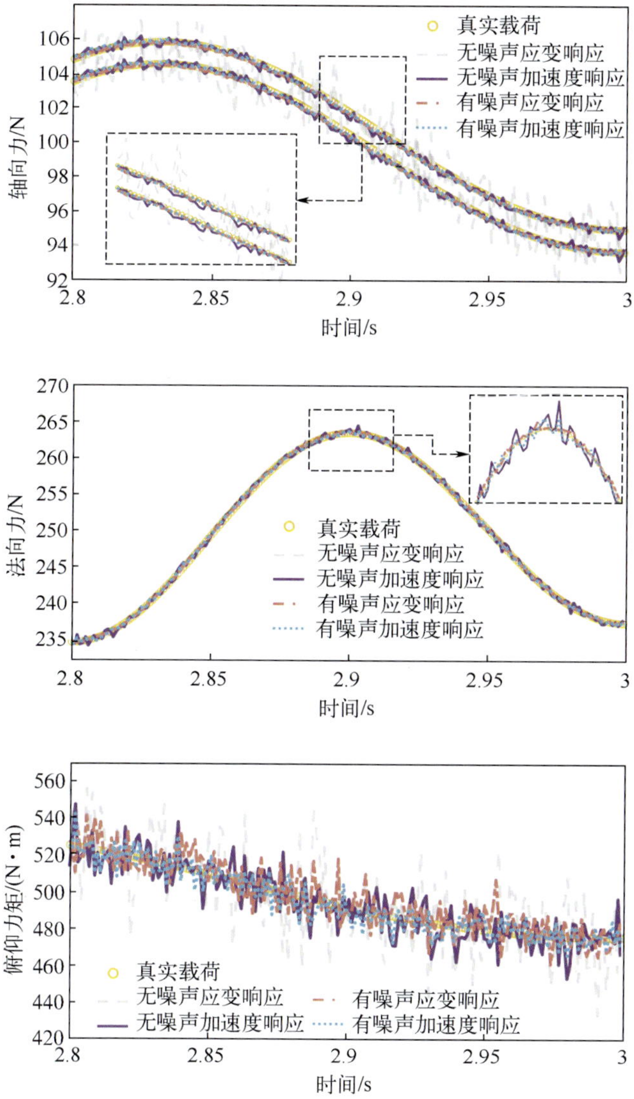

图 7.20　巡飞弹结构在不同训练样本输入变量下的气动载荷识别结果

表 7.6　巡飞弹结构在不同数据驱动算法的气动载荷识别结果

<table>
<tr><th>载荷</th><th>BP 神经网络</th><th>RBF 神经网络</th><th>SVM 支持向量机</th></tr>
<tr><td>轴向力</td><td>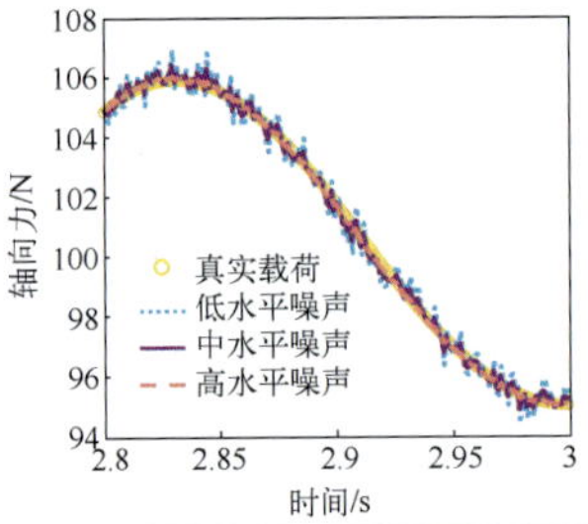
</td><td>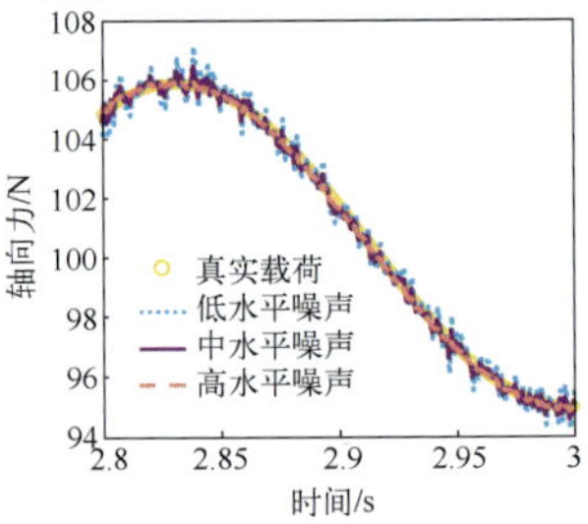
</td><td>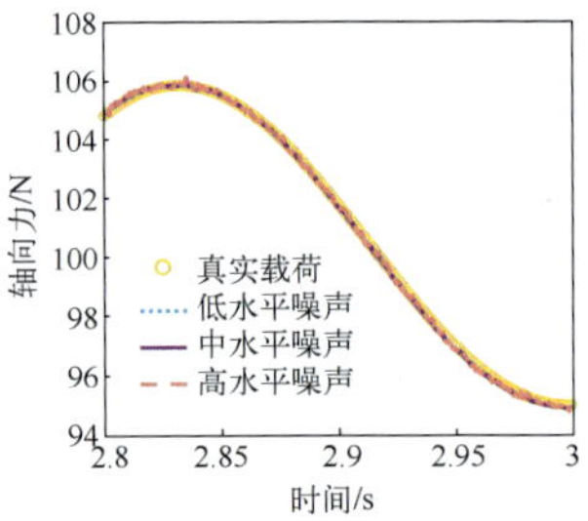
</td></tr>
<tr><td>法向力</td><td>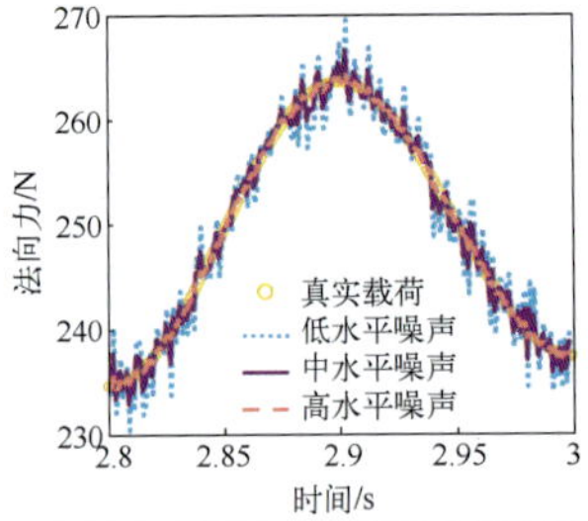
</td><td>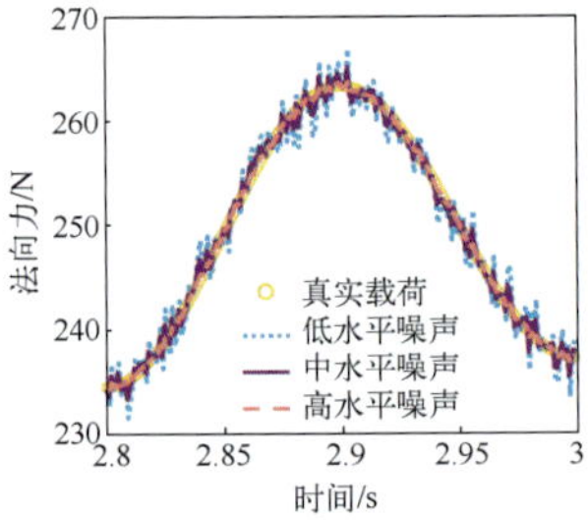
</td><td>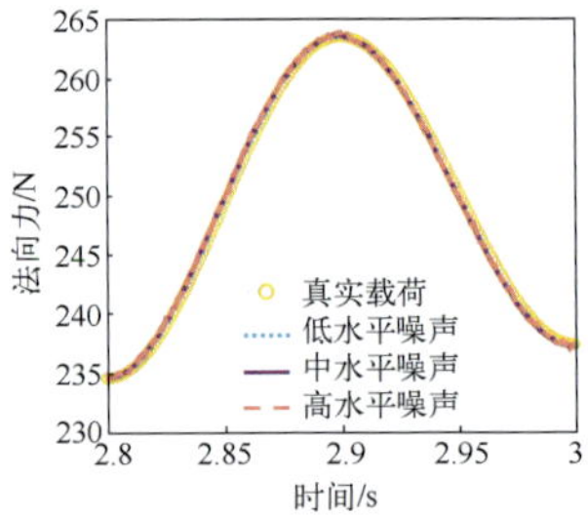
</td></tr>
<tr><td>俯仰力矩</td><td>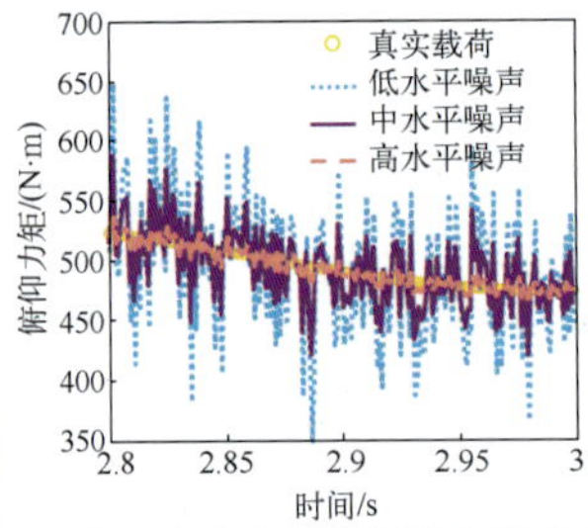
</td><td>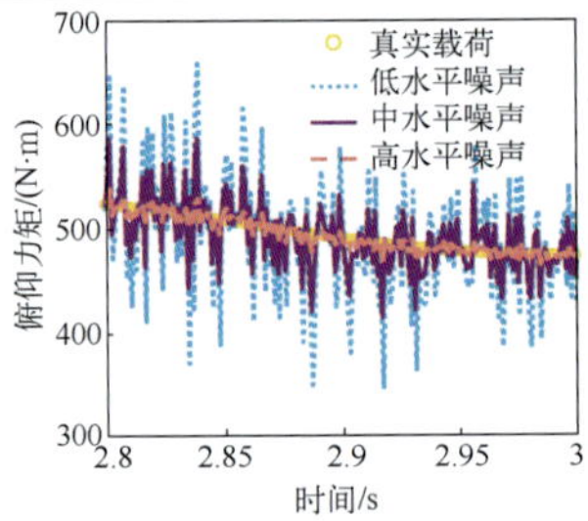
</td><td>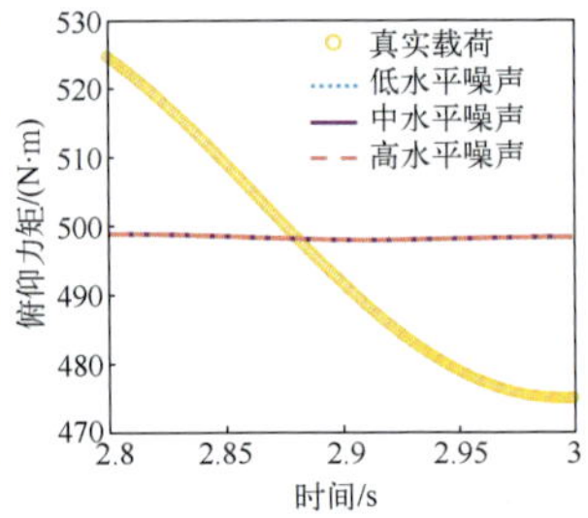
</td></tr>
</table>

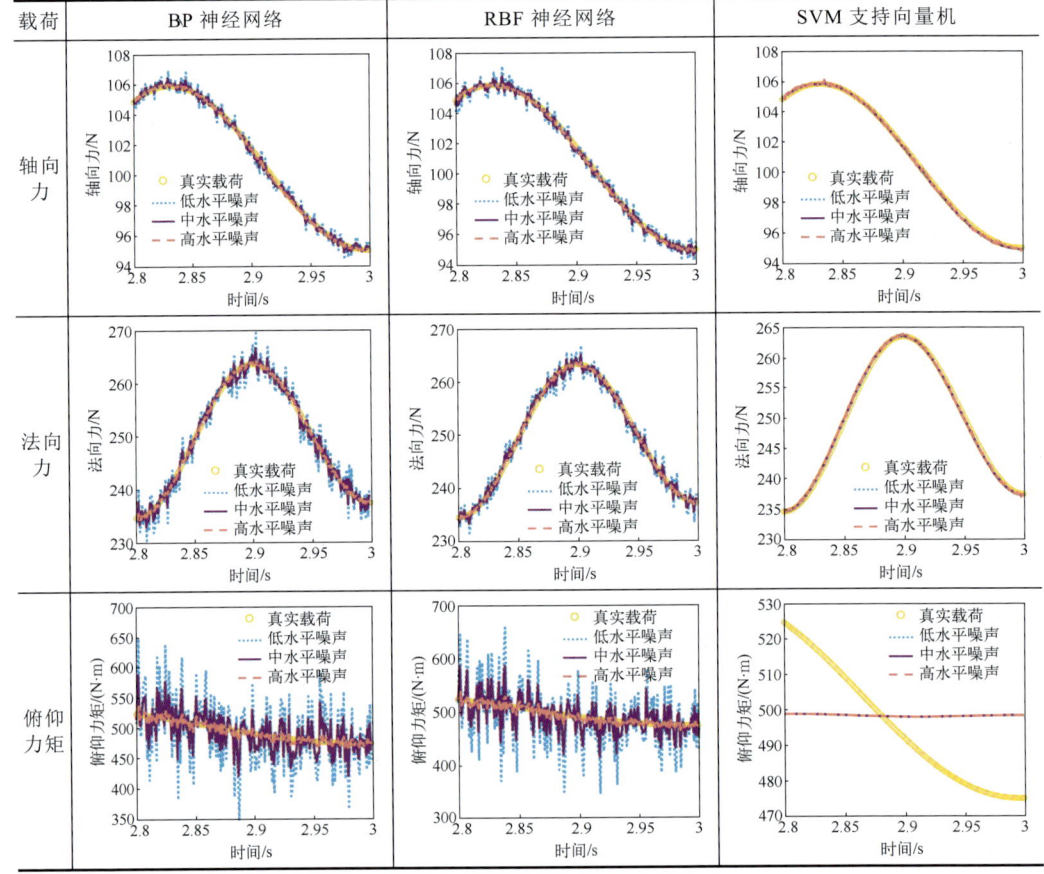